DIANLUYUDIANZIJISHU

SHIYAN JI CESHI

电路与电子技术
实验及测试

张双德　胡淑均 ◎ 编著

中国出版集团
世界图书出版公司
广州・上海・西安・北京

图书在版编目(CIP)数据

电路与电子技术实验及测试 / 张双德,胡淑均编著. —广州: 世界图书出版广东有限公司,2012.3
ISBN 978-7-5100-4425-0

Ⅰ.①电… Ⅱ.①张… ②胡… Ⅲ.①电路-实验-高等学校-教材 ②电路测试-高等学校-教材 ③电子技术-实验-高等学校-教材 ④电子技术-测试-高等学校-教材 Ⅳ.①TM13-33 ②TN-33

中国版本图书馆 CIP 数据核字(2012)第 040897 号

电路与电子技术实验及测试　　张双德　胡淑均　编著

策划编辑　杨力军
责任编辑　杨力军
封面设计　陈　璐
投稿邮箱　stxscb@163.com
出版发行　世界图书出版广东有限公司
地　　址　广州市新港西路大江冲 25 号
电　　话　020-84459702
印　　刷　东莞虎彩印刷有限公司
规　　格　787mm × 980mm　1/16
印　　张　20.25
字　　数　440 千
版　　次　2013 年 5 月第 2 版　2013 年 11 月第 3 次印刷
ISBN　978-7-5100-4425-0/TM · 0005
定　　价　65.00 元

序言

本书是为高等学校电气工程及其自动化、自动化、电子信息工程和其他相近专业而编写的电路与电子技术实验教材。在编写过程中参照原国家教委颁发的《高等工业学校本科基础课程教学基本要求》中“电工类基础课程教学基本要求”和《高等学校工程专科电子技术基础课程教学基本要求》，并考虑面向21世纪教学改革的要求，在保证进行基本实验操作的基础上，注重加强设计性综合应用能力、创新能力、计算机应用能力的培养，将部分实验内容与应用计算机技术分析仿真结合起来。本书可作为高等学校本科电气信息类和高等学校工程专科电气类、电子类等专业电路与电子技术基础实验教材，也可作为电子爱好者的学习参考工具书。全书分为三个部分：

第1部分：电类实验基础知识；

第2部分：Multisim 10；

第3部分：电类基础实验。此部分包含电路基础实验、模拟电子技术基础实验、数字电路基础实验和综合实验共4章。

附录包含了电学基础实验课的作用、学生实验守则、实验报告书写要求及常用集成块外管脚排列图。

编写本书的指导思想是：

1. 基础实验教学重点放在基本技能训练上。本教材基础实验教学以技能培养作为主线组织教学。因此本教材第1部分即介绍常用元器件的识别与简单测试、基本测量技术和故障的调试与排除等实验基础知识。

2. 本书第2部分对 Multisim 10 仿真软件作了详细介绍，方便学生自学。

3. 为加强设计性综合应用能力及创新能力的培养，一部分实验只提出了实验目的要求及设计思路，教学时可安排学生分组讨论、自行设计实验方案。

4. 实验过程中故障产生的原因较多，情况也较复杂。本书第1部分虽做了简要介绍，但指导教师应抓住实验中典型故障，由教师或学生向全班现场讲解故障现象及其消除方法，引导学生进行思考，以提高学生分析问题、解决问题的能力。

5. 为适应不同学校对实验课的不同要求，本教材大部分实验都附有实验原理、参考电路和思考题。学生可通过自学实验原理后，自行完成实验。

6. 本教材按总学时110学时左右编写。各学校可根据教学条件和不同的教学基本要求灵活安排。建议第1部分和第2部分可安排学生自学；第3部分电学基础实验可分三学期完成，其中第 1 个学期完成电路基础实验(13 个实验项目可选)，第 2 个学期完成模拟电子技术基础实验及数字电路基础实验(共 17 个实验项目可选)，第 3 个学期完成综合实验(13 个实验项目可选)；基础实验项目约 2—3 学时，综合设计性实验项目通过课堂的讨论和方案论证后，学生利用课余时间自主完成或者利用课程设计完成。

本书承武汉工业学院教务处长徐伟民教授、电气与电子工程学院院长周龙教授及后勤集团周培松总经理和陈正吉书记的关心与大力支持。由华中科技大学博士生导师尤新革教授主审，武汉工业学院周龙教授、毛哲教授参加审阅，自动化教研室的石伟、周天庆、夏秋华、戴哲转及实验中心的常晓萍、胡涛、张玉姣等老师也对初稿提出了许多宝贵的意见和修改建议。本书前期的基础工作得到了毛哲教授的大力支持，为本书提供了大量宝贵资料，电气与电子工程学院的研究生李晓敏也为本书提供了帮助，在此一并谨致衷心的感谢。

电子技术日新月异，教学改革任重道远。作为湖北省电工电子实验教学示范中心，多年来我们虽然在电路及电子技术基础实验改革中做了一些工作，但和要求相比，还有很大差距。由于水平有限，书中难免有错误和不妥之处，敬请读者批评指正。

编者
2012 年 3 月

目 录

第1部分 电类实验基础知识

第2部分 Multisim 10

第3部分 电类基础实验

第 1 部分　电类实验基础知识

第 1 章　常用元器件的识别与简单测试

1-1　电阻、电容、电感的识别与简单测试

1-1-1　电阻的识别与检测

1-1-1-1　电阻基础知识

电阻参数的识读主要有标称阻值、功率以及误差。在电路原理图中，固定电阻通常用大写英文字母“R”表示，可变电阻通常用大写英文字母“W”表示，排阻通常用大写英文字母“RN”表示。电阻值大小的基本单位是欧姆(Ω)，简称欧。常用单位还有千欧(kΩ)、兆欧(MΩ)。电阻的额定功率是指电阻在电路中长时间连续工作而不损坏，或不显著改变其性能所允许消耗的最大功率称为电阻的额定功率。电阻的标称阻值通常是指电阻体表面上标注的电阻值，简称阻值。国家标准规定了电阻的阻值按其精度分为 E-24 系列和 E-96 系列，E-24系列精度为 5％，E-96 系列为 1％。还有 E12(误差±10％)和 E6(误差±20％)系列。

1-1-1-2　电阻阻值的表示方法

(1)直标法

直标法是一种常见标注方法，特别是在体积较大(功率大)的电阻器上采用。

它将该电阻器的标称阻值、误差、功率等参数直接标在电阻器表面，如下图所示。直标法使用较方便。

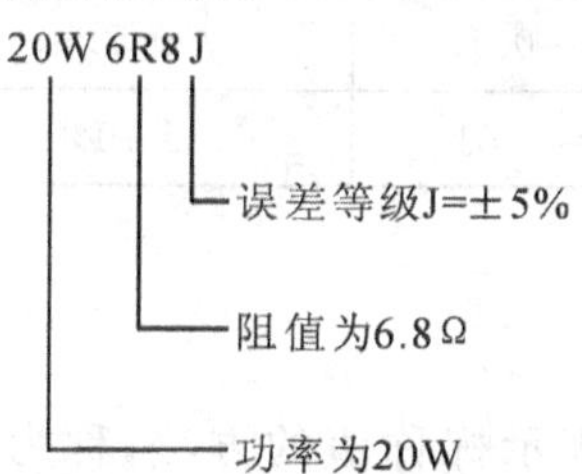

(2)文字符号法

文字符号法就是将电阻的标称值和误差用数字和文字符号按一定的规律组合标识在电阻体上。

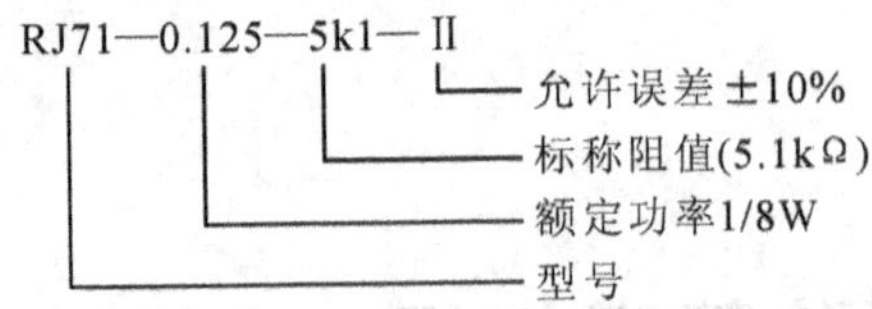

(3)色标法

色标法是将电阻的类别及主要技术参数的数值用颜色(色环或色点)标注在它的外表面上。色标电阻(色环电阻)可分为三环、四环、五环三种标法。

色环电阻无论采用何种标法,关键色环是第三环或第四环,因为该色环的颜色代表电阻值有效数字的倍率。要想快速识别色环电阻,关键在于根据第三环(三环电阻、四环电阻)、第四环(五环电阻)的颜色把阻值确定在某一数量级范围内,再将前两环读出的数“代”进去,这样可很快读出数来。

对于五环电阻而言,第一、二、三色环表示阻值的有效数字,第四环表示乘倍数(零的个数),第五色环为电阻的误差等级。各种色环的含义见表 1-1-1。

表 1-1-1　色环颜色所代表的数字或意义

颜色	第 1 数字	第 2 数字	第 3 数字(五环电阻)	倍率	误差
黑	0	0	0	$10^0=1$	
棕	1	1	1	$10^1=10$	±1%
红	2	2	2	$10^2=100$	±2%
橙	3	3	3	$10^3=1000$	
黄	4	4	4	$10^4=10000$	
绿	5	5	5	$10^5=100000$	±0.5%
蓝	6	6	6		±0.25%
紫	7	7	7		±0.1%
灰	8	8	8		
白	9	9	9		
金	注:第 3 数字是五色环电阻才有!			$10^{-1}=0.1$	±5%
银				$10^{-2}=0.01$	±10%

如误差位无色,代表 20%的误差。

(4)数码表示法

数码法是在电阻体的表面用三位数字或两位数字加 R 来表示标称值的方法,称为数码表示法。该方法常用于贴片电阻、排阻等。

①三位数字标注法

标注为“103”的电阻其阻值为 $10\times10^3=10\text{k}\Omega$

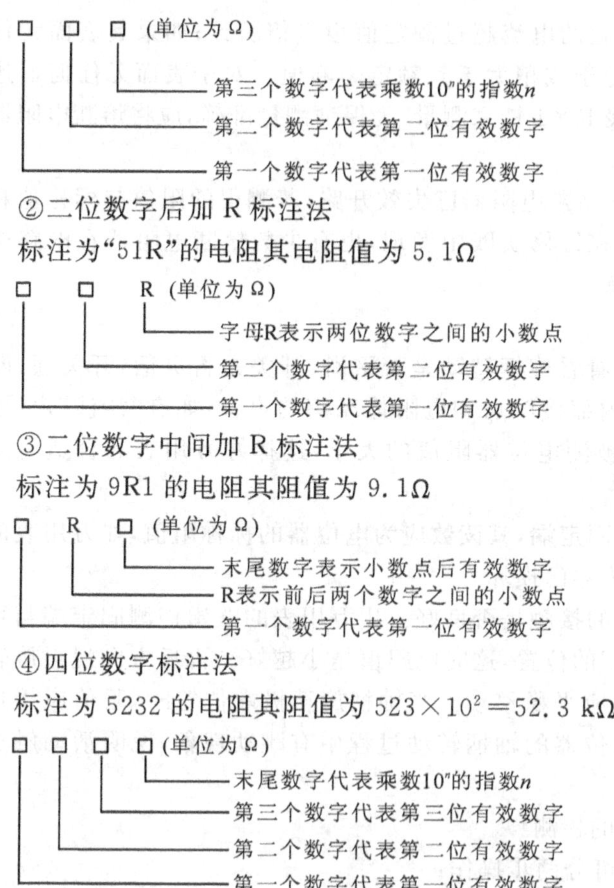

1-1-1-3 电阻的检测

(1)固定电阻器的检测

将两表笔(不分正负)分别与电阻的两端引脚相接即可测出实际电阻值。

为了提高测量精度,应根据被测电阻标称值的大小来选择量程。由于欧姆档刻度的非线性关系,它的中间一段分度较为精细,因此应使指针指示值尽可能落到刻度的中段位置,即全刻度起始的 20%～80%弧度范围内,以使测量更准确。根据电阻误差等级不同,读数与标称阻值之间分别允许有±5%、±10%或±20%的误差。如不相符,超出误差范围,则说明该电阻值变值了。

注意:测试时,特别是在测几十 kΩ 以上阻值的电阻时,手不要触及表笔和电阻的导电部分;被检测的电阻从电路中焊下来,至少要焊开一个头,以免电路中的其他元件对测试产生影响,造成测量误差;色环电阻的阻值虽然能以色环标志来确定,但在使用时最好还是用万用表测试一下其实际阻值。

(2)熔断电阻器的检测

在电路中,当熔断电阻器熔断开路后,可根据经验作出判断:若发现熔断电阻器表面发黑或烧焦，可断定是其负荷过重，通过它的电流超过额定值很多倍所致；如果其表面无任何痕迹而开路，则表明流过的电流刚好等于或稍大于其额定熔断值。对于表面无任何痕迹的熔断电阻器好坏的判断，可借助万用表 R×1 档来测量，为保证测量准确，应将熔断电阻器一端从电路上焊下。

若测得的阻值为无穷大，则说明此熔断电阻器已失效开路，若测得的阻值与标称值相差甚远，表明电阻变值，也不宜再使用。在维修实践中发现，也有少数熔断电阻器在电路中被击穿短路的现象，检测时也应予以注意。

(3)电位器的检测

检查电位器时，首先要转动旋柄，看看旋柄转动是否平滑，开关是否灵活，开关通、断时“喀哒”声是否清脆，并听一听电位器内部接触点和电阻体摩擦的声音，如有“沙沙”声，说明质量不好。用万用表测试时，先根据被测电位器阻值的大小，选择好万用表的合适电阻档位，然后可按下述方法进行检测。

①用万用表的欧姆档测电位器两固定端，其读数应为电位器的标称阻值，如万用表的指针不动或阻值相差很多，则表明该电位器已损坏。

②检测电位器的活动臂与电阻片的接触是否良好。用万用表的欧姆档测固定端与可调端两端，将电位器的转轴旋至接近“关”的位置，这时电阻值越小越好。再反方向慢慢旋转轴柄，电阻值应逐渐增大，表头中的指针应平稳移动。当轴柄旋至极端位置时，阻值应接近电位器的标称值。如万用表的指针在电位器的轴柄转动过程中有跳动现象，说明活动触点有接触不良的故障。

(4) 正温度系数热敏电阻(PTC)的检测

检测时，用万用表 R×1 档，具体可分两步操作：

①常温检测(室内温度接近 25℃)。将两表笔接触 PTC 热敏电阻的两引脚测出其实际阻值，并与标称阻值相对比，二者相差在 ±2Ω 内即为正常。实际阻值若与标称阻值相差过大，则说明其性能不良或已损坏。

②加温检测。在常温测试正常的基础上，即可进行加温检测。将一热源(例如电烙铁)靠近 PTC 热敏电阻对其加热，同时用万用表监测其电阻值是否随温度的升高而增大。如是，说明热敏电阻正常，若阻值无变化，说明其性能变劣，不能继续使用。注意不要使热源与 PTC 热敏电阻靠得过近或直接接触热敏电阻，以防止将其烫坏。

1-1-2　电容的识别与检测

1-1-2-1　电容基础知识

电容器是一种储能元件，在电路中用于调谐、滤波、耦合、旁路、能量转换和延时等。电容器通常叫做电容。

按其结构可分为固定电容器、半可变电容器、可变电容器三种。

常用的电容器按其介质材料可分为电解电容器、云母电容器、瓷介电容器、玻璃釉电容等。

(1)铝电解电容

由铝圆筒做负极,里面装有液体电解质,插入一片弯曲的铝带做正极制成。还需要经过直流电压处理,使正极片上形成一层氧化膜做介质。它的特点是容量大,但是漏电大,误差大,稳定性差,常用做交流旁路和滤波,在要求不高时也用于信号耦合。电解电容有正负极之分,使用时不能接反。

(2)纸介电容

用两片金属箔做电极,夹在极薄的电容纸中,卷成圆柱形或者扁柱形芯子,然后密封在金属壳或者绝缘材料(如火漆、陶瓷、玻璃釉等)壳中制成。它的特点是体积较小,容量可以做得较大。但是固有电感和损耗都比较大,适用于低频电器。

(3)陶瓷电容

用陶瓷做介质,在陶瓷基体两面喷涂银层,然后烧成银质薄膜做极板制成。它的特点是体积小,耐热性好,损耗小,绝缘电阻高,但容量小,适宜用于高频电路。铁电陶瓷电容容量较大,但是损耗和温度系数较大,适宜用于低频电路。

(4)云母电容

用金属箔或者在云母片上喷涂银层做电极板,极板和云母一层一层叠合后,再压铸在胶木粉或封固在环氧树脂中制成。它的特点是介质损耗小,绝缘电阻大,温度系数小,适宜用于高频电路。

(5)可变电容

由一组定片和一组动片组成,它的容量随着动片的转动可以连续改变。把两组可变电容装在一起同轴转动,叫做双连。可变电容的介质有空气和聚苯乙烯两种。空气介质可变电容体积大,损耗小,多用在电子管收音机中。聚苯乙烯介质可变电容做成密封式的,体积小,多用在晶体管收音机中。

1-1-2-2　主要性能指标

标称容量和允许误差:电容器储存电荷的能力,常用的单位是F、μF、pF。电容器上标有的电容数是电容器的标称容量。电容器的标称容量和它的实际容量会有误差。常用固定电容允许误差的等级见表1-1-2。一般情况下,电容器上都直接写出其容量,也有用数字来标志容量的,通常在容量小于10000pF的时候,用pF做单位,大于10000pF的时候,用μF做单位。为简便起见,大于100pF而小于1uF的电容常常不注单位。没有小数点的,它的单位是pF,有小数点的,它的单位是μF。如有的电容上标有"332"(3300pF)三位有效数字,左起两位给出电容量的第一、二位数字,而第三位数字则表示在后加0的个数,单位是pF。

表1-1-2　常用固定电容允许误差

允许误差	±2%	±5%	±10%	±20%	+20%/−30%	+50%/−20%	+100%/−10%
级别	02	Ⅰ	Ⅱ	Ⅲ	Ⅳ	Ⅴ	Ⅵ

额定工作电压:在规定的工作温度范围内,电容长期可靠地工作,它能承受的最大直流电压,就是电容的耐压,也叫做电容的直流工作电压。如果在交流电路中,要注意所加的交

流电压最大值不能超过电容的直流工作电压值。常用的固定电容工作电压有 6.3V、10V、16V、25V、50V、63V、100V、250V、400V、500V、630V、1000V。

1-1-2-3 电容器检测的一般方法

(1)固定电容器的检测

①检测 10pF 以下的小电容。因 10pF 以下的固定电容器容量太小,用万用表进行测量,只能定性的检查其是否有漏电,内部短路或击穿现象。测量时,可选用万用表 R×10kΩ 档,用两表笔分别任意接电容的两个引脚,阻值应为无穷大。若测出阻值(指针向右摆动)为零,则说明电容漏电损坏或内部击穿。

②检测 10pF～0.01μF 固定电容器是否有充电现象,进而判断其好坏。万用表选用 R×1kΩ 档。两只三极管的β值均为 100 以上,且穿透电流要小。可选用 3DG6 等型号硅三极管组成复合管。万用表的红和黑表笔分别与复合管的发射极 e 和集电极 c 相接。由于复合三极管的放大作用,把被测电容的充放电过程予以放大,使万用表指针摆幅度加大,从而便于观察。应注意的是:在测试操作时,特别是在测较小容量的电容时,要反复调换被测电容引脚接触 A、B 两点,才能明显地看到万用表指针的摆动。

③对于 0.01μF 以上的固定电容,可用万用表的 R×10kΩ 档直接测试电容器有无充电过程以及有无内部短路或漏电,并可根据指针向右摆动的幅度大小估计出电容器的容量。

(2)电解电容器的检测

①因为电解电容的容量较一般固定电容大得多,所以,测量时,应针对不同容量选用合适的量程。根据经验,一般情况下,1～47μF 间的电容,可用 R×1kΩ 档测量,大于 47μF 的电容可用 R×100 档测量。

②将万用表红表笔接负极,黑表笔接正极,在刚接触的瞬间,万用表指针即向右偏转较大偏度(对于同一电阻档,容量越大,摆幅越大),接着逐渐向左回转,直到停在某一位置。此时的阻值便是电解电容的正向漏电阻,此值略大于反向漏电阻。实际使用经验表明,电解电容的漏电阻一般应在几百 kΩ 以上,否则,将不能正常工作。在测试中,若正向、反向均无充电的现象,即表针不动,则说明容量消失或内部断路;如果所测阻值很小或为零,说明电容漏电大或已击穿损坏,不能再使用。

③对于正、负极标志不明的电解电容器,可利用上述测量漏电阻的方法加以判别。即先任意测一下漏电阻,记住其大小,然后交换表笔再测出一个阻值。两次测量中阻值大的那一次便是正向接法,即黑表笔接的是正极,红表笔接的是负极。

④使用万用表电阻档,采用给电解电容进行正、反向充电的方法,根据指针向右摆动幅度的大小,可估测出电解电容的容量。

(3)可变电容器的检测

①用手轻轻旋动转轴,应感觉十分平滑,不应感觉时松时紧甚至卡滞现象。将转轴向前、后、上、下、左、右等各个方向推动时,转轴不应有松动的现象。

②用一只手旋动转轴,另一只手轻摸动片组的外缘,不应感觉有任何松脱现象。转轴与

动片之间接触不良的可变电容器，是不能再继续使用的。

③将万用表置于 R×10kΩ 档，一只手将两个表笔分别接可变电容器的动片和定片的引出端，另一只手将转轴缓缓旋动几个来回，万用表指针都应在无穷大位置不动。在旋动转轴的过程中，如果指针有时指向零，说明动片和定片之间存在短路点；如果碰到某一角度，万用表读数不为无穷大而是出现一定阻值，说明可变电容器动片与定片之间存在漏电现象。

1-1-3 电感的识别与检测

1-1-3-1 电感基础知识

电感器，简称电感，是将电能转换为磁能并储存起来的元件，在电子系统和电子设备中必不可少。其基本特性如下：通低频、阻高频、通直流、阻交流。电感在电路中主要用于耦合、滤波、缓冲、反馈、阻抗匹配、振荡、定时、移相等。

电感总体上可以归为两大类：一类是自感线圈或变压器；一类是互感变压器。

电感线圈有小型固定电感线圈、空心线圈、扼流圈、可变电感线圈、微调电感线圈等。

(1)小型固定电感线圈

小型固定电感线圈是将线圈绕制在软磁铁氧体的基础上，然后再用环氧树脂或塑料封装起来制成。小型固定电感线圈外形结构主要有立式和卧式两种。

(2)空心线圈

空心线圈是用导线直接绕制在骨架上而制成。线圈内没有磁芯或铁芯，通常线圈绕的匝数较少，电感量小。

图 1-1-1 空心线圈

(3)扼流圈

扼流圈常有低频扼流圈和高频扼流圈两大类。

①低频扼流圈：低频扼流圈又称滤波线圈，一般由铁芯和绕组等构成。

图 1-1-2 低频扼流圈

②高频扼流圈：高频扼流圈用在高频电路中，主要起阻碍高频信号通过的作用。

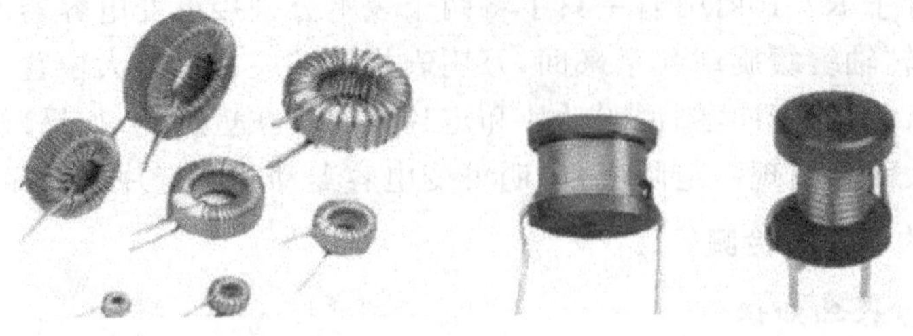

图 1-1-3　高频扼流圈

1-1-3-2　电感的识别

在电路原理图中，电感常用符号“L”或“T”表示，不同类型的电感在电路原理图中通常采用不同的符号来表示。

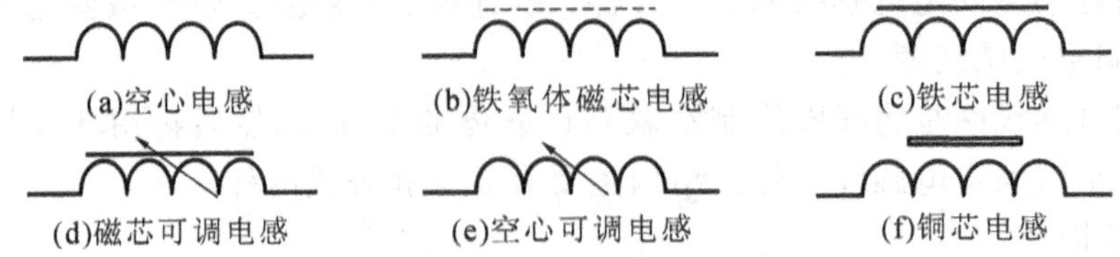

图 1-1-4　不同类型的电感符号

电感量的基本单位是亨利（H），简称亨，常用单位有毫亨（mH）、微亨（μH）和纳亨（nH）。他们之间的换算关系为 $1H=10^3mH=10^6\mu H=10^9nH$。

电感的主要技术指标：

(1)电感量：电感量表示电感线圈工作能力的大小。

(2)固有电容

(3)品质因数 Q：电感的品质因数 Q 是线圈质量的一个重要参数，它表示在某一工作频率下，线圈的感抗对其等效直流电阻的比值。

(4)额定电流：线圈中允许通过的最大电流。

(5)线圈的损耗电阻：线圈的直流损耗电阻。

1-1-3-3　电感的表示方法

(1)直标法

直标法是将电感的标称电感量用数字和文字符号直接标在电感体上，电感量单位后面的字母表示偏差。

(2)文字符号法

文字符号法是将电感的标称值和偏差值用数字和文字符号法按一定的规律组合标示在电感体上。采用文字符号法表示的电感通常是一些小功率电感，单位通常为 nH 或 μH。用 μH 做单位时，“R”表示小数点；用“nH”做单位时，“N”表示小数点。

(3)色标法

色标法是在电感表面涂上不同的色环来代表电感量(与电阻类似),通常用三个或四个色环表示。识别色环时,紧靠电感体一端的色环为第一环,露出电感体本色较多的另一端为末环。注意:用这种方法读出的色环电感量,默认单位为微亨(μH)。

(4)数码表示法

数码表示法是用三位数字来表示电感量的方法,常用于贴片电感上。

图 1-1-5　数码表示法

三位数字中,从左至右的第一、第二位为有效数字,第三位数字表示有效数字后面所加"0"的个数。注意:用这种方法读出的色环电感量,默认单位为微亨(μH)。如果电感量中有小数点,则用"R"表示,并占一位有效数字。例如:标示为"330"的电感为 $33\times10^0=33\mu H$ 。

1-1-3-4　电感的检测

准确测量电感线圈的电感量 L 和品质因数 Q,可以使用万能电桥或 Q 表。采用具有电感档的数字万用表来检测电感很方便。电感是否开路或局部短路,以及电感量的相对大小可以用万用表做出粗略检测和判断。

(1)外观检查

检测电感时先进行外观检查,看线圈有无松散,引脚有无折断,线圈是否烧毁或外壳是否烧焦等现象。若有上述现象,则表明电感已损坏。

(2)万用表电阻法检测

用万用表的欧姆档测线圈的直流电阻。电感的直流电阻值一般很小,匝数多、线径细的线圈能达几十欧;对于有抽头的线圈,各引脚之间的阻值均很小,仅有几欧姆左右。若用万用表 R×1Ω 档测线圈的直流电阻,阻值无穷大说明线圈(或与引出线间)已经开路损坏;阻值比正常值小很多,则说明有局部短路;阻值为零,说明线圈完全短路。

(3)万用表电压法检测

万用表电压法检测实际上是利用万用表测量电感量的,以 MF50 型万用表为例,万用表的刻度盘上有交流电压与电感量相对应的刻度,如图 1-1-6。检测方法如下:

①选择量程

把万用表转换开关置于交流 10V 档。

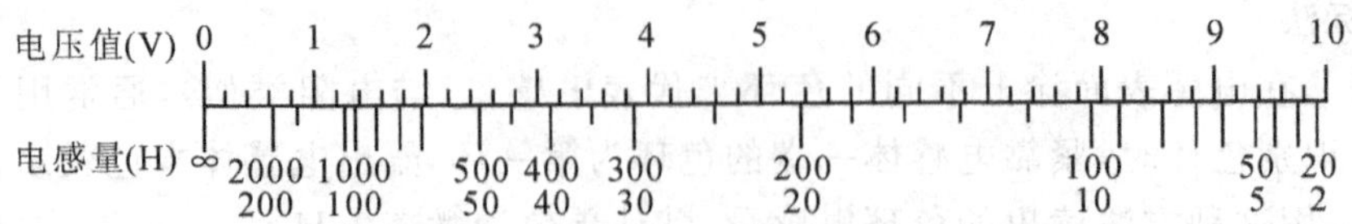

图 1-1-6 交流电压与电感量相对应的刻度

②配接交流电源

准备一只调压型或输出 10V 的电源变压器，然后进行连接测量。

③测量与读数

交流电源、电容器、万用表串联成闭合回路，上电后进行测量。待表针稳定后即可读数。

对于电感量比较小的电感，可在万用表的“+”和“−”上并联一只电阻，如图 1-1-7，测量方法一样。

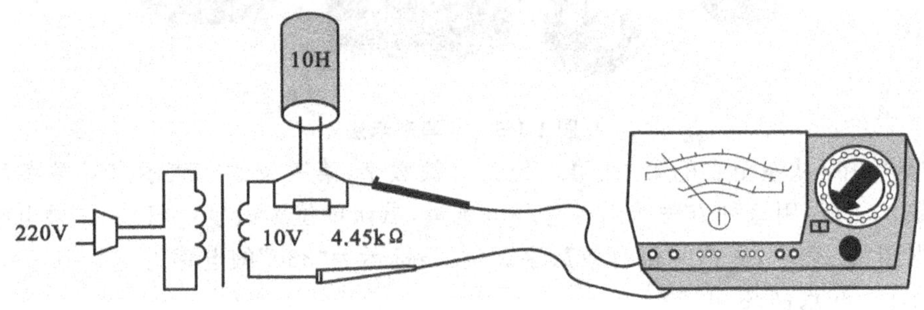

图 1-1-7 万用表电压法连接

1-2 二极管、三极管的识别与简单测试

1-2-1 二极管的识别与检测

1-2-1-1 二极管的主要参数

(1)正向电压降 U_F：二极管通过额定正向电流时，在两极间所产生的电压降。

(2)最大整流电流(平均值) I_F：二极管长时间使用时，允许流过二极管的最大正向平均电流。

(3)反向击穿电压 $U_{(BR)}$：二极管反向电流急剧增大到出现击穿现象时的反向电压值。

(4)反向工作峰值电压 U_{RWM}：二极管正常工作时所允许的反向电压峰值，通常 U_{RWM} 为 $U_{(BR)}$ 的三分之二或略小一些。

(5)反向电流 I_R：在规定的反向电压条件下流过二极管的反向电流值。

(6)二极管的极间电容：包括势垒电容和扩散电容。在高频使用时，必须考虑结电容的影响，要求结电容小于某一规定数值。

(7)最高工作频率 F_M：二极管具有单向导电性的最高交流信号的频率。

1-2-1-2 晶体二极管的识别方法及其作用

晶体二极管在电路中常用“D”加数字表示，如：D_5 表示编号为 5 的二极管。

作用：二极管的主要特性是单向导电性，也就是在正向电压的作用下，导通电阻很小；而在反向电压作用下导通电阻极大或无穷大。

晶体二极管按作用可分为：整流二极管（如 1N4004）、隔离二极管（如 1N4148）、肖特基二极管（如 BAT85）、发光二极管、稳压二极管等。

识别方法：二极管的识别很简单，小功率二极管的 N 极（负极），在二极管外表大多采用一种色圈标出来，有些二极管也用二极管专用符号来表示 P 极（正极）或 N 极（负极），也有采用符号标志为"P"、"N"来确定二极管极性的。发光二极管的正负极可从引脚长短来识别，长脚为正，短脚为负。

测试注意事项：用数字式万用表去测二极管时，红表笔接二极管的正极，黑表笔接二极管的负极，此时测得的阻值是二极管的正向导通阻值，这与指针式万用表的表笔接法刚好相反。

1-2-1-3　不同种类二极管如何选用

(1)检波二极管的选用

检波二极管一般可选用点接触型锗二极管，例如 2AP 系列等。选用时，应根据电路的具体要求来选择工作频率高、反向电流小、正向电流足够大的检波二极管。

(2)整流二极管的选用

整流二极管一般为平面型硅二极管，用于各种电源整流电路中。选用整流二极管时，主要应考虑其最大整流电流、反向工作峰值电压、截止频率及反向恢复时间等参数。普通串联稳压电源电路中使用的整流二极管，对截止频率及反向恢复时间要求不高，只要根据电路的要求选择最大整流电流和最大反向工作电压符合要求的整流二极管即可。例如，1N 系列、2CZ 系列、RLR 系列等。开关稳压电源的整流电路及脉冲整流电路中使用的整流二极管，应选用工作频率较高、反向恢复时间较短的整流二极管（例如 RU 系列、EU 系列、V 系列、1SR 系列等）或选择快恢复二极管。

(3)稳压二极管的选用

稳压二极管一般用在稳压电源中作为基准电压源或用在过电压保护电路中作为保护二极管。选用的稳压二极管，应满足应用电路中主要参数的要求。稳压二极管的稳定电压值应与应用电路的基准电压值相同，稳压二极管的最大稳定电流应高于应用电路的最大负载电流 50％左右。

(4)开关二极管的选用

开关二极管主要应用于收音机、电视机、影碟机等家用电器及电子设备有开关电路、检波电路、高频脉冲整流电路等。中速开关电路和检波电路，可以选用 2AK 系列普通开关二极管。高速开关电路可以选用 RLS 系列、1SS 系列、1N 系列、2CK 系列的高速开关二极管。要根据应用电路的主要参数（例如正向电流、最高反向电压、反向恢复时间等）来选择开关二极管的具体型号。

(5)变容二极管的选用

选用变容二极管时，应着重考虑其工作频率、最高反向工作电压、最大正向电流和零偏压结电容等参数是否符合应用电路的要求，应选用结电容变化大、高 Q 值、反向漏电流小的变容二极管。

1-2-1-4　常用二极管的检测

万用表检测普通二极管的极性与好坏。检测原理：根据二极管的单向导电性这一特点。性能良好的二极管，其正向电阻小，反向电阻大；这两个数值相差越大越好。若相差不大说明二极管的性能不好或已经损坏。

测量时，选用万用表的“欧姆”档。一般用 R×100Ω 或 R×1kΩ 档，而不用 R×1 或 R×10kΩ 档。因为 R×1Ω 档的电流太大，容易烧坏二极管，R×10kΩ 档的内电源电压太大，易击穿二极管。测量方法：将两表棒分别接在二极管的两个电极上，读出测量的阻值；然后将表棒对换再测量一次，记下第二次阻值。若两次阻值相差很大，说明该二极管性能良好，并根据测量电阻小的那次的表棒接法（称之为正向连接），判断出与黑表棒连接的是二极管的正极，与红表棒连接的是二极管的负极。因为指针式万用表的内电源的正极与万用表的“—”插孔连通，内电源的负极与万用表的“＋”插孔连通。这与数字式万用表检测的结论刚好相反。

如果两次测量的阻值都很小，说明二极管已经击穿；如果两次测量的阻值都很大，说明二极管内部已经断路；两次测量的阻值相差不大，说明二极管性能欠佳。在这些情况下，二极管就不能使用了。

必须指出，由于二极管的伏安特性是非线性的，用万用表的不同电阻档测量二极管的电阻时，会得出不同的电阻值。实际使用时，流过二极管的电流会较大，因而二极管呈现的电阻值会更小些。

1-2-1-5　特殊类型二极管的检测

稳压二极管：稳压二极管是一种工作在反向击穿区、具有稳定电压作用的二极管。其极性与性能好坏的测量与普通二极管的测量方法相似，不同之处在于：当使用万用表的 R×1kΩ 档测量二极管时，测得其反向电阻是很大的，此时，将万用表转换到 R×10kΩ 档，如果出现万用表指针向右偏转较大角度，即反向电阻值减小很多的情况，则该二极管为稳压二极管；如果反向电阻基本不变，说明该二极管是普通二极管，而不是稳压二极管。

稳压二极管的测量原理是：万用表 R×1kΩ 档的内电池电压较小，通常不会使普通二极管和稳压二极管击穿，所以测出的反向电阻都很大。当万用表转换到 R×10kΩ 档时，万用表内电池电压变得很大，使稳压二极管出现反向击穿现象，所以其反向电阻下降很多，由于普通二极管的反向击穿电压比稳压二极管高得多，因而普通二极管不击穿，其反向电阻仍然很大。

1-2-2　三极管的识别与检测

1-2-2-1　三极管的基本结构

晶体三极管又称半导体三极管，简称晶体管或三极管。在三极管内，有两种载流子：电子与空穴，它们同时参与导电，故晶体三极管又称为双极型晶体三极管，它的基本功能是具有电流放大作用。

NPN 和 PNP 型两类三极管的结构如图 1-2-2。它有两个 PN 结(分别称为发射结和集电结),三个区(分别称为发射区、基区和集电区),从三个区域引出三个电极(分别称为发射极 e、基极 b 和集电极 c)。发射极的箭头方向代表发射结正向导通时的电流的实际流向。

为了保证三极管具有良好的电流放大作用,在制造三极管的工艺过程中,必须做到:

(1)使发射区的掺杂浓度最高,以有效地发射载流子;

(2)使基区掺杂浓度最小,且基区最薄,以有效地传输载流子;

(3)使集电区面积最大,且掺杂浓度小于发射区,以有效地收集载流子。

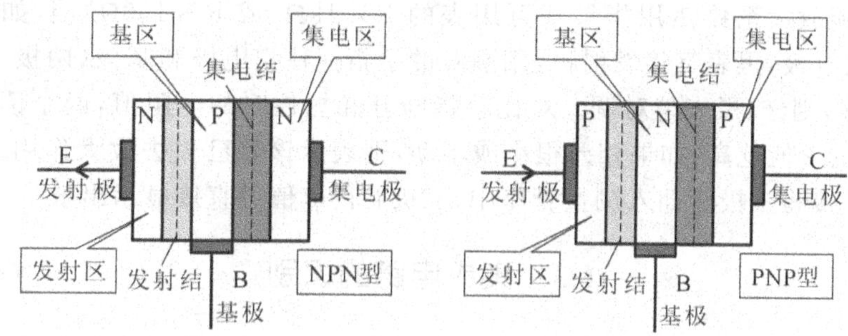

图 1-2-2 NPN 和 PNP 型三极管结构示意图

半导体三极管亦称双极型晶体管,其种类非常多。按照结构工艺分类,有 PNP 和 NPN 型;按照制造材料分类,有锗管和硅管;按照工作频率分类,有低频管和高频管,一般低频管用以处理频率在 3MHz 以下的电路,高频管的工作频率可以达到几百兆;按照允许耗散的功率大小分类,有小功率管和大功率管,一般小功率管的额定功耗在 1W 以下,而大功率管的额定功耗可达几十瓦以上。

1-2-2-2 半导体三极管的检测

(1)半导体三极管的管脚判别

在安装半导体三极管之前,首先搞清楚三极管的管脚排列。一方面可以通过查手册获得,另一方面也可利用电子仪器进行测量,下面讲一下利用万用表判定三极管管脚的方法。首先判定 PNP 型和 NPN 型晶体管:用万用表的 R×1kΩ(或 R×100Ω)档,用黑表笔接三极管的任一管脚,用红表笔分别接其他两管脚。若表针指示的两阻值均很大,那么黑表笔所接的那个管脚是 PNP 型管的基极;如果万用表指示的两个阻值均很小,那么黑表笔所接的管脚是 NPN 型的基极;如果表针指示的阻值一个很大,一个很小,那么黑表笔所接的管脚不是基极。需要新换一个管脚重试,直到满足要求为止。进一步判定三极管集电极和发射极:首先假定一个管脚是集电极,另一个管脚是发射极;对 NPN 型三极管,黑表笔接假定是集电极的管脚,红表笔接假定是发射极的管脚(对于 PNP 型管,万用表的红、黑表笔对调);然后用大拇指将基极和假定集电极连接(注意两管脚不能短接),这时记录下万用表的测量值;最后反过来,把原先假定的管脚对调,重新记录下万用表的读数,两次测量值较小的黑表笔所接的管脚是集电极(对于 PNP 型管,则红表笔所接的是集电极)。

(2)半导体三极管性能测试

在三极管安装前首先要对其性能进行测试。条件允许可以使用晶体管图示仪,亦可以使用普通万用表对晶体管进行粗略测量。

①估测穿透电流 I_{CEO}:用指针式万用表 R×1kΩ 档,对于 PNP 型管,红表笔接集电极,黑表笔接发射极(对于 NPN 型管则相反),此时测得阻值在几十到几百千欧以上。若阻值很小,说明穿透电流大,已接近击穿,稳定性差;若阻值为零,表示管子已经击穿;若阻值无穷大,表示管子内部断路;若阻值不稳定或阻值逐渐下降,表示管子噪声大、不稳定,不宜采用。

②估测电流放大系数 β:用指针式万用表的 R×1kΩ(或 R×100Ω)档,如果测 PNP 型管,红表笔接集电极,黑表笔接发射极,用潮湿的手指捏住集电极和基极(两极不能接触);若是测 NPN 型管,则红、黑表笔对调。对比手指断开和捏住时的电阻值,两个读数相差越大,表示该晶体管的 β 值越高;如果相差很小或不动,则表示该管已失去放大作用。如果使用数字万用表,可直接将三极管插入测量管座中,三极管的 β 值可直接显示出来。

1-3 集成电路的识别

集成电路是一种采用特殊工艺,将晶体管、电阻、电容等元件集成在硅片上而形成的具有特定功能的器件,英文:Integrated Circuit,缩写 IC,俗称芯片。集成电路能执行一些特定的功能,如放大信号或存储信息等。集成电路体积小、功耗低、稳定性好。集成电路是衡量一个电子产品是否先进的主要标志。

1-3-1 集成电路简介

(1)类型

集成电路按功能可分为模拟集成电路和数字集成电路。模拟集成电路主要有运算放大器、功率放大器、集成稳压电路、自动控制集成电路和信号处理集成电路等;数字集成电路按结构不同可分为双极型和单极型电路。其中,双极型电路有:DTL、TTL、ECL、HTL 等;单极型有:JFET、NMOS、PMOS、CMOS 四种。

(2)封装

集成电路的封装形式有晶体管式封装、扁平封装和直插式封装。常见的直插式封装如图 1-3-1,典型的表面贴装式封装如图 1-3-2。

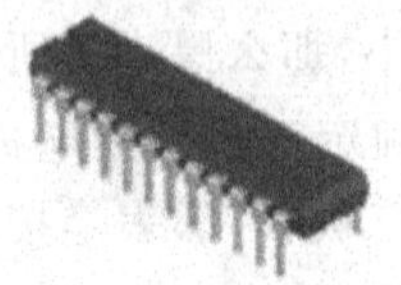

双列直插式封装(DIP)

晶体管外形封装(TO)

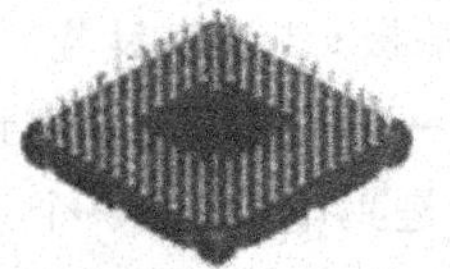

插针网格阵列封装(PGA)

图 1-3-1 常见的直插式封装

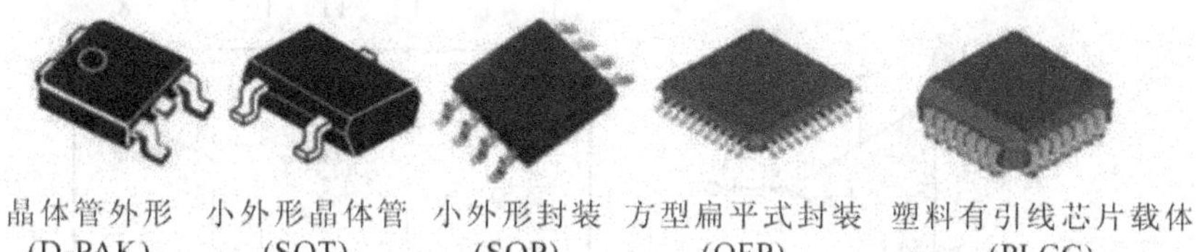

图 1-3-2 典型的表面贴装式封装

(3)管脚排列

集成电路的管脚排列次序有一定的规律，一般是从外壳顶部向下看，从左下脚按逆时针方向读数，其中第一脚附近一般有参考标志，如凹槽、色点等。

1-3-2 常用模拟集成电路

1-3-2-1 模拟集成电路的分类

模拟集成电路按用途可分为：运算放大器、直流稳压器、功率放大器、电压比较器等。

1-3-2-2 集成运算放大器

(1)定义

简称运放，运算放大器就是一种高放大倍数的交流放大器，(或是一种高电压增益、高输入电阻、和低输出电阻的多级耦合放大器)。工作在放大区时，输入与输出呈线性关系，(所以又被称为线性集成电路)。

(2)组成

运放一般由输入级、中间级、输出级、偏置电路四部分组成。输入级：差分放大电路，利用其对称性提高整个电路的共模抑制比；中间级：电压放大级，提高电压增益，可由一级或多级放大电路组成；输出级：互补对称电路或射极跟随器组成，可降低输出电阻，提高带负载能力。偏置电路：为上述各级电路提供稳定和合适的偏置电流，决定各级静态工作点。

(3)常用运放

单运放：μA741，NE5534，TL081，LM833

双运放：μA747，LM358，NE5532，TL072，TL082

四运放：LM324，TL084

双运放及四运放中除电源外，内部运放相互独立。

运算放大器有两个输入端，一个输出端。同相输入端用“+”表示，反向输入端用“−”表示。

(4)检测

方法 1：把运放接成一个放大系数为 1 的电路，反向输入端接 1V 阶跃信号，检测其输出端的电压值也应为 1V，运放好的。

方法 2：①用万用表电阻档分别测出 LM324 的 $A_1 \sim A_4$ 四组运放引脚的电阻值，不仅可以判断运放的好坏，而且还可以检查内部各运放参数的一致性。测量时，选用 R×1kΩ 档，从 A_1 开始，依次测出引脚间的电阻值，只要各对应引脚之间的电阻值基本相同，就说明参数的一致性较好。

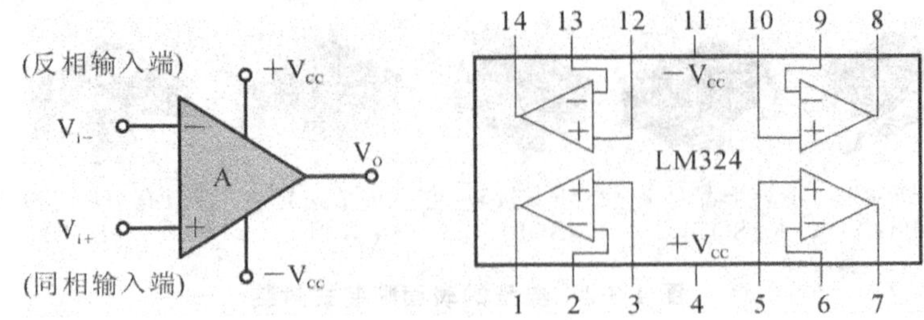

图 1-3-3 运算放大器符号及 LM324 管脚图

②检测放大能力:LM324 接上±15V 电压(4 脚接+15V;11 脚接-15V),万用表置于直流 50V 电压档。输入端开路,输出端 1 脚对 11 脚的电压为 20~25V。用螺丝刀触碰同相输入端和反相输入端,万用表指针应有较大摆动,说明被测的运放的增益很高。若指针摆动较小,说明其放大能力较差。

③用万用表测量运放 μA741 的好坏:主要测正负电源脚与其它各引脚之间是否短路,若无短路则正确。用指针式万用表的 R×1kΩ 档测试,对于完好的 μA741,测试结果应该如表 1-3-1 所示,如果测得阻值与表中值相差太多,说明运放的差动输入级或者推挽输出管有损坏。

表 1-3-1 μA741 管脚间的阻值范围

红表笔(-)	黑表笔(+)	正常阻值(Ω)
$+V_{CC}$	IN+	44k
IN+	$+V_{CC}$	无穷大
$+V_{CC}$	IN-	46k
IN-	$+V_{CC}$	无穷大
$+V_{CC}$	OUT	10k
OUT	$+V_{CC}$	无穷大
OUT	$-V_{CC}$	10k
$-V_{CC}$	OUT	1M

(5)运放常见故障

①无输出:有信号输入,输出端无输出。原因:未加工作电源;集成块坏。

②不能调零:调整外接电位器,输出端无反应。原因:集成块坏;电位器焊点脱落;断电再通电正常(堵塞)。

③自激振荡:无输入信号,仍有输出。原因:反馈前后信号的相位差在 360 度以上,也就是能够形成正反馈;印刷板的布线或阻容元件排列不佳等。

1-3-2-3 集成稳压器

集成稳压器又称稳压电源,有多端可调式、三端可调式、三端固定式及单片开关式集成稳压。最常用的是三端集成稳压器。三端集成稳压器有:

(1)三端固定稳压器

集成稳压器的输出电压为固定值,不能调节。常用产品为78XX和79XX系列,78XX输出正电压,79XX输出负电压,有5V、6V、9V、12V、15V、18V、24V七种不同的输出电压档次,输出电流分1.5A(78XX)、0.5A(78MXX)、0.1A(78LXX)三种档次。

(2)三端可调稳压器

可输出连续可调的直流电压。常见产品:XX117/XX217M/XX317L,输出连续可调的正电压,可调范围1.2～37V,最大输出电流分别是1.5A,0.5A,0.1A;XX137/XX237/XX337,输出连续可调的负电压,可调范围1.2～37V;

1-3-2-4　集成功率放大器

LM386典型应用电路,用于对音频信号的放大。图1-3-4中1与8端间的R、C用来调节电压放大倍数,此电压增益为50;7端的C是去耦电容,防止电路自激振荡;5端的R(10Ω)、C(0.047μF)组成容性负载,用以抵消扬声器部分的感性负载;5端的C(220μF)为功放的输出电容。

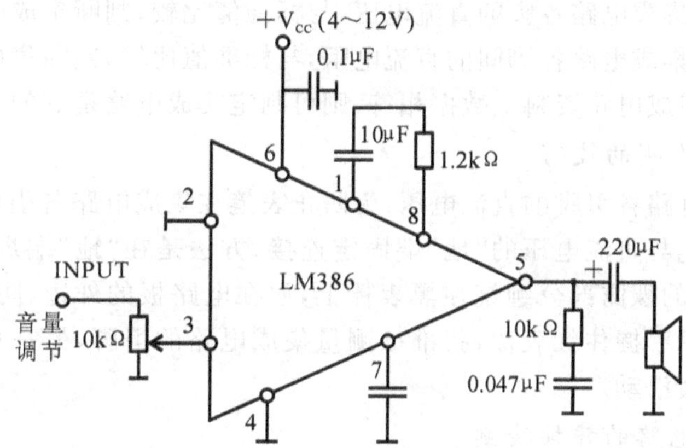

图1-3-4　LM386典型应用电路

1-3-3　常用数字集成电路

1-3-3-1　常用数字集成电路分类

数字集成电路主要用来处理与存储二进制信号(数字信号),可归纳为两大类:一种为组合逻辑电路,用于处理数字信号,俗称(Logic IC);另一种为时序逻辑电路,具有时序与记忆功能,并需要由时钟信号驱动,主要用于产生或存储数字信号。

最常用的数字集成电路主要有TTL和CMOS两大系列。

TTL集成电路是用双极性晶体管为基本元件集成在一块硅片上制成的,主要有54(军用)/74(民用)系列:54/74XX(标准型),54/74LSXX(低功耗肖特基),54/74SXX(肖特基),54/74ALSXX(先进低功耗肖特基),54/74ASXX(先进肖特基),54/74FXX(高速)。

CMOS集成电路以单极型晶体管为基本元件制成。主要有4000系列、54/74HCXXX系列、54/74HCTXXX系列、54/74HCUXX四大类。

数字集成电路的类型很多，最常用的是门电路，常用的有与门、非门、与非门、或门、或非门、同或门、异或门及施密特触发器等。

1-3-3-2 数字集成电路的电路参数

表 1-3-2 数字集成电路的电路参数

符号	名称	74 系列	74LS 系列	4000 系列	74HC 系列
U_{OH}	高电平输出电压	≥2.4	≥2.7	≥4.95	≥4.95
U_{OL}	低电平输出电压	≤0.4	≤0.4	≤0.05	≤0.05
U_{IH}	高电平输入电压	≥2	≥2	≥3.5	≥3.5
U_{IH}	低电平输入电压	≤0.8	≤0.8	≤1.5	≤1

1-3-4 集成电路的检测

1-3-4-1 集成电路的基本检测方法：在线检测与脱机检测

在线检测：测量集成电路各脚的直流电压，与标准值比较，判断集成电路的好坏。

脱机检测：测量集成电路各脚间的直流电阻，与标准值比较，判断集成电路的好坏。

测得的数据与集成电路资料上数据相符，则可判定集成电路是好的。

1-3-4-2 在线检测的技巧

在线检测集成电路各引脚的直流电压，为防止表笔在集成电路各引脚间滑动造成短路，可将万用表的黑表笔与直流电压的“地”端固定连接，方法是在“地”端焊接一段带有绝缘层的铜导线，将铜导线的裸露部分缠绕在黑表棒上，放在电路板的外边，防止与板上的其他地方连接。这样用一只手握住红表棒，找准欲测量集成电路的引脚，另一只手可扶住电路板，保证测量时表笔不会滑动。

1-3-4-3 集成电路的替换检测

当集成电路整机线路出现故障时，检测者往往用替换法来进行集成电路的检测。用同型号的集成块进行替换试验，是见效最快的一种检测方法。

但是要注意，若因负载短路的原因，使大电流流过集成电路造成的损坏，在没有排除故障短路的情况下，用相同型号的集成块进行替换实验，其结果是造成集成块的又一次损坏。因此，替换实验的前提是必须保证负载不短路。

第 2 章　基本测量技术

2-1　电压的测量

2-1-1　电压的特点

电压在性质上可分为直流电压和交流电压(包括所有非正弦电压)两种。在应用上,有工频电压和电子电路电压,前者是强电,除电压范围大外,波形、频率等都是规则的。而后者,却具有更多的特点:

(1)频率范围宽。电子电路信号的频率往往是从直流到上 GHz 范围内变化。

(2)电压范围广。电子电路中的电压可在 nV 级到 mV 级,其中微伏级的电压是非常多见的。

(3)波形多种多样。电子电路中除正弦波外,大量的是非正弦波,同时交流、直流并存,甚至串入噪声干扰。

(4)电子电路的等效阻抗一般都高,有的达兆欧级。

2-1-2　对电压测量的基本要求

针对电压量的特点,对电压测量提出了一系列要求,主要有以下几个方面:

(1)应有足够宽的频率范围。以满足测量上从直流到 GHz 的频率要求。

(2)应有足够宽的电压测量范围。以满足测量上从 nV 级到 mV 级的要求。

(3)应有足够高的测量准确度。由于电压测量的基准是直流标准电压,同时直流测量中不存在分布参数的影响或影响极小,因而直流电压的测量准确度最高。交流电压测量因受频率、波形和分布参数等的影响,测量准确度不高。

(4)应有足够高的输入阻抗。由于电子电路等效阻抗高,为了减小仪器接入后对电路的影响,要求仪器输入阻抗要高。目前模拟电压表的输入阻抗在 MΩ 级,数字电压表的输入阻抗达 GΩ 级,甚至可达数千 GΩ。

(5)应有足够强的抗干扰能力。一般来说,测量都是在充满各种干扰的条件下进行的。对于微小电压的测量,需要的灵敏度就高,其干扰的影响就大。所以,电压表的抗干扰能力要强,对数字电压表更是如此。

此外,还应要求高的测量速度和高的自动化程度,以实现智能测试和自动测试。

2-1-3　电压测量方法

电压的测量方法很多,要根据被测电压的不同和测量的具体要求及客观条件的限制,合理选择测量方法。归结起来,电压测量的方法有以下几种:

(1)电工仪表测量法

电工仪表主要是指针式仪表,主要有磁电系、电动系、电磁系等,其中磁电系仪表只能测直流量。用电工仪表测电压在工程中应用十分普遍，因为电工仪表成本低，操作简便，特别是一般工程测量对准确度要求不太高更是为用电工仪表测电压大开“绿灯”。对交流高电压，通过互感器等亦可用电工仪表进行测量。

(2)电子电压表测量法

电子电压表是利用电子技术制成的，属于电子仪器类，是模拟式电压表，在电子电路交流电压测量中广为应用。

电子电压表根据将交流转换成直流原理的不同分为三种类型：

①公式法：按正弦交流电压有效值公式制成的有效值电压表，该类电子电压表主要是频带窄，准确度低。

②热电转换法：利用热电偶转换制成的有效值电压表，其优点是没有波形误差，但有热惯性、频带不宽、维修不便等缺点。

③检波法：通过整流将交流转换成直流制成的电压表，据整流电路的不同可分为均值检波、峰值检波、有效值检波三种。同时，据整流器的位置又分为“检波——放大”、“放大——检波”式电压表。

可见，无论那种类型的电子电压表都具有由交流转换为直流的过程，包括“调制式”电子电压表也不例外。

(3)数字电压表测量法

严格来讲，数字电压表也属于电子电压表，但因数字部分电路在整个仪器中占有重要地位，于是人们往往称它为数字电压表。

数字电压表首先将模拟量通过模/数(A/D)转换为数字量，然后用计数器计数，并用十进制数字显示被测电压值。作为交流数字电压表，还必须有交流/直流(AC/DC)转换过程。

2-1-4 电压测量中的误差问题

电压测量是一种接触性测量，除仪器仪表误差外，由于负载效应必然要产生方法误差。对于图 2-1-1 所示的直流电动势 E_O 的测量，被测真值为 E_O，接入内阻为 R_V 的直流电压表进行测量，其测量结果为：

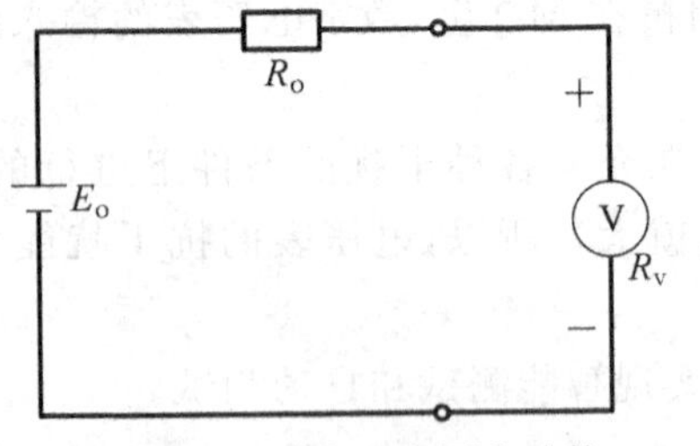

图 2-1-1 用电压表测电动势

$$U=\frac{E_O}{R_V+R_O}R_V$$

误差为：

$$r=\frac{U-E_O}{E_O}=-\frac{R_O}{R_V+R_O} \tag{1}$$

公式(1)中的负号表明测量值比实际值小。

2-1-5 交流电压测量

(1)交流电压的表征

表征周期性交流电压的参数有峰值 U_P、平均值 $\overline{U}$、有效值 U，三者之间存在一定的关系。正是如此，构成了同工作原理的电子电压表。

①电压的 U_P、$\overline{U}$、U 值

交流电压的峰值 U_P 是指一周内能达到的最大值。它以零电位(时间轴)为参考。对于含直流分量的正弦交流电压来说,正负峰值是不相等的,而正负振幅是相等的,因为振幅以振荡中心为参考的。

交流电压的平均值 $\overline{U}$ 是指一个周期内等效的直流量,其数学定义式为:

$$\overline{U} = \frac{1}{T}\int_0^T |u(t)dt| \tag{2}$$

交流电压的有效值 U 按式(3)定义为:

$$U = \sqrt{\frac{1}{T}\int_0^T u^2(t)dt} \tag{3}$$

②三个参数间的关系

峰值、均值、有效值三者之间的关系,用波形因数和波峰因数来表示(有的书称波形系数和波峰系数。)波形因数是指电压的有效值与平均值的比值,用 K_F 表示,即

$$K_F = \frac{U}{\overline{U}} \tag{4}$$

波峰因数是指电压的峰值与有效值的比值,用 K_P 来表示,即:

$$K_P = \frac{U_P}{U} \tag{5}$$

无论任何波形的电压,只要知道峰值和按式(2)、(3)求出平均值和有效值,便可按式(4)、(5)求出对应的波形因数和波峰因数值。正弦波及常见非正弦波电压的 K_F、K_P 值,可见表 2-1-1 所示。

表 2-1-1 正弦波及常见非正弦波电压的 K_F、K_P 值

名称	波形图	波形因数 K_F	波峰因数 K_P	平均值	有效值
正弦波	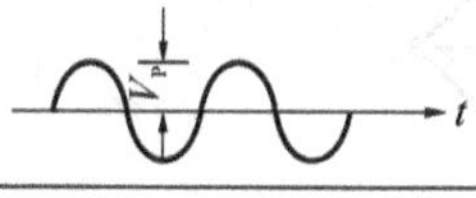 V_P t	1.11	1.141	$\frac{2}{\pi}U_P$	$\frac{1}{\sqrt{2}}U_P$
半波整流	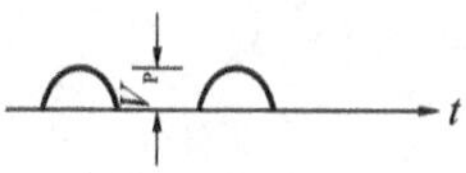 V_P t	1.57	2	$\frac{1}{\pi}U_P$	$\frac{1}{2}U_P$
全波整流	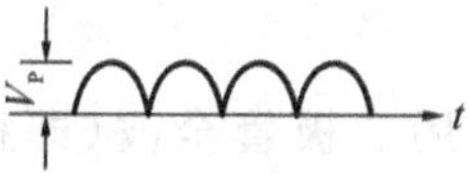 V_P t	1.11	1.414	$\frac{2}{\pi}U_P$	$\frac{1}{\sqrt{2}}U_P$
三角波	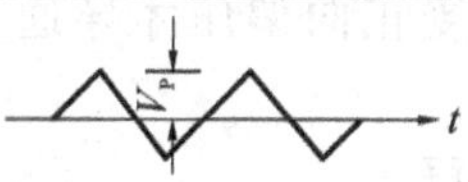 V_P t	1.15	1.732	$\frac{1}{2}U_P$	$\frac{1}{\sqrt{3}}U_P$
锯齿波	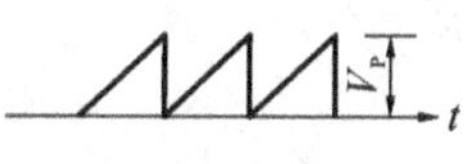 V_P t	1.15	1.732	$\frac{1}{2}U_P$	$\frac{1}{\sqrt{3}}U_P$

续表 2-1-1

名称	波形图	波形因数 K_F	波峰因数 K_P	平均值	有效值
方波		1	1	U_P	U_P
梯形波		$\dfrac{\sqrt{1-\dfrac{4\phi}{3\pi}}}{1-\dfrac{1}{\pi}\phi}$	$\dfrac{1}{\sqrt{1-\dfrac{4\phi}{3\pi}}}$	$\left(1-\dfrac{\phi}{\pi}\right)U_P$	$\sqrt{1-\dfrac{4\phi}{3\pi}}U_P$
脉冲波		$\sqrt{\dfrac{T}{t_w}}$	$\sqrt{\dfrac{T}{t_w}}$	$\dfrac{t_w}{T}U_P$	$\sqrt{\dfrac{t_w}{T}}U_P$
隔直脉冲		$\sqrt{\dfrac{T-t_w}{t_w}}$	$\sqrt{\dfrac{T-t_w}{t_w}}$	$\dfrac{t_w}{T-t_w}U_P$	$\sqrt{\dfrac{t_w}{T-t_w}}U_P$
白噪音		1.25	3	$\dfrac{1}{3.75}U_P$	$\dfrac{1}{3}U_P$

(2)低频电压测量

频率在 1MHz 以下的电压叫低频电压，多用平均值电压表来测量。平均值电压表由平均值检波而得名。

①均值检波原理

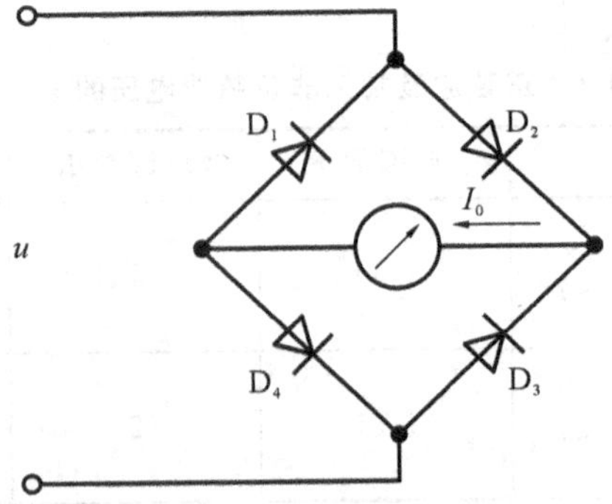

图 2-1-2 均值检波电路

检波就是整流的意思，有半波和全波整流两种，通常采用二极管全波(即桥式)整流电路，如图 2-1-2 所示。实际中 D_3、D_4 常用电阻代替。二极管受正向偏压才导通，均值检波时工作在乙类。在理想情况下，流过微安表表头的电流为：

$$I_O = \overline{I} = \frac{1}{T}\int_0^T \frac{|u(t)|}{R}dt = \frac{\overline{U}}{R} \tag{6}$$

式中 R 是微安表的等效电阻。

式(6)表明,流过表头的电流与输入电压的平均值成正比,即具有平均值响应。

②均值电压表

以均值检波构成的电压表,一般是"放大—检波"式结构,例如 DA-16 型均值电压表(图 2-1-3 所示)。阻抗变换电路由场效应管构成,以获得低噪声电平和高输入阻抗。步进分压器以扩展量程。放大器由两级组成,一级是 A,另一级是由 T_1、T_2 组成的串联负反馈放大器,其频带范围宽。检波电路由 D_1、D_2、R_1、R_2 组成,指示表头是磁电系微安表。R_{W1} 是用来调整满量程时使指针能满偏的,而 R_{W2} 是用来调零的。因检波后的一部分量负反馈到放大器,有效地解决了温度影响和刻度的非线性。

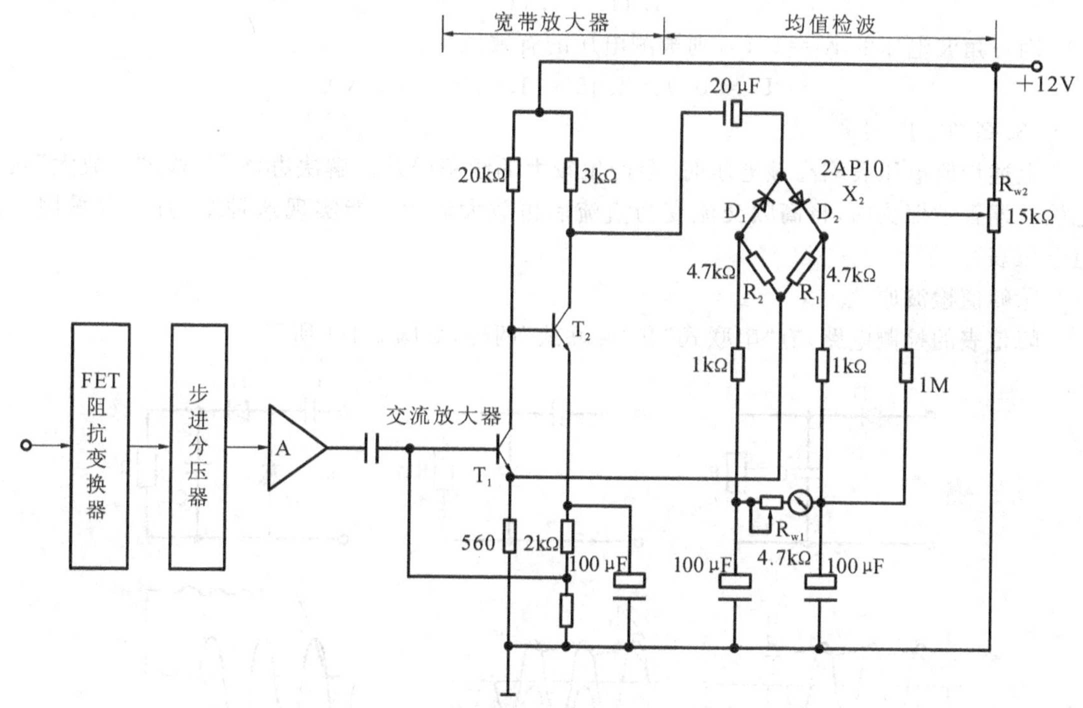

图 2-1-3　DA-16 型均值电压表的原理电路

③均值表的刻度及误差

由于驱动微安表的电流 I 正比于被测电压平均值,同时正弦电压有效值具有普遍意义,因此微安表的刻度按正弦有效值刻度,也就是说将被测电压的平均值扩大 1.11 倍来刻度。

不难理解,用均值电压表测非正弦电压(如三角波、方波等电压)时,其示值不具有直接的物理意义,也就是存在波形误差。但用于测正弦电压时,则示值即为被测结果。当用均值电压表测失真的正弦波电压时,其误差不仅取决于各次谐波的幅度,还取决于各次谐波的相位。因为相同的谐波次数,其各次谐波的幅度不同而相位相同,合成的波形各不相同;反之,在相同的各次谐波幅度下,若相位不同,合成的波形也是各不相同的。分析可知,误差随谐波初相角周期性变化,0°或 180°时最大;而奇次谐波比偶次谐波的误差大。

除了波形误差外，还有直流微安表本身的误差（等级决定）、检波二极管老化或变值以及超过频率范围所造成的误差等，但主要是波形误差。

④波形换算

均值电压表测非正弦波电压时产生的波形误差，通过波形换算来消除。方法是：先将测量时从表上得到的示值除以 1.11，求得被测电压的平均值，然后按被测电压的 K_F 或 K_P 值来求出被测电压的有效值或峰值。例如，用按正弦有效值刻度的均值电压表测三角波电压，得电压表的测量示值为 1V，要求被测电压的有效值，先按上述方法求被测电压的平均值为：

$$\overline{U}=\frac{U_a}{1.11}=\frac{1}{1.11}\approx 0.9(\text{V})$$

因三角波电压的 $K_f=1.15$，则被测电压的有效值为：

$$U=0.9\times 1.15\approx 1.04=1.04(\text{V})$$

(3)高频电压测量

上述均值电压表测高频电压时，会产生较大的频率误差。解决办法用“检波—放大”式，把检波器置于探头内，将高频交流变为直流后再放大显示。能实现这种结构的，常采用“峰值电压表”。

①峰值检波原理

峰值表的检测电路，有“串联式”和“并联式”两种，如图 2-1-4 所示。

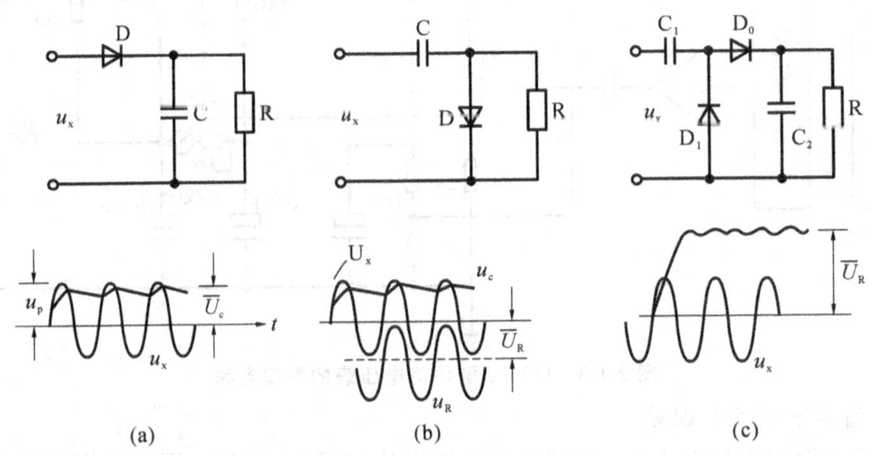

图 2-1-4　峰值表的检测电路

(a)图是串联式峰值检波，电路要求：

$$\left.\begin{array}{l} RC \gg T_{\max} \\ R_{\sum}C \ll T_{\min} \end{array}\right\} \tag{7}$$

式中 $T_{\max}$、$T_{\min}$ 是被测电压最大周期和最小周期，RC 是电容放电时间常数，$R_{\sum}C$ 是电容充电时间常数。式(7)说明，充电要快，放电要慢。这样，电容的端压平均值近似为峰值电压，即：

$$\overline{U_R} = \overline{U_C} \approx U_P$$

电路处于稳定工作状态时，只有 $U_X > U_C$ 时 D 才导通，电容 C 被充电；而 $U_X > U_C$ 时，D 截止，C 向 R 放电。可见检波二极管工作在丙类。

(b)图是并联式峰值检波，原理同串联式，只是 R 上的电压极性相反。并联式的优点在于，具有隔直作用，测出的电压是的交流部分，因而实际中应用较多。但 R 上叠加有交流电压，增加了额外的交流通路。

(c)图实际是倍压检波，是并联式与串联式的组合，构成"峰—峰"值电压表。

②峰值电压表

峰值电压表的结构为"检流——放大"式，同时因检波电路简单，所以可以将检波电路置于探头中，从而消除高频情况下探头引线分布参数的影响。国产 DYC-5 型高频电压表就是典型的峰值电压表。其检波电路是采用并联式峰值检波，高频二极管置于探极中，上限频率可达 300MHz 。原理框图见图 2-1-5。

图 2-1-5 DYC-5 型高频电压表的原理框图

为了提高"检波—放大"式电压表的灵敏度，普遍采用直流放大器，即"交—直—交"放大器，增益很高，而噪声和零点漂移都很小，可较好地解决增益与零漂之间的矛盾。如国产 HEJ-8 型超高频毫伏表就是如此。

③峰值表的刻度及误差

均值电压表一样，峰值电压表也是按正弦有效值刻度。可见，用于测正弦电压示值即为测量结果，而用于测非正弦电压时，示值也不具有直接物理意义，也存在波形误差。

此外，还存在两方面的误差。一是充放电时间常数的影响，总有，峰值检波得峰值只是相对的，存在着理论上的误差。分析可得：

$$\gamma = -2.2\left(\frac{R_{\Sigma}}{R}\right)^{2/3} \tag{8}$$

可见，R 越大，误差越小，这也正是采用"检波——放大"式的原因。因为放大器采用射极输出器有很高的输入阻抗，即有很高的 R 值。

另一种误差是频率误差。频率太低时，式(7)中的第一式 $RC \gg T_{max}$ 很难满足而产生误差，因而下限频率一般限制在 20Hz。频率太高时 $RC \ll T_{min}$ 难以满足，而且还受二极管高频参数和其它分布参数的影响，从而产生误差。

④波形换算

峰值电压表测正弦波电压时，示值即为测量结果。当测非正弦波电压时，就必须进行波形换算。因峰值电压表按正弦有效值刻度，即将被测电压的峰值缩小了$\sqrt{2}$倍。那么，换算的方法是：先将测量时的示值乘$\sqrt{2}$倍，得到被测电压的峰值后，再按被测电压的 K_F、K_P 值来求其平均值和有效值。

2-2　示波器

2-2-1　示波器的分类

示波器是用来显示信号的波形，并对诸如：峰峰值幅度、RMS幅度、DC电平、频率、脉冲宽度、上升时间等波形参数进行测量的仪器。示波器分为模拟示波器和数字示波器两大类。

从示波器的发展来看，模拟实时示波器（ART）属于第一代示波器，数字存储示波器（DSO——Digital Storage Oscilloscopes）属于第二代示波器，数字荧光示波器（DPO——Digital Phosphor Oscilloscopes）属于第三代示波器。

示波器可为工程技术人员提供眼见为实的波形，在规定的带宽内可非常放心进行测试。人类五官中眼睛视觉十分灵敏，屏幕波形瞬间反映至大脑作出判断，微细变化都可感知。因此，示波器深受使用者的欢迎。

2-2-2　示波器性能与被测信号的关系

在进行测量时，了解示波器的能力是很重要的，如标在示波器面板上的带宽和采样率以及示波器的存储单元的长度、上升时间等参数，它们将决定你的示波器能测量什么样的波形。

我们知道，为了重建一个波形，至少需要一定数量的采样点，而且在任何情况下采样时钟的频率都必须比信号频率高五至十倍。

对于上升时间的测量来说，情况也是这样。如果使用一台上升时间比被测信号的上升时间快10倍的示波器来进行测量，那么示波器本身的上升时间对测量的影响将几乎可以忽略。然而如果示波器的被测信号的上升时间相同，那么引起的测量误差可高达41%。

下面，通过例子来说明示波器性能与被测信号之间的关系。

(1)上升沿与采样率的关系

假设被测信号为一个25MHz的方波，上升沿为5ns，要精确测量此信号，则示波器在信号的上升沿最少应能采样10个点，那么采样点间隔最少为500ps，示波器的采样率最少为2Gs/s。若要完整显示信号的一个周期，即在50ns时间轴上（时基调整到5ns/div）分布的500个点都是采样获得而非插值，则采样间隔最少为100ps，这就要求示波器采样率为10Gs/s。这样高的采样率只能通过等效采样获得，而且要求被测波形是稳定的周期信号。

(2)带宽与被测信号的关系

同样，要测量上述方波，对示波器带宽也有严格的要求。

从理论上说，方波是由其基波和基波的奇次谐波分量组成，示波器的带宽所能通过的奇次谐波分量越多，重现的方波越准确。因此，在测量中选择示波器的带宽越大越好，至少应大于方波基频分量的10倍。

在实际测量中，被测方波往往还包含偶次谐波分量，并叠加有频率更高的过冲及毛刺等，若要对这些特性进行测量，则要求示波器的带宽至少能通过这些信号，而且采样率足够高，带宽具体大到什么程度要根据对被测信号的要求而定，因为带宽越大，示波器成本越高。

(3)示波器的上升时间与被测信号的关系

在模拟示波器中，上升时间是示波器的一项极其重要的指标。而在有些数字示波器中，上升时间甚至都不作为指标明确给出。当示波器的上升时间比信号的上升时间快5倍时，被测信号的异常幅度衰减可达到2%，表2-2-1给出了示波器上升时间与被测信号上升时间的关系。从表中可以看出，示波器的上升时间越快，测得的信号越准确。

表 2-2-1

示波器的上升时间	上升时间慢引起的异常幅度衰减
等于信号的上升时间	41%
比信号的上升时间快2倍	12%
比信号的上升时间快3倍	5%
比信号的上升时间快4倍	2%

另外，信号上升时间的测量还与示波器的时基选择有关，虽然信号的上升时间是一个定值，而用数字示波器测量出来的结果却因为时基选择的不同而相差甚远。得到最大采样率的时基越小测得的上升时间最小；时基越大测得的信号上升时间越大。

而时基与采样率的关系为：

时基(t/div)＝50(每格点数)/采样率

时基越小，要求采样率越大。在实际测量中，采样率还受到存储深度的影响。

(4)采样率和采样存储深度

实际上采样率是一个与时基及存储深度有关的变化量，并不总等于厂家所给的最高采样率。例如某示波器，存储深度为1ks/ch，当时基足够快(小)时，采样率为1Gs/s，到时基增大至100ns/div，一帧波形(10div)的采样时间为100ns/div×10div＝1μs，所采点数恰为1μS×1Gs/s＝1ks，已经把存储器存满。再增加时基，若按1Gs/s速度采样就存不下了，只能降低实际采样率。例如时基增加10倍，采样率就下降10倍。

存储和显示密度(SDD)的概念，定义为在某时基下，示波器t轴方向每格能用于存储和显示的点数。当SDD不大于显示分辨率时(一般为每格50个点)，SDD即为显示密度；当SDD大于显示分辨率时，表示实际存储的点数高于直接显示的需要。可供把波形拉宽观测细节。引入SDD的概念还能直观地判断荧屏上真实的采样点数是否够用。

存储和显示密度(S/div)＝ 采样率(S/s)×时基(t/div)

在实际测量中，非常讲究在一次捕获数据后，既能看到信号的全景，又能观察其中非常细小的部分。例如，既要看清几十位数字信号的脉冲列是否正常，又想仔细观察其中某个脉冲的前沿是否够陡，该边沿部分是否叠加了毛刺或寄生振荡。

(5)探头对被测信号的影响

探头往往是测量时被忽略的一个因素，而它对测量结果的影响几乎同示波器一样重要。每台示波器都配有自己专用的探头，带宽和上升时间都与示波器相匹配。虽然多数探头或者型号相同，或者性能参数相同，但还是不提倡混用。

$$t_{rise} = \sqrt{t_{osc}^2 + t_{sig}^2 + t_{probe}^2}$$

探头的带宽和上升时间的选择与示波器相同，在实际测量中，实测得到的 t_{rise} 不仅与信号的上升沿有关，还与示波器的上升时间及使用探头的上升时间有关：

式中：t_{rise}——实际测量得到的上升时间；

t_{osc}——示波器的上升时间；

t_{sig}——信号的实际上升时间；

t_{probe}——探头的上升时间。

因此，在测量中，性能不同的探头所测得的波形会有差别，在补偿一致的情况下，带宽大，上升时间快的探头测量值更准确。

另外，探头的输入阻抗也影响测量的准确度。

2-2-3　安全接地

为保证电气上的安全，多数示波器都通过电源线与安全地线相连。被测信号有可能和地线具有相同的参考电位，但并非必然如此，因此在连接探头的地线时，一定要注意不要因此而把被测系统的某一部分短路。

另一方面，即使被测系统和示波器的地线具有相同的参考电位，这也并不意味着可以用安全地线来作为信号返回通路，这是由于安全地线连接走线很长，具有很大的引线电感，因此不适合作信号返回通路。这时一定要用探头的接地引线来作为信号的参考地线，一定要使探头的接地引线尽可能的短，特别是在测高频和快速上升沿的信号时尤应注意。

在电子测量中，接地是抑制干扰的主要方法之一，将设备的地线或接地面与大地实行低阻抗连接，接地的目的是：

(1)给出设备的零电位基准；

(2)防止在设备外壳或屏蔽层上由于电荷积聚、电压上升而造成人身不安全，或引起火花放电；

(3)将设备机壳或屏蔽层等接地，给高频干扰电压形成一个低阻抗通路，以防止它对电子设备的干扰。

另外，操作者也应佩带接地手镯，防止静电损坏被测电路中昂贵的 IC。

第3章　电路调试与故障排除

3-1　调试技术

实践表明，一个电子装置，即使按照设计的电路参数进行安装，往往也难以达到预期效果。这是因为人们在设计时，不可能周全地考虑各种复杂的客观因素（如元件值的误差，器件参数的分散性，分布参数的影响等），而必须通过安装后的测试和调整，来发现和纠正设计方案的不合理。实验和调试的常用仪器有万用表、稳压电源、示波器和信号产生器。

下面介绍一般的调试方法和注意事项。

3-1-1　调试前的直观检查

（1）连线是否正确。

（2）元、器件安装情况。

（3）电源供电（包括极性）、信号源连线是否正确。

（4）电源端对地是否存在短路。

3-1-2　调试方法

调试包括测试和调整两个方面。调试方式通常采用先分调后联调（总调）。

（1）通电观察。

（2）静态调试。

（3）动态调试。

3-1-3　调试中注意事项

（1）正确使用测量仪器的接地端。

（2）在信号比较弱的输入端，尽可能用屏蔽线连线。

（3）测量电压所用仪器的输入阻抗必须远大于被测处的等效阻抗。

（4）测量仪器的带宽必须大于被测电路的带宽。

（5）要正确选择测量点。

（6）测量方法要方便可行。

（7）调试过程中，要认真观察和测量，并做好记录。

（8）如调试时出现故障，要认真查找故障原因，切不可一遇故障解决不了就拆掉线路。如果是原理上的问题，即使重新安装也解决不了问题。

3-2　检查故障的一般方法

3-2-1　故障现象和产生故障的原因

3-2-1-1　常见的故障现象

(1)电路没有输入信号,而有输出波形。

(2)电路有输入信号,但没有输出波形,或者波形异常。

(3)串联稳压电源无电压输出,或输出电压过高且不能调整,或输出稳压性能变坏、输出电压不稳定等。

(4)振荡电路不产生振荡。

(5)计数器输出波形不稳,或不能正常计数。

(6)收音机中出现"嗡嗡"交流声和"啪啪"的汽船声等。

3-2-1-2　产生故障的原因

故障产生的原因很多,情况也很复杂,有的是一种原因引起的简单故障,有的是多种原因相互作用引起的复杂故障。因此,很难对故障原因简单分类。下面进行一些粗略的分析。

(1)对于定型产品出现故障,可能是元器件损坏,连线发生短路或断路,或使用条件发生变化而影响电子设备的正常运行。

(2)对于新设计安装的电路来说,故障原因可能是:实际电路与设计的原理图不符;元器件使用不当或损坏;设计的电路本身就存在某些缺点,不满足技术要求;连线发生短路或断路。

(3)仪器使用不正确引起的故障,如示波器使用不正确而造成的波形异常或无波形,共地问题处理不当而引入的干扰等。

(4)各种干扰引起的故障(有关噪声、干扰问题将在 3-3 中讨论)。

3-2-2　检查故障的一般方法

在维修工作中故障检查方法正确与否对迅速准确判定故障所在位置并加以修复是十分重要的。检修人员在熟悉结构原理的基础上,还必须能正确的使用测量仪表,掌握基本修理方法。下面介绍几种常用的故障检查方法:

(1)直观法

在主线路板上元件较多,有许多故障的发生是由于短路、断路、接插处接触不良、部件管脚开焊等原因造成的。因此,当电路出现故障以后,应首先用直观的感觉如视、听、闻、触等方法对线路板进行检查。

(2)比较、替代法

故障检查时,借助仪表进行比较,能较快地查出故障点。另外在工作中准备好的传感器、线路板、电源、键盘等部件,若怀疑传感器、线路板、电源、键盘等某个部件损坏,用备好的部件替代,然后观察结果是否有变化,如果显示正常,则说明原来的元件有问题。比较、替代法能快速准确地判断出故障点。

(3)短路和开路法

短路法就是将电路的某一部分短路,然后通过示波器或万用表测试的结果来判断故障点。开路法就是将电路的某一部分断开,然后通过万用表来测量电阻、电压或电流来判断故障点。

(4)电压表法

所谓电压表法,即用电压表测量可能产生故障的各部分电压,依据电压的大小和有无,一般可查找到故障点。在实验室中,实验器材较少,相距并不太远,故可用测量各点的电位来确定故障点。即选用电源的一端为参考点,从电源的另一端,依回路电位降低的方向逐点进行测量判断。其中各连接导线的阻值、电流表的内阻近似为零,可认为无电位降落,否则即为开路故障点。在查找过程中应一边判断一边处理,直至电路恢复正常。

当然还有万用表检查静态工作点法、信号寻迹法、对比法以及暴露法等,在此不一一列举了。

3-3 电子电路干扰的抑制

3-3-1 干扰源

电子电路设备外部干扰源主要有:

(1)电弧机、日光灯、弧光灯、辉光放电管、火花点火装置等产生的干扰。

(2)直流发电机及电动机,交流电动机等旋转设备,以及继电器、开关等产生的干扰。

(3)由大功率输电线产生的工频干扰。

(4)无线电设备辐射的电磁波等。

电子电路设备内部产生的干扰主要有:

(1)交流声。

(2)不同信号的互相感应。

(3)寄生振荡。

(4)绕线电位器的动点、电子元件的引线和印刷电路板布线等各种金属的接点间,由于温度差而产生的热电动势等。

在数字电路中,由于传输线各部分的特性阻抗不同或与负载阻抗不匹配时,所传输的信号在终端部位发生一次或多次发射,使信号波形发生畸变或发生振荡等。

3-3-2 干扰途径及其抑制方法

为减少设备内部产生的干扰,设计人员应注意以下几点:

(1)元、器件布置不可过密。

(2)改善电子设备的散热条件。

(3)分散设置稳压电源,避免通过电源内阻引进干扰。

(4)在配线和安装时，尽量减少不必要的电磁耦合。

(5)尽量减少公共阻抗的阻值。

(6)低频信号采用一点接地。

(7)数字器件的输入端子不可悬空，必须结合电路的实际情况和条件妥善处理。

对电子设备外部干扰源，应该根据干扰的性质采取不同的有效措施，消弱(或消除)干扰。

(1)电子设备应远离高压电网、电台、电视台、电机、交流接触器等干扰源。

(2)对于以电场或磁场形式进入放大电路的干扰，可利用屏蔽将电子电路放在金属罩里，使干扰消弱。

(3)对于通过电子电路输入线引入的干扰可通过加入不同的滤波器。

第 2 部分　Multisim 10

第 4 章　Multisim 10 概述

EDA(Electronic Design Automation,电子设计自动化)技术是电子信息科学技术发展的杰出成果。EDA 技术一般包括 3 个方面的内容:通过计算机的设计仿真软件进行原理设计及验证;借助 PCB(Printed Circuit Board)软件进行电路板的设计;借助可编程逻辑器件(PLD)的设计软件进行可编程器件的设计。Multisim 10 就是一种优秀的电路设计仿真软件。

4-1　Multisim 发展简介

20 世纪 70 年代美国加州柏克莱大学推出了 Spice(Simulation Program with Circuit Emphasis)程序。Spice 程序将常用的元件用数字模型来表示,可以通过软件对电路进行仿真和模拟。它的出现带动了电路仿真模拟技术的飞速发展。

加拿大 Interractive Image Tech 公司(简称 IIT 公司)于 1988 年推出了基于 Spice 元件模型的电路设计仿真软件 Electronics Workbench(简称 EWB)。EWB 以其界面形象直观、操作方便、分析功能强大、易学易用等突出优点,引起广大电子设计工作者的关注并迅速得到推广应用。从 20 世纪 90 年代中期开始,在我国也得到了快速推广。常用的 EWB 版本有 4.0d 和 5.0c。为了拓宽 EWB 软件的 PCB 功能,IIT 公司推出了自己的 PCB 软件——Electronics Workbench Layout,可以使 EWB 的 PCB 功能电路图文件更直接方便地转换成 PCB。

随着电子技术的飞速发展,EWB 版本的设计仿真功能已经远远不能满足需要。IIT 公司从 EWB 6.0 版本开始,将专注于电路设计仿真的软件模块更名为 Multisim,而将 Electronics Workbench Layout 设计模块更名 Ultiboard。为了加强 Ultiboard 的布线能力,还开发了一个 Ultiboard 布线引擎。另外 IIT 公司又推出了一个专门用于通信电路分析与设计的软件模块 Commsim。IIT 公司的 Multisim,Ultiboard,Ultirout 和 Commsim 是目前 EWB 的基本组成部分,它们能完成从电路的仿真设计到电路版图生成的全过程,但它们彼此相互独立,可以分别使用。目前,这 4 个 EWB 模块中最具特色的仍是 EWB 仿真模块——Multisim。

从 2001 年开始,IIT 公司对先前的版本进行改进,陆续推出了 Multisim 2001,Multisim 7,Multisim 8。其基本元件的数学模型是基于 Spice3.5 版本,但增加了大量的 VHDL 元件模型,可以仿真更复杂的数字元件,另外解决了 Spice 模型对高频仿真不精确的问题。Multisim 在保留了 EWB 形象直观等优点的基础上,大大增强了软件的仿真测试和分析功能(如增加了许多电路仿真软件所不具有的射频电路仿真功能),大大扩充了元件库中的元件的数目,特别是增加了大量与实际元件对应的元件模型,使得仿真设计的结果更精确,更可靠,更具有实用性。

此后,Multisim 被美国 NI 公司收购,其性能得到了极大的提升。最大的改变就是将 Multisim 9 与 Labview 8 进行完美结合。用户可以根据自己的需求制造出真正属于自己的仪器;所有的虚拟信号都可以通过计算机输出到实际的硬件电路上;所有硬件电路产生的结果都可以输回到计算机中进行处理和分析。它能构建仿真电路;仿真电路环境;完成单片机、FPGA、PLD,CPLD 等仿真,包含了通信系统分析与设计的模块;PCB 设计模块;自动布线模块等。

目前各高校教学中普遍使用的是 Multisim 10.0(本书使用 Multisim 10),它的主要特色是所见即所得的设计环境;互动式的仿真界面;动态显示元件(如:LED,七段显示器等);具有 3D 效果的仿真电路;虚拟仪表(包括 Agilent 仿真仪表);分析功能与图形显示窗口。

本书第二部分就将对在电路与电子技术实验中所需的 Multisim 10 的相关部分做详细介绍,以期读者能自学该软件。

4-2 Multisim 10 的基本界面

启动 Multisim 10,打开如图 4-2-1 所示的 Multisim 10 的基本界面(默认状态下,电路窗口的背景是黑色的。可通过设置来改变背景颜色)。

从图 4-2-1 中可以看出,Multisim 基本界面主要由菜单栏(Menus)、系统工具栏(System Toolbar)、设计工具栏(Multısim Design Bar)、使用中的元件列表(In Use List)、仿真开关(Simulate Switch)、元件工具栏(Component Toolbar)、连接 Edaparts. com 按钮、仪表工具栏(Instrument Toolbar)、电路窗口(Circuit Windows)和状态栏(Status Line)等部分组成。

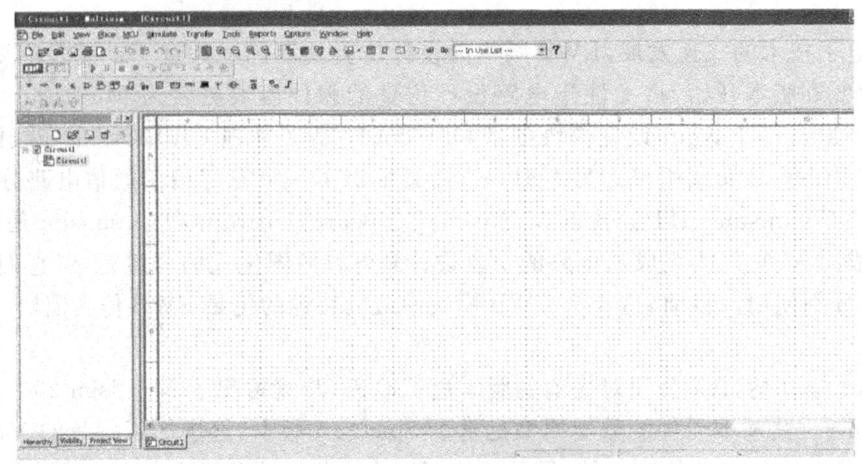

图 4-2-1 Multisim 10 的基本界面

4-2-1 菜单栏

与所有 Windows 应用程序类似，菜单栏中提供了 Multisim 10 的几乎所有的操作功能命令。Multisim 10 菜单栏包含着 12 个主菜单，如图 4-2-2 所示，常用的有 File(文件)菜单，Edit(编辑)菜单，View(窗口显示)菜单，Place(放置)，Simulate(仿真)菜单，Transfer(文件输入)菜单，Tool(工具)菜单，Option(选项)菜单和 Help(帮助)菜单。Multisim 10 比 2001 版增设了 MCU(单片机仿真)、Reports(报告)及 Window 菜单。在每个主菜单下都有一个下拉菜单，用户可以从中找到各项操作功能的命令。

File Edit View Place MCU Simulate Transfer Tools Reports Options Window Help

图 4-2-2 菜单栏

下面对常用菜单作介绍：

(1)File 菜单

主要用于管理所创建的电路文件，如打开，保存，和打印等，如表 4-2-1 所示。

表 4-2-1

命令	功能说明
New	提供一个空白窗口以建立一个新文件
Open	打开一个已存在的文件
Close	关闭当前工作区的文件
Save	将工作区的文件以 *.msm 的格式存盘
Save as	将工作区的文件换名存盘
Print	打印
Print instruments	打印当前工作区内仪表的波形图
Print Circuit setup	打印电路原理图的设置
Recent Designs	查询/打开最近编辑过的设计

File 菜单中还有其它类似上表所述命令，在此不一一说明。后述菜单命令的功能说明同此。

(2)Edit 菜单

Edit 菜单主要用于在电路绘制过程中，对电路和元件进行各种技术处理，如表 4-2-2 所示。

表 4-2-2

命令	功能说明
Undo	取消前一次的操作
Cut	将选取的部分剪下，放到剪贴板里
Copy	将选取的部分复制到剪贴板

续表 4-2-2

命令	功能说明
Paste	将剪贴板里的部分复制到指定位置
Delete	删除所选取的部分
Select All	选取所有的部分
Orientation 中的 Flip Horizontal	将选取的部分左右翻转
Orientation 中的 Flip Vertical	将选取的部分上下翻转
Orientation 中的 90 clockwise	将选取的部分顺时针旋转 90 度
Orientation 中的 90 counterCW	将选取的部分逆时针旋转 90 度
Properties	编辑所选取部分(例如元件)的属性

(3)View 菜单

View 菜单用于确定仿真界面上显示的内容以及电路图的缩放和元件的查找，如表 4-2-3 所示。

表 4-2-3

命令	功能说明
Zoom In	放大显示
Zoom Out	缩小显示
Show Crid	显示栅格
Show Border	显示边界
Show Page Bounds	显示纸质边界
Statusbar	显示状态栏
Toolbars	选择工具栏
Grapher	显示图表

(4)Place 菜单

Place 菜单提供在电路窗口内放置元件、连接点、总线和文字等命令，如表 4-2-4 所示。

表 4-2-4

命令	功能说明
Component	放置一个元件
Junction	放置一个节点
Bus	放置一个总线

续表 4-2-4

命令	功能说明
New Hierarchical Block	放置一个层次模块
New Subcircuit	放置一个子电路
Replace by Subcricuit	用一个子电路替代
Text	放置文字

(5)Simulate 菜单

Simulate 菜单提供电路仿真设置与操作命令，如表 4-2-5 所示。

表 4-2-5

命令	功能说明
Run	执行仿真
Pause	暂停仿真
Instrument	选择虚拟仪表
Digital Simulation Settings	选择数字电路仿真设置
Analyses	选择仿真分析功能
Postprocess	打开后处理器对话框
Simulation Error Log/Audit Trail	显示仿真的错误记录/检查仿真踪迹
Xspice Command Line Interface	显示 Xspice 命令行界面
Auto Fault Option	自动设置电路故障
VHDL Simulation	进行 VHDL 仿真
Clear Instrument Data	清除仪表数据
Use Tolerances	容差设置

(6)Transfer 菜单

Transfer 菜单提供将仿真结果传递给其他软件处理的命令，如表 4-2-6 所示。

表 4-2-6

命令	功能说明
Transfer to Ultiboard 10	传送给 Ultiboard 10
Transfer to PCB Layout	传送给 PCB 软件
Export Netlist	产生 Spice 格式的网表

(7)Tools 菜单

Tools 菜单主要用于编辑或管理元器件和元件库，如表 4-2-7 所示。

表 4-2-7

命令	功能说明
Component Wizard	新建元件库工具
Database	元件库管理
Circuit Wizards	新建集成电路元件库
Update Circuit Component	升级更新元件库
Electrial Rules Check	检测是否满足电路规定
Srmbol Editor	符号编辑

(8)Options 菜单

Options 菜单用于设置电路的界面和电路某些功能的设置，如表 4-2-8 所示。

表 4-2-8

命令	功能说明
Global Preferences	全局设置
Sheet Properties	电路图中参数显示设置
Customize User Interface	自定义用户界面

(9)Help 菜单

Help 菜单主要为用户提供在线技术帮助和使用指导，如表 4-2-9 所示。

表 4-2-9

命令	功能说明
Multisim Help	帮助主题目录
Component Reference	帮助主题索引
Release Notes	发行声明
About Multisim	有关于 Multisim 的说明

4-2-2 系统工具栏

系统工具栏如图 4-2-3 所示，它包含了常用的基本功能按钮，与 Windows 的基本功能相同。

图 4-2-3 系统工具栏

4-2-3 元件工具栏

Multisim 10 将所有的元件模型分门别类的放到 18 个元件分类库中，每个元件库放置同一类型的元件。有着 18 个元件库按钮（以元件符号区分）组成的元件工具栏，如图 4-2-4 所示。

图 4-2-4 元件工具栏

4-2-4 仪表工具栏

该工具栏包含有 21 种用来对电路工作状态进行测试的仪器仪表，如图 4-2-5 所示。

图 4-2-5 仪表工具栏

4-2-5 电路窗口

电路窗口也称为 Workspace，相当于一个现实工作中的操作平台，电路图的编辑绘制、仿真分析及波形数据显示等都在此窗口进行。

4-2-6 其他

(1)仿真开关

仿真开关用于开始、暂停或结束电路仿真。

(2)使用中的元件列表

使用中的元件列表中列出了当前电路所使用的全部原件，以供检查或重复调用。

(3)状态栏

状态栏显示有关当前操作以及鼠标所指条目的有用信息。

第 5 章　Multisim 10 的基本操作

电路的计算机设计仿真与测试要以电路原理图为基础。本章详细介绍用户界面的定制、元件的取用、连线和连接点、总线、子电路、文字与文字描述框等绘制电路原理图的基本操作。

5-1　用户界面的定制

5-1-1　概述

定制用户界面可以方便原理图的创建、电路的仿真分析和观察。创建一个电路之前，可根据具体电路的要求和用户的习惯设置一个特定的用户界面。

5-1-2　定制的方法

用户界面的定制主要通过 Global Preferences 和 Sheets Preferences 对话框中提供的各项选择功能来实现。

启动 Options 菜单中的 Global Preferences 命令，即出现 Preferences 对话框，如图 5-1-1 所示。

5-1-2-1　Preference 对话框

Preference 对话框中有 4 页，每页中包括若干个功能选项。通过这 4 页可对软件的全局界面进行定制。

(1)Paths 页如图 5-1-1 所示。

Paths 页可对路径进行设置。

①Circuit default path：电路默认路径。

②User button images path：用户按钮图像路径。

③User settings：用户设置区。

Configuration file：用户配置文件。

New user configuration file from template：从模板新建用户配置文件。

④Database Files：数据库文件区。

Master database：基本数据库。

Corporate database：公司数据库。

User database ：用户数据库。

(2)Save 页如图 5-1-2 所示。

Save 页用于设置保存。

①Create a “security copy”：创建“安全附件”。

“安全”副本包含最后保存的文件的变化，而且它能从出事的文件相同的位置被找到，以

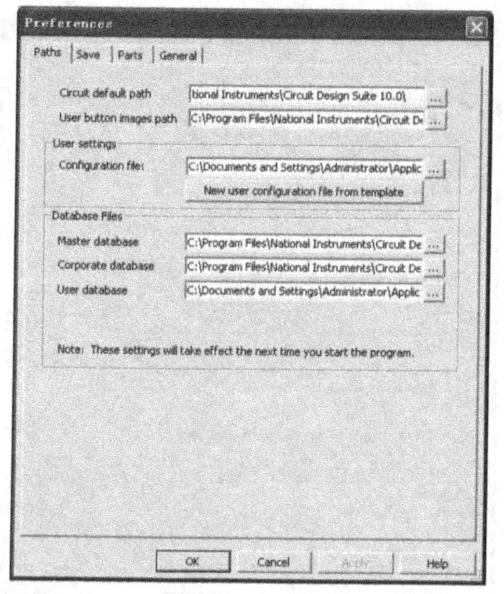

图 5-1-1　path 页

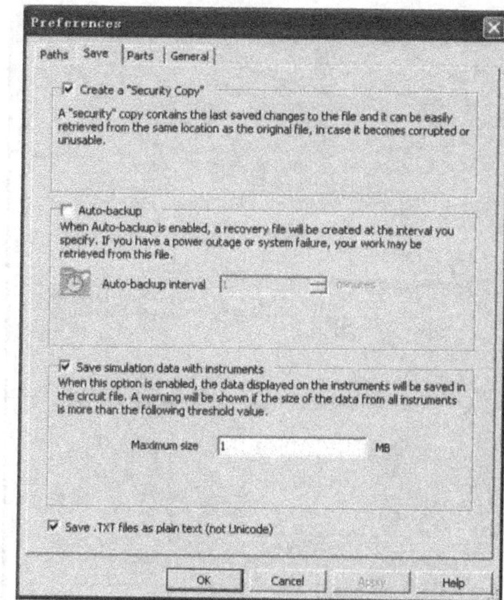

图 5-1-2　save 页

防万一破坏无法使用。

②Auto-backup：自动备份。

当自动备份被允许，一个恢复文件将在你指定的时间产生。如果停电或者系统故障，能重新找回这个文件。

③Save simulation data with instruments：保存仿真数据和仪器。

当这个选项被允许，仪器数据将会保存在线路文件中。如果所有的仪器的数据大小超过下列的阀值将会显示警告。

④Save. TXT files as plain text (not Unicode)：保存. TXT 文档。

(3)Parts 页如图 5-1-3 所示。

Parts 页用于设置零件和仪器。

①Place component mode：放置元件方式。Return to Component Browser：在布局以后回到原件浏览。Place single component：放置单一元件。Continuous placement for multi-section part only (ESC to quit)：仅对多单元元件连续放置(ESC 键退出)。

Continuous placemen：连续放置元件(ESC 退出)

②Symbol standard：符号标准 ANSI：美国国家标准学会(American National Standards Institute)。DIN：德国工业标准(Deutsche Industrie Normen)。

③Positive Phase Shift Direction 正相位移方向。

Shift right：右移。

Shift left：左移。

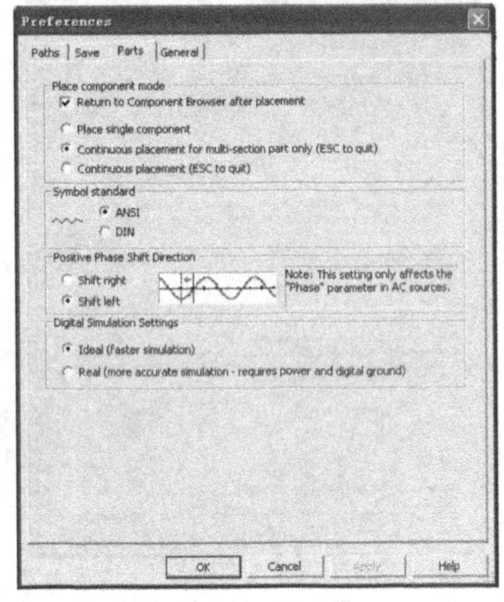

图 5-1-3 parts 页

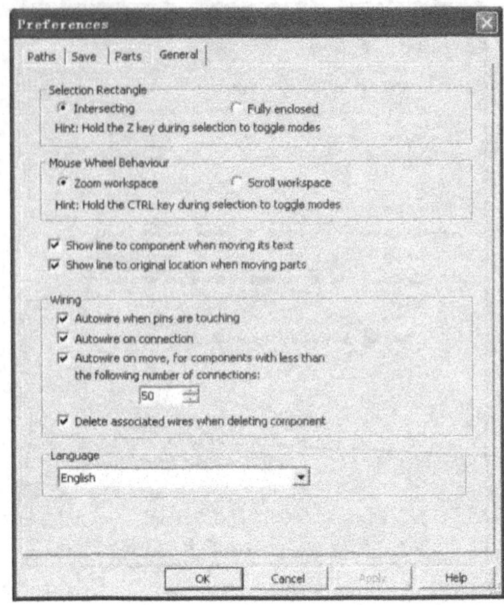

图 5-1-4 general 页

④Digital Simulation Settings 数字仿真设置。

Ideal (faster simulation)：理想(快速仿真)。

Real (more accurate simulation requires power and digital ground)实际(能较全面地模仿现实的数字元件，编辑的电路原理图中要有提供给数字元件的电源和数字接地端，其仿真精确度较高，但速度较慢)。

(4)General 页如图 5-1-4 所示。

General 页用于设置常规选项。

①Selection Rectangle：选择矩形。

Intersecting：相交。

Fully enclosed：全封闭式。

②Mouse Wheel Behaviour：鼠标滚轮行为。

Zoom workspace：缩放工作区。

Scroll workspace：卷轴工作区。

③Show line to component when moving its text—移动元件时显示连线。

④Show line to original location when moving parts—移动元件时显示连线最初位置。

⑤Writing：配线。

Autowire when pins are touching：当引脚接触时自动连线。

Autowire on connection：在接点上自动连线

Autowire on move：表示在移动元件时，自动重新连线。

⑥Language:语言。

5-1-2-2　Sheets Preferences 对话框

Sheets Preferences 对话框中有 6 页。

(1)Circuit(电路)页如图 5-1-5 所示。

①Show:显示。

(a)Component:元件。

Labels:标签;Variant Data:不同数据;RefDes:参考标识;Attributes:特性;Values:数值;Symbol Pin Names:标注的引脚名称;Initial Conditions:初始条件;Footprint Pin Names:器件封装的引脚名称;Tolerance:容差。

(b)Net Names:网络名字。

Show All:全显示;Use Net－specific Setting:使用网络详细设置;Hide All:全隐藏。

(c)Bus Entry:总线入口。

Show labels:显示标签。

②Color 颜色

此处可以更改背景、选择、导线、模型元件、非模型元件、虚拟元件的颜色。

③Save as default—保存为默认值

(2)Workspace(工作区)页如图 5-1-6 所示。

①Show:显示。

Show grid:显示网格;Show page bounds:显示页边界;Show border:显示边框。

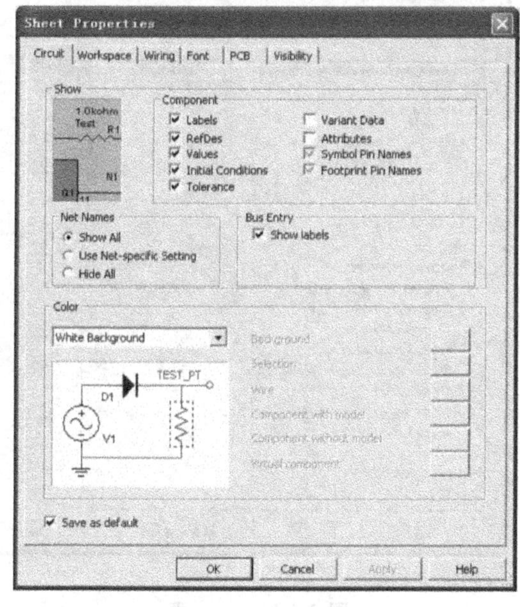

图 5-1-5　circuit 页

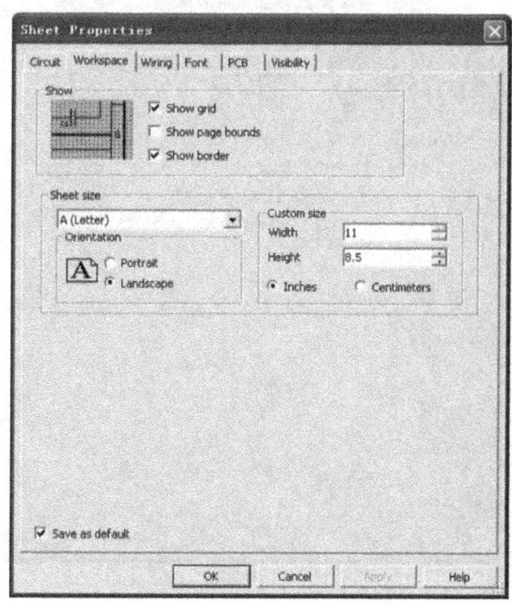

图 5-1-6　workspace 页

②Sheet size：图纸大小。

Orientation：方向。Portrait ：纵向；Landscape：横向。

③Custom size—自定义大小。Width：宽度；Height：高度。

(3)Wiring(配线)页如图 5-1-7 所示。

①Drawing Option：画图选项。

Wire width：线宽；Bus width：总线宽度。

②Bus Wiring Mode：总线配线模式。

Net (Use net names)：网络(使用网络名)；Busline 总线连线。

(4)Font(字体)页如图 5-1-8 所示。

①Font：字体(选择字体名称)。

②Font Style：字体类型(选择常规、粗体、粗斜、斜体)。

③Size：大小。

④Change All：全部更改。Component RefDes：元件参考标识；Component Values and Labels：元件参数和标签；Component Attributes：元件属性；Footprint Pin Names：器件封装的引脚名称；Symbol Pin Names：标注的引脚名称；Net Names：网络名字；Schematic Texts：原理图文本；Comments and Probes：注解；Busline Name：总线连线名称。

⑤Apply To：应用于。Selection：选择；Entire Circuit：整个电路。

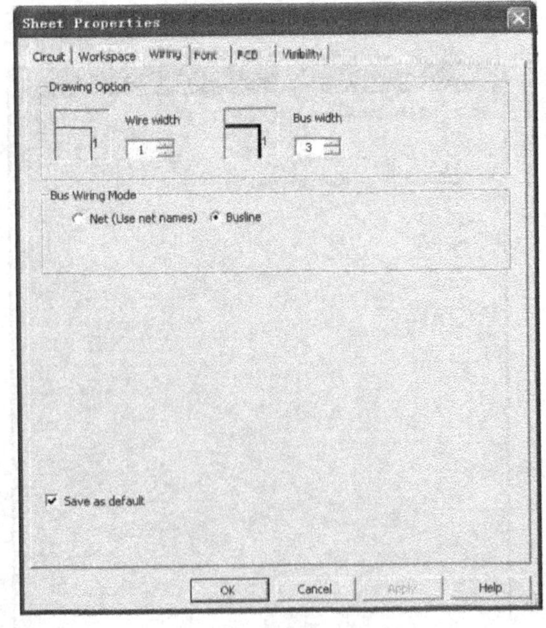

图 5-1-7　wiring 页

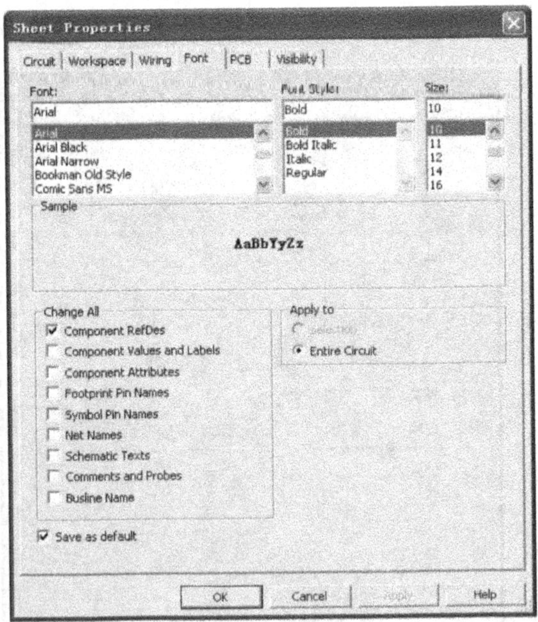

图 5-1-8　Font 页

⑥Save as default：保存为默认值。

(5)PCB 页如图 5-1-9 所示。

①Ground Option：接地选项。Connect digital ground to analog ground：将数字与模拟地相连。

②Export Settings：导出设置。

③Number of Copper Layers：铜层的编号。

④Save as default：保存为默认值。

(6)Visibility(可视化)页。

①Fixed Layers：固定层。

②Custom Layers：自定义层。

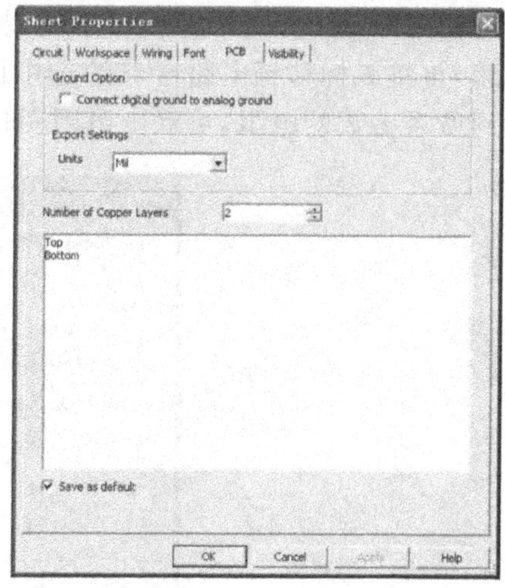

图 5-1-9　PCB 页

5-2　元件的取用

5-2-1　概述

在 Multisim 10 中，元件从其结构上可以分为信号源元件、虚拟元件及真实元件 3 种，使用元件工具栏可以方便的对它们进行选用。

信号源元件都是虚拟元件并且没有相应的元件封装。所谓虚拟元件也是可使用的，只是它们的模型参数使用的是此类元件的典型值而不是某一个具体型号元件的参数，而且某些参数可以根据用户的需要自行确定(例如，任意阻值的电阻)，由于没有相应的封装，不能传送到印制板设计软件 Ultiboard 中去。真实元件就是用户在实际工作中使用的具体型号元件，在 Multisim Database 库里提供有大量这样的元件，它们具有精确地仿真模型并且配合了相应的封装，为仿真真实系统和连接印刷版设计提供了方便。

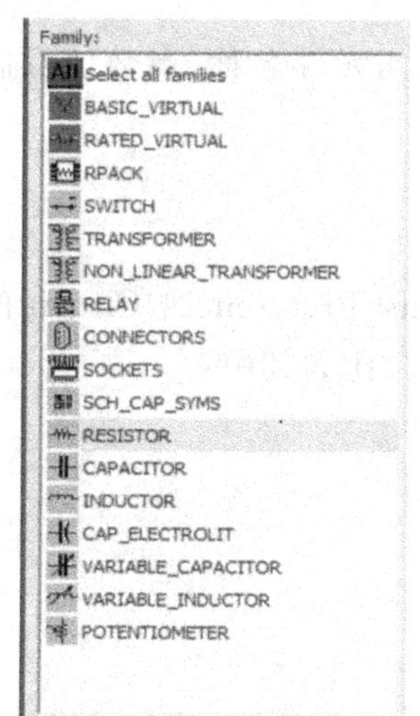

图 5-2-1　元件箱

在 Multisim 里为了明确区分真实元件和虚拟元件，在元件工具栏上采用了不同元件按钮图标底色。如果按钮的底色是墨绿色，那么表示该元件是虚拟元件(尽管信号源元件按钮的底色不是墨绿色的，但它们仍是虚拟元件)。图 5-2-1 中所示的是元件库(部分)。

5-2-2　虚拟元件的取用

选取元件最直接的方法是从元件工具栏的元件库中选取。选取元件时，一般首先要知道该元件是属于那个元件库，然后将鼠标指针指向所要选取的元件所属的元件分类库，既可拉出该元件库(是否会自动打开或关闭元件分类库，可预先进行设置)。

以虚拟电阻(Virtual Resistor)为例,从虚拟电阻箱中取出 50Ω 电阻,即先用鼠标单击虚拟电阻箱,再将鼠标移至电路窗口的选中区域后单击,就在选中区域放置了一个虚拟电阻。为了得到所需参数的电阻,可双击电阻图标,打开其属性对话框如图 5-2-2 所示。

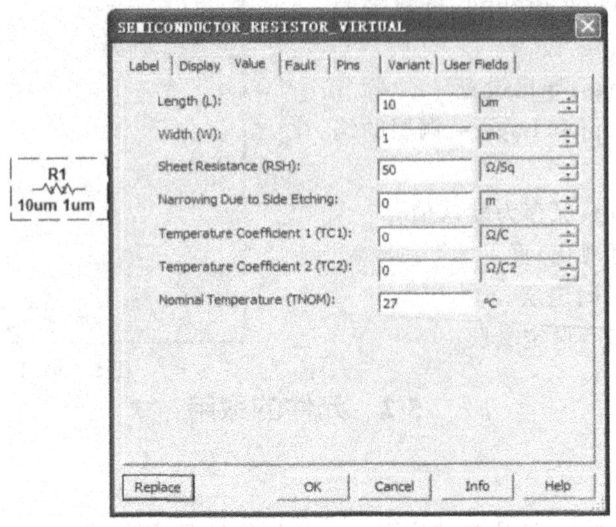

图 5-2-2　虚拟电阻属性对话框

从图中可以看出,该对话框有 Label、Display、Value 和 Fault 等(其他设置介绍省略)。

(1)Label 页如图 5-2-3 所示。

Label 页用于设置元件的标注。

①RefDes 表示该电阻的元件序号,是元件唯一的识别码,必须设置且不允许重复。

②Label 为该电阻的标注文字,没有电器意义,可输入中文。

③在 Attributes 窗口中,用户可记录所用的电阻的相关信息,如元件名称、参数值及制造者等。

(2)Display 页如图 5-2-4 所示。

Display 页用于确定元件在电路窗口中所要显示的信息。

若选择 Use Schematic Option global setting 选项,则按 Options/Preferences/Circuit 的设置显示元件。反之,则按图 5-2-4 所示灰色选项设置元件的显示。比如其中:

Show Labels 显示元件的标注。

Show Values 显示元件的参数值。

Show RefDes 显示元件的序号。

Show Attributes 显示元件的属性。

(3)Value 页如图 5-2-2 所示。

Value 页用以设置元件参数值,其中:

①Sheet Resistance 设置电阻值,在右边栏中选定其单位。

图 5-2-3　Lable 页

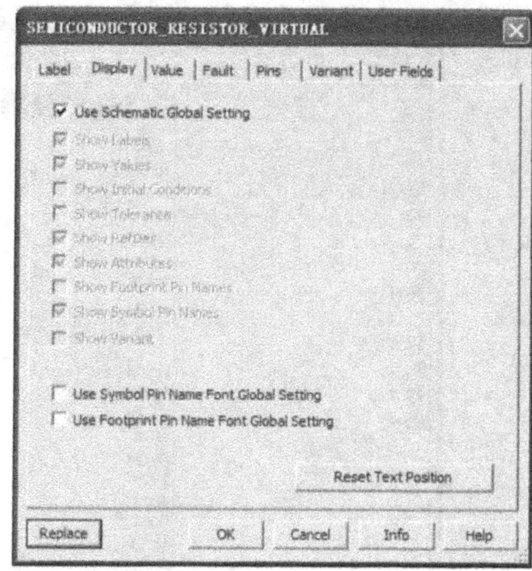

图 5-2-4　Display 页

②TC1 设置该电阻的一次温度参数。

③TC2 设置该电阻的二次温度参数，

④TNOM 设置参考环境温度，(默认值为 27℃)。

电阻值与温度之间的关系为

$$R = R_0 \times \{1 + T_{c1} \times (T - T_0) + T_{c2} \times [(T - T_0)2]$$

式中，T_0 为参考温度。

(4)Fault 页如图 5-2-5 所示。

Fault 页用于设置元件可能出现的故障，以便预知该元件发生相应故障时可能出现的现象。

①选择 None 选项，不设置产生故障。

②选择 Open 选项，元件两端开路。

③选择 Short 选项，元件两端短路。

④选择 Leakage 选项，元件发生漏电故障，漏电阻的大小可在其下面的栏内设置。

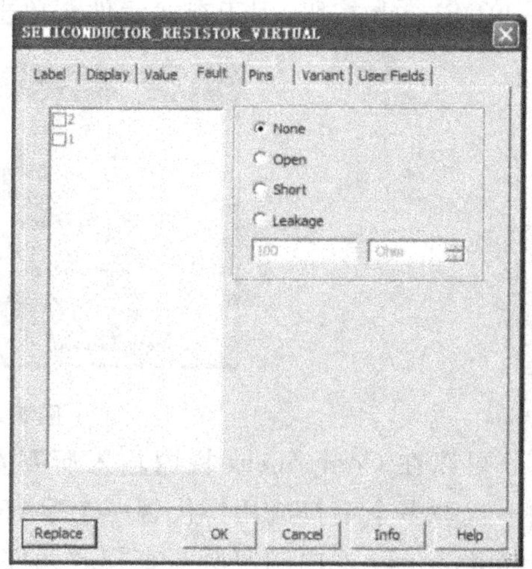

图 5-2-5　Fault 页

5-2-3　真实元件的取用

真实元件的取用方法与虚拟元件的取用方法不同。以取用 7400N 元件为例，从元件工具栏的 TTL 元件库，点击 74 图标，将打开(不是放置了一个真实元件在电路窗口里)如图 5-2-6 所示的 Component Browser(元件浏览器)对话框。其中：

(1)Database 栏有可供选择的元件数据库。根据需要选择某一层次的元件数据库，以元件工

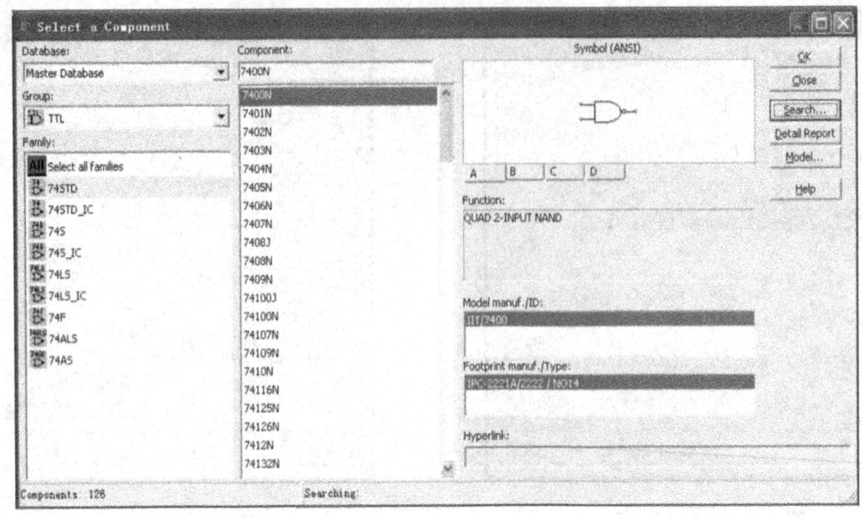

图 5-2-6 Component Brower **对话框**

具栏的形式显示。默认情况下为 Master Database(主元件库),这也是最常用的元件数据库。

(2)Component 栏显示元件名称列表,可从中直接选取所要选取的元件。

(3)Symbol 区:用于显示元件的符号预览。

(4)Function 栏显示元件的功能说明。

(5)Model manuf. 显示元件名称。

(6)Footprint 栏显示元件外形名称(封装形式),PCB 软件接口必备。

(7)Operations 区,其中:

①Search 按钮:用于查找元件。单击该按钮后将出现如图 5-2-7 所示的对话框。

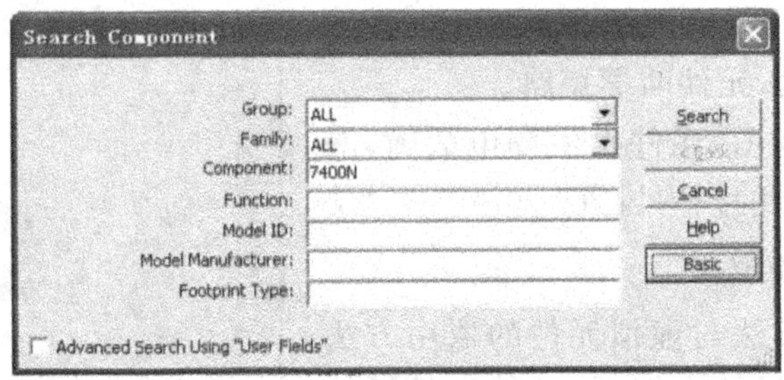

图 5-2-7 Search **对话框**

可以在 Component 栏内输入所要查找的元件名称(不需要输入完整的零件名称,可以用 * 代替多个字符或用? 代替一个字符进行模糊搜索,同时输入字符不限制大小写);或在 Manufacturer 栏内制定所要查找的元件制造厂商名称;或在 Footprint 指定所要查找的元件外型名称。

如果找到符合查找条件的元件，则显示结果，如图 5-2-8 所示。

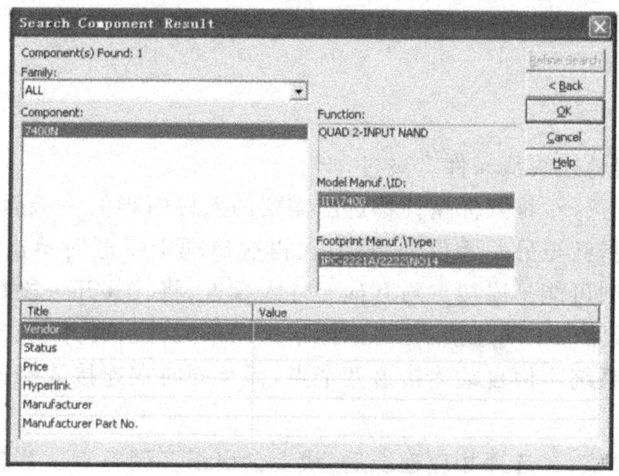

图 5-2-8　元件查找结果

②Detail Report 按钮：是列出详细的元件资料，可以浏览或打印。

选择元件后，单击 OK 按钮关闭 Component Browser 对话框，即在电路窗口放置了一个选中的元件。若选取诸如 7400 之类的复合封装的元件(一个 IC 内有多个相同的单元元件)，则程序会要求用户指定所要采用的单元元件，如选择 7400N(包括 4 个与非门)，将出现选择框，选择其中一项即可取出一个与非门。

5-2-4　元件的操作

先将鼠标指针指向所要进行操作的元件后，单击，则在该元件的 4 角将各出现一个小方块，然后单击鼠标右键，在出现的快捷菜单中(见图 5-2-9)选取相应的操作命令。

另外，若要移动元件，则可将鼠标指针指到所要移动的元件上，按住鼠标左键，然后移动鼠标将其移动到适当的位置后放开左键即可。

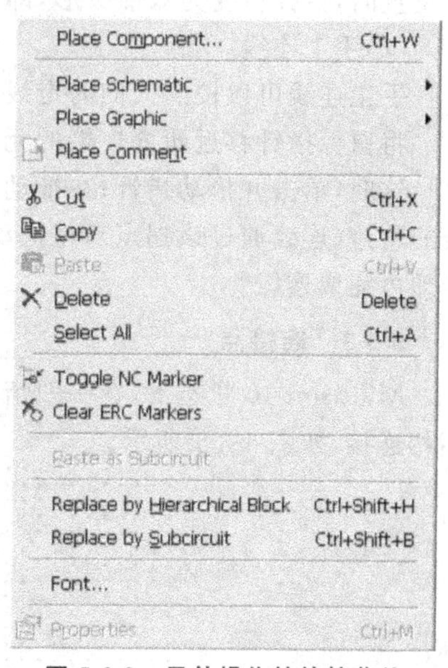

图 5-2-9　元件操作的快捷菜单

5-3　连线和连接点

5-3-1　概述

将取用的元件放置在电路窗口以后，使用连线将元件与元件、元件与仪表等连接起来，以完成电路的建立。连线时既可以选择自动连线，也可以选择手动连接。自动连线是 Multisim 10 的一个非常实用的功能。

在电路图中，线的交叉时不可避免的。线的交叉点是否为连接点取决于电路设计的需要，Multisim 10 根据不同情况进行了相应的处理。

5-3-2 连线

(1)自动连线

自动连线可以避免连线从元件上飞过。

①两元件之间的选择：将鼠标指针移近所需要的元件引脚的一端后，鼠标指针会自动呈十字形，单击并拖动指针至另一元件的引脚，在再次出现十字形时单击即可自动完成连线。如果连线没有成功，则可能是连接点与其他元件太靠近，将其移开一段距离即可。

②元件与某一线路的中间连接：先将鼠标指针向该元件引脚并单击，然后将其拖向所要连接的线路在单击，系统不但自动连接这两个点，而且同时在连接线路的交叉点上自动设置一个连接点。

③连线轨迹的调整：在选择相应连线后，线上会出很多调整点。当鼠标指针移到调整点上时，指针变为三角形，移动三角形光标，即可改变连线的形状；当鼠标指针移到连线的非调整位置时，指针将变为双箭头形，即可平移连线。

(2)手工连线

手工连线可以按照人们的走线习惯进行布线。

将鼠标指针移近所要连接的元件引脚一端后，鼠标指针会自动呈十字形，

这时，单击并拖动指针；在拖动指针的过程中在期望的拐点的相应位置单击，可控制连线的轨迹(连线通过该拐点)；将拖动鼠标指针至另一元件的引脚，待鼠标再次呈十字形时单击即可完成连线。

5-3-3 连接点

Multisim 10 状态下，在一般情况下两条线交叉而过不会产生连接点，即两条交叉线并不相连接，如图 5-3-1 所示。

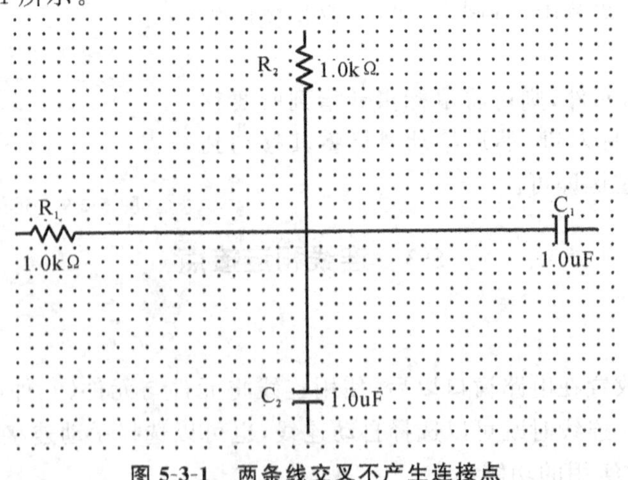

图 5-3-1 两条线交叉不产生连接点

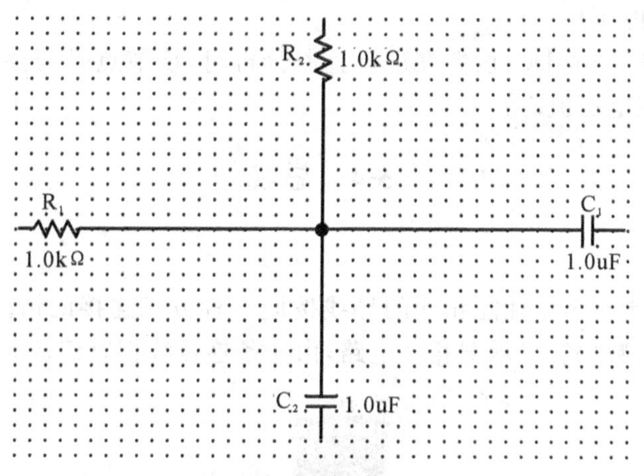

图 5-3-2 设置一个连接点

如果要让交叉线相连接，则可在交叉点上设置一个连接点。操作方法是：启动 Place 菜单中的 Place Junction 命令，单击所要设置连接点的位置，即可在该位置设置一个连接点，两条线就会连接，如图 5-3-2 所示。为连接可靠，在设置连接点之后，可稍微移动一下与该连接点相连接的其中一个元件，查看是否有“虚焊”。

5-3-4 连接和连接点的相关操作

(1)设置连线与连接点的颜色

为使电路中各连线及连接点彼此之间清晰可辨，可通过设置不同的颜色来区分：将鼠标指针指向某一连线或连接点，单击鼠标右键选中，出现类似于图 5-2-9 所示的元件操作的快捷菜单(此时只有 Delete 删除命令、Color 命令和 Help 命令)，在快捷菜单中选择 Color 命令，打开颜色对话框，选取所需颜色，单击“确定”按钮，这时连接点及其直接相连的线路的颜色将同时改变。

(2)删除连线和连接点

如果要删除连接点，则可将鼠标指针指向所要删除的连接点，单击鼠标右键选取该点，在出现的快捷菜单中选择 Delete 命令即可。

(3)编辑连线

若双击要编辑的连线，则可以打开其连线属性对话框，如图 5-3-3 所示。其中：

①Net name：设置节点编号。

②PCB Trace width：设置该连线在电路板里的走线宽度。

③Use IC for Transient Analy ：设置在进行瞬态分析时，该节点是否有初始值，选中后在右

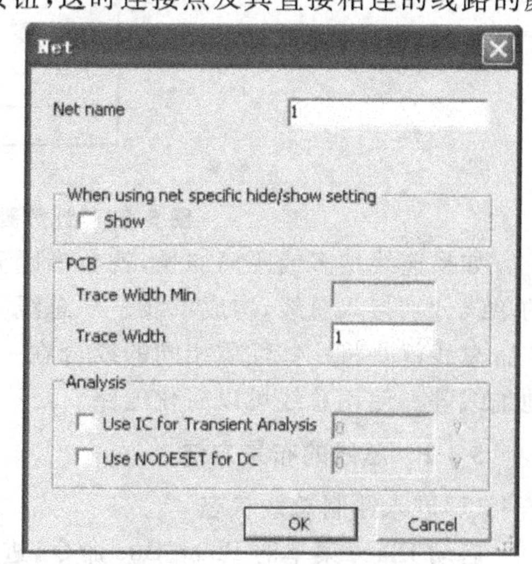

图 5-3-3 连线属性对话框

边框中设置初始值(电压)。

④Use NODESET for DC:设置在进行直流分析时,该节点是否要有节点电压,选中后在右边栏中设置节点电压值。

5-4 总线

5-4-1 概述

在数字电路中,常有多条性能相同的导线按同一种方式连接的情况。例如,图 5-4-1 所示的是一个计数器与数码管显示器相连电路,由 4 条连接线把它们彼此连接起来。

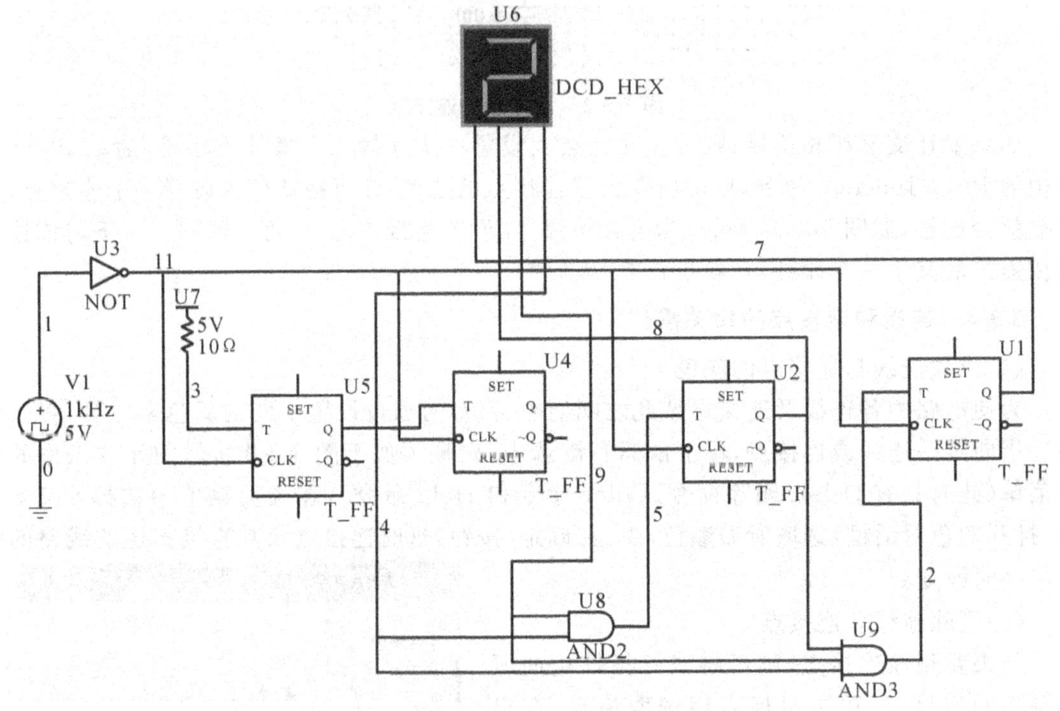

图 5-4-1 计数器与数码管显示器相连电路

如果连线增多或距离加长,就会难以分辨。而利用总线来连接,如图 5-4-2 所示,将两端的单线分别接入总线,构成单线——总线——单线的连接方式,那么线路就会简单得多。

总线就是将一些性质相同的线合在一起用一个共同的名称来代表的线,例如,数据线,地址线等。使用总线可以简化电路。

5-4-2 总线的布置方法

(1)进入绘制总线状态

启动 Place 菜单的 Place Bus 命令,进入绘制总线的状态:鼠标指针自动呈十字形。

(2)绘制总线

单击并拖动所要绘制总线的起点,即可拉出一条总线。如果转弯,则单击鼠标左键,到达目的地后,双击即可完成该总线绘制,系统会自动给出总线的名称。如图 5-4-2 所示,总线名称为 Bus1 和 Bus2。如果要修改总线名称,则双击该总线,打开 Bus 对话框,在其中 Reference ID 栏内输入新的总线名称,然后单击"确定"按钮。

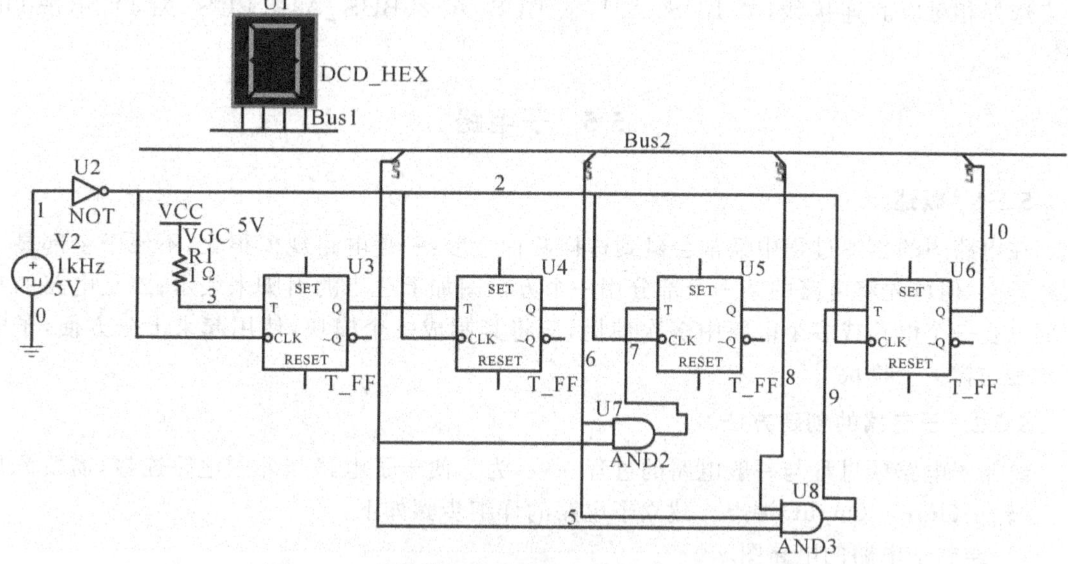

图 5-4-2　计数器与数码管显示器使用总线相连电路

(3)绘制第一个元件与总线连接的单线

单击所要连接的元件(如数码管显示器)引脚,如引脚 4(或 3、2、1),然后单击并移向总线,再单击,则出现如图 5-4-3 所示的对话框。

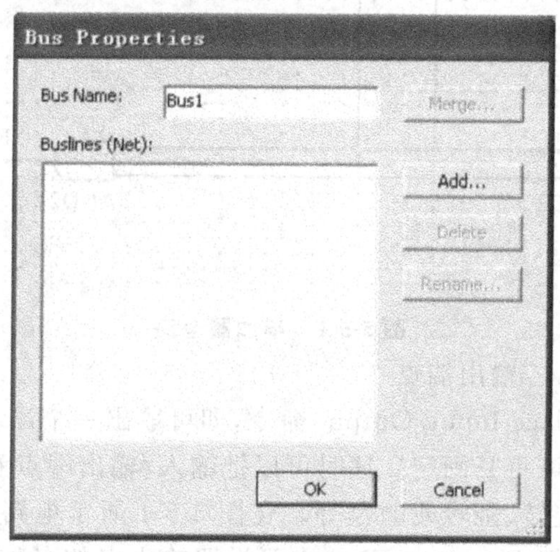

图 5-4-3　Nodename **对话框**

输入单线的名称，如 4(或 3、2、1)，单击 OK 按钮关闭对话框，即可把单线名称反映到电路图上。

(4)绘制第二个元件与总线连接的单线

单击所要连接的第二个元件(如计数器)的引脚，如 U_4(U_3、U_2、U_1)的 Q 端，单击并移动总线，再单击。

选择相对应的连接线，如 BUS_A. I(或 BUS_A. 2、BUS_A. 3、BUS_A. 4)，单击 OK 按钮。

5-5 子电路

5-5-1 概述

在电路图的创建过程中经常会碰到这样两种情形：一是电路规模很大，不便于全部显示在屏幕上，但可先将电路的某一个部分用一个方框图加上适当的引脚来表示；二是电路的某一部分在一个电路或多个电路中多次使用，若将其制成一个模块，使用起来十分方便，子电路就是这样一个模块。

5-5-2 子电路的创建方法

绘制子电路的过程与一般电路的过程一致，为了便于子电路与外围电路连接，需要添加输入/输出(Input/Ouput)端点。建立子电路的详细步骤如下：

(1)绘制子电路的电路图

建立要成为子电路部分的电路图，例如，一个半加器电路，如图 5-5-1 所示。

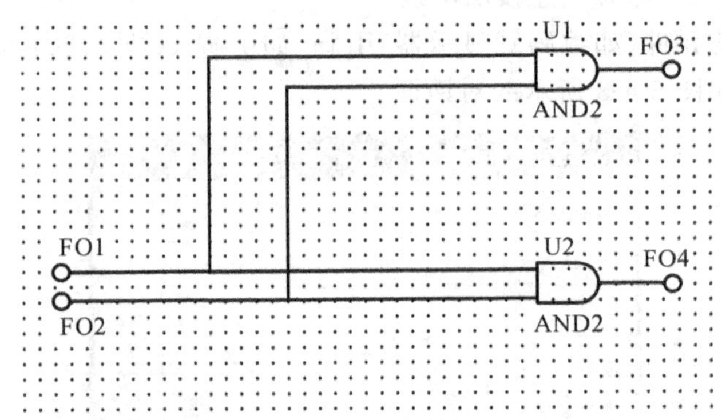

图 5-5-1 半加器电路

(2)设置子电路的输入/输出端点

启动 Place 菜单中 Place Input/Output 命令，即可取出一个浮动的输入/输出端点，将其移至适当位置后单击，即可将其固定。这时可以把输入/输出端点看成一般的元件进行适当的处理，如改变其名称、旋转、翻转或颜色等。在图 5-5-1 所示电路中有两个输入端点，双击输入端点，在出现的对话框 Renrence ID 栏内可设置输入点的名称；同样可设置输出点。设置子电路的输入、输出端点后将它们与半加器电路相连接,如图 5-5-1 所示。

(3)建立和编辑子电路

①选定子电路:按住鼠标左键,拉出一个长方形,把用来组成子电路的部分电路全部选定。

②建立子电路:启动 Place 菜单中的 Replace by Subcircuit 命令,打开如图 5-5-2 所示的 Subcircuit Name 对话框。

在其编辑栏内输入子电路名,如 HA,单击 OK 按钮即得如图 5-5-3 所示的半加器子电路(在同一个电路中可以建立多个子电路)。

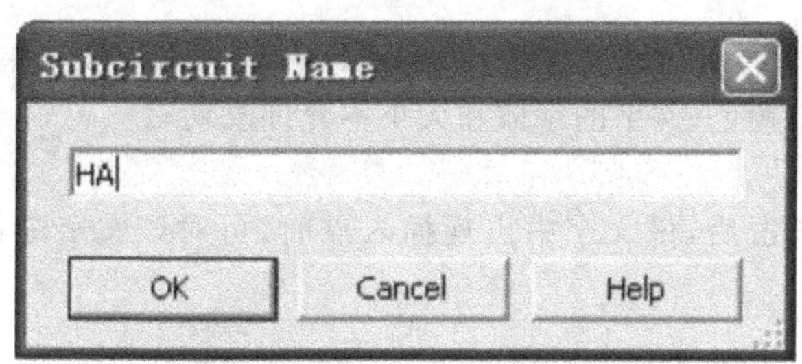

图 5-5-2 Subcricuit Name 对话框

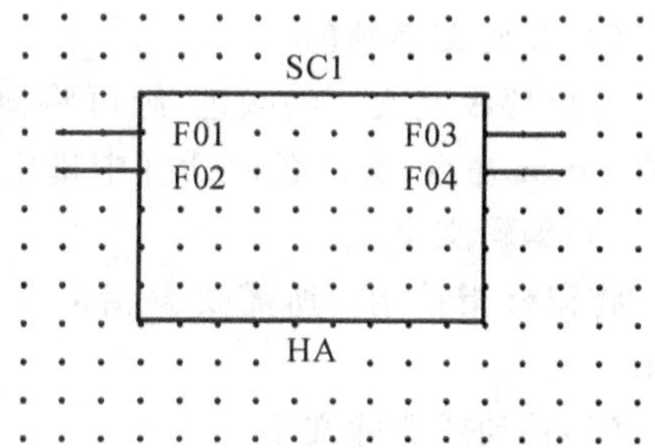

图 5-5-3 半加器子电路

③编辑子电路:取出子电路,移至适当位置后,单击,则出现一个 Subcircuit 对话框,可以在其 Reference ID 栏内输入该子电路的序号(如 SC1)。如果单击其 Edit Subcircuit 按钮,则可进入该电路内重新编辑。

5-5-3 子电路的应用方法

启动 Place 菜单中 Place as Subcircuit 命令,出现与图 5-5-2 相同的 Subcircuit Name 对话框,输入子电路名,如 HA,即可在电路中设置该子电路方块图。这个子电路方块图就像一般的电路组件,在对电路进行编辑时可以像元件一样处理,但不能旋转和更改属性。在同一个电路中可使用多个相同或不同的子电路。

5-6 文字与文字描述框

5-6-1 概述

在电路窗口中直接设置文字与设置文字描述框有一些区别,前者可方便地对电路特定的地方就近进行描述性说明,但受界面的限制,文字不能太多;后者可对电路的功能、使用说明等进行详尽的描述,不受写入空间的限制,并且在需要查看时可打开,不需要时可关闭,不占用电路窗口空间。

无论是文字还是文字描述框,都仅限于说明,而没有电气意义。

5-6-2　文字的设置方法

(1)设置文字块

启动 Place 菜单中的 Place Text 命令，然后单击所要设置文字的位置，则可在该处设置一个文字块，即出现一个反白区域和闪动的文字插入点(如果电路窗口背景为白色，则文字块的边框不可见)。

(2)输入文字

在文字块中输入所要设置的文字(可输入中文或英文)，文字块随文字的多少会自动缩放。输入完成后，单击此文字块以外的地方，即可得到相应文字，文字块边框自动消失。

(3)改变文字颜色

如果要改变文字的颜色，则可将鼠标指针指向该文字块，单击鼠标右键弹出快捷菜单，选取 Color 命令，在颜色对话框中指定文字颜色(文字的字体和大小不允许改动)。

(4)编辑文字

将鼠标指针指向所需要编辑的文字双击后，该文字中出现插入点时，可对该文字进行编辑。

(5)移动或删除文字

将鼠标指针指向要移动的文字，按住鼠标左键，将其移动至目的位置放开左键即可完成文字移动。如果要删除文字，则先选取该文字块，然后单击右键打开快捷菜单，选取 Delete 命令即可。

5-6-3　文字描述框的使用方法

(1)写入

启动 Place 菜单中的 Place Text Description Box 命令，打开如图 5-6-1 所示的对话框，在其中可以如同使用一般文字编辑软件一样输入需要说明的文字(中英文均可)，完成后单击 OK 按钮。如需打印，则单击 Print 按钮。

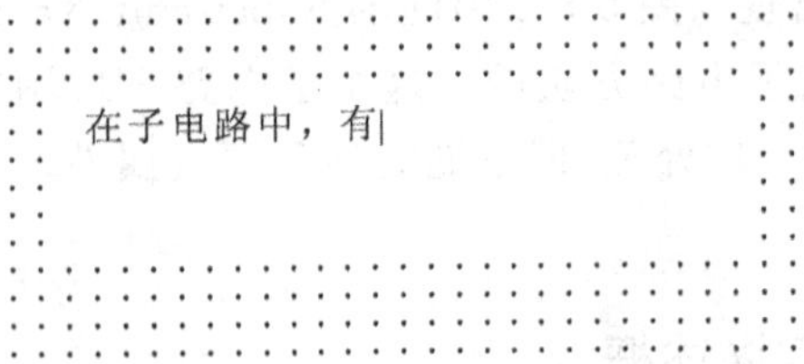

在子电路中，有|

图 5-6-1　Description Box 对话框

(2)查阅

启动 View 菜单中的 Show Text Description Box 命令，即可得到与图 5-6-1 所示相同的对话框，从中还可查阅所输入的相关消息。

第 6 章　Multisim 10 的元件库

6-1　元件库的分类

元件是构成电路的基本单位，Multisim 10 使用数据库对元件进行管理。从结构上分，元件数据库可分为：Multisim Database，Corporate Database，User Database 三个层次。

6-1-1　Multisim Database

Multisim Database 即主元件库，用来存放程序自带的元件模型。

主元件库是 Multisim 的基本元件库，用户不可以对其进行修改、删除等操作，开始使用时仅有 Multisim Database 层次的元件可选用。

6-1-2　Corporate Database

Corporate Database 即合作元件库，是为公司或多人共同参与某项目而设置的共用元件库。

6-1-3　User Database

User Database 即用户元件库，用来存放用户使用 Multisim 10 提供的元件编辑器自行开发的元件模型。另外 Multisim Database 中已有的某个元件模型的某些信息被修改后，也可将变动了元件信息的模型存放于此，供用户使用。

用户元件库在 Multisim 10 使用之初是空的，只有在用户创建或修改了元件并存放于该库后才能有元件供调用。

6-2　主元件库中的元件

Multisim Database 中含有多个元件分类库(即 Component Toolbar)，每个库中又含有 3 至 30 个元件箱(又称为 Family)，每个元件箱又含有多个具体型号的元件。各种电路仿真元件分门别类地放在这些元件箱中供用户调用。

下面将按元件工具条中所列元件的次序进行介绍。鉴于篇幅有限，元件工具条截图省略，并只对部分元件做详细介绍。

6-2-1　信号源

信号源(Sources)元件工具条，含有多个信号源元件。有为电路提供电能的功率电源；有作为输入信号的各种信号源及产生电信号转变的控制电源；还有 1 个接地端和 1 个数据接地端。

(1)交流电源

①交流电压源

交流电压源(AC Voltage Source)是一个正弦交流电压源，其内阻为 0，输出的电压设置值为交流电压的最大值。默认的交流电压源的输出幅度为1V，频率为1000Hz，其表达式可写为1sin(2π1000t)V。用户也可以设置输出电压的直流偏移量(Voltage Offset)及初始相位(Phase)等。

②交流电流源

交流电流源(AC Current Source)仅量纲与交流电压源不同，其余类似。

(2)直流电源

①直流电压源.

直流电压源(DC Voltage Source(Battery))是一个内阻为0的理想电压源。默认的直流电压源的输出为12V 。输出的电压可以在 e^{-6} V～kV之间选择。使用时允许短路，但电压值将降为0。

②直流电流源

直流电流源(DC Current Source)为内阻无穷大的理想电流源。默认时直流电流源的电流为1A，输出电流为μA～kA。使用时允许开路，但电流值将降为0。

(3)数字接地端

Multisim 10在进行数字电路的仿真时，电路中的数字元件要接上示意性的电源，数字接地端(Digital Ground)是该电源的参考点。因此，数字接地端只用于含有数字元件的电路，通常不与任何元件相连接，仅示意性地放置于电路中。要接0V电位，还是用一般接地端。

(4)接地端

接地端(Ground)是电路中各节点进行仿真的参考点，对于大部分电路都需要接地以后才能正确地进行仿真模拟，否则将出现错误提示且仪器的显示结果无效。

(5)三相交流电压源

(6)调幅信号源

调幅信号源(Amplitude Modulation (AM) Source)实际是一个正弦调幅信号发生器，其输出波形可写为

$$U_O = U_c \sin(2\pi f_c t)[1 + m\sin(2\pi f_m t)]$$

式中，U_c 为载波的幅度(Carrier Amplitude)；

f_c 为载波的频率(Carrier Frequency)；

f_m 为调制信号的频率(Modulation Frequency)；

m 为调制系数(Modulation Index)。

(7)两极电压源

(8)时钟电压源

(9)指数电压源

指数电压源(Exponential Voltage Source)的输出指数信号参数可适当设置。可设置的参数有起始电压(Initial Value)，脉冲幅值(Pulsed Value)，上升延迟时间(Rise Delay

Time)，上升沿时间（Rise Time），下降延迟时间（Fall Delay Time），下降沿时间（Fall Time）等。

（10）调频电压源

调频电压源（FM Voltage Source）是单一频率调制的调频信号发生器。其表达式为

$$U_O = U_c \sin[2\pi f_c t + m\sin(2\pi f_m t)]$$

式中，U_c 为峰值幅度（Carrier Amplitude）；

f_c 为载波的频率（Carrier Frequency）；

f_m 为单频率调制信号的频率（Signal Frequency）；

m 为频率的调制系数（Modulation Index）。

（11）分段线性电压源

分段线性电压源（Piecewise Linear Voltage Source）简称 PWL 电压源，输出信号的幅度随时间而变化，其规律可以通过设置时间与幅度的对应关系来确定。在其两个时间间隔内幅度是线性变化，而对于整个波形则并不是线性的。

①Open Data File：读入专门格式的表达时间、电压数值的文本文件。用这些数据，PWL 电压源产生文本文件所规定的电压波形。输入文本文件的书写格式为：时间（单位为 s）空格（空格个数没有具体要求）电压（单位为 V）换行（输入下一个时间和电压）。这种方式适用于信号分段较多的情况。

②Enter Point：直接在其栏内输入时间电压值。这种方式适用于信号分段较少的情况。

（12）脉冲电压源

脉冲电压源（Pulse Voltage Source）是一个脉冲电压发生器，脉冲信号源与时钟源的区别在于参数的设置方面，时钟源仅能对幅度、频率和占空比进行设置，而脉冲电压源可以对脉冲信号的起始电压（Initial Value）、脉冲幅值（Pulsed Value）、延迟时间（Delay Time）、上升沿时间（Rise Time）、下降沿时间（Fall Time）、脉冲宽度（Pulse Width）、脉冲周期（Period）等进行设置。

（13）两极电流源

（14）时钟电流源

（15）指数电流源

指数电流源（Exponential Current Source）除输出为指数电流之外，其余与指数电压源相同。

（16）调频电流源

调频电流源（FM Current Source）除了输出量是电流外，其余与调频电压源相同。

（17）分段线性电流源

分段线性电流源（Piecewise Linear Current Source）的输出电流幅度与时间关系可以由用户根据需要自行设定。与分段线性电压源类似。

(18)脉冲电流源

脉冲电流源(Pulse Current Source)是一个脉冲电流发生器,其设置与脉冲电压源相似。

(19)受控单脉冲

受控单脉冲(Controlled One-Shot)实质上是一种波形变换器,它能将输入的波形信号变换成具有特定幅值和特定脉宽的脉冲输出。其中,波形信号输入端口用以输入欲变换的波形信号,当输入的波形超过预置的门限电平时,输出端就被触发,输出高电平。输入端口"C"用以控制是否允许有脉冲输出。接低电平时允许,接高电平时则阻止脉冲触发。输入端口"十"用来控制输出脉冲的脉宽。

(20)FSK 信号源

FSK 信号源(FSK Source)即频移键控信号源,它是用输入信号(调制信号)的高、低电平来控制输出信号的正弦波频率(f_1 和 f_2)的。

(21)压控正弦波源

压控正弦波源(Voltage-Controlled Sin Wave)的输出为一正弦波,但其频率受外加的AC 或 DC 输入电压的控制,随输入电压的变化而变化,实际上压控正弦波源就是一个正弦波输出的压控振荡器(VCO)。

在设置压控正弦波源的输出时,可通过设置输入电压的范围和输出信号频率的范围来控制输出波形的变化情况。

(22)压控方波源

压控方波源(Voltage-Controlled Square Wave)与压控正弦波源类似,但其输出波形为方波。

(23)压控三角波源

压控三角波源(Voltage-Controlled Triangle Wave)与压控正弦波源类似,但其输出波形为三角波。

(24)电压控制电压源

电压控制电压源(Voltage-Controlled Voltage Source)的输出为一直流电压,其幅度受输入电压的高低的控制,其比值称为电压增益(E)。

(25)电流控制电压源

电流控制电压源(Current-Controlled Voltage Source)的输出为一直流电压,其幅度受输入电流的高低的控制,其比值称为转移电阻(H)。

(26)电流控制电流源

电流控制电流源(Current-Controlled Current-Controlled)的输出为一直流电流,其幅度受输入电流的高低的控制,其比值称为电流增益(F)。

(27)电压控制电流源

电压控制电流源(Voltage-Controlled Current Source) 的输出为一直流电流,其幅度受输入电压的高低的控制,其比值称为转移导纳(G)。

(28)非线性相关信号源

非线性相关信号源(Nonlinear Dependent Source)用于模拟一个元件特性或复杂系统。它有 U_1、U_2、U_3、U_4 等 4 个电压输入端和 $I(U_5)$、$I(U_6)$两个电流输入端,有一个输出端。输出量既可以是电压量,也可以是电流量,取决于在其对话框中的设置。

(29)多项式信号源

多项式信号源(Polynomial Source)的输出电压 U_1、U_2、U_3 是 3 个输入电压的多项式函数。它是受控电压源,是非线性电压源的一种特殊形式,常用于模拟电子元件的特性。用户可以设置多项式系数来改变输入与输出波形的关系。

6-2-2 基本元件

基本元件(Basic)库包括真实元件箱和虚拟元件箱。前者存放着若干个与真实元件一致的仿真元件供使用;后者的元件不需要选择,而是直接调用,然后再通过其属性对话框设置其参数值。在选择元件时应尽量到真实元件箱中去选取,因为选取真实元件能使仿真更接近于真实情况,而且真实的元件都有元件封装标准,可将仿真后的电原理图直接转换成 PCB 文件。但在选取不到某些参数,或要进行温度扫描或参数扫描等分析时,就要选用虚拟元件。

(1)排电阻

排电阻(Resistor Packs)也称封装电阻。在一个封装中有多个阻值相同的电阻,通常有单排直插式封装(SIP)和双排直插式封装(DIP)两种形式。

(2)开关

该元件箱中包含着单刀单掷(SPST)、单刀双掷(SPDT)、时间延迟(TD-SWI)、电压控制(Voltage-Controlled Switch)和电流控制(Current Controlled Switch)等 5 种类型的开关(Switch)。

单刀单掷开关和单刀双掷开关可以设置一个控制键来控制开关的开、断或上、下,默认设置为 Space(空格键)。

时间延迟开关的断开用闭合时间(T_{ON})和断开时间(T_{OFF})来控制。其开关的情况如下:

①如果 $T_{ON}<T_{OFF}$,当 $0<t\leqslant T_{ON}$ 时,开关闭合;当 $T_{ON}<t\leqslant T_{OFF}$ 时,开关断开;$t>T_{OFF}$ 时,开关闭合。

②如果 $T_{ON}>T_{OFF}$,当 $0<t\leqslant T_{ON}$ 时,开关断开;当 $T_{OFF}<t\leqslant T_{ON}$ 时,开关闭合;$t>T_{ON}$ 时,开关断开。

电压控制开关是一种受输入电压控制的开关,当控制端输入电压大于导通电压 U_T 时,开关闭合;当控制端输入电压小于断开电压 U_H 时,开关断开。用户可以设置 U_T 和 U_H 及 R_{ON}(导通电阻)和 U_{OFF}(断开电阻)的大小。

电流控制开关原理与电压控制开关原理类似。

(3)变压器

变压器(Transformer)的变压比

$$N=U_1/U_2$$

式中，U_1 为初级电压；

U_2 为次级电压。

变压比不能直接改动，如要变动，则需要修改变压器的模型。

(4)非线性变压器

利用非线性变压器(Nolinear Transformer)可以构造诸如非线性磁饱和、初次级线圈损耗、初次级线圈漏感及磁芯尺寸大小等物理效果。

(5)继电器

继电器(Relay)的开关动作由加在其线圈两端的电压大小决定。如 EDR201A12 中，当线圈两端的电压超过 9.00V 时，开关闭合(Coil_Vpull＝9.00V)；已经闭合的开关，只有当线圈两端电压下降到 1.0V 以下时，开关才会断开(Coil_Vpull＝1.0V)。不同型号的继电器，其开关开端电压是不同的。Multisim 把继电器列入真实元件，但当作虚拟元件用，故不能改动其所有的参数，但相关参数值可以在 Component Browser/Detail Report 中查阅。

(6)连接器

连接器(Connertors)是一种机械装置，如 DSUB15F-VGA。在电路中用它来给输入、输出信号提供连接方式。它不会对仿真结果产生影响，但可随电路原理图传递到 PCB 设计中。

(7)插座

插座(Sockets)与连接器相似，只不过它是为某些标准形式的插座提供位置，以便进入 PCB 设置，例如，DIP12。

(8)电阻

电阻(Resistor)是最基本的元件之一。一般在市面上都能买到该真实电阻箱中的标准电阻(除非改动模型)。此外该真实电阻箱中的标称电阻没有考虑误差和温度特性。

(9)电容

电容(Capacitor)是最常用的元件之一。该元件箱中的电容都是无极性的，其参数值只能选用，不能改动，且没有考虑误差和耐压情况。

(10)电感

电感(Inductor)与真实电阻、电容类似。

(11)电解电容

电解电容(CAP-Electrolit)是一种带极性的电容。使用时，标有‘＋’极性标志的端子必须接直流高电位。实际的电解电容有一定的电压限制，而这里没有限制，使用时应该注意这一点。

(12)可变电容

可变电容(Variable Capacitor)类似于电位器。

(13)虚拟可变电容

虚拟可变电容(Virtual Variable Capacitor)与虚拟的电位器类似。

(14)可变电感

可变电感(Variable Inductor)也类似于电位器。

(15)电位器

电位器(Potentiometer)实际上就是可变的电阻器,两个固定的端子之间有一个可滑动的中心轴头,通过改变中心轴头的位置可改变电阻的大小,这是通过键盘上的某个字母进行的,小写字母表示减小的百分比,大写字母表示增加的百分比。字母的设定可在该元件属性对话框中进行,A至Z中的任何字母均可。Increment(增量)表示每按一次设置的字母键时电阻值变化的百分比。

6-2-3 二极管

(1)虚拟二极管

虚拟二极管(Virtual Diode)相当于一个理想的二极管,其Spice模型参数使用的都是默认值(典型数值)。也可以修改模型参数,但修改后模型参数只能供本次使用,对库中模型没有影响。

(2)普通二极管

该元件箱提供了General、Motorola、National、Zetex等公司常见型号的普通二极管(Diode)。用户也可以利用Multisim提供的元件编辑工具对现有元件进行修改使用,但修改后的元件只能存放在User Database中。

(3)齐纳二极管

齐纳二极管(Zener Diode)即稳压二极管,有国外众多公司的众多型号元件供调用。稳压二极管具有反向击穿电流在较大范围内变化而反向击穿电压基本保持不变的特性。

(4)发光二极管

发光二极管(Light-Emitting Diode)简称LED,是由6种不同颜色的发光二极管组成。它在处于正向导通并且通过的电流大于点亮电流时,能产生各种颜色的可见光。正向压降比普通二极管的大。虽然属于真实元件,但不允许对其元件进行编辑处理。

(5)全波桥式整流器

全波桥式整流器(Full-Wave Bridge Rectifier)是用4个二极管对输入的交流进行全波整流。连接电路时,4个端子中的2、3两个端子接交流电压,1、4两个端子作为输出直流端。

(6)肖特基二极管(SCHOTTKY_DIODE)

(7)可控硅整流器

可控硅整流器(Silicon-Controlled Rectifier)简称SCR,又称晶闸管或单项可控硅。只有当正向电压超过正向转折电压且有正向脉冲电流流进门极G(又称栅极或控制极)时SCR才导通。只有A、K间电压反向或小到不能维持一定电流时SCR才断开。

(8)双向触发二极管

双向触发二极管(DIAC)相当于具有一定导通电压的两个肖特基二极管首尾相连,主要与双向可控硅配套使用,用于对交流信号的控制,如用于电灯调节电路等。

(9)双向可控硅

双向可控硅(TRIAC)与单向可控硅相似,但可双向导通,可将它视为两个单向可控硅背靠背并联。

(10)变容二极管

变容二极管(Varator Diode)是一种在反偏时具有一定结电容的二极管,这个结电容的大小受加在变容二极管两端的反偏电压大小的控制。因此,它相当于一个电压控制电容器,常用于需要变容的电路中。

6-2-4 晶体管

晶体管元件工具条包括30个元件箱(14个真实元件箱和16个虚拟元件箱)。真实元件箱中存放着世界著名晶体管制造厂家的众多晶体管元件模型,这些元件的模型都以Spice格式编写,有较高的精度。虚拟元件箱中存放着16种模型,参数可以修改,但修改后的模型只能供本次使用,对库中已有的模型没有影响。

有关双极型三极管(简称BJT)、结型场效应管(JFRT)、金属氧化物绝缘栅场效应管(MOSFET)等元件的概念和使用方法,在一般电子技术书籍中都有详细说明,这里不再赘述,只对个别特殊元件作一些介绍。

(1)NPN晶体管(BJT_NPN)。

(2)PNP晶体管(BJT_PNP)。

(3)晶体管阵列(BJT Array)。

它是一个复合晶体管封装块,其中有若干个相互独立的晶体管。在具体使用时可根据实际需要选用其中的几个。使用晶体管阵列比使用单晶体管更容易配对,噪声性能更优,要求PCB的空间也更少。

(4)IGBT门控功率开关。

IGBT是一种MOS门控制的功率开关,具有非常小的导通阻抗。

(5)N沟道耗尽型MOS管(MOS_3TDN)。

(6)P沟道耗尽型MOS管(MOS_3TDP)。

(7)N沟道增强型MOS管(MOS_3TEN)。

(8)P沟道增强型MOS管(MOS_3TEP)。

(9)N沟道结型场效应管(JFET_N)。

(10)P沟道结型场效应管(JFEP_P)。

(11)NPN达林顿晶体管(Darlington_NPN)。

达林顿又称复合晶体管,由两个晶体管连接而成,这种连接可以获得很大的电流增益和很高的输入电阻。

(12)PNP达林顿晶体管(Darlington_PNP)。

(13)虚拟NPN晶体管(BJT_NPN_VIRTUAL)。

(14)虚拟PNP晶体管(BJT_PNP_VIRTUAL)

(15)虚拟N沟道耗尽型MOS管(MOS_3TDN_VIRTUAL)。

(16)虚拟P沟道耗尽型MOS管(MOS_3TDP_VIRTUAL)。

(17)虚拟N沟道增强型MOS管(MOS_3TEN_VIRTUAL)。

(18)虚拟 P 沟道增强型 MOS 管(MOS_3TEP_VIRTUAL)。

(19)虚拟四端 N 沟道耗尽型 MOS 管(MOS_4TDN_VIRTUAL)。

(20)虚拟四端 P 沟道耗尽型 MOS 管(MOS_4TDP_VIRTUAL)。

(21)虚拟四端 N 沟道增强型 MOS 管(MOS_4TEN_VIRTUAL)。

(22)虚拟四端 P 沟道增强型 MOS 管(MOS_4TEP_VIRTUAL)。

(23)虚拟四端 NPN 晶体管(BJT_NPN_4T_VIRTUAL)。

(24)虚拟四端 PNP 晶体管(BJT_PNP_4T_VIRTUAL)。

(25)虚拟 N 沟道结型场效应管(JFET_N_VIRTUAL)。

(26)虚拟 P 沟道结型场效应管(JFET_N_VIRTUAL)。

(27)虚拟 N 沟道砷化镓场效应管(GaAsFET_ N_VIRTUAL)。

砷化镓场效应管为高速场效应管,通常用在微波电路中。

(28)虚拟 P 沟道砷化镓场效应管(GaAsFET_ P_VIRTUAL)。

(29)N 沟道功率 MOS 管(Power_ MOSFET_N)。

功率 MOS 管的击穿电压可高达 600V,可以承受 50A 的电流。它的门限电压通常在 2～4V 之间。功率 MOS 管没有双极型功率管二次击穿的问题,也不需要大的基极驱动电流,在速度上也高于双极型功率管。这些优点使其适合于开关电路应用,比如电动机的控制电路。

(30)P 沟通功率 MOS 管(Power_ MOSFET_P)。

6-2-5 模拟元件

模拟元件库即为模拟集成电路库。

(1)运算放大器

运算放大器(Opamp)是一种具有高输入阻抗、低输出阻抗、高增益和低宽带的直流放大器,它有两个输入端:反向输入端和同相输入端。

该元件箱有五端、七端、八端运算放大器。理论分析中的理想运算放大器的模型是三端运算放大器,它有同相输入端、反相输入端和输出端。该元件箱中的五端运算放大器较三端运算放大器多出了正电源输入端和负电源输入端两个端子;七端运算放大器较五端运算放大器多了两个用于零点漂移调整的输入端;而八端运算放大器为双运算放大器。

(2)诺顿运算放大器

诺顿运算放大器(Norton Opamap)即电流差分放大器(CDA),是一种基于电流的元件。它的特征与运算放大器相似,但相当于一个输出电压正比与输入电流的互阻放大器。

(3)比较器

比较器(Comparator)是用来比较两个输入端电压大小和极性并输出对应的状态的元件。当输入电压大于上限触发点电压时,输出一个状态;当输入电压小于低触发点电压时,输出另一个状态。一般情况下,比较器可用普通运算放大器来实现。当考虑工作速度和转换速率时要使用专门的比较器。

(4)宽带放大器

宽带放大器(Wideband Amplifier)是上限工作频率与下限工作频率之比甚大于1的放大电路。习惯上也常把相对频带宽度大于20%～30%的放大器列入此类。这类电路主要用于对视频信号、脉冲信号或射频信号的放大。

(5)特殊功能运算放大器

特殊功能运算放大器(Special Function)有仪器放大器(Instrumentation Amplifier)、视频放大器(Video Amplifier)、乘/除法器(Multplier /Divider)、前置放大器(Preamplifier)和有源滤波器(Active Filter)等。

6-2-6 TTL 元件

TTL 元件库提供了74系列的TTL数字集成逻辑元件。

(1)74STD 系列

74STD 系列是标准型的集成电路,有7400N-7493N 元件。

(2)74S 系列

74S 系列为肖特基型集成电路。

(3)74LS 系列

74LS 系列是低功耗肖特基型集成电路,也有74LS00N-74LS93N 元件。

(4)74F 系列

74F 系列为高速型 TTL 集成电路。

(5)74ALS 系列

74ALS 系列为先进低功耗肖特基型集成电路。

(6)74AS 系列

74AS 系列为先进肖特基型集成电路。

6-2-7 CMOS 元件

CMOS 元件(CMOS,其全称为互补金属氧化物半导体)含有74系列和4xxx系列等的CMOS 数字集成逻辑器件。

当电路窗口中出现 CMOS 数字 IC 时,如果得到精确的仿真结果,必须在电路窗口内放置一个 VDD 电路符号,其数值大小根据 COMS 要求来确定。同时还要放置一个数字接地符号,这样电路中的 COMS 数字 IC 才能获取电源。

5V、10V 和15V 的4xxx系列 CMOS 逻辑器件元件箱的图标都容易误认为是5V的图标,使用时应注意区分。

COMS 元件库包含如下几个系列:4xxx 系列 COMS 逻辑器件;4xxx/5V 系列 COMS 逻辑器件;4xxx 系列/15VCOMS 逻辑器件;V74HC/2V 系列低电压高速 COMS 逻辑器件;V74HC/4V 系列低电压高速 COMS 逻辑器件;V74HC/6V 系列低电压高速 COMS 逻辑器件。另外还包含一些简单功能的数字 COMS 芯片,通常用于完成只需要单个简单门的设计中,它们是:Tiny Logic/2V 系列,Tiny Logic/3V 系列,Tiny Logic/4V 系列,Tiny Logic/5V

系列和 Tiny Logic/6V 系列。

6-2-8 微控制器件库

MCU Module(微控制器件库)包括:KEYPADS、LCDS、TERMINA 和 MISC_PERIPHEALS。

6-2-9 先进外围设备库

Advanced Peripherals(先进外围设备库)包括 805X、PIC、RAM 和 ROM。

6-2-10 杂项数字元件

(1)数字逻辑元件

数字逻辑元件(TIL Components)的元件箱将常用的数字元件按照其功能存放,调用起来比较方便(前述的 TTL 和 CMOS 数字元件,都是按照型号存放的),但它们都是虚拟元件,不能转换成版图文件。值得注意的是,元件箱里存在一些没有对应实际元件的逻辑单元元件,如 74 系列 TTL 集成电路和 CMOS 集成电路都没有减法逻辑,但元件箱里就提供了减法逻辑。

该元件箱存放的虚拟数字逻辑元件主要有:与门、或门、非门、或非门、与非门、异或门、异或非门、缓冲寄存器、三态缓冲寄存器及施密特触发器等。

(2)数字信号处理器件

数字信号处理器件(DSP)元件栏中有 117 个品种可供调用。

(3)现场可编程器件

现场可编程器件(FPGA)元件栏中有 83 个品种可供调用。

(4)可编程逻辑电路

可编程逻辑电路(PLD)元件栏中有 30 个品种可供调用。

(5)复杂可编程逻辑电路

复杂可编程逻辑电路(CPLD)元件栏中有 20 个品种可供调用。

(6)微处理控制器

微处理控制器(MICROCONTROLLERS)元件栏中有 70 个品种可供调用。

(7)微处理器

微处理器(MICROPROCESSORS)元件栏中有 60 个品种可供调用。

(8)VHDL 可编程逻辑元件

VHDL 可编程逻辑元件(VHDL)的元件箱中存放着若干常用的数字逻辑元件,其模型是基于硬件描述语言 VHDL 编写的,其种类与 TTL 相似。

(9)存贮器

存贮器(MEMORY)元件栏中有 87 个品种可供调用。

(10)线路驱动器件

线路驱动器件(LINE_DRIVER)元件栏中有 16 个品种可供调用。

(11)线路接收器件

线路接收器件(LINE_RECEIVER)元件栏中有 20 个品种可供调用。

(12)无线电收发器件

无线电收发器件(LINE_TRANSCEIVER)元件栏中有 150 个品种可供调用。

6-2-11 混合芯片

混合芯片(Mixed Chips)元件是指输入/输出中既有数字信号又有模拟信号的元件。

(1)定时器

定时器(Timer)是一种用途十分广泛的混合集成芯片元件,通常只要外接几个阻容元件,就可以构成各种不同用途的脉冲电路,如多谐振荡器,单稳态触发器及施密特触发器等。Multisim 10 提供了 555 定时器和 556 定时器两种类型元件,556 是一种双定时器,即一片 556 芯片相当于两片 555 芯片。

(2)模数、数模转换器

模数转换器(ADC)、数模转换器(DAC)虽表示为真实元件,但实际上只能作为虚拟元件使用。

①模数转换器(ADC/Analog to Digital Converter)是一种将模拟信号转换为数字信号的混合元件。Multisim 10 提供的是一种理想的 8 位输出的 ADC,与真实元件 ADC 0809 芯片的功能基本一致。

②电流型数模转换器(IADC/Current Digital to Analog Converter)将数字信号转换成与其大小成比例的模拟电流,与真实元件 DAC 0832 芯片的功能基本一致。

③电压型数模转换器(VDAC/Voltage Digital to Analog Converter)将数字信号转换成与其大小成比例的模拟电路。

(3)模拟开关

模拟开关(Analog Switch)是一种在特定的两控制电压之间以对数规律改变的电阻器。如果控制电压超过了指定的值,其电阻值将会非常大或非常小。模拟开关可以是单路的模拟开关,也可以是多输入单输出的元件。

(4)多谐振荡器(Multivibrator)

多谐振荡器输出脉冲有三种方法控制,其基本脉冲时间由外部电阻和电容数值决定。

6-2-12 指示元件

指示元件(Indicators)可用来显示电路仿真结果。指示元件库不允许用户从模型上进行修改,只能在其属性对话框中对某些参数进行设置。

(1)电压表

电压表(Voltmeter)用于测量电路中两个节点之间的电压,可以同时使用多个表头。用户可以测量交流或直流电压,还可以设置电压表头的内阻。

(2)电流表

电流表(Ammeter)用于测量某支路的电流,使用时应串接在电路中,为保证测量时不对电路产生影响,应将内阻设置得小一些。

(3)电压控制器

电压控制器(Probe)相当于一个发光二极管(LED),但它是一个单端元件。当该端电压大于某设定值时电压探测器就如同 LED 发光,常用于对数字电路测试点的电压进行测量的场合。用户可以设置电压控制器的颜色和亮点电压。

(4)蜂鸣器

蜂鸣器(Buzzer)是一种当加在两端的电压大于(或小于)某一设置的电压值时就发出鸣叫的元件。Multisim 提供了两种:一种是普通的蜂鸣器(Buzzer),当两端的电压大于设置电压时鸣叫;另一种是 Sonalert,它是两端电压低于设置电压时鸣叫。

(5)灯泡

对于直流电压,灯泡(Lamp)发出稳定的光;对于交流电压(灯泡额定电压指最大值),灯泡发出闪烁的光。灯泡的工作电压和功率不可设置。当加在灯泡上的电压大于额定电压的50%至额定电压的时候,灯泡一边亮;大于额定电压至 150%额定电压值时,灯泡两边亮;而当外加电压超过 150%额定电压值时,灯泡会被烧毁。灯泡烧毁后不能恢复,只有换用新的灯泡。

(6)十六进制显示器

十六进制显示器(Hex Display)的元件库提供了两类显示器:一类为普通七段显示器(SEVEN—SEG-DISPLAY),分别引出了 a～g 七个输入端;另一类为带有密码器的十六进制数码管(DCD－HEX),其输入为二进制数的 0000—1111,输出显示为十六进制的 0～9 及 A～F。

(7)条式指示器

条式指示器(Bargraphs)有 3 种类型。

①DCD-BARGRAPH 是一种带译码的条式指示器,相当于 10 个 LED 发光管串联。当电压超过某个电压值时,对应该电压值的 LED 之下的数个 LED 全部点亮。

②LVL-BARGRAPH 通过电压比较器来检测输入电压的高低,并把检测结果送到光柱中某个 LED 以显示电压的高低。

③UNDCD-BARGRAPH 是一种不需要译码的条式指示器,由 10 个 LED 发光管同向并排排列,但分别连接,LED 发光管正向压降为 2V。

6-2-13 杂项元件

杂项元件(Miscellaneous)是一些使用较广但不便分类的元件。

(1)石英晶体

石英晶体(Crystal)是一种具有较高 Q 值的选频网络,常用于对频率稳定性较高的振荡器、通频带宽度较窄又要求边带特性好的带通滤波器等电路中。

(2)虚拟石英晶体

虚拟石英晶体(Crystal Virtual)的震荡频率为10MHz。

(3)光电耦合器

光电耦合器(Oprocoupler)是利用光电信号来耦合电信号的一种元件，在初级中利用发光二级管将电信号转换为光信号，在次级中由光敏三级管将光强度的变化转化为电流的变化。由于初、次级之间没有电气连接，能有效地控制系统噪声，消除接地回路的干扰，响应速度较快，故常用于计算机系统的输入/输出电路中。

(4)电子管

电子管(Vacuum Tube)即真空管，它有3个电极：阴极K被加热后发射电子，阳极P收集电子，栅极G控制到达阳极的电子数量。属于电压控制元件。电子管经常作为放大器使用在音频电路中。

(5)虚拟电子管：

虚拟电子管(Vacuum Tube Virtual)与电子管的区别仅仅在于其模型参数是电子管的默认值，且不可改变。

(6)开关电源电压转换器

开关电源电压转换器(Converter)有3种类型：降压转换器(BUCK_CONVENTER)、升压转换器(BOOST_CONVENTER)和升降压转换器(BUCK_BOOST_CONVENTER)。它们模拟DC-DC开关电源转换器的特性，其基本用途是对DC电压进行升压或降压转换。

(7)有损传输线

有损传输线(Lossy Transmission Line)是一种模拟有损耗媒介的两端口网络，如有电信号通过的一段导线。它能模拟由传输线特性阻抗和传输延迟导致的纯电阻性损耗。

(8)无损传输线类型1

无损传输线类型1(Lossless Line Type 1)模拟理想状态下传输线的特性阻抗和传输延迟或频率特性。

(9)无损传输线类型2

无线传输线类型2(Lossless Line Type 2)与无损传输线类型1相似，不同之处仅在于设置方面。

(10)网络

网络(Net)是一个创建模型的模板，允许用户输入一个2～20个引脚的网表。

(11)线性集成电压校准器

线性集成电压校准器(Voltage Tube Virtual)(也称线性稳压器，多为三端元件)是一种输出电压能在较大范围内线性变化和负载变化时保持相对常数的直流功率元件。

线性集成电压校准器可分为固定、可调整、双路等类型：固定类用于提供特定的输出电压；可调整类可提供两个特定电压之间的任何一个直流电压值；双路类提供均等的正负输出电压。

(12)直流电动机

直流电动机(DC Motor),用来仿真直流电动机在串励、并励和他励下的特性,其激励方式取决于直流电动机的励磁绕组(元件的1、2端子)和电枢绕组(元件的3、4端子)的不同连接形式(元件的5端是电机的输出端,输出为电机的转速值)。

(13)熔断丝

熔断丝(Fuse)是一种电路保护元件,当流过熔断丝的电流大于标称值时,熔断丝断开。它一经断开,不能恢复,只能将其删除,重新从元件库中选取。

6-2-14 射频元件

当信号的频率足够高时,电路中元件的模型会产生质的改变,其分析设计方法也有较大不同。在电路进行射频仿真时Spice模型的仿真结果与实际电路的结果有较大差别,Multisim 10软件提供了一些专门用于射频仿真的元件,即射频元件(RF)。

(1)射频电容器

在射频电路中射频电容器(RF Capacitor)的性能不同于低频状态下的常规电容器,它是作为许多传输线、波导、不连续元件和电介质之间的一种连接元件。电介质层通常很薄,适应这种电容器的方程如同于传输线的方程。因此,可以用单位长度的电感,阻抗,和并联电容来描述射频电容器。这种电容器可以在频率达到20GHz时用作耦合和旁路。

(2)射频电感器

在射频电感器(RF Inductor)中,螺旋形的电感提供了较高的电感量和Q值。它的等效电路是电阻(由于集肤效应)与电感串联,与电容并联。

(3)射频NPN晶体管

射频NPN晶体管(RF-BJT-NPN)的基本工作原理与低频段的晶体管相同。只是射频NPN晶体管有一个取决于基级和集电极的转换及充电次数较高的最大工作频率。为了获得这样的效果,要求其发射极,基级和集电极的面积达到最小。但是,制作晶体管的工艺限制了基级面积的缩小,集电极面积的缩小受到集电极的最大承受电压的限制。为了获得最大的功率输出,发射极外围的面积应该尽可能大。

(4)射频PNP晶体管

射频PNP晶体管(RF-BJT-PNP)的工作原理与射频NPN晶体管相同。

(5)射频MOS管

射频MOS管(RF-BJT-3DTN)与双极晶体管相比,有不同的载流子。它的多数载流子应该有较好的传输特性(比如:较好的流动性、较高的速度和较大的扩散系数)。其栅极长度和宽度是两个重要参数,减少栅极的长度可以提高增益、噪声值和工作频率,增加栅极的宽度可以提高射级功率容量。

(6)传输线

传输线(Strip Line)在微波频段是很常用的传导线,传输线是在电介质(通常是空气)包裹下的地-导体-地的传导线。

传输线有很大的选择范围。比如，微波传输线就是一种特殊的类型，其上面的“地”在无穷远处。另外传输线的位置、形状和厚度不同，适应传输线的方程也会不同。比如，中心传输线(通常称为 Tri-Plate 线)，其电导在每一个位置上都是对称的(在顶端和末端，左端和右端)。另一个例子是 Zweo-Thickness 传输线，与它到地面的距离相比，其导体的厚度可忽略不计。

6-2-15 机电元件

机电元件(Electromechanical)库包括一些电工类元件，一般是虚拟元件(除线型变压器外)。

(1)传感器开关

Multisim 10 提供了各种传感器开关(Sensing Switch)，如空气、流量开关等，并且大部分都提供了常开(NO)和常闭(NC)两种情况。这些开关都可以通过按键盘上的一个键(触发键，需设置)来控制其断开或闭合。

(2)瞬间开关

瞬间开关(Momentary Switch)又称可复位开关，其特点是通过触发键将其闭合(或断开)后，经过很短的时间又会自动复位即自动断开(或闭合)。

(3)联动触点

联动触点(Supplementary Contacts)的触点有几个，分别控制不同路径电信号的开启(或断开)，就如二相电动机的开关一样，三个开关总是同时打开(或闭合)，这三个开关是联动的，也可以将这三个开关合为一个联动触点。

(4)定时触点

定时触点(Timed Contacts)有两类：一类是常开延时闭合；另一类为常闭延时断开。

(5)线圈及继电器

线圈及继电器(Coil Relay)的元件箱提供了电机启动器线圈、前向或快速启动器线圈、反向启动器线圈、慢启动器线圈、控制继电器和时间延迟继电器等。

(6)线性变压器

线性变压器(Line Transformer)的元件箱包含了各种空芯类和铁芯类电感器及变压器。

(7)保护器件

保护器件(Protection Device)是为保护电路的工作状态不超过额定工作状态的元件。该元件箱提供了熔断丝、过载保护器、热过载保护器、磁过载保护器和梯形逻辑过载保护器等。

(8)输出器件

输出器件(Output Device)元件箱提供了 DC 电机、三相电机、指示器和加热器灯泡等常用的输出元件或负载。

6-2-16 阶梯图示

阶梯图示(Ladder_Diagrams)主要功能是在熟悉的 Multisim 10 环境中帮助学生掌握控制理论,指导学生完成阶梯图示(Ladder_Diagrams),控制 Multisim 10 中的模拟真实机械设备。阶梯组建和仿真的设备都具备完整的动画,提供有意义的反馈。

6-3 元件编辑器

6-3-1 概述

(1)元件的缺少或不适宜的解决途径

主元件库中虽然存放着成千上万个仿真元件,但由于客户的需求是各种各样的,所以 Multisim 10 不可能满足每个用户的需求。例如用户在进行某种仿真时缺少一个或几个仿真元件,仿真可能就无法进行;又如,现有的元件不适合新的封装形式。在这些情况下,通常有 3 种可能的解决途径。

①元件代替:用性能参数相近的元件代替,但这些仿真出来的效果的准确性肯定受到影响。

②购买模型:通过购买元件扩充包或通过网站庞大的数据库搜索并购买所需要的模型,但购得的仅仅是所需元件的 Spice 模型,还需利用 Multisim 10 提供的元件编辑器对其图形和引脚等信息进行进一步处理方可使用。

③利用元件编辑器:利用 Multisim 10 提供的元件编辑器,可创建新元件。

(2)元件库中元件的信息

双击元件窗口的某元件,并且在如图 6-3-1 所示的 Value 页上单击 Edit Component in DB(编辑已经存在于元件库中的元件)按钮。

打开该元件的属性对话框,如图 6-3-2 所示。

从图中可以看出,Multisim 10 元件库中一般包括下面几方面的信息。

①一般属性:包括元件名称、元件制造商、元件的创建时间和作者等信息。

②符号:元件的符号标志。用于绘制电路图的图形。

③模型:提供电路仿真所需要的参数,是 Multisim 10 的主体。如果元件没有元件模型,则无法进行电路仿真与分析。

④封装:提供电路板设计的接口,使电路板设计软件能够取得该元件的外形。

⑤电气参数:对仿真结果毫无影响,仅是一个说明性参数(某些元件在实际应用时应该考虑的参数指标,例如,电阻在仿真时不必考虑其耗散功率,但在实际应用时要考虑其耗散功率。这些必须在电气参数中得到体现)。

(3)创建元件

使用创建元器件向导创建或编辑新元器件。单击主工具栏中的创建元器件按钮,或选择 Tool→Component Wizard 命令,打开元器件向导 Step1 对话框,如图 6-3-3 所示。

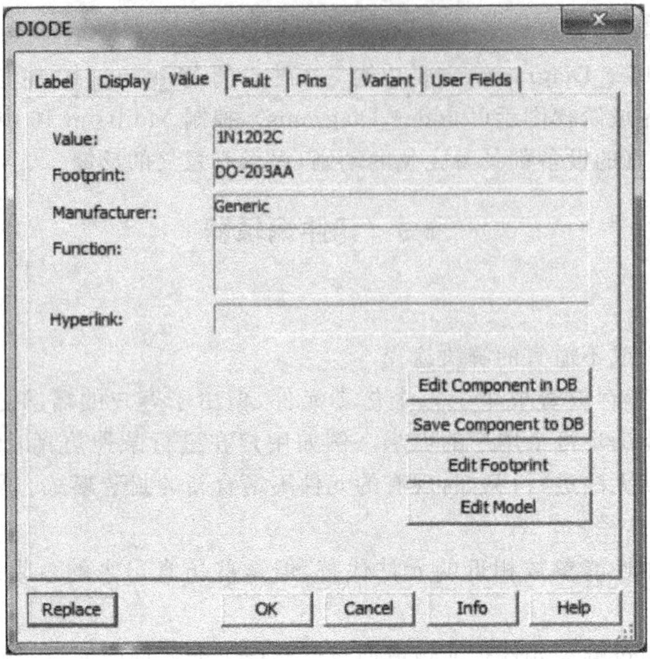

DIODE

Label | Display | Value | Fault | Pins | Variant | User Fields

Value: 1N1202C

Footprint: DO-203AA

Manufacturer: Generic

Function:

Hyperlink:

Edit Component in DB

Save Component to DB

Edit Footprint

Edit Model

Replace | OK | Cancel | Info | Help

图 6-3-1　Value 页

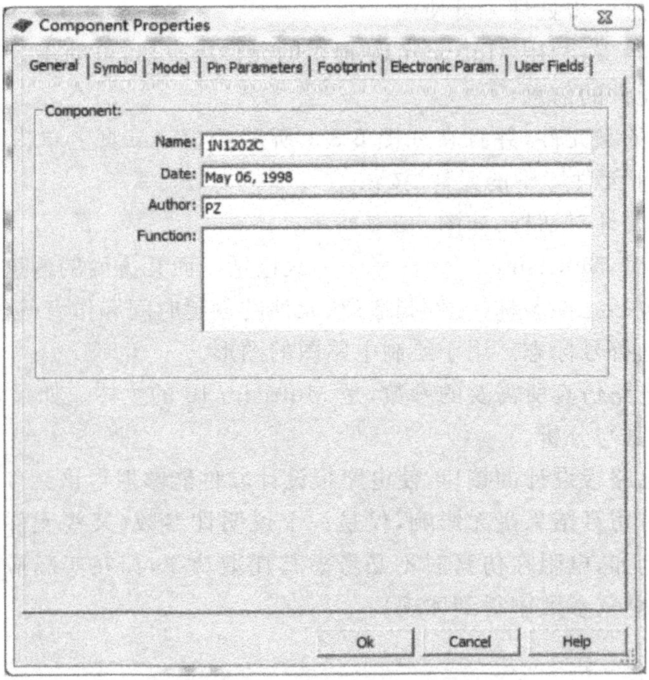

Component Properties

General | Symbol | Model | Pin Parameters | Footprint | Electronic Param. | User Fields

Component:

Name: 1N1202C

Date: May 06, 1998

Author: PZ

Function:

Ok | Cancel | Help

图 6-3-2　元件的属性对话框

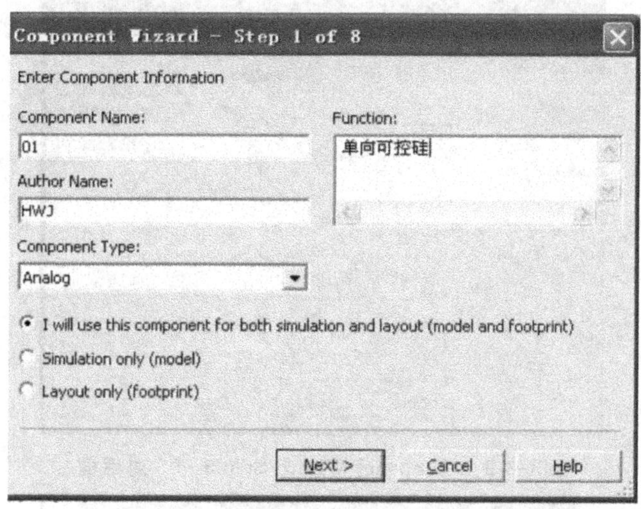

图 6-3-3 Componet Wizard-Step 1 of 8 **对话框**

①输入初始元器件信息。

②单击 Next 按钮，打开 Step2 对话框，输入封装信息，如图 6-3-4 所示。

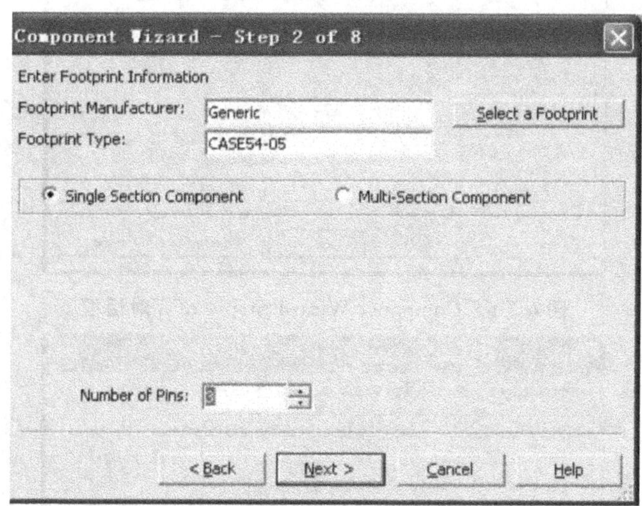

图 6-3-4 Componet Wizard-Step 2 of 8 **对话框**

③如图 6-3-5 所示输入符号信息，之后单击 Next。

④如图 6-3-6 所示设置管脚参数，之后单击 Next。

⑤如图 6-3-7 所示设置符号与布局封装间映射关系，之后单击 Next。

⑥如图 6-3-8 所示选择仿真模型，之后单击 Next。

⑦如图 6-3-9 所示实现符号管脚至模型节点的映射，之后单击 Next。

⑧如图 6-3-10 所示将元器件保存到数据库中，单击 Finish 即完成元件的创建。

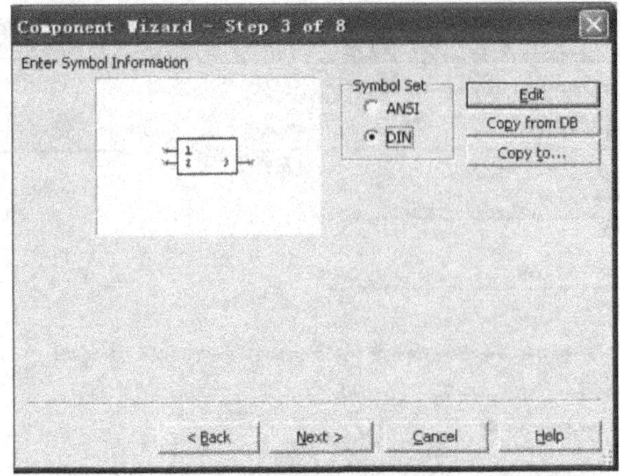

图 **6-3-5** Componet Wizard-Step 3 of 8 **对话框**

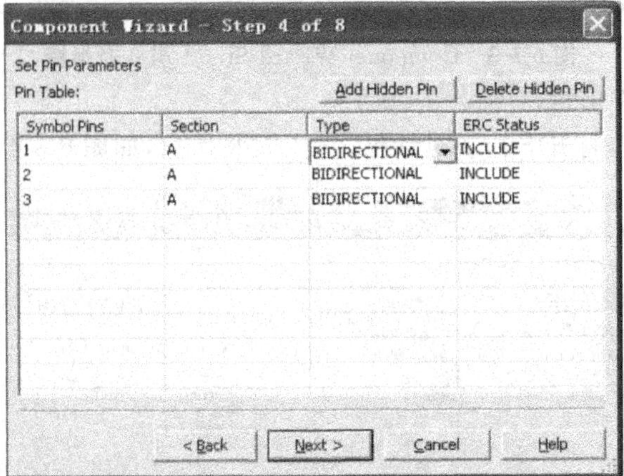

图 **6-3-6** Componet Wizard-Step 4 of 8 **对话框**

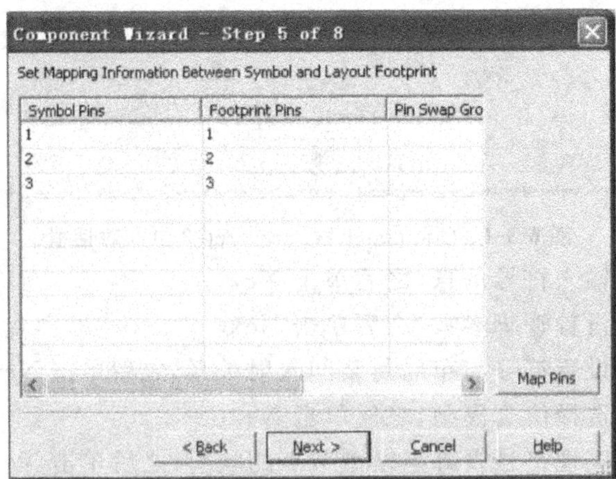

图 **6-3-7** Componet Wizard-Step 5 of 8 **对话框**

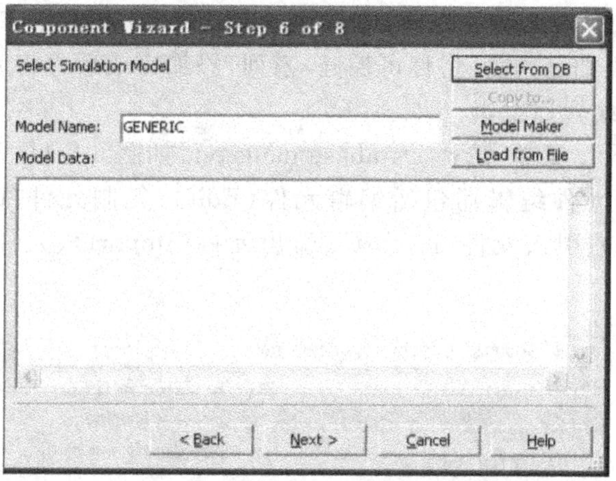

图 6-3-8　Componet Wizard-Step 6 of 8 对话框

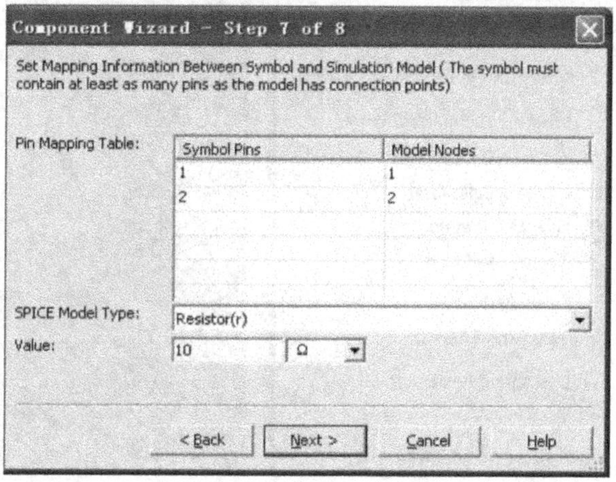

图 6-3-9　Componet Wizard-Step 7 of 8 对话框

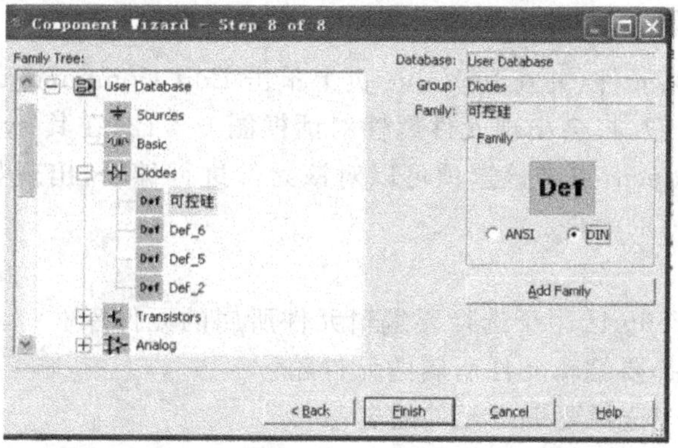

图 6-3-10　Componet Wizard-Step 8 of 8 对话框

必须注意的是，在加入元器件之前，应先用 Add Family 功能添加新的元器件系列。例如，在 Diodes 分类下添加晶闸管(俗称可控硅)系列，添加完成后再将元器件存入。

方法 2：利用元件编辑器编辑

单击菜单栏的 Tools 菜单，选择 Database manager，如图 6-3-11 所示。

Multisim 10 中的元件编辑器包括编辑元件(Edit)、复制元件(Copy)、删除元件(Delete)、移动元件(Move)、引入元件(Export)、引出元件(Import)、元件详细报告(Detail Reports)功能命令。

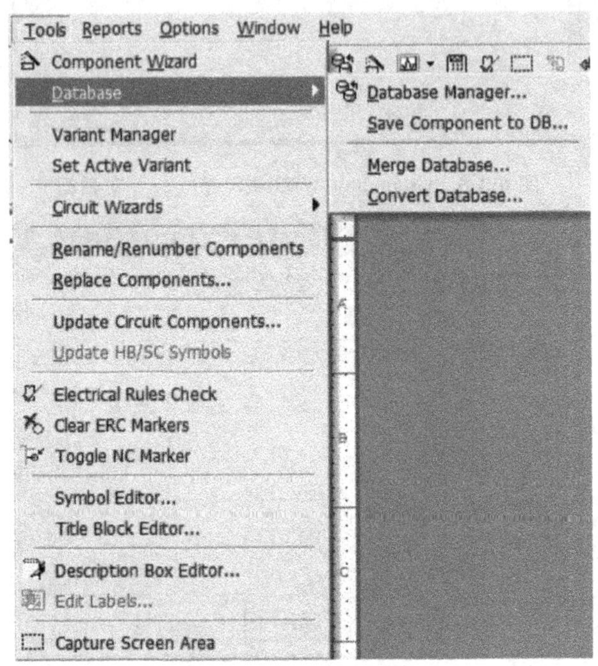

图 6-3-11 Tools **菜单**

6-3-2 元件的编辑

双击元件窗口的某元件，并在其 Value 页上单击 Edit Component in DB(编辑已经存在于元件库中的元件)按钮，将会出现元件属性对话框图 6-3-12，在其 symbol 和 model 页上会出现 Add from Componen，点击该选项可以对该元件进行编辑，出现如图 6-3-13 对话框，编辑的是已存在于元件库的元件。

其中，

Database 区和 Group 区用于选择要编辑元件所属的元件库。

Family 区用于选择要编辑元件所属的元件箱。

Component 区用于选择要编辑元件的名称。

Symbol 区用于显示所选择元件的图标。

Function 区显示元件的功能。

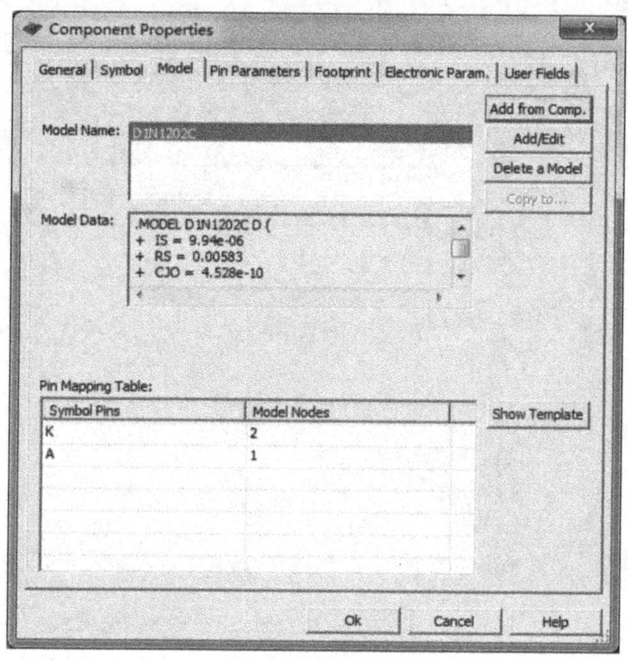

图 6-3-12　元件属性对话框

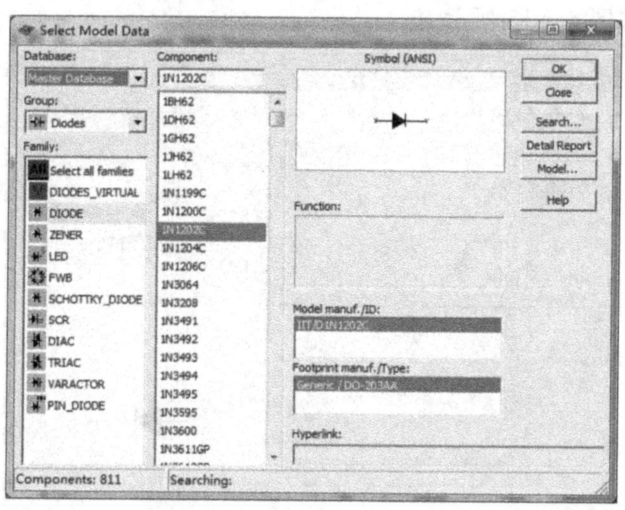

图 6-3-13　Select Model Data 对话框

在 Component Properties 对话框中可以进行以下菜单的编辑。

(1)编辑 General Properties 页,如图 6-3-14 所示。

Name 栏用于将要编辑的元件名称,可以修改为新元件名称。Date 栏用于显示原元件的创建日期,因为这里新的元件是在原元件基础上改动的,所以最初的创建日期不能修改。Author 栏用于显示最初编辑该元件的作者,不能修改。Function 栏用于编辑该元件的基本功能。

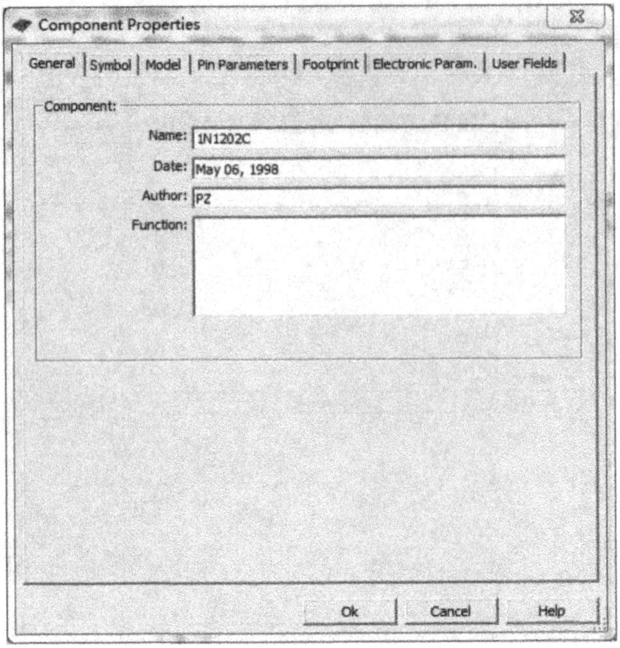

图 6-3-14　General Properties 对话框

(2)Symbol 页如图 6-3-15 所示。

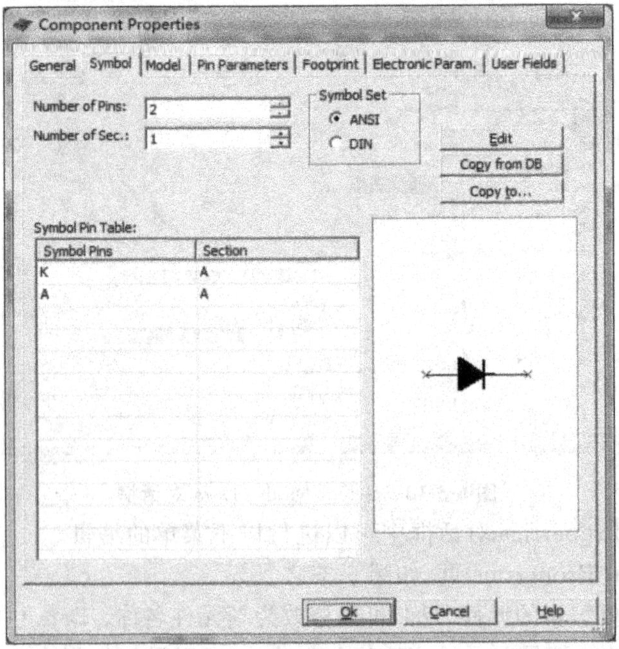

图 6-3-15　Symbol 页

Number of Pins 和 Number of Sec 用于选择元件的管脚数量和区域。Symbol Set 用于选择该元件符号属于 ANSI(美国标准)还是 DIN(欧洲标准)。Edit 进入元件的符号编辑对话框。Copy from DB 按钮用于从数据库(往往是主元件库)中直接复制元件图形符号。Copy to 按钮用于将该元件复制到指定地址。在该页上单击 Edit 选项进入如图 6-3-16 所示的 Symbol Editor 对话框。

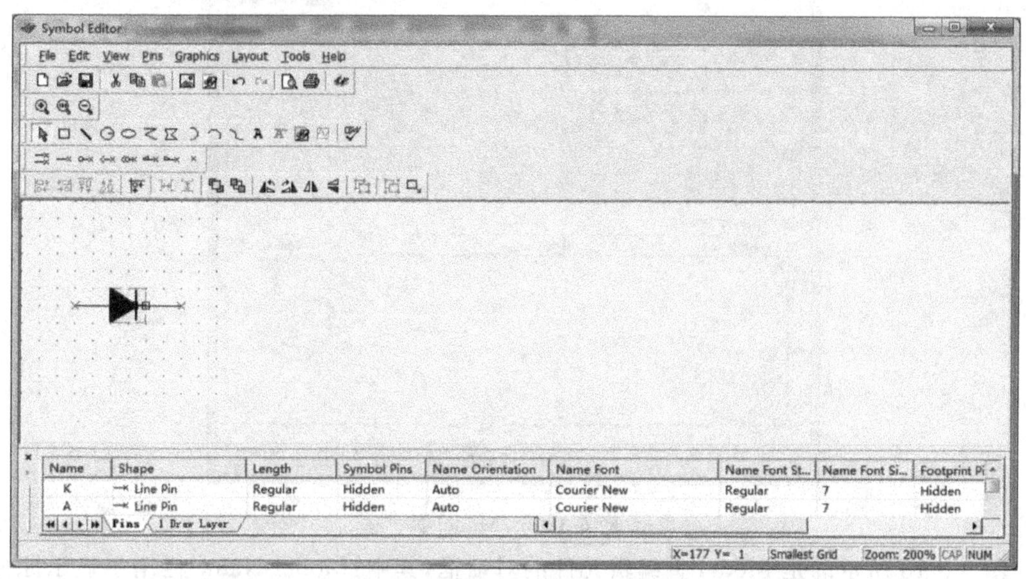

图 6-3-16 Symbol Editor **对话框**

Symbol Editor 对话框的工具栏具体内容如图 6-3-17。

图 6-3-17 Symbol Editor **对话框的工具栏**

由于元件符号的引脚与模型之间必须存在完全对应关系,因此,元件符号的绘制不能用一般的绘图软件完成,必须使用专用的程序。元件符号编辑器就是专门提供给用户编辑元件符号的应用程序。应用元件符号编辑器,用户可方便地编辑或创建一个元件符号。从图 6-3-16 中可以看出,元件符号编辑器由菜单栏、工具栏、设计窗口和状态栏等部分组成。

(3)编辑 Model 页

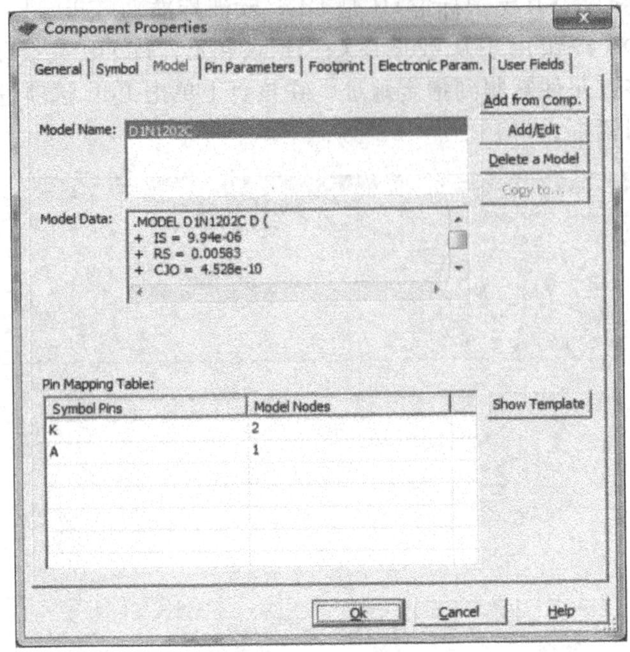

图 6-3-18 Model 页

图 6-3-18 所示的是 Model 页编辑元件的对话框，其中：Model Name 栏用于显示原先元件模型的名称。Model Dada 栏用于显示元件模型的信息。可按照一定的格式(如 Spice 格式)输入元件模型，也可对现有的元件模型进行修改。Add from Component 按钮用于从数据库复制指定元件的模型。Add/Edit 按钮进入选择模型区。Delete a Model 是删除模型按钮。Copy to 按钮将该模型复制到指定地址。Pin Mapping Table 区用于显示元件的引脚数据。

(4)编辑 Pin Parameters 页

图 6-3-19 所示 Pin Parameters 页 Component type 下拉框用于选择元件类型。有 Analog、Digital、Verilog-HDL、VHDL 等类型可供用户选择。

(5)Footprint 页如图 6-3-20 所示。

该页编辑元件的封装，其中：Footprint Manufacture/Type 栏用于确定元件的名称和类型。Symbol Pin to Footprint Pin Mapping Table 表用于显示元件的引脚对照表。Add From Database 按钮用于从数据库添加相关引脚。Delete 按钮用于删除该元件的原引脚。Change 按钮用于改变该元件的原引脚。

(6)编辑 Electric Parameters 页

图 6-3-21 给出的是元件的电气参数，这些参数并不影响电路仿真与分析结果，只是便于元件的查找和实际应用。在完成上述元件的编辑后，需保存编辑信息。单击 OK 按钮出现如图 6-3-22 所示的对话框。

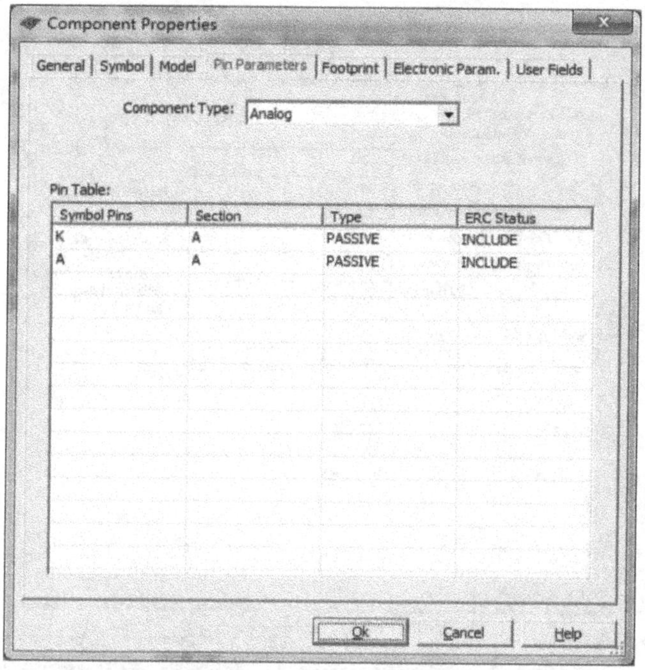

图 6-3-19　Pin Parameters 页

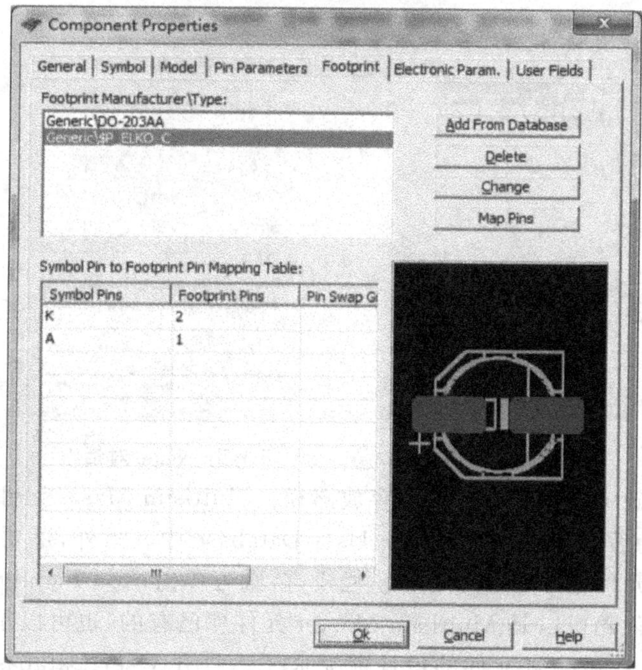

图 6-3-20　Footprint 页

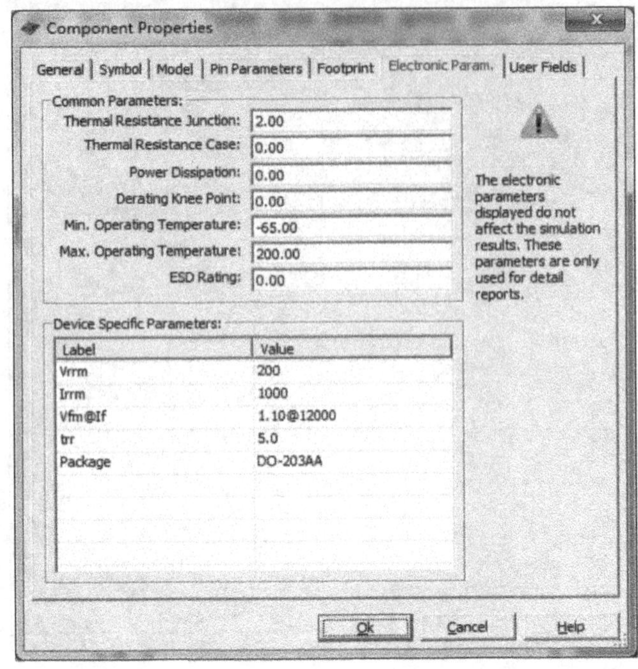

图 6-3-21　Electric Parameters 页

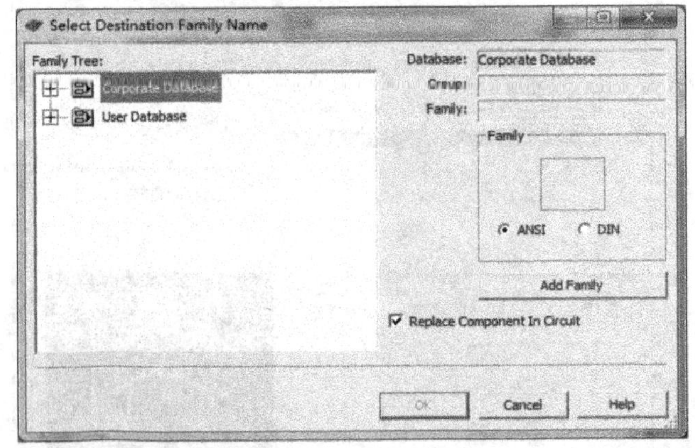

图 6-3-22　Select Destination Family Name 对话框

该对话框用来确定编辑后的元件的存放路径。Multisim Maste 元件库不允许用户改动其元件的参数，改动后的元件只能放置于 User Database 中。另外，还要确定放在 User Database 中的哪一个元件箱中，如果 Family 栏没有，则可单击 Add Family 按钮确定适当的元件箱存放。这个元件箱可以是 Multisim Master 元件库已有的，也可以是自己创建的。保存后退出编辑环境，一个新仿真元件的设计就完成了。打开 User Database，则可以从中调用该元件。

另外，对于用户自己创建的元件，其复制、删除、编辑、移动等操作可以在一个对话框如图 6-3-23 database manager 里完成，这点不同于 Multisim2001。

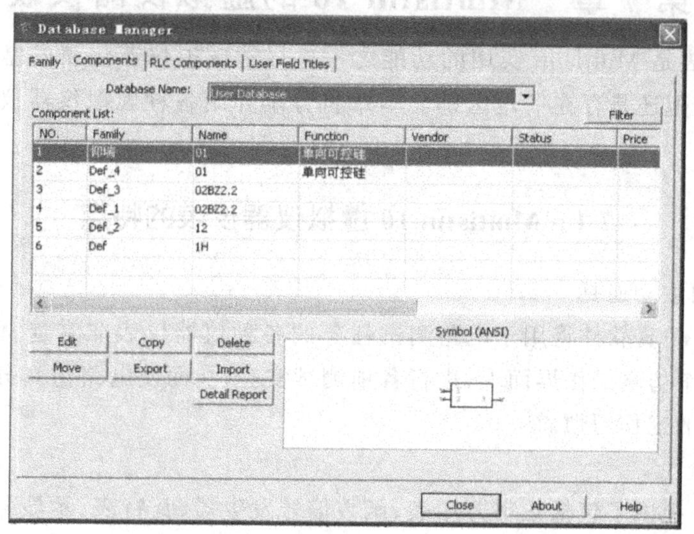

图 6-3-23 Database Manager 对话框

有两点需要注意：一是 Multisim Master 层次元件库不允许用户变动，在 Multisim Master 与 User 间的仿真元件只能单向复制，即从 Multisim Master 向 User Master 复制；二是 Multisim Maser 中的虚拟元件，各种电源及指示性元件（如蜂鸣器等）直接取用的元件不允许复制。

第 7 章　Multisim 10 的虚拟仪器仪表

虚拟仪器仪表是 Multisim 实用的功能之一。尽管虚拟仪器仪表的基本操作与现实仪器仪表非常相似,但还是存在一定区别。本章将分别介绍各种虚拟仪器仪表的功能和使用方法。

7-1　Multisim 10 虚拟仪器仪表的特点

(1)仿真界面生动逼真

Multisim 10 仿真软件将用于电路测试任务的各种仪器仪表非常逼真地与电路原理图一起放置在同一个仿真操作界面上,进行各项测试实验,从而使电路仿真分析操作更符合电子工程技术人员的工作习惯。

(2)种类齐全

Multisim 10 提供了包括数字万用表、函数信号发生器、瓦特表、示波器、波特图图示仪、字信号发生器、逻辑分析仪、逻辑转换仪、失真度分析仪、网络分析仪、频谱分析仪等各种虚拟仪器仪表,既有实验室中常见的仪器仪表,也包括一些非常昂贵的仪器仪表。

(3)使用方便灵活

Multisim 10 虚拟仪器仪表操作模式的参照对象均为世界领先厂商生产的最畅销仪器系列,也就是说,它们的面板不仅与实际仪器仪表很相像,基本操作也与实际仪器仪表非常相似。同时还允许在同一个仿真电路中调用多台相同仪器仪表。

使用虚拟仪器仪表时只需拖动仪器库中所需仪器仪表的图标,再对图标快速双击就可以得到该仪器仪表的面板。电路的连接与图标有关,而测试的操作及设置与面板有关。

(4)功能强

Multisim 10 虚拟仪器仪表可用于模拟、数字以及射频等电路的测试及分析。有多种虚拟仪器仪表的功能及各项测试指标高于我们所见到的实际仪器仪表。这样的虚拟仪器仪表,加上可供选用的成千上万只仿真元件以及各种电源信号,使得该仿真软件的仿真实验规模完全能与一般电子实验室相比拟。Multisim 10 虚拟仪器仪表充分发挥了计算机快速处理数据的优点,对测量出的数据能直接进行加工处理,产生相应的结果。

7-2　数字万用表

7-2-1　功能

数字万用表(Multimeter)是测试电路时使用最为频繁的仪器之一。它可以测试电流、电压、电阻和分贝值(dB),可以测试直流或交流信号,其中 XMM 是它的文字符号。

7-2-2 使用方法

(1)连接

图标上的＋、－两个端子用来连接欲测试的端点。与实际万用表相同，连接时要遵循测电阻或电压应与所要测试的端点并联和测电流应串联于被测支路中的原则。

(2)操作

数字万用表的面板分为数据显示区和按钮区两部分。

①数据显示区：显示数字万用表测试的数据。

②按钮区：单击面板上的各按钮可进行相应的操作或设置。单击 A 按钮，测量电流；单击 V 按钮，测量电压；单击 Ω 按钮，测量电阻；单击 dB 按钮，测量分贝值(dB)。选中"～"按钮，测量交流电压(电流)，其测量值是有效值(RMS)。单击"—"按钮，测量直流电压(电流)(如用以测量交流电压(电流)，则其测量所得的值是其交流电压(电流)的平均值)。

Set 按钮可对数字万用表内部的参数进行设置，单击其按钮，将出现如图 7-2-1 所示的对话框。其中，Ammeter resistance(R)用于设置电流表内阻，其大小影响电流的测量精度；Voltmeter resistance(R)用于设置电压表的内阻，其大小影响电压的测量精度；Ohmmeter current(I)是指用欧姆表测量时，流过欧姆表的电流。

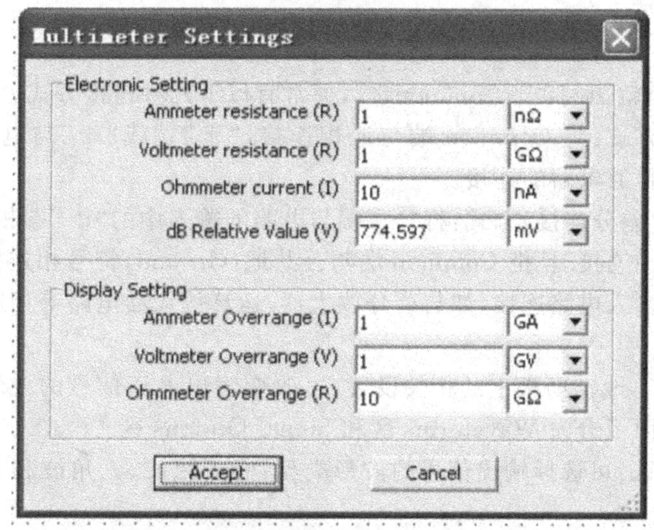

图 7-2-1 数字万用表内部的参数设置

7-3 函数信号发生器

7-3-1 功能

函数信号发生器(Function Generator)是电路测试中最常用的测试信号源。函数信号发生器可输出正弦波、方波、三角波 3 种信号。其输出波形的频率、幅度、直流成分、占空比

(对于三角波、方波)以及方波信号的上升/下降沿皆可方便调节,直接观察输出的变化(电路模拟时信号源元件中的正弦信号源、方波信号源在调节后须重新进行模拟),这些波形信号的输出频率范围很宽,可以从音频到射频范围内变化。图 7-3-1 所示的为函数信号发生器的图标及面板图,其中,XFG 是它的文字符号。

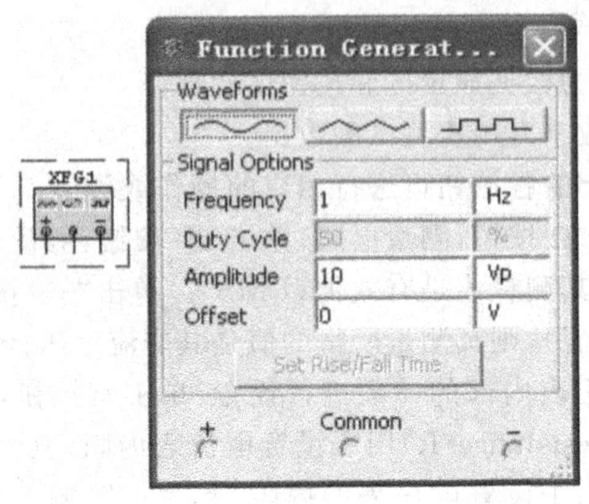

图 7-3-1 函数信号发生器的图标及面板图

7-3-2 使用方法

(1)连接

图 7-3-1 有 3 个输出端:+,Common,-,通常有以下两种连接方式。

①单极性连接方式:将 Common 端与地相连接,"+"端或"-"与电路的输入相连接。这种方式一般用于普通电路的连接。

②双极性连接(差分连接)方式:将"+"端与电路的输入中的"+"端相连接,而将"-"端与电路中的"-"端相连接.且把 Common 端与公共地(Ground)符号相连接。这种方式一般用于信号源与差分输入电路连接,如与差分放大器、运算放大器电路等相连接。

(2)操作

如图 7-3-1 所示,改动面板上的相关设置,可改变输出电压信号的波形类型、大小、占空比或偏置电压等。面板分为 Waveforms 区和 Signal Options 区。

①Waveforms 区:可选择输出信号的波形类型,有正弦波、三角波和方波等 3 种周期性信号供选择。

②Signal Options 区:对 Waveforms 区中选取的信号进行相关参数设置,其中:Frequency 设置所要产生信号的频率,范围为 1Hz~999MHz。Duty Cycle 设置所要产生信号的占空比,范围为 1%~99%。Amplitude 设置所要产生信号的最大值(电压),范围为 1μV~999kV。Offset 设置偏置电压,即把正弦波、三角波、方波叠加在设置的偏置电压上输出,其范围为 1μV~999kV。Set Rise/Fall Time 按钮设置所要产生信号的上升时间与下降时间(只有在产生方波时有效),其默认值为 1.000000E-12。

7-4 瓦特表

7-4-1 功能

瓦特表(Wattmeter)是一种测试电路功率的仪表。它不仅可以测量交、直流功率而且还可测试功率因数(感性、容性负载的交流电路)。瓦特表的图标和面板如图 7-4-1 所示,其中,XWM 是它的文字符号。

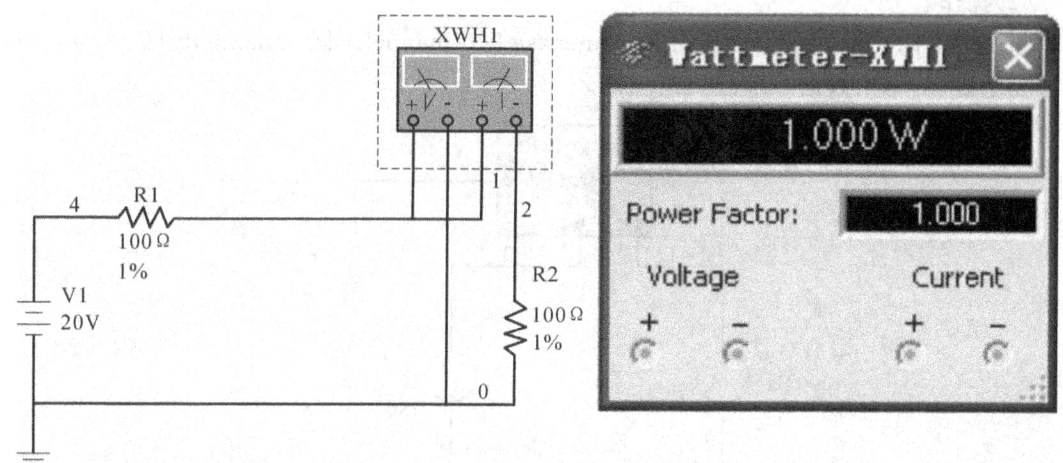

图 7-4-1 瓦特表图标和面板

7-4-2 使用方法

(1)连接

如图 7-4-1 所示,该图标中有两组端子,左边两个端子为电压输入端子,与所要测试电路并联;右边为电流输入端子,与所要测试电路串联。

(2)操作

如图 7-4-1 所示,所测得的功率将显示在数据显示区,即面板上部的空白栏内,该功率是平均功率,单位自动调整。在面板中部 Power Factor 栏内,显示的是功率因数,数值在 0~1 之间。

7-5 示波器

7-5-1 功能

示波器(Oscilloscope)是电子测试中使用最为频繁的的仪器之一,可用来观察信号波形并可测量信号幅度、频率及周期等参数。Multisim 10 所提供的示波器是一种数字式存储示波器。示波器的图标和面板如图 7-5-1 所示,其中,XSC 是它的文字符号。

7-5-2 使用方法

(1)连接

如图 7-5-1 所示,示波器图标表示的是一个双踪示波器,有 A、B 两个通道,G 是接地端,T 是外触发端。该虚拟示波器与实际示波器的连接方式有所不同,即 A、B 两通道分别只需一根线与被测点相连,测量的是该点与“地”之间的波形;接地端 G 一般要接地,但当电路中已有接地符号时,也可不接。

(2)操作

如图 7-5-1 所示,示波器面板分为 Timebase 区、ChannelA 区、ChannelB 区、Trigger 区、波形显示区(屏幕)、数据显示区及杂项区。

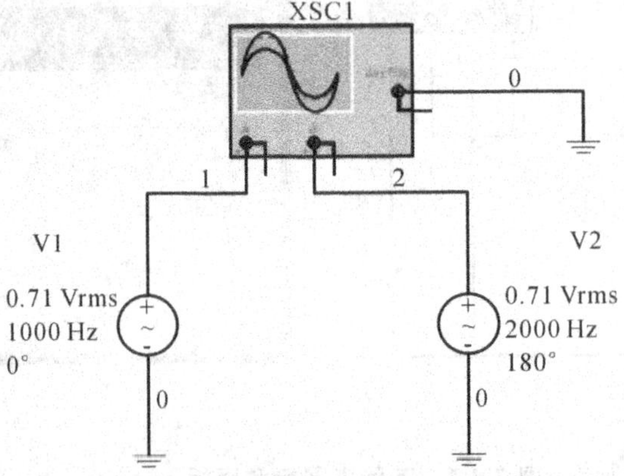

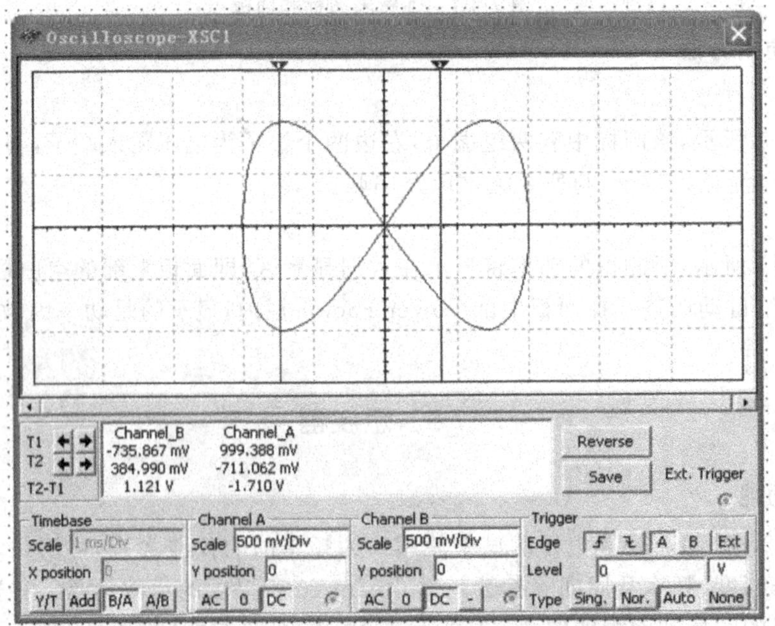

图 7-5-1 示波器的图标和面板

①Timebase 区:设置 X 轴方向时间基线扫描时间。

Scale 选择 X 轴方向每一个刻度代表的时间。单击该栏后将出现刻度列表,根据所测信号频率的高低,可上下翻转选择适当的值。

X Position 表示 X 轴方向时间基线的起始位置,修改其设置可使时间基线左右移动。

Y/T 表示 Y 轴方向显示 A、B 通道的输入信号,X 轴方向显示时间基线,并按设置时间进行扫描。当显示随时间变化的信号波形(例如三角波、方波及正弦波等)时,常采用此种方式。

B/A 表示将 A 通道信号作为 X 轴扫描信号,将 B 通道信号施加在 Y 轴上。A/B 与 B/A 相反。这两种方式可用于观察李萨育图形。

ADD 表示 X 轴按设置时间进行扫描,而 Y 轴方向显示 A、B 通道的输入信号之和。

②Channel A 区:设置 Y 轴方向 A 通道输入信号的标度。

Scale 表示 Y 轴方向对 A 通道输入信号而言每格所标示的电压数值。单击该栏后将出现刻度列表,根据所测信号电压的大小,可上下翻转选择一适当的值。

Y Position 表示时间基线在显示屏幕中的上下位置。当其值大于零时,时间基线在屏幕中线上侧,反之在下侧。

AC 表示屏幕仅显示输入信号中的交流分量(相当于实际电路中加了隔直流电容)。

DC 表示屏幕将信号的交直流分量全部显示。

0 表示将输入信号对地短路。

③Channel B 区:设置 Y 轴方向 B 通道输入信号的标度。其设置与 ChannelA 区相同。

④Trigger 区:设置示波器的触发方式。

Edge 表示将输入信号的上升沿或下降沿作为触发信号。

Level 用于选择触发电平的大小。

Sing 用于选择单脉冲触发。

Nor 用于选择一般脉冲触发。

Auto 表示触发信号不依赖外部信号。一般情况下使用 Auto 方式。

A 或 B 表示用 A 通道或 B 通道的输入信号作为同步 X 轴时基扫描的触发信号。

Ext 用示波器图标上触发端子 T 连接的信号作为触发信号来同步 X 轴时基扫描。

⑤波形显示区(屏幕):显示测试信号的波形。在屏幕上有两条可以左右移动的读数指针,指针上方有三角形标志。通过鼠标左键可拖动读数指针左右移动。读数指针又称游标(Cursor)。

⑥数据显示区:显示测试信号的测量数据,位于屏幕显示区的下方。

左侧数据区表示 1 号游标所指信号波形的数据。T_1 表示 1 号游标离开屏幕最左端(时基线零点)所对应的时间,时间单位取决于 Timebase 所设置的时间单位;V_{A1}、V_{B1} 分别表示通道 A、通道 B 的信号幅度值,其值为电路中测量点的实际值,与 X、Y 轴的 Scale 设置值无关。

中间数据区表示 2 号游标所在位置测得的数值。T_2 表示 2 号游标离开时基线零点时间值。

右侧数据区中,T_2-T_1 表示 2 号游标所在位置与 1 号游标所在位置的时间差值,可用来测量信号的周期、脉冲信号的宽度、上升时间及下降时间等参数。V_{A1}-V_{A2} 表示 A 通道信号两次测量值之差,V_{B2}-V_{B1} 表示 B 通道信号两次测量值之差。

⑦杂项区:包括 Reverse 按钮和 Save 按钮。其中 Reverse 按钮用于改变屏幕背景的颜色。如要将屏幕恢复为原色,再次单击 Reverse 按钮即可。Save 按钮用于储存测试信号的测量数据。

7-6 波特图图示仪

7-6-1 功能

波特图图示仪(BodePlotter)是一种以图形方法显示电路或网络频率响应的仪器,是电路分析的重要工具。它与实际测试中的频率特性测试仪(通常称为扫频仪)相似,可以测试电路的幅频特性曲线和相频特性曲线。图 7-6-1 所示的为波特图图示仪的图标及面板,其中,XBP 是它的文字符号。

7-6-2 使用方法

(1)连接

波特图图示仪的图标包括 4 个接线端,左边 in 是输入端口,其+、-分别与电路输入端的正负端子相接;右边 out 是输出端口,其+、-分别与电路输出端的正负端子连接。由于波特图图示仪本身没有信号源,所以在使用波特图图示仪时,必须在电路的输入端口示意性地接入一个交流信号源(或函数信号发生器),且无需对其参数进行设置。

(2)操作

如图 7-6-1 所示,波特图图示仪的面板分为波特图显示区、按钮区、Vertical 区、Horizontal 区及数据显示区等几部分。

①波特图显示区:显示测试对象的幅频特性曲线或相频特性曲线。在屏幕上有一条左右可以移动的游标,游标上方有 3 个三角形标志。通过鼠标左键可拖动游标左右移动。

②按钮区:共有 4 个按钮。Magnitude 用于选择左边显示区里展开幅频特性曲线。Phase 用于选择左边显示区里展示相频特性曲线。Save 用于保存测试结果。Set 用于设置扫描的分辨率。单击该按钮后,在出现的对话框中 Resolution Points 栏选定扫描的分辨率,数值越大读数精度越高,但将增加运行时间,默认值是 100。

③Vertical 区:设定 Y 轴的刻度类型。在测量幅频特性时,若单击 Log(对数)按钮后,Y 轴刻度的单位是 dB(分贝);当单击 Lin(线性)按钮后,Y 轴是线性刻度。一般情况下采用线性刻度。在测量相频特性时,Y 轴坐标表示相位,单位是度,刻度是线性的。该区下面的 F 栏用以设置最终值,而 I 栏则用以设置初始值。

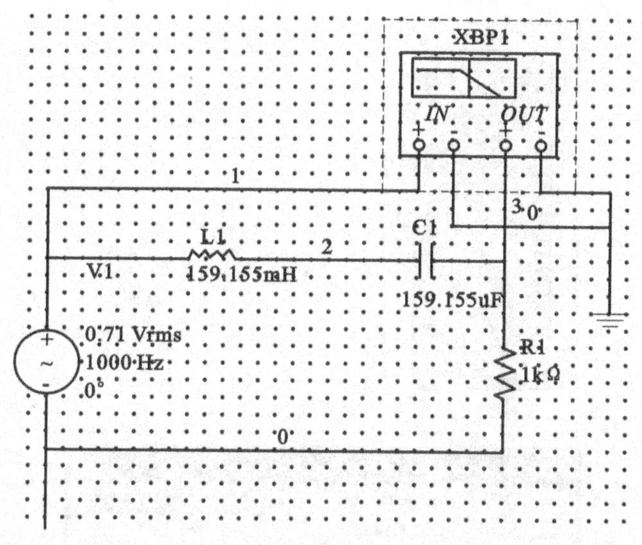

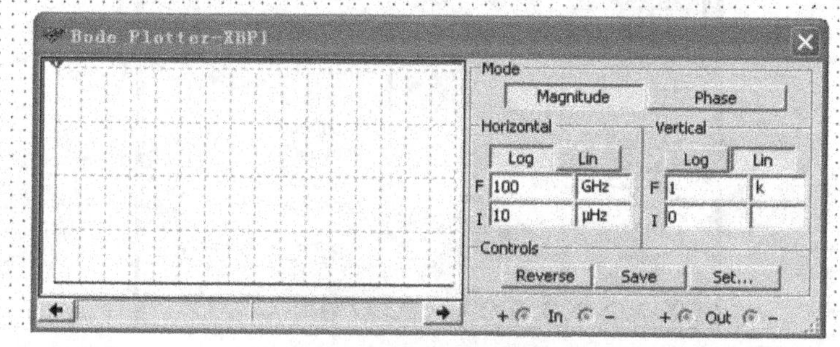

图 7-6-1 波特图图示仪的图标及面板

④Horizontal 区：确定波特图图示仪显示的 X 轴频率范围。Log、Lin、F 及 I 的含义与 Vertical 区相同。当测量信号的频率范围较宽时，用 Log 标尺为宜。为了清楚显示某频率范围的频率特性，可将 X 轴频率范围设定得小一些。

⑤数据显示区：显示某个频率点处的幅值或相位，可利用鼠标拖动（或单击游标移动按钮）读数指针来实现。

7-7 字信号发生器

7-7-1 功能

字信号发生器（WordGenerator）是一个最多能产生 32 路（位）同步逻辑信号的虚伪仪器，可用来对数字逻辑电路进行测试，也称为数字逻辑信号源。字信号发生器内有一个可编程 32 位数据库，可以根据数据区中的数据按一定的触发方式、速度、循环方式等向外发送 32 位逻辑信号。其图标和面板如图 7-7-1 所示，其中，XWG 是它的文字符号。

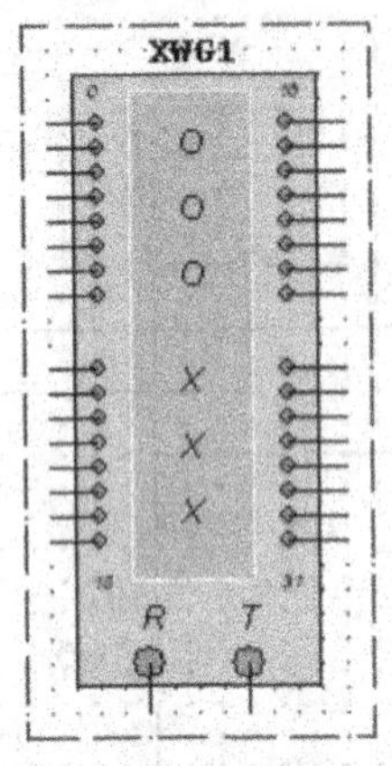

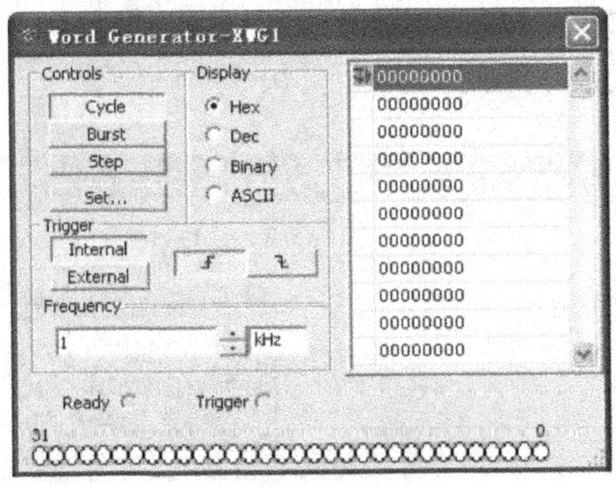

图 7-7-1 字信号发生器的图标和面板

7-7-2 使用方法

(1)连接

如图 7-7-1 所示,在字信号发生器图标的左边有 0—15 共 16 个端子,右边也有 16—32 共 16 个端子,这 32 个端子是字信号发生器所产生的信号输出端,其中的每一个端子都可以接入数字电路的输入端。下面还有 R 及 T 两个端子,R 为数据准备好信号端(Ready),T 为外触发信号端。

(2)操作

如图 7-7-1 所示,字信号发生器的面板分为字信号显示区、Controls 区、Trigger 区、Frequency 区、Display 区等几部分。

①字信号显示区:显示产生的信号。

在字信号显示区中,每条字信号为 32 位,32 位的字信号以 8 位十六进制形式显示、编辑和存放,地址范围为 0000H ~ 03FFH,共计 1024 条字信号。可写入的十六进制数从 00000000 到 FFFFFFFF(相当于十进制数从 0 到 4 294 967 265)。若要求字信号显示区的显示内容上下移动，则利用鼠标移动滚动条即可实现。

②Controls 区：选择字信号发生器的输出方式。其中包括 4 个选择按钮。Cycle（循环）表示字信号在设置地址初值到最终值之间周而复始地以设定频率输出。Burst（单帧）表示字信号从设置地址初值逐条输出，直到输出最终值自动停止。Step（单步）表示每单击鼠标一次输出一条字信号。在 Cycle 和 Burst 方式中，要想使字信号输出到某条地址后自动停止输出，只需预先单击该字信号，再单击 Breakpoint 按钮即可。利用 Breakpoint 按钮可设置多个断点，当字信号输出到断点地址而暂停输出时，可单击暂停按钮或按 F6 键恢复输出。在 Pattern（模式）状态下，用户可通过相应的界面设置或储字状态，共有 7 个选项，其功能分别为：ClearBuffer 用于清除缓冲，将原来设置的状态全部改变为 0000。Open 用于打开字信号文件（存有字信号内容）。Save 用于将当前设置的字状态保存为一个文件，供下次使用。Up Counter/Down Counter 用于自动产生字序列，其后一个数码较前一个数码大 1 或小 1，还可以与 Set Initial Pattern（设置起始状态）结合产生需要的字序列。Shift Right/Shift Left 用于产生一个右移/左移的序列，如 80004000 20001000 等。

④Trigger 区：选择触发方式。

当选择 Internal（内部）触发方式时，字信号的输出直接受输出方式按钮 Step、Burst 和 Cycle 的控制。当选择 External（外部）触发方式时，必须接入外触发脉冲信号，还要设置“上升沿触发”或“下降沿触发”，然后单击输出方式按钮。只有外触发脉冲信号到来时才启动信号输出。

⑤Frequency 区：设置输出的频率（速度）。

⑥Display 区：可以在 Hex 栏以 16 进制数输入数据；或者在 ASCII 栏以 ASCII 码输入数据；也可以在 Binary 栏以二进制数输入数据。

7-8 逻辑分析仪

7-8-1 功能

逻辑分析仪（Logic Analyzer）是数据域测试的重要仪器，它可以同时观察、记录和显示多路逻辑信号的波形，是示波器无法替代的专用逻辑功能测试仪器，是分析和调试复杂数字系统的重要工具。

Multisim 10 中提供了一种可以同时观察 16 路数据信号的逻辑分析仪，并在一个电路窗口中可同时使用多个逻辑分析仪，图 7-8-1 所示的为逻辑分析仪的图标和面板图，其中，XLA 是它的文字符号。

7-8-2 使用方法

（1）连接

如图 7-8-1 所示，逻辑分析仪的图标右侧从下至上 16 个端口是其输入信号端口，使用时连接到电路的测量点。图标下部也有 3 个输入端，C 是外时钟输入端，Q 是时钟控制输入

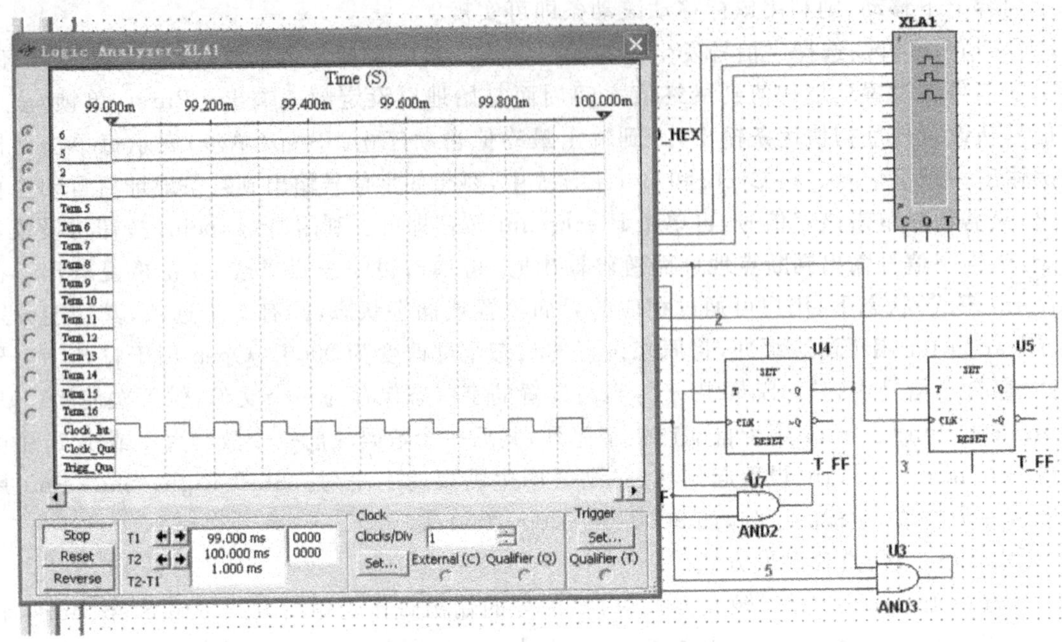

图 7-8-1 逻辑分析仪的图标和面板图

端,T 是触发控制输入端,这 3 个输入端主要用来控制显示波形同步信号的特性。

(2)操作

如图 7-8-1 所示,逻辑分析仪的面板分为波形显示区、仿真控制区、数据显示区、Clock 区和 Trigger 区等几部分。

①波形显示区:最左侧 16 个小圆圈代表 16 个输入端,如果某个连接端有被测信号,则该小圆圈内将出现一个黑圆点。被采集的 16 个路输入信号以方波形式显示在屏幕上,另外,外时钟信号输入端 C,时钟控制信号输入端 Q 和触发控制信号输入端 T 的波形也显示在其中。

②仿真监控器:Stop 按钮为停止仿真;Reset 按钮为逻辑分析仪复位并清除显示波形。

③数据显示区:左窗口为时间窗口,T_1 为 1 号游标所处时间位置,T_2 为 2 号游标所处时间位置,T_2-T_1 为 1 号和 2 号游标之间的时间差值。右窗口为读数窗口,上面为 1 号游标读数窗口,下面为 2 号游标读数窗口,读数为 4 位十六进制即 16 位二进制数,分别表示 1 到 16 的逻辑信号输入端的状态。

④Clock 区:包括 Clock/Div 栏及 Set 按钮。Clock/Div 栏用于设置在波形显示区中每个水平刻度显示的时钟脉冲数。Set 按钮用于设置时钟脉冲,按该按钮后出现如图 7-8-2 所示的对话框。其中,Clock Source 区的功能是选择时钟脉冲的来源,如果选取 External 项,则设置由外部取得时钟脉冲;选取 Internal 项,则设置由内部取得时钟脉冲。Clock Rate 区的功能是选取时钟脉冲的频率。Sampling Setting 区的功能是设置取样方式,其中的 Pretrigger Samples 栏设置前沿触发取样数，Post-trigger Samples 栏设定后沿触发取样数，Threshold Voltage(V)栏设定门限电压。

⑤Trigger 区：设置触发方式，单击 Set 按钮，出现如图 7-8-3 所示的对话框。其中，Trigger Clock Edge 区的功能是设定触发方式，包括 Positive(上升沿触发)、Negative(下降沿触发)及 Both(升、降沿触发)等 3 个选项；Trigger Qualifier 栏的功能是选择触发控制字，包括 0、1 及 X(0、1 皆可)等 3 个选项，Trigger Pattern 区的功能是设置触发的样本，可在 Pattern A、Pattern B 及 Pattern C 栏设定触发样本，也可在 Trigger Combinations 栏中选择组合的触发样本。

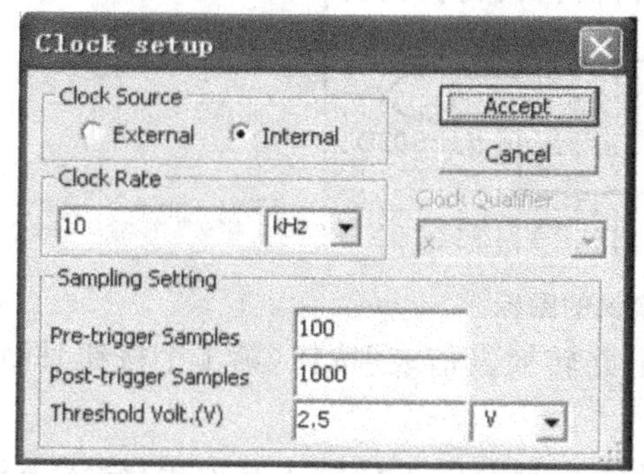

图 7-8-2 Clock Setup 对话框

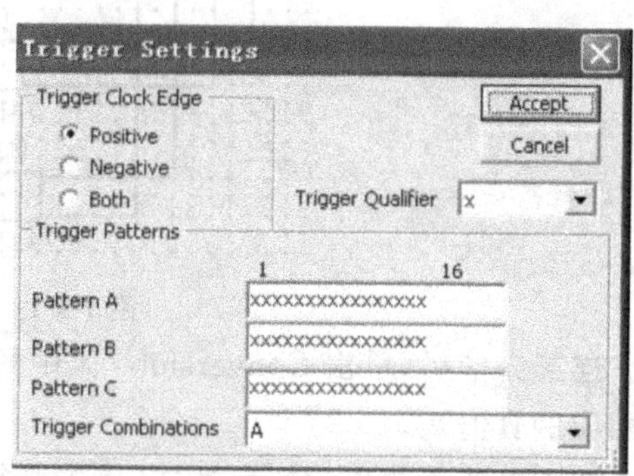

图 7-8-3 Trigger Settings 对话框

7-9 逻辑转换仪

7-9-1 功能

逻辑转换仪(Logic Converter)是现实中并不存在的仪器。它可以方便地在电路图、真值表、逻辑表达式之间相互转换。使用逻辑转换仪将使逻辑电路的设计更方便快捷。图 7-9-1 所示的是逻辑转换仪的图标，其中，XLC 是它的文字符号。

7-9-2 使用方法

(1)连接

如图 7-9-1 所示，图标中包括 9 个端子，左边 8 个端子可用来连接电路的节点，右边的 1 个是输出端子。通常只有在用到逻辑电路转换为真值表时，才需要将图标与逻辑电路相连接。

(2)操作

逻辑转换仪面板由逻辑变量输入端、真值表显示及输入栏、逻辑表达式显示及输入栏和 Conversions 区等及部分组成。使用逻辑转换仪时需要将这几部分相互配合操作。

①由逻辑电路转换为真值表：在将逻辑电路转换成真值表时，先要将已画出的逻辑电路的输入端连接到逻辑转换仪的输入端上，在逻辑电路的输出端连接到逻辑转换仪的输出端

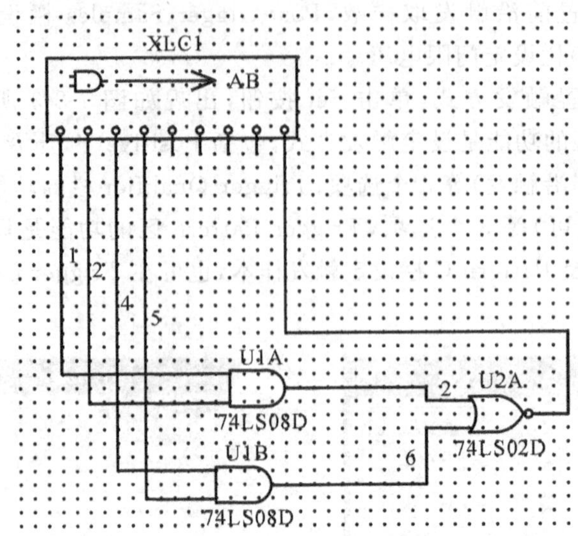

图 7-9-1 逻辑转换仪的图标

上。连接完毕后，单击 Conversions 区中的"逻辑电路转换真值表"按钮(第 1 个按钮)即可得到相应的真值表。

②由真值表导出逻辑表达式：首先必须在真值表显示及输入栏输入真值表(输入方法有两种，一是如果已知逻辑电路结构，可采用前面介绍的"由逻辑电路转换为真值表"的方式自动产生；二是直接在真值表的输入栏输入真值表，即根据输入变量的个数用鼠标单击逻辑转换仪面板顶部代表输入端的小圆圈 A 至 H，选定输入变量)。此时在真值表的输入栏中将自动出现输入变量的所有组合，而右面输出列(靠近滚动条)的初始值全部为"?"；然后根据所要求的逻辑关系式来确定或修改真值表的输出值(0、1 或 X，X 表示任意)。

输出真值表后单击 Conversions 区中的"真值表转换逻辑表达式"按钮(第 2 个按钮)，这时在面板底部逻辑表达式的输入栏将出现相应的逻辑表达式。如果表达式中出现 A′，则 A′表示逻辑变量 A 的"非"。

③由真值表导出简化表达式：要将已得到的逻辑表达式进一步简化，只需单击"真值表转换简化表达式" 按钮(第 3 个按钮)即可得到简化的逻辑表达式。

④由逻辑表达式得到真值表：首先在面板底部逻辑表达式的输入栏输入逻辑表达式，然后单击"逻辑表达式转换真值表"按钮(第 4 个按钮)，即可得到相应的真值表。

⑤从逻辑表达式得到逻辑电路：如在面板底部逻辑表达式的输入栏中有逻辑表达式，只需单击"逻辑表达式转化电路"按钮(第 5 个按钮)，即可得到由与、或、非门组成的逻辑电路。

⑥由逻辑表达式得到的非门电路：先在面板底部逻辑表达式的输入栏中写入逻辑表达式，然后单击""逻辑表达式转换与非门按钮(第 6 个按钮)，便可得到仅由与非门组成的逻辑电路。

7-10 失真度分析仪

7-10-1 功能

失真度分析仪(Distortion Analyzer)是一种测试电路总谐波失真与信噪比的仪器。它可在用户所指定的基准频率下,进行电路总谐波失真或信噪比的测量,是测量电路输出失真情况的主要仪器,一般用于音频设备的测试,如音频功率放大器的失真测试、音频信号发生器输出的测量,其频率范围为20Hz～20kHz。

失真度通常有两种表示方法:一种用总谐波失真THD(Total Harmonic Distortion)表示;另一种用信噪比SINAD(Signal Plus Noise and Distortion)/(Noise and Distortion),即S/N表示。其中,THD可以用百分数表示,也可用对数表示,而SINAD仅用对数来表示。图7-10-1所表示的为失真度分析仪的图标和面板图,其中,XDA是它的文字符号。

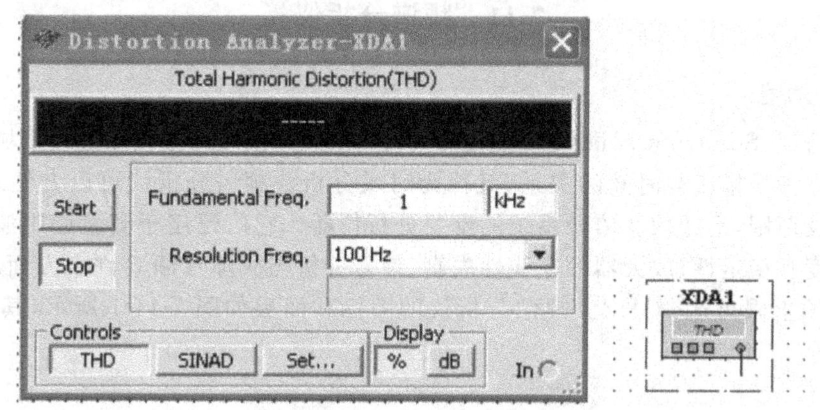

图7-10-1 失真度分析仪的图标和面板图

7-10-2 使用方法

(1)连接

如图7-10-1所示,失真度分析仪图标中仅有一端子(In)用来连接电路的测试点。

(2)操作

如图7-10-1所示,失真度分析仪面板分为Total Harmonic Distortion(THD)显示区、Fundamental Frequency设置区、Controls区、Display区和仿真控制区等几个部分。

①THD显示区:显示总谐波失真测试的结果。其内容和单位由Controls区和Display中的设置所决定。

②Controls区:设置测试内容。按钮THD的功能是选取测试总谐波失真,即THD;按钮SINAD的功能是选取测试信噪比,即S/N;按钮Settings的功能是设置测试的参数,Settings对话框如图7-10-2所示。在图7-10-2中,THD Definition区用来选择总谐波失真的定义方式,包括IEEE及ANSI/IEC两种定义方式;Harmonic Num.栏选取谐波次数。

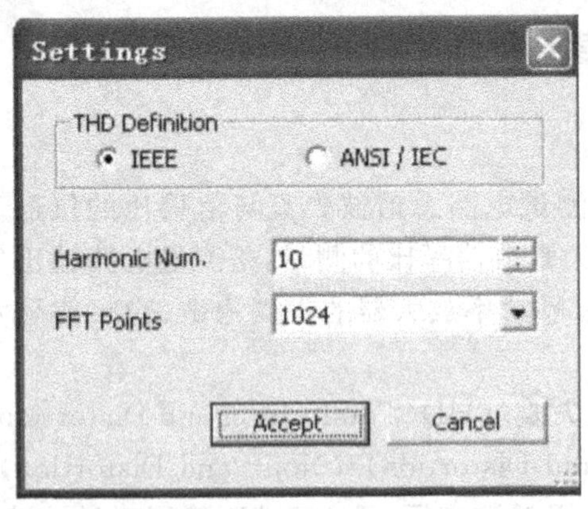

图 7-10-2　Setting 对话框

③Display 区：设置测试的单位。% 按钮用于设置百分比显示，用于 THD 测试。dB 按钮用于设置分贝显示，可用于 THD 或 SINAD 测试。

④Fundamental Frequency 设置区：设置分析基频。移动下面的滑块可改变其基频值。分析基频范围在 Control Mode 区的 Settings 对话框中设置。

⑤仿真控制区：控制测试工作的开始于结束。Start 按钮的功能是开始测试，Stop 按钮的功能是停止测试。

7-11　频谱分析仪

7-11-1　功能

频谱分析仪（Spectrum Analyzer）测量信号中幅度与频率的关系，即进行频域分析；而示波器观察的是信号幅度与时间的关系，又称为时域分析。频谱分析仪可以方便地研究信号的频率结构及范围，是通信及信号系统的重要分析仪器。它广泛用于测量调制波的频谱、正弦信号的纯度和稳定性、放大器的非线性失真、信号分析与故障诊断等许多方面。频谱分析仪分析频率的上限可达 4GHZ。频谱分析仪的图标和面板如图 7-11-1 所示，其中，XSA 是它的文字符号。

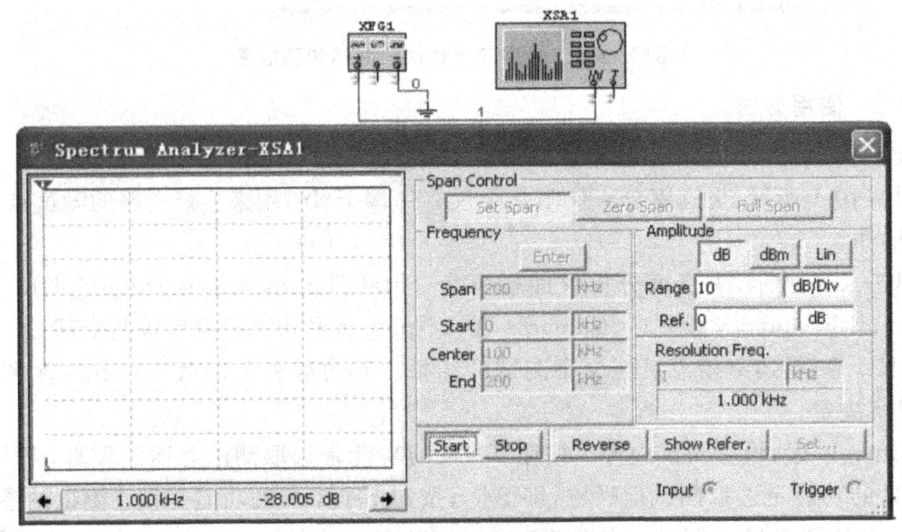

图 7-11-1　频谱分析仪的图标和面板

7-11-2　使用方法

(1)连接

如图 7-11-1 所示,频谱分析仪的图标中只有两个端子,IN 端子连接电路测试点,T 端子连接外触发信号。

(2)操作

如图 7-11-1 所示,频谱分析仪的面板分为频谱显示区、Span Control 区、Frequency 区、Amplitude 区、Resolution Frequency 区和 Controls 区等几部分。

①频谱显示区:显示频谱图形。利用其上的游标可以读取某点的数据,在面板右侧下部的数字显示栏中会同步显示数据。

②Frequency 区:设置频率范围。其中包括 4 栏:Span 栏用来设置频率变化范围。Start 栏用来设置开始频率。Center 栏用来设置中心频率。End 栏用来设置结束频率。实际上只需设置其中两个参数,另两个参数在单击 Enter 按钮后程序会自动确定。

③Span Control 区:设置显示频率变动范围的方式,有 3 个按钮。Set Span 按钮表示采用 Frequency 区所设置的频率范围。Zero Span 按钮表示采用 Frequency 区中 Center 定义的一个单一频率(即当按下该按钮后,Frequency 区的 4 个栏中仅 Center 可设置某一频率)。Full Span 按钮表示采用全频范围,即从 0 到 4GHz(程序自动给定,Frequency 区不起作用)。

④Amplitude 区:用于选择频谱纵坐标的刻度。其中:dB(分贝)按钮表示纵坐标使用 dB 刻度。dBm 按钮表示纵坐标使用 dBm 刻度(即以 10lg(V/0.775)为刻度)。LIN(线性)按钮表示纵坐标使用线性刻度。Range 栏设置纵坐标每个代表多少幅值。Ref. 栏设置参考标准。所谓参考标准就是确定被显示的信号频谱的某一幅值所对应的频率范围。例如,设置参考标准为－3dB,通过读取－3dB 点的位置所对应的频率,则可估算出放大器的带宽。这种操作通常需要与 Controls 区中的 Show Refer 按钮配合使用。单击此按钮,可在频谱图形显示中出现－3dB 参考标准水平线,这时若拖动游标,就能非常容易地找到带宽的上下限。

⑤Resolution Frequency 区:设置频率的分辨率,即能够分辨的最小谱线间隔。表征频谱分析仪具有将频率紧挨在一起的信号区分开来的能力。

⑥Controls 区:控制频谱分析仪的仿真分析运行。

7-12　网络分析仪

7-12-1　功能

网络分析仪(Network Analyzer)是一种二端口网络高频分析及设计的重要仪器。现实中的网络分析仪(如 HP8751A 和 HP8753E)可测试二端口高频电路的 S 参数。Multisim 中的网络分析仪是仿效实际仪器基本功能和操作的一种虚拟仪表,除了测试 S 参数外,也可用于测试 H,Y,Z 参数。通过测试这些电路网络参数,可以了解所设计的电路或元件是否符合规格。图 7-12-1 所示的为网络分析仪的图标及面板,其中 XNA 是它的文字符号。

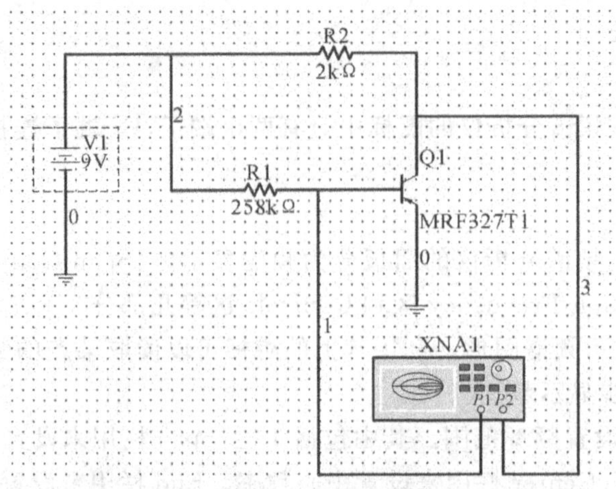

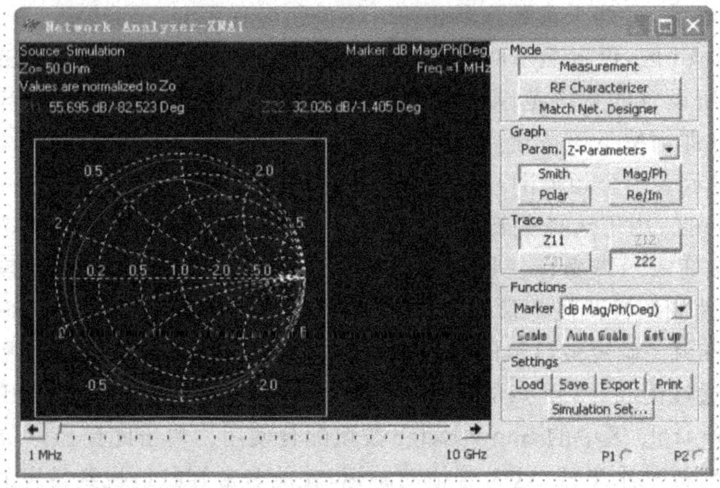

图 7-12-1 网络分析仪的图标和面板

7-12-2 使用方法

(1) 连接

如图 7-12-1 所示，网络分析仪的图标有两个端子 P_1、P_2，分别用来连接电路的输入端口及输出端口。

(2)操作

如图 7-12-1 所示，网络分析仪的面板分为显示区、Mode 区、Graph 区、Trace 区、Functions 区和 Settings 区几部分。

①显示区：显示分析的参数数据和参数曲线。

②Mode 区：设置分析模式。其中：

Measurement 为测试模式。

RF Characterizer 为射频特性分析模式。

Match Net. Designer 为高频电路的设计工具模式，可以显示电路的稳定度、阻抗匹配、增益等数据。

③Graph 区：设置所要分析的参数种类以及分析的参数曲线格式等。其中：

Parameter 栏用于设置所要分析的参数种类。其中包括 S-parameters（S 参数），H-parameters（H 参数）、Y-parameters（Y 参数）、Z-parameters（Z 参数）、Stability factor（稳定因素）。

Smith 按钮用于将分析的参数曲线以史密斯格式显示。

Mag/Ph 按钮用于将分析的参数曲线仪增益/相位频率响应曲线，即波特图格式显示。

Polar 按钮用于将分析的参数曲线以极化图格式显示。

Re/Im 按钮用于将分析的参数曲线以实数/虚数曲线格式显示。

④Trace 区：设置所要显示的参数，其中被按下的按钮表示要显示该参数。

⑤Functions 区：

Market 区：设置显示区分析的参数数据显示的模式。其中：Mag/Ph（Degs）（幅度/相位）以极坐标的模式显示参数数据。dBMag/Ph（Degs）（dB 数/相位）以分贝的极坐标模式显示参数数据。

Scale 按钮用于选择纵轴刻度。

Auto Scale 按钮用于由程序自动调整刻度。

Set up 按钮用于设置显示区的有关显示属性，单击该按钮后，将出现如图 7-12-2 所示的 Preferences 对话框。其中包括 3 页。

(a)Trace 页如图 7-12-2 所示，该页用来设置参数曲线的属性。在 Trace＃栏内选择所要显示的参数曲线，在 Line width 栏内选取参数曲线线宽，在 Color 栏内指定参数曲线的颜色，而在 Style 栏内选择该参数曲线的样式。

(b)Grids 页用于设置网格的属性，可以在 Line Width 栏内选取网格线的线宽，在 Color 栏内指定网格线的颜色，在 Style 栏内指定网格线的样式，在 Tick Label Color 栏内指定刻度文字的颜色，在 Axis Title Color 栏内指定刻度轴标题文字的颜色。

(c)Miscellaneous 页用于设置绘图区域和文本的属性，可以在 Frame Width 栏内指定图框的线宽，在 Frame Color 栏内指定图框的颜色，在 Background color 栏内指定背景颜色，在 Graph Area Color 栏内指定绘图区的颜色，在 Label Color 栏内指定标注文字的颜色，在 Data Color 栏内指定数据文字的颜色。

⑥Settings 区用于对显示区的数据进行管理。其中：

Load 按钮用于读取专用格式数据文件。

Save 按钮用于存储专用格式数据文件。

Export 按钮用于输出数据至文本文件。

Print 按钮用于打印数据。

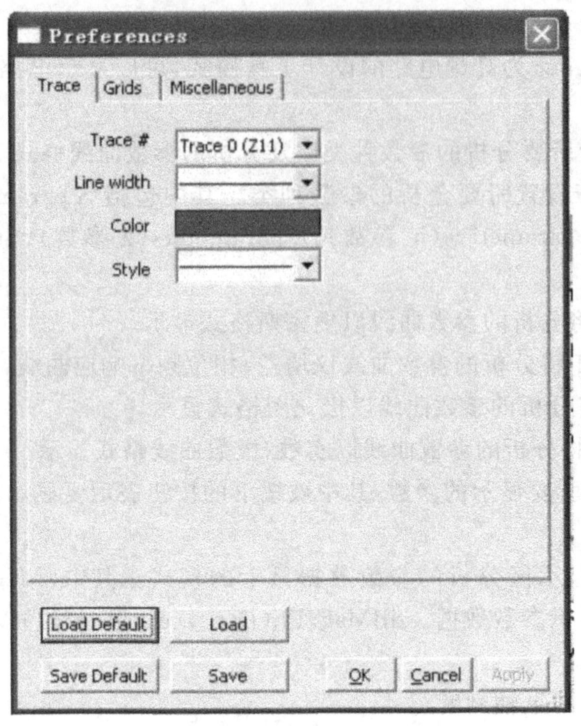

图 7-12-2 Preferences **对话框**

⑦Simulation set 按钮用于设置分析模式的参数，在不同的分析模式下，将会有不同的参数设置。以测量模式为例，单击此按钮，将出现如图 7-12-3 所示 Measurement Setup 对话框，可在 Start frequency 栏设置激励信号的起始频率，Stop frequency 栏设置激励信号的终止频率，Sweep type 栏设置扫描的模式，Number of points per decade 设置每十倍频率取样点数等。

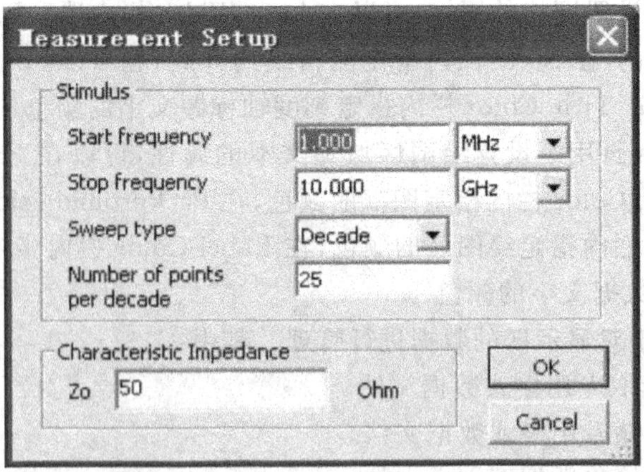

图 7-12-3 Measurement Setup **对话框**

第 8 章　Multisim 10 的基本分析功能

8-1　直流工作点分析

8-1-1　功能

直流工作点分析(DC Operating Point Analysis)是在电路电感短路、电容开路、交流信号源除源(除源的含义是,不论是交流源还是直流源都是将电压源短路、电流源开路)的情况下,计算电路的静态工作点。直流分析的结果通常可用于电路的进一步分析,如在进行暂态分析和交流小信号分析之前,程序会自动先进行直流工作点分析,以确定暂态的初始条件和交流小信号情况下非线性器件的线性化模型参数。直流工作点分析是一种小信号的分析,对于大信号的电路,其分析是不可靠的。

8-1-2　方法

以图 8-1-1 所示的电路为例,选择 Simulate 菜单中 Analyses 命令下的 DC Operating Point 命令项,此时将出现如图 8-1-2 所示的 DC Operating Point Analysis 对话框。

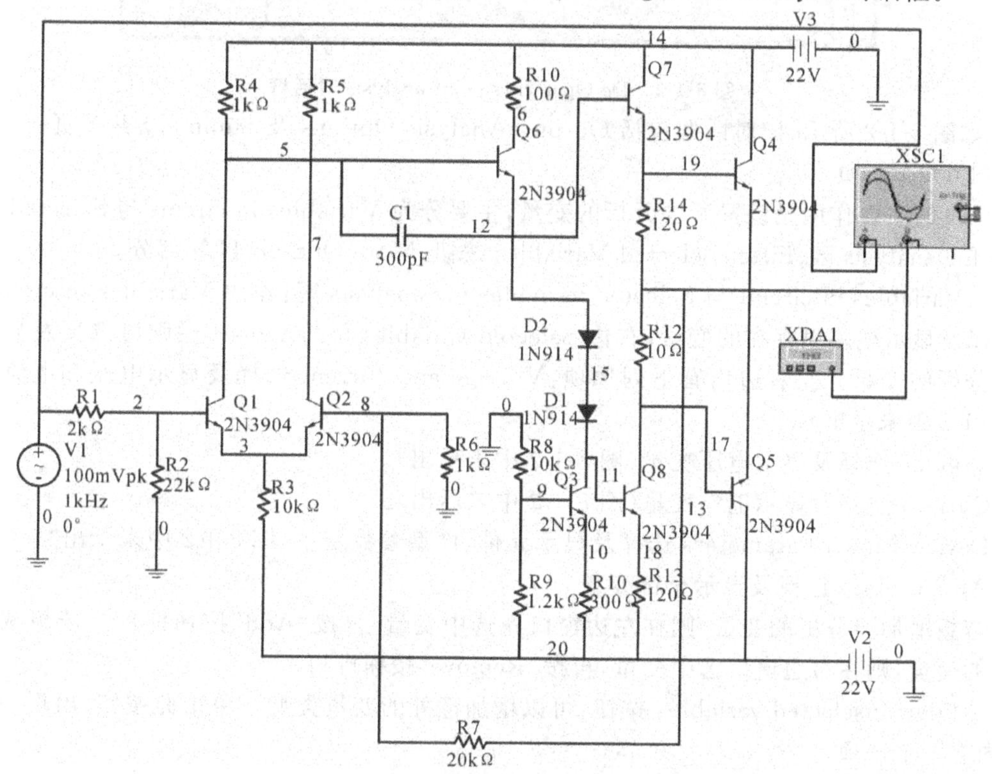

图 8-1-1　直流工作点分析的例子

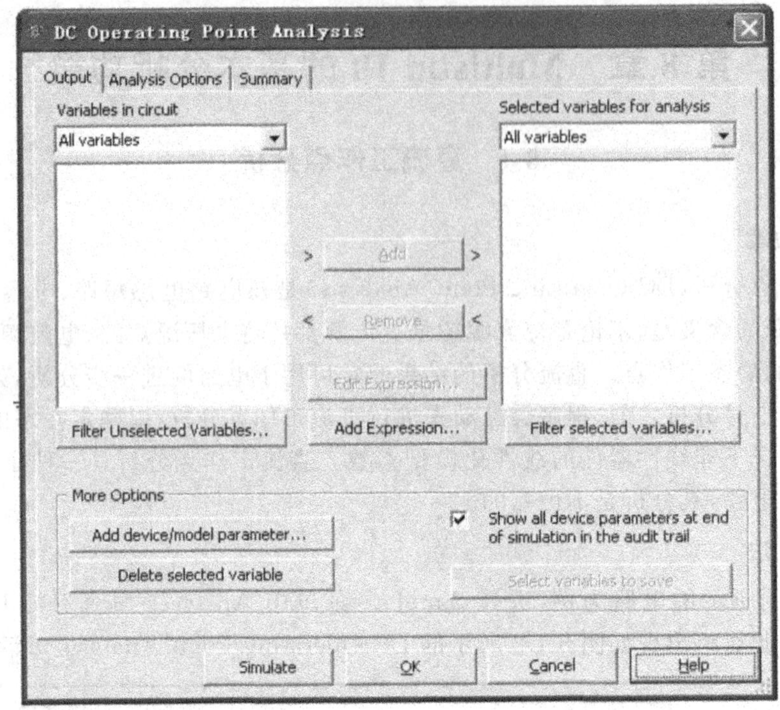

图 8-1-2 Dc Operating point analysis **对话框**

如图 8-1-2 所示，该对话框包括 Output、Analysis Options 及 Summary 共 3 页。

(1)Output 页

该页的主要作用是设置所要分析的变量，主要分为 Variables in circuit 与 Selected variables for analysis 区、Filter Selected Variables 按钮、More Options 区等部分。

①Variables in circuit 与 Selected variables for analysis 区：左边 Variables in circuit 栏可选择及显示电路里存在的变量，右边 Selected variables for analysis 栏则可选择及显示电路要分析的变量。左右边均有下列选项：Voltage and current 选择及显示电压和电流变量(图 8-1-2 中未示出)。

Voltage 选择及显示电压变量(图 8-1-2 中未示出)。

Current 选择及显示电流变量(图 8-1-2 中未示出)。

Device/Model Parameters 选择及显示元件、模型参数变量(图 8-1-2 中未示出")。

All variables 选择及显示全部变量。

若想增加要分析的变量，则在左边窗口先选中变量，再按"Add"按钮即可。若想减少要分析的变量，则在右边窗口选中变量，再按"Remove"按钮即可。

②Filer unselected variables 按钮：可以增加额外的变量类型。单击此按钮，出现一对话框，内有 3 个选项。

Display internal nodes 选项增加内部字节。

Display submodules 选项增加子模型的字节。

Display open pins 选项增加连接开路的引脚(即没被用到的引脚)。

③More Options 区:该区显示时出现以下按钮:

Add device/model parameter 按钮用于在 Variables in circuit 栏内增加某个元件、模型的参数,包括 Parameter Type 栏(指定所要新增参数的形式)、Device Type 栏(指定元件模块的种类)、Name 栏(指定元件名称(序号))、Parameter 栏(指定所要使用的参数)。

Delete selected variables 按钮用于删除已通过 Add device/model parameter 按钮选择到 Variables circuit 栏内的变量。

Filter Selected Variables 按钮的作用与 Filter Unselected Variables 按钮类似,不同之处在于前者只能筛选由后者已经选中且放在 Selected variables for analysis 栏的变量。

(2)Analysis Options 页

该页的主要功能是设置分析参数,主要分为 SPICE Options 区和 Other Options 区等部分,如图 8-1-3(a)所示。

①SPICE Options 区:用来选择程序是否采用用户所设定的分析参数。可供选取设置的项目已出现在下面的栏中,其中大部分项目一般采用默认值,如果想要改变其中某一个分析参数,则在选取该项参数后,再选中下面的 Use Custom Settings 选项,单击右边 customize 栏,得到图 8-1-3(b),在该栏中输入新的参数。

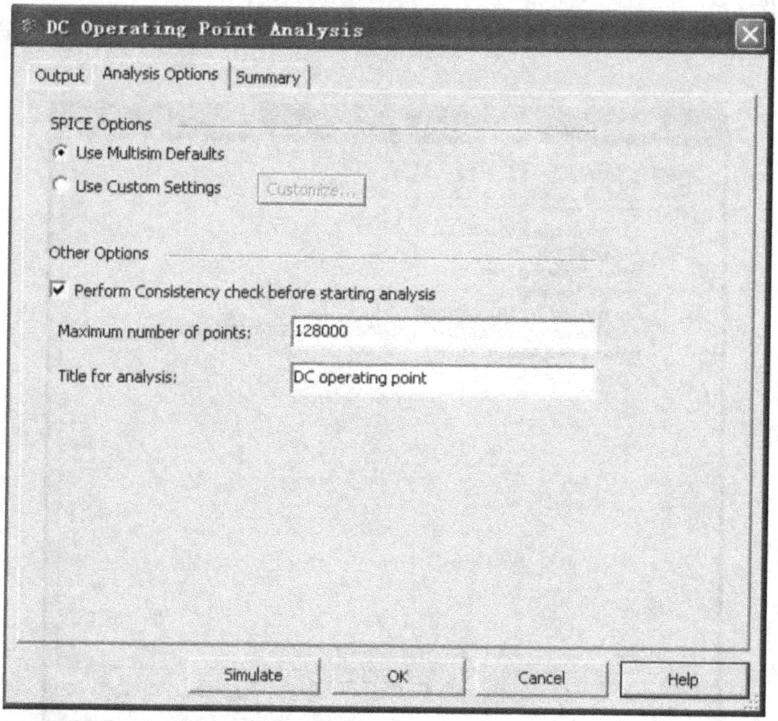

图 8-1-3(a) Miscellaneous Options **页**

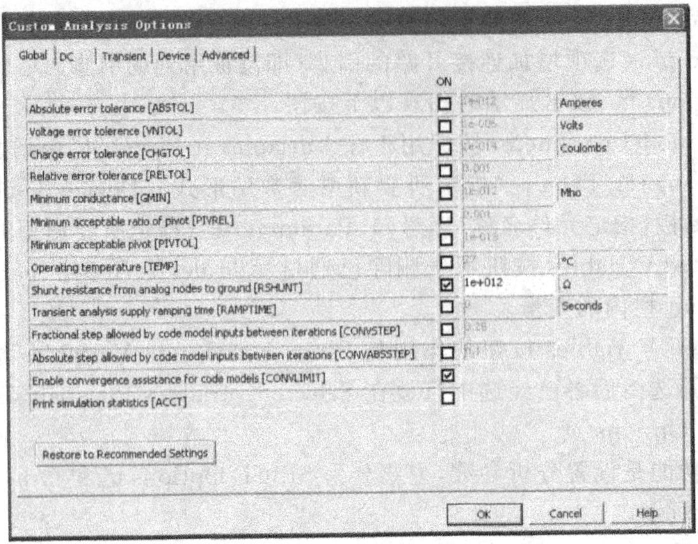

图 8-1-3(b)

②Other Options 区：Maximum number of 栏用来设置最大的取样点数。Title for 栏用来设置所要进行分析的名称(可用中文)。

(3)Summary 页

该页的主要功能是对分析设置进行汇总与确认，它由设置显示区和若干按钮组成，如图 8-1-4 所示。

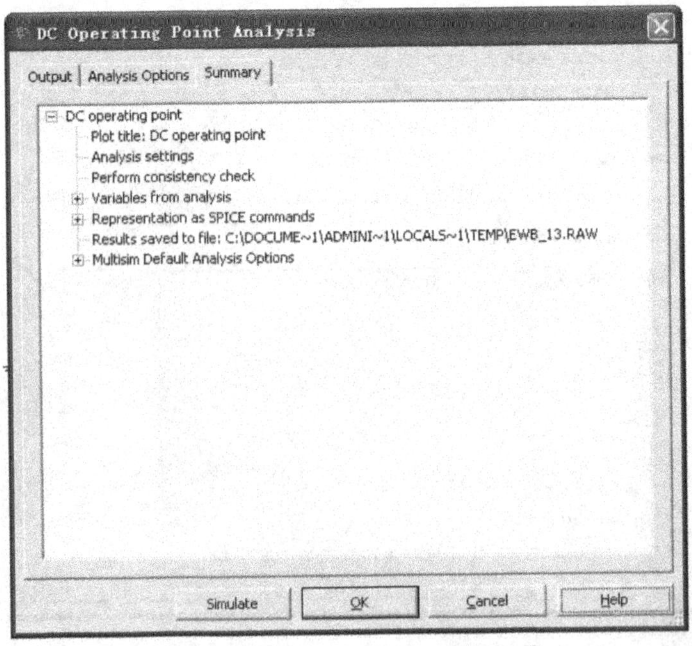

图 8-1-4 Summary 页

①设置显示区：显示所设置的参数和选项，用户可检查所要进行的分析设置是否正确。

②simulate 按钮：直接开始仿真分析。

③OK 按钮：保存设置。

④Cancel 按钮：放弃设置。

8-1-3 结果

本例设置分析了所有的变量，分析结果如图 8-1-5 所示。

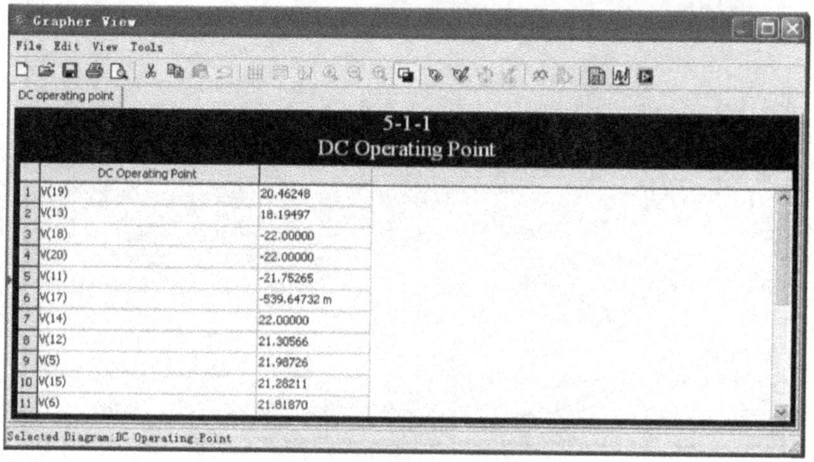

Grapher View

File Edit View Tools

DC operating point

5-1-1
DC Operating Point

	DC Operating Point	
1	V(19)	20.46248
2	V(13)	18.19497
3	V(18)	-22.00000
4	V(20)	-22.00000
5	V(11)	-21.75265
6	V(17)	-539.64732 m
7	V(14)	22.00000
8	V(12)	21.30566
9	V(5)	21.98726
10	V(15)	21.28211
11	V(6)	21.81870

Selected Diagram:DC Operating Point

图 8-1-5 直流工作点分析结果

8-2 交流分析

8-2-1 功能

交流分析(AC Analysis)主要是分析电路的小信号频率响应，实际上是分析输出与输入在不同频率时的不同响应。

分析时程序自动先对电路进行直流工作点分析，以便建立电路中非线性元件的交流小信号模型，并将直流电源除源、交流信号源、电容及电感等用其交流模型表示，如果电路中含有数字元件，则被认为是一个接地的大电阻。

进行交流分析时以正弦波为输入信号。不管在电路的输入端输入何种信号，进行分析时都将自动以正弦信号替换，而其信号频率也将以设置的范围替换之。

交流分析的结果以幅频特性和相频特性两个图形显示。如果将波特图图示仪连至电路的输入端和被测节点，也可获得同样的交流频率特性。

8-2-2 方法

以前图 7-6-1 所示的电路为例，选择 Simulate 菜单中 Analyses 命令下的 AC Analysis 命令项，此时将出现如图 8-2-1 所示的 AC Analysis 对话框。

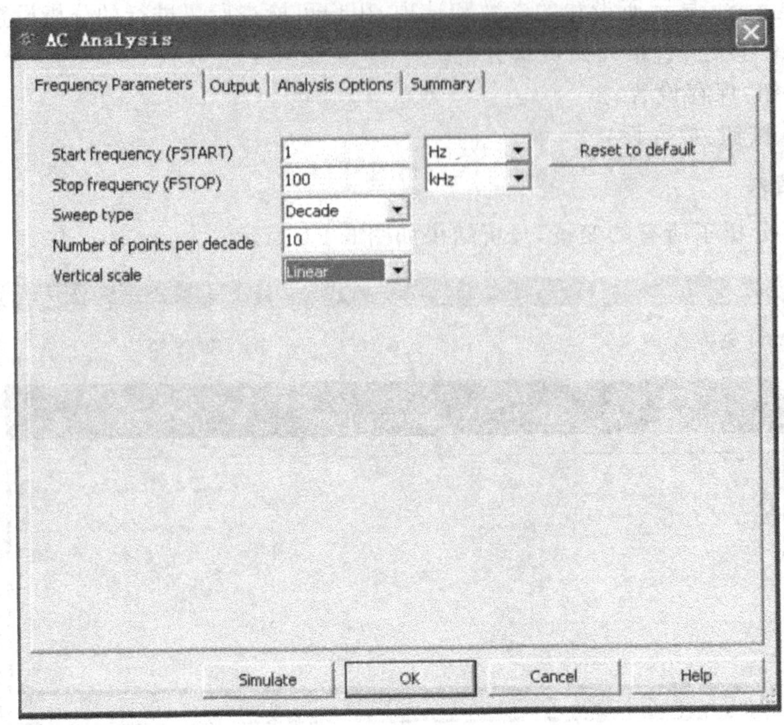

图 8-2-1 AC Analysis **对话框**

对话框包括 Frequency Parameters、Output、Analysis Options 及 Summary 共 4 页，其中后 3 页的设置与直流工作点分析类似，而 Frequency Parameters 页需要进行 5 项设置。

(1)Start frequency 栏

该栏设置交流分析的起始频率。

(2)Stop frequency(FSTOP)栏

该栏设置交流分析的终止频率。

(3)Sweep type 栏

该栏设置交流分析的扫描方式(分析的水平轴)，包括 Decade(十倍频程扫描)和 Octave(八倍频程扫描)机 Linear(线性扫描)。通常采用十倍频程扫描(Decade 选项)，以对数方式显示。

(4)Number of ponts per decade 栏

该栏设置每十倍频程的分析取样数量。

(5)Vertical scale 栏

该栏设置输出波形的纵坐标刻度，其中包括 Decibel(分贝)、Octave(八倍)、Linear(线性)及 Logarithmic(对数)。通常采用 Logarithmic 或 Decibel 选项。

8-2-3 结果

对 Frequency Parameters 页的设置如图 8-2-1 所示，在 Output variables 页设置电路要分析的变量为电路的输入和输出，直接按 Simulate 按钮开始分析。完成分析后，将出现 Graphs View 窗口，显示出此电路的频率响应曲线，如图 8-2-2 所示，分别为幅频特性曲线和相频特性曲线。从图 8-2-2 所示的结果中发现，幅频特性的纵轴用该点电压值表示，这是因为不管输入的信号源的数值多少，程序一律将其视为一个幅度为单位 1 且相位为零的单位信号源，这样从输出节点取得的电压的幅度就代表了增益值，相位就是输出与输入之间的相位差。

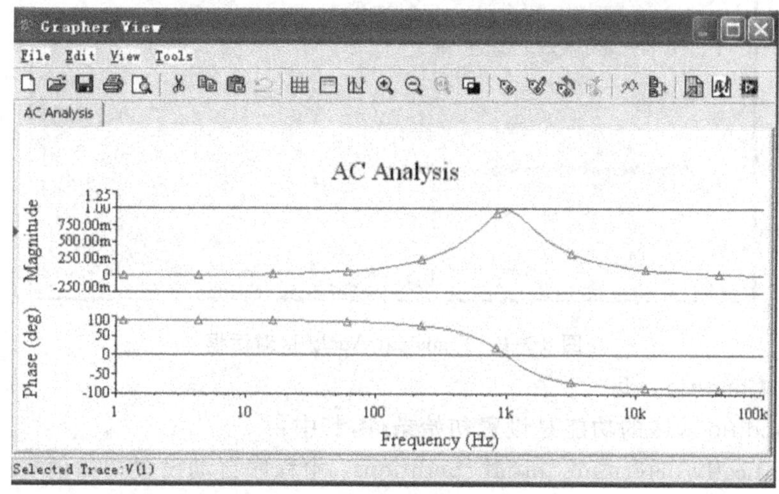

图 8-2-2 AC Analysis 对话框

8-3 瞬态分析

8-3-1 功能

瞬态分析(Transient Analysis)是一种非线性时域(Time Domain)分析，即电路的时域响应分析。可在激励信号(或没有任何激励信号)的情况下计算电路的时域响应。分析时，电路的初始状态可由用户自行指定，也可由程序自动进行直流分析，用直流解作为电路初始状态。瞬态分析的结果通常是显示分析节点的电压波形，故用示波器也可观察到相同的结果。

8-3-2 方法

选择 Simulate 菜单中 Analyses 命令下的 Transient Analysis 命令项，此时将出现如图 8-3-1 所示的 Transient Analysis 对话框。该对话框包括 Analysis Parameters、Output、Analysis Options 及 Summary 共 4 页，其中后 3 页的设置与直流工作点分析类似，而 Analysis Parameters 页分为 Initial Conditions 区、Parameters 区和 More options 区等几部分。

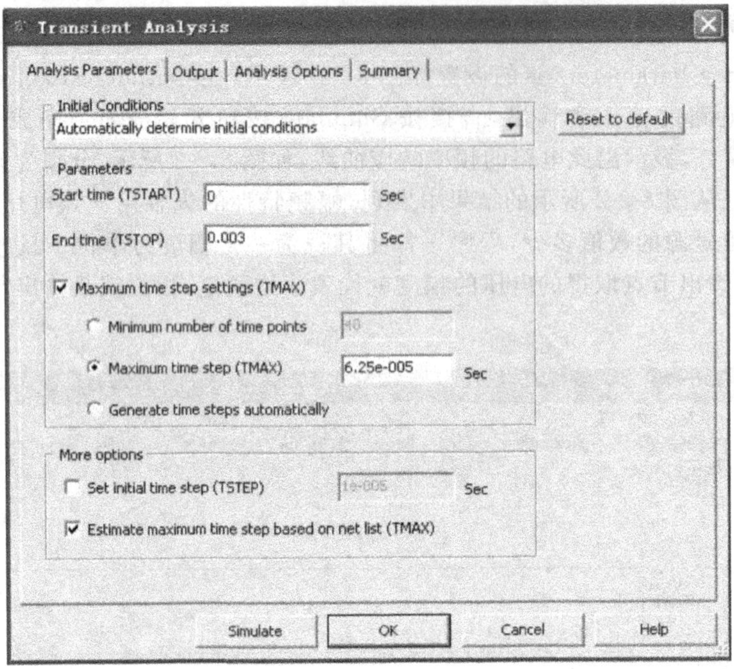

图 8-3-1 Transient Analysis 对话框

(1)Initial Conditions 区

Initial Conditions 区的功能是设置初始条件，其中：

①Automatically determine initial conditions：由程序自动设置初始值。

②Set to zero：将初始值设为 0。

③User defined：由用户定义初始值。

④Calculate DC operating point：设置通过计算直流工作点得到的初始值。

(2)Parameters 区

Parameters 区的功能是对时间间隔和步长等参数进行设置。其中：

①Start time：设置开始分析时间。

②End time：设置结束分析的时间。

③Maximum time step setting：设置最大时间步长，其中包括如下 3 种方式：

(a)Minimum number of time points 用于设置以单位时间内的取样点数来分析的步长。选取该选项后，在右边栏设置单位时间间距内最少要取样的点数。

(b)Maximum time step (TMAX)用于以时间间距设置分析取样的步长。选取该选项后，在右边栏设置最大的时间间距。

(c)Generate time steps automatically 用于设置由程序自动决定分析取样的时间步长。

(3)More Options 区

该区由 More /Less 按钮控制显示/隐藏。该区显示时出现以下栏目：

①Set initial time step 栏：由用户决定是否自行确定起始时间步长。如不选择，则由程序自动约定；如选择，则在其右边栏内输入步长大小。

②Estimate maximum time step based on net list 栏：决定是否根据网表来估算最大时间步长。

8-3-3 结果

在 Analysis Parameters 页的设置如图 8-3-1 所示，设置 End time，在 Output variables 页设置电路要分析的变量，直接按 Simulate 按钮开始分析。完成分析后，将出现 Analysis Graphs 窗口，显示出电路的频率响应曲线如图 8-3-2。

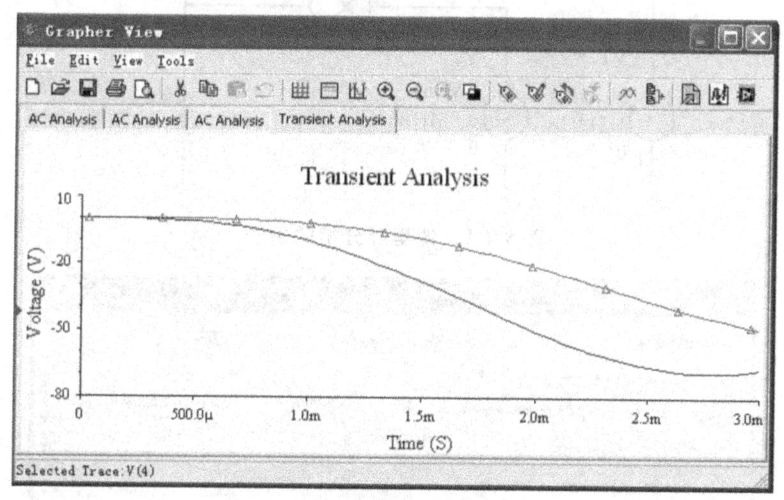

图 8-3-2 瞬态分析结果

8-4 傅里叶分析

8-4-1 功能

傅里叶分析是通过对时域的波形信号进行傅里叶级数的展开来分析构成信号的直流、基波和各次谐波的幅度进行分配情况。这些信号分量对电路的性能有着重要的影响。

傅里叶分析通常根据信号的类型分为连续傅里叶分析和离散傅里叶分析。连续傅里叶分析是采用数学的方法对连续信号进行傅里叶级数展开，得到各种频率成分幅度大小的分析方法；而离散傅里叶分析是对信号取样及量化，将其变为数字信号，利用数字信号处理方法进行分析的方法。

如果所分析的信号在时间上具有周期性，则计算过程可加以简化，这时一般采用快速傅里叶变换 FFT(fast fourier transform)进行分析，Multisim 10 中的傅里叶分析就是一种快速傅里叶分析(FFT)，故其只能对周期性信号进行分析。这些分量对电路的性能有着重要的影响。

8-4-2 方法

以图 8-4-1 所示的电路为例，选择 Simulate 菜单中 Analyses 命令下的 Fourier Analysis 命令项，此时将出现如图 8-4-2 所示的 Fourier Analysis 对话框。

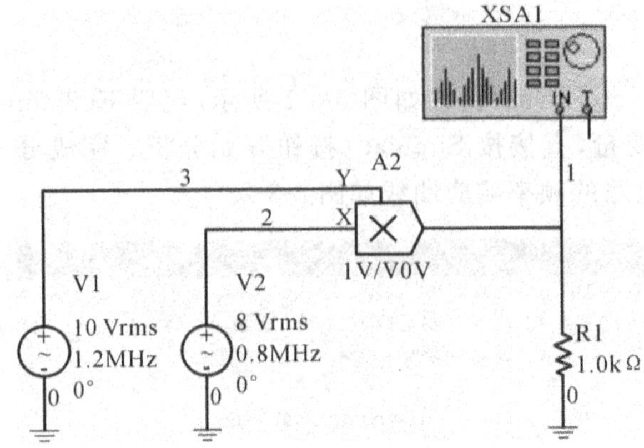

图 8-4-1 傅里叶分析的例子

Fourier Analysis

Analysis Parameters | Output | Analysis Options | Summary

Sampling options

Frequency resolution (Fundamental frequency): 400000 Hz Estimate

Number of harmonics: 9

Stop time for sampling (TSTOP): 2.4537e-00 sec Estimate

Edit transient analysis

Results

Display phase

Display as bar graph

Normalize graphs

Display: Chart and Graph

Vertical scale: Linear

More Options

Degree of polynomial for interpolation:

Sampling frequency: 4e007 Hz

Simulate OK Cancel Help

图 8-4-2 Fourier Analysis 对话框

该对话框包括 Analysis Parameters、Output、Analysis Options 及 Summary 共 4 页，其中后 3 页的设置与直流工作点分析类似，而 Analysis parameters 页又分为 Sampling options 区、Result 区和 More options 区。

(1)Sampling options 区

sampling options 区用于对傅里叶分析的基本参数进行设置。其中：

①Frequency resolution (Fundamental frequency)栏：设置基频。如果电路之中有多个交流信号源，则取各信号源频率最小公倍数。如果难以设置，则可单击该栏右侧的 Estimate 按钮，由程序自动设置。

②Number of (Number of harmonics)栏：设置希望分析的谐波的次数。

③Stopping time for sampling 栏：设置停止取样的时间。在觉得难以设置时，可以单击该栏右侧 Estimate 按钮，由程序自动设置。

④Edit transient analysis 按钮：设置瞬态分析的选项，其设置与 8-3 节中的瞬态分析相同。

(2)Result 区

Result 区用来选择仿真分析结果的显示方式。其中：

①Display phase 栏：设置显示相位图。

②Display as bar graph 栏：设置以线条绘出频谱图。

③Normalize graphs 栏：选择绘制归一化频谱图。

④Display 栏：设置所要显示的项目，包括 3 个选项，即 chart(图表)，Graph(曲线)及 chart and graph(图表和曲线)。

⑤Vertical 栏：设置频谱的垂直轴刻度，包括 Linear(线性刻度)、Logarithmic 选项(对数刻度)、Decibel 选项(分贝刻度)、Octave 选项(八倍刻度)。

(3)More Options 区

①Degree of polynomial for interpolation 栏：设置内插多项式的维数，选中该项后，可在其右边栏中输入维数值。多项式维数越高，仿真运算分析的精度也越高。

②Sampling frequency 栏：设置取样频率，默认为 100000Hz。如果难以设置，则可单击 Sampling opinions 区的 Estimate 按钮，由程序设置。

8-4-2 结果

在 Analysis Parameters 页的设置如图 8-4-2 所示，在 Output variables 页设置电路要分析的变量为电路内连接频谱分析仪输入端子的节点，直接按 Simulate 按钮开始分析。完成分析后，将出现 Analysis Graphs 窗口，显示出此点路的数据表和频谱图，如图 8-4-3 所示。

8-5 噪声分析

8-5-1 功能

噪声分析(Noise Analysis)的功能是分析噪声对电路的影响。Multisim 提供了热噪声(Thermal noise)、散粒噪声(Shot noise)和闪烁噪声(Flicker noise)等 3 种不同的噪声模型。在分析时，假定电路中各噪声源互不相关，其噪声值可独立计算。总噪声为每个噪声源对于

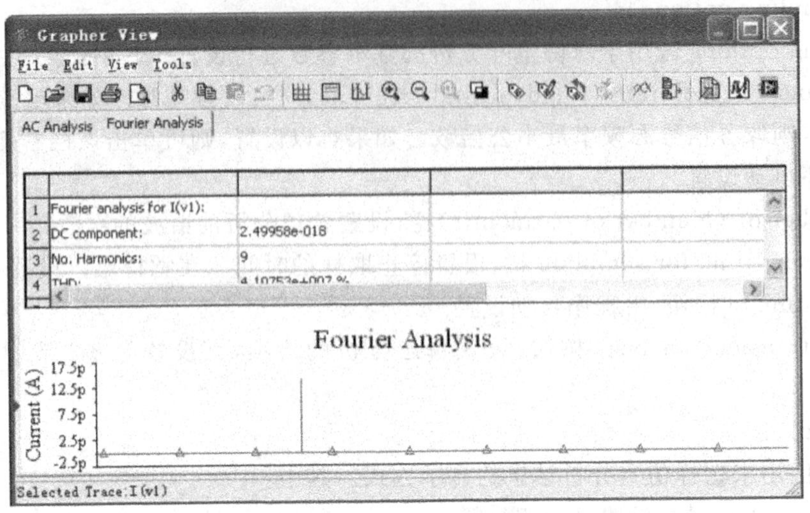

图 8-4-3 傅里叶分析的结果

特定的输出产生的噪声均方根的和。

热噪声主要是由温度变化引起的。散粒噪声发生在有源器件中(如晶体管),由于载流子是离散的,因而在器件的输出端就出现了噪声。热噪声的幅度取决于绝对温度,因而散粒噪声与温度无关,而正比于电流的开平方根,也就是说与信号大小有关。闪烁噪声是由于介质导电性能的起伏引起的,如半导体阴极等的接触介质面不规则等。

8-5-2 方法

选择 Simulate 菜单中 Analyses 命令下的 Noise Analyses 命令项,此时将出现如图8-5-1所示的 Noise analyses 对话框。

该对话框包括 Analyses Parameters、Frequency Parameters、Output、Analysis Options 及 Summary 共 5 页,其中后 3 页的设置与直流工作点分析类似。

(1)Analyses Parameters 页

Analyses Parameters 页用来设置分析的参数。其中包括下列项目:

①Input noise reference source 栏:选择输入噪声的参考电源(必须是交流信号源)。

②Output node 栏:选择噪声输出节点,在此节点将所有噪声求和。

③Reference node 栏:设置参考电压的节点,通常取 0(接地)。

④Set points per summary:设置每个汇总的取样点数。当选中时,将产生所选噪声量曲线。在其右边栏输入频率步进数,数值越大,输出曲线的解析度越低。

在该页右边的 3 个 Change Filter 按钮分别对应于其左边的栏,其功能与 Output variables 页中的 Filter Unselected Variables 按钮相同,详见直流工作点分析中的 Output variables 页。

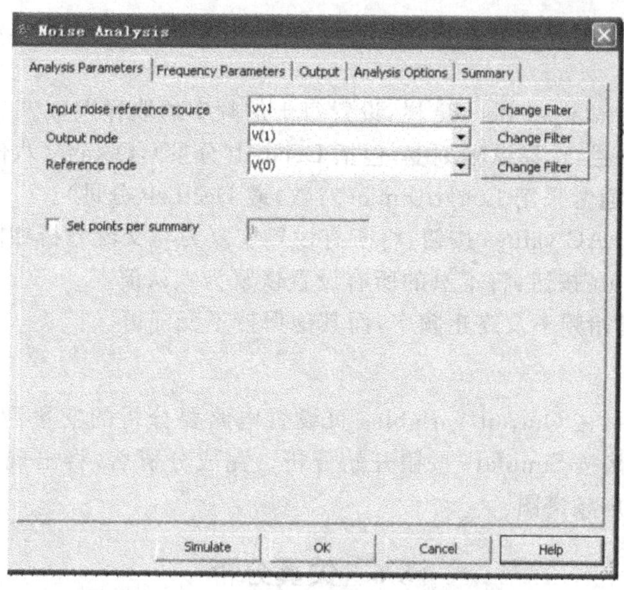

图 8-5-1 Noise Analysis 对话框

(2)Frequency Parameter 页

如图 8-5-2 所示,Frequency parameters 主要是对扫描频率等进行设置,其中:

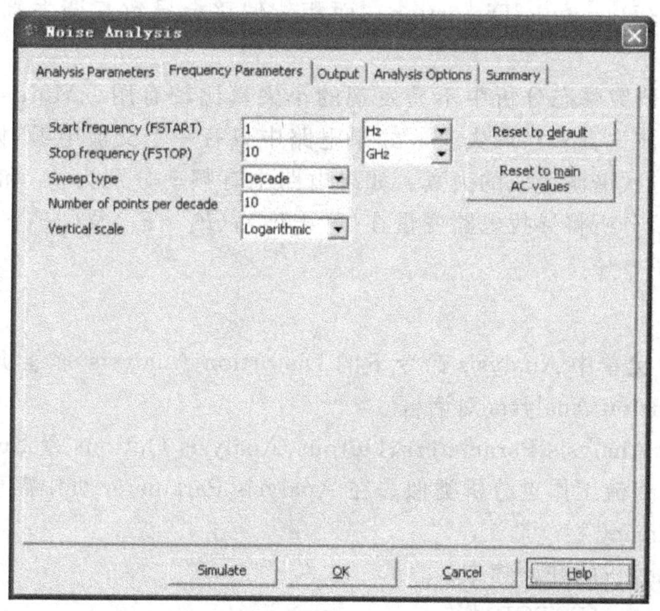

图 8-5-2 Frequency Parameters 页

①Start frequency 栏:设置扫描开始频率。

②Stop frequency(FSTOP)栏:设置扫描结束频率。

③Sweep type 栏：选择扫描方式，包括 Decade（十倍频程）、Octave（八倍频程）和 Linear（线性）。

④Number of points per decade 栏：设置每十倍频率的取样点数。

⑤Vertical scale 栏：选择纵轴刻度，包括 Decibel（分贝），Octave（八倍）、Linear（线性）及 Logarithmic（对数），通常采用 Logarithmic（对数）或 Decibel（分贝）。

⑥Reset to main AC values 按钮：将所有设置恢复为与交流分析相同的设置值。

⑦Reset to default 按钮：将本页的所有设置恢复为默认值。

通常只要设定起始频率及终止频率，而其他保持不变即可。

8-5-3 结果

完成上述设置后，在 Output variables 页设置电路要分析的变量为 inoise_spectrum 和 onoise-spectrum，直接按 Simulate 按钮开始分析。完成分析后，将出现 Analysis Graphs 窗口，显示出电路的噪声频谱图。

8-6 失真分析

8-6-1 功能

失真分析（Distortion Analysis）可分析电路的非线性失真及相位偏移。通常非线性失真会导致谐波失真（Harmonic Distortion），而相位偏移会导致互调失真（Inter modulation Distortion，IMD）。

失真分析对于研究瞬态分析中不易发现的小失真比较有用。Multisim 10 可以分析小信号模拟电路的谐波失真和互调失真。如果电路中只有一个交流电源，则该分析将确定电路中每一点的二、三次谐波造成的失真。如果电路中有频率分别为 F_1 和 F_2 的两个不同频率的交流电源，则该分析将寻找电路变量在（F_1+F_2），（F_1-F_2）及（$2F_1-F_2$）三个不同频率上的谐波失真（设 $F_1>F_2$）。

8-6-2 方法

选择 Simulate 菜单中 Analysis 命令下的 Distortion Analysis 命令项，此时将出现如图 8-6-1 所示的 Distortion Analysis 对话框。

该对话框包括 Analysis Parameters、Output、Analysis Options 及 Summary 共 4 页，其中后 3 页的设置与直流工作点分析类似。在 Analysis Parameter 页中需要进行几项设置。

（1）Start frequency 栏

该栏设置失真分析的开始频率。

（2）Stop frequency（FSTOP）栏

该栏设置失真分析的结束频率。

（3）Sweep type 栏

该栏设置失真分析的扫描方式，其中，Decade（十倍频程）、Octave（八倍频程）及 Linear

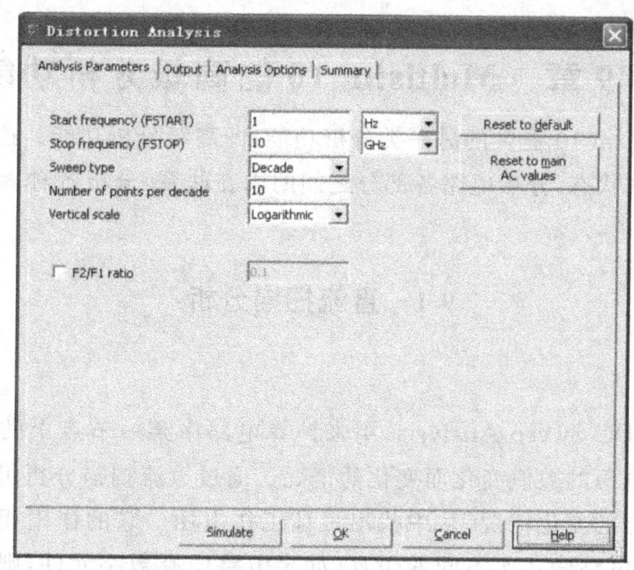

图 8-6-1 Distortion Analysis **对话框**

(线性)。

(4)Number of points per decade 栏

该栏设置每十倍频率的取样点数。

(5)Vertical scale 栏

该栏设置纵轴刻度,其中:Decibel(分贝),Octave(八倍)、Linear(线性)及 Logarithmic(对数),通常采用 Logarithmic(对数)或 Decibel(分贝)选项。

(6)F2/F1 ratio 栏

当不选中该栏选项时分析输入 F_1(以上在对话框中设置的频率范围)引起的二次、三次谐波失真;选中时,则分析 F_1 和 F_2 之间产生的频率为(F_1+F_2),(F_1-F_2)及($2F_1-F_2$)相对于频率 F_1 的互调失真,这时,必须在右边的栏位里输入 F_2/F_1 的比值(在 0 与 1 之间)。

(7)Reset to main AC values 按钮

将所有设置恢复为与交流分析相同的设置值。

(8)Reset to default 按钮

将本页的所有设置恢复为默认值。

8-6-3 结果

完成上述设置,在 Output variables 页设置电路要分析的变量,直接按 Simulate 按钮开始分析。完成分析后,将出现 Analysis Graphs 窗口,显示出电路的谐波失真图。

第 9 章　Multisim 10 的高级分析功能

本章介绍 Multisim 10 提供的另一类分析功能，即高级分析功能。这类分析在较高的基础上研究电路的工作状态，分析电路各部分之间的内在联系，分析各种因素变化对电路特性的影响。

9-1　直流扫描分析

9-1-1　功能

直流扫描分析(DC Sweep Analysis)用来计算电路中某一节点上的直流工作点随电路中一个或两个直流电源的数值变化而变化的情况。通过直流扫描分析可以观察电源电压发生变化时直流工作点的变化情况，从中找出最佳工作电压。它的作用相当于每变动一次直流电源的数值，就对电路做几次不同的仿真(如果电路中有数字元件，则将其当作一个大的接地电阻处理)。

9-1-2　方法

以图 8-1-1 所示的电路为例，选择 Simulate 菜单中命令下的 DC Sweep 的命令项，出现的对话框包括 Analysis、Parameters、Output、Analysis Options 及 Summary 共 4 页，其中后 3 页设置与直流工作点分析类似，而 Analysis Parameters 页包括包括 Source1 与 Source2 两个区，分别设置两个直流扫描信号源，设置方法完全一样。如果要使用直流扫描信号源，需先选取 Use source 2 选项。

(1)Source 栏

用于选择所要扫描的直流电源，按 Chang Filter 按钮，可以增加额外的变量类型，包括内部节点、子模型、开路的引脚等。

(2)Start value 栏

设置开始扫描的数值。

(3)Stop value 栏

设置结束扫描的数值。

(4)Incerement 栏

设置扫描的增量值(步距)。

9-1-3　结果

在 Output varibles 页设置电路要分析的变量，直接按 Simulate 按钮开始分析。完成分析后，将出现 Analysis varibles 窗口，显示出此电路的直流扫描分析曲线，如图 9-1-1 所示。

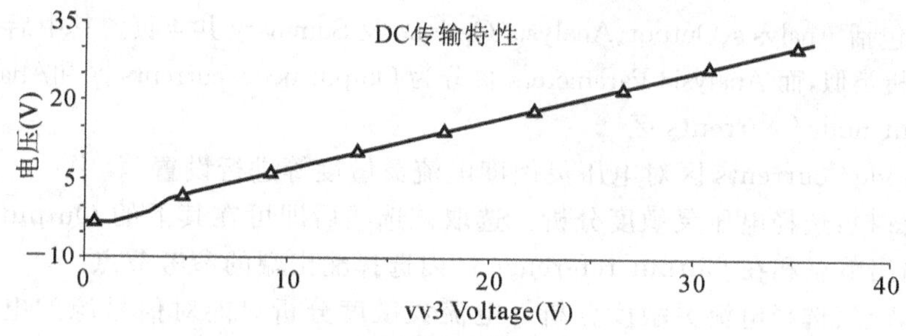

图 9-1-1 直流扫描分析的结果

9-2 灵敏度分析

9-2-1 功能

灵敏度分析的功能是分析计算机电路的输出变量对电路中元器件参数的敏感程度。电路中各元器件参数变化时,无疑会对电路的特征产生影响。灵敏度分析可以帮助找出对电路影响程度大的元器件,有助于降低由于元器件参数变化导致的不稳定性。

在 Multisim 中,灵敏度分析包括两种:直流灵敏度分析用于计算电路中输出节点电压的灵敏度和所有元件参数的电流灵敏度;交流灵敏度分析,用于计算制定元件各参数灵敏度曲线。直流灵敏度的仿真结果以数值的形式显示,而交流灵敏度的仿真结果则绘出相应的曲线。

9-2-2 方法

以图 8-1-1 所示的电路为例,选择 Simulate 菜单中 Analysis 命令下 Sensitivity 的命令项,此时,将会出现如图 9-2-1 所示的 Sensitivity Analysis 对话框。

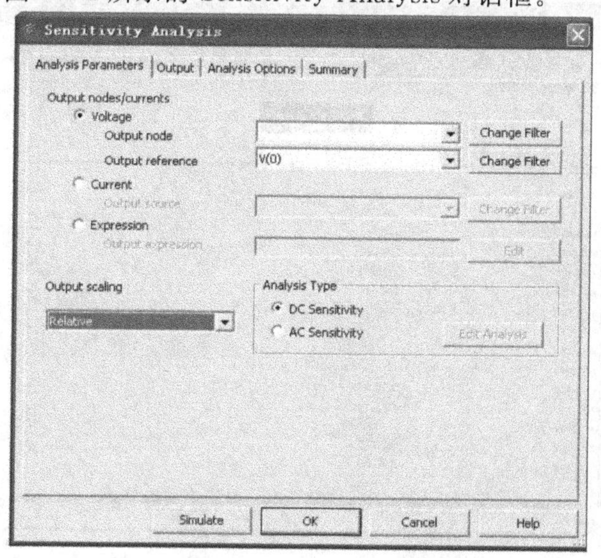

图 9-2-1 Sensitivity Analysis 对话框

该对话框包括 Analysis、Output、Analysis Options 及 Summary 共 4 页。其中后 3 页的设置与直流工作点分析类似，而 Analysis Parameters 页分为 Output node/currents 区和Analysis Type 区。

(1)Output node/ currents 区

Output node/ currents 区对电压灵敏度电流灵敏度等进行设置，其中；

①Voltage 栏：选择电压灵敏度分析。选取该选项后即可在其下的 Output node 栏内选定要分析的输出节点和在 Output reference 栏内选择输出端的参考节点。

②Current 栏：选择电流灵敏度分析。电流灵敏度分析只能对信号源的电流进行分析，因此，在选取该选项后即可在其下的栏内选择要分析的信号源。

③ Output scaling 栏：设置灵敏度输出格式包括绝对灵敏度和相对灵敏度两个选项。

④Chang Filter 栏：按钮配合以上三项可增加额外的变量类型，包括内部节点、子模型、开路的引脚。

(2)Analysis Type 区

Analysis Type 区对直流灵敏度、交流灵敏度等选项进行设置，其中：

①DC Sensivity 栏：选择直流灵敏度分析，分析结果将产生一个数据表格。

②AC Sensivity 栏：选择交流灵敏度分析，分析结果将产生一个数据表格。

③Edit Analysis 按钮：设置交流分析的参数。

9-2-3 结果

对 Analysis Parameters 页的设置如图 9-2-1 所示，在 Output variables 页设置分析所有三极管参数 qq*****(增加变量类型——内部节点)直接按 Simulate 按钮开始分析，完成分析后将出现窗口，显示出此电路直流灵敏度分析结果，如图 9-2-2 所示。在选取分析功能菜单的 Sensitivity Analysis 选项，Analysis Parameters 页设置 AC Sensitivity 进行交流灵敏度

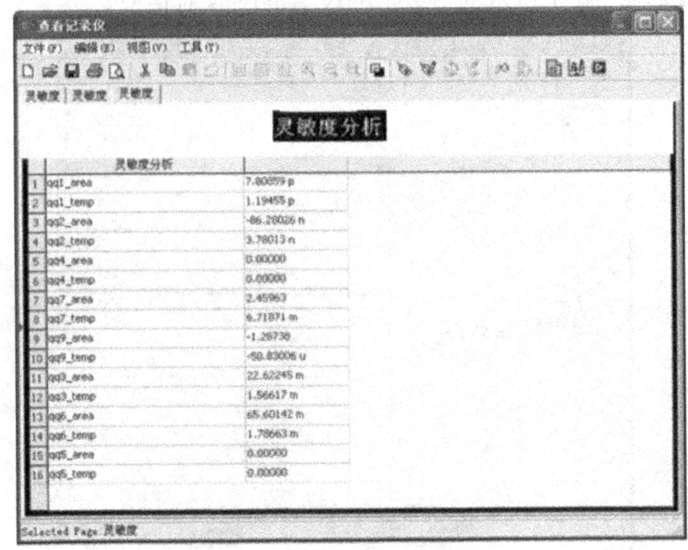

图 9-2-2 直流灵敏度分析结果

分析，直接按 Simulate 按钮开始分析。完成分析后将出现 Analysis Graphs 窗口，显示出此电路交流灵敏度分析结果，如图 9-2-3 所示。

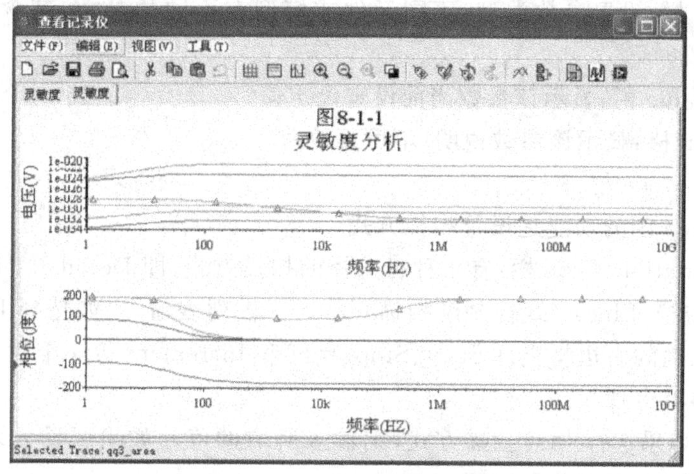

图 9-2-3 交流灵敏度分析结果

9-3 参数扫描分析

9-3-1 功能

参数扫描分析(Parameter Sweep Analysis)功能是对电路中某些元件的参数，在一定取值范围内部变化时对直流电工作点，瞬态特性及交流频率特性的影响进行分析，便于对电路的某些性能指标进行优化。

9-3-2 方法

选择 Simulate 菜单中 Analyses 命令下的 Parameter Sweep 命令项，该对话框包括 Analysis Parameters、Output、Analysis Options 及 Summary 共 4 页(该对话框与前述分析功能的对话框相似，为节约篇幅，该对话框和后述分析功能中类似对话框均省略)，其中后 3 页的设置与直流工作点分析类似，而 Analysis Parameter 页分为 Sweep Parameters 区、Point to sweep 区和 More Options 区。

(1)Sweep Parameters 区

Sweep Parameter 区功能是用于设置扫描的元件及参数，其中：

①Sweep Parameter 栏：设置扫描参数，可选择 Divice Parameter(元件参数)或 Model Parameter(模型参数)，选取其中一个选项后，该栏的右边 5 个栏(Device、Name、Parameter、Present Value 和 Description)出现与元件参数或模型参数有关的一些信息，还需进一步选择。

②Device 栏：设置所要扫描的元件或模型种类，包括 PPT(三极管类)、Capacitor(电容器

类)、Diode(二极管类)、Resistor(电阻类)、Vsource(电压源类)等。

③Name 栏:设置元件或模型序号。

④Parameter 栏:设置参数类型,不同元件或模型有不同的参数,其含义在 Description 栏内说明。

⑤Present Value 栏:显示该参数当前设定设定值。

⑥Description 栏:显示该参数说明(不可更改)。

(2)Point to sweep 栏

Point to sweep 区的功能是设置扫描方式。

①Sweep Variation Type 栏:有 4 种可选择的扫描方式,即 Decade(十倍刻度扫描)、Octave(八倍刻度扫描)、Linear(线性刻度扫描)及 List(去列表值)。如选择 Decade、Octave 或 Linear 选项,则该栏的右边将出现 Start、Stop、# of 和 Increment 等 4 个栏,如果选择 List 选项,则该栏的右边将出现 Value 栏。

②Value 栏:如果选择 List 扫描方式,则输入所取的值。如果要输入多个不同的值,则在数字之间以空格、逗点或分号隔开。

③Start 栏:是指开始扫描的值。

④Stop 栏:设置结束扫描的值。

⑤# of 栏:设置扫描的点数即输出几条参数曲线。

⑥Increment 栏:设置扫描的增量(扫描间距)。

(3)More Options 区

该区由 More/Less 按钮控制显示或隐藏。该区主要用于设置分析类型。

①Analysis to sweep 栏:选择分析类型,有 DC Operating Point(直流工作点)、AC Analysis(交流分析)及 Transient Analysis(瞬态分析)等三种分析类型供选择。在选定分析类型后,可单击 Edit Analysis 按钮对该项分析进一步编辑设置。

②Group all traces on one plot 栏:选择此项将所有分析的曲线放在同一个分析图中显示。

设置完成后,在 Output variables 页设置电路要分析的变量,直接按 Simulate 按钮进行分析。完成分析后,将出现 Analysis Graph 窗口,显示出电路参数扫描分析结果。

9-4 温度扫描分析

9-4-1 功能

温度扫描分析(Temperature Sweep Analysis)用于研究温度变化对电路性能的影响(通常电路的仿真都是假设在 27 摄氏度下进行的)。该分析相当于在实际产品检验中的温度老化实验,也就是将电路放置在不同的温度中测试电路参数的变化。温度扫描分析适用于直流工作点分析、交流分析和瞬态分析等。温度扫描分析仅涉及与温度有关的元件或模型(主要是一些半导体原件及虚拟电阻)。

9-4-2 方法

选择 Simulate 菜单中 Analysis 命令下的 Temperature Sweep 命令项，Temperature Sweep Analysis 对话框。包括 Analysis Parameters、Output、Analysis Options 及 Summary 共 4 页，它与参数扫描的设置的对话框基本相同，故其分析的方法也相同。

9-5 零点与极点分析

9-5-1 功能

零点与极点分析(Pole Zero Analysis)以分析交流小信号电路传递函数的零点与极点，来判别此电路的稳定性。在进行零点与极点分析时，首先计算电路的直流工作点，进而确定非线性元件在交流小信号条件下的线性化模型，然后在此基础上求出交流小信号传递函数的零点和极点。

9-5-2 方法

以图 7-6-1 所示电路为例，选择 Simulate 菜单中 Analyses 命令下的 Pole Zero 命令项。Pole Zero Analysis 对话框。包括 Analysis Parameters、Analysis Options 及 Summary 共 3 页，其中后两页的设置与直流工作点分析类似，而 Analysis Parameters 页分为 Analysis Type 区、Nodes 区和 Analyses performed 等栏。该对话框经汉化处理后，如图 9-5-1。

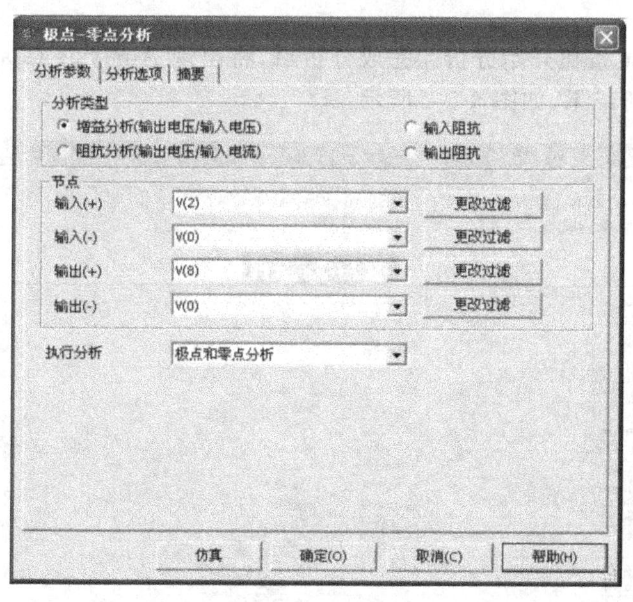

图 9-5-1 零点与极点分析对话框

(1) Analysis Type 区

Analysis type 区用于设置传递函数的类型，其中：

①Gain Analysis(output voltage/input voltage)：电路增益分析，也就是输出电压与输入电压之比。

②Impedance Analysis(output voltage/input current)：电路互阻抗分析，也就是输出电压与输入电流之比。

③Input Impedance：电路输入阻抗分析。

④Output Impedance：电路输出阻抗分析。

(2)Nodes 区

Nodes 区用于设置作为输入，输出的正负端(节)点，其中：

①Input(＋)栏：选择正的输入端(节)点。

②Input(－)栏：选择负的输入端(节)点(通常是接地端)。

③Output(＋)栏：选择正的输入端(节)点。

④Output(－)栏：选择负的输入端(节)点(通常是接地端)。

(3)Analyses performed 栏

Analyses performed 栏主要设置所要分析的项目，其中：

①Pole and Zero Analysis：零点与极点分析。

②Pole Analysis：极点分析。

③Zero Analysis：零点分析。

9-5-3 结果

直接按 Simulate 按钮开始分析。完成分析后，将出现 Analysis Graphs 窗口，显示此电路零点和极点的分析结果，如图 9-5-2 所示。

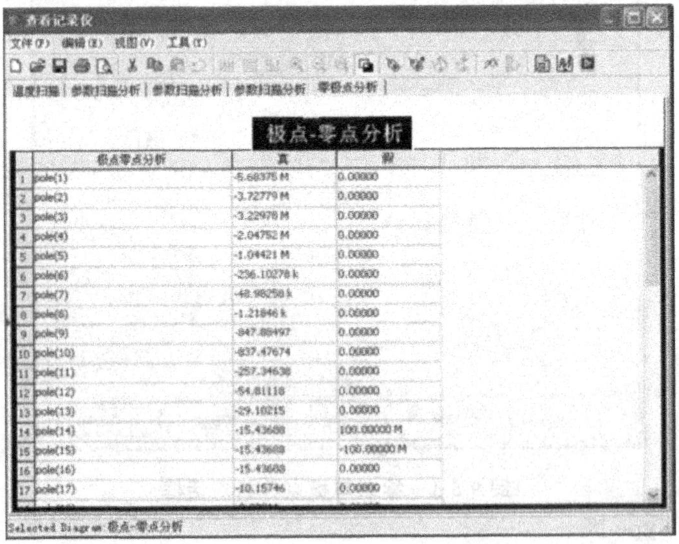

极点-零点分析

	极点零点分析	真	假
1	pole(1)	-5.68375 M	0.00000
2	pole(2)	-3.72779 M	0.00000
3	pole(3)	-3.22978 M	0.00000
4	pole(4)	-2.04752 M	0.00000
5	pole(5)	-1.04421 M	0.00000
6	pole(6)	-236.10278 k	0.00000
7	pole(7)	-48.98258 k	0.00000
8	pole(8)	-1.21846 k	0.00000
9	pole(9)	-847.88497	0.00000
10	pole(10)	-837.47674	0.00000
11	pole(11)	-257.34638	0.00000
12	pole(12)	-54.81118	0.00000
13	pole(13)	-29.10215	0.00000
14	pole(14)	-15.43688	100.00000 M
15	pole(15)	-15.43688	-100.00000 M
16	pole(16)	-15.43688	0.00000
17	pole(17)	-10.15746	0.00000

图 9-5-2 零点与极点分析的结果

9-6 传递函数分析

9-6-1 功能

传递函数分析(Transfer Function Analysis)用于分析计算在交流小信号条件下,由用户指定的作为输出变量的任意两节点之间的电压(或流过某一个元件上的电压)与作为输入变量的独立电源之间的比值。

9-6-2 方法

以图 8-1-1 所示的电路为例,选择 Simulate 菜单中 Analyses 命令下的 Transfer Function 命令项,Transfer Function Analysis 对话框包括 Analysis Parameters、Analysis Options 及 Summary 共 3 页,其中后两页的设置与直流工作点分析类似,而 Analysis Parameters 页分为 Input source、Output node/source 等部分。

(1)Input source 栏:设置所要分析的电源。

(2)Output node/source 栏

Output node/source 栏包括 Voltage 栏和 Current 栏。

①Voltage 栏:设置作为输出电压的变量,即在 Output node 栏中指定将作为输出的节点,而在 Output reference 栏中制定参考节点,通常是接地端。

②Current 栏:设置作为输出电流的变量,即在 Output source 栏中指定所要输出的电流。

9-6-3 结果

直接按 Simulate 按钮开始分析。完成分析后,将出现 Analysis Graphs 窗口,显示出此传递函数的分析结果,如图 9-6-1 所示。

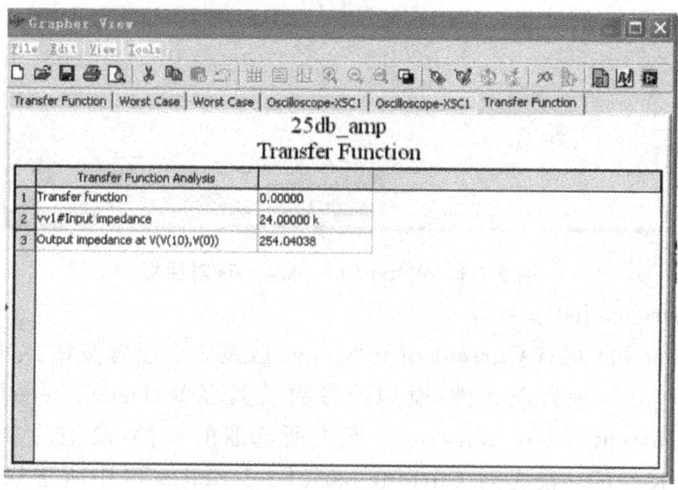

图 9-6-1 传递函数分析的结果

9-7 最坏情况分析

9-7-1 功能

最坏情况分析(Worst Case Analysis)是一种统计分析。最坏情况是指电路中的元件参数在其容差(容许误差)域边界点上取某种组合时所引起的电路性能最大偏差,而最坏情况分析是在给定电路元件参数容差的情况下,估算出电路性能(直流工作点分析、交流分析)相对于标称值的最大偏差。

9-7-2 方法

以图 8-1-1 所示的电路为例,选择 Simulate 菜单中 Analyses 命令下的 Worst Case 命令项,此时将出现如图 9-7-1 所示的 Worst Case Analysis 对话框。

该对话框包括 Model tolerance list、Analysis Parameters、Analysis Options 及 Summary 共 4 页,其中后两页的设置与直流工作点分析类似。

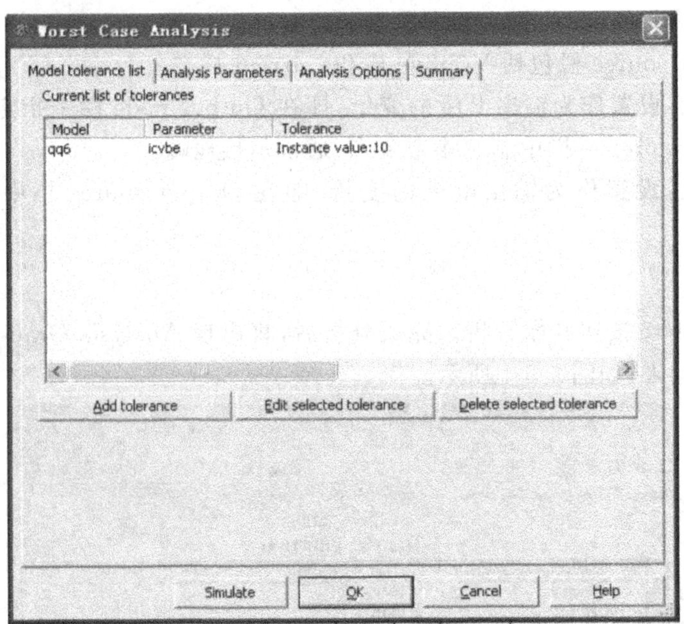

图 9-7-1 Worst Case Analysis 对话框

(1)Model tolerance list 页

Model tolerance list 页有 Current of tolerance 区及 3 个设置按钮。其中 Current list of tolerances 区的作用是显示目前元件/模型的参数及其容差;Delete selected tolerance 按钮的功能是删除在 Current list of tolerances 区中所选取的元件/模型的参数及其容差;Edit selected tolerance 按钮的功能是对 Current list of tolerances 区中所选取的元件/模型的参数及其容差进行重新编辑;Add tolerance 按钮的功能是添加容差元件/模型及参数,单击该按钮后将出现如图 9-7-2 所示的 Tolerance 对话框。

Tolerance 对话框分为 Parameter Type 栏、Parameter 区和 Tolerance 区，其中：

①Parameter Type 栏：选择所要设置的元件模型参数（Model Parameter 选项）或元件参数（Device Parameter 选项）。

②Parameter 区：该区有 5 栏。

Device Type 栏用于设置元件/模型种类，其中包括 BJT（双极性晶体管类）、Diode（二极管类）、Resistor（电阻器类）及 Vsource（电压源类）等。

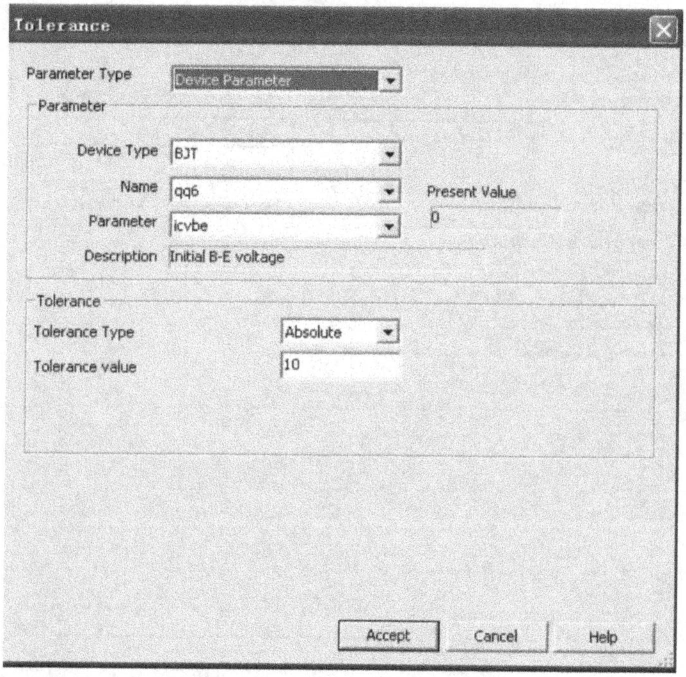

图 9-7-2 Tolerance **对话框**

Name 栏用于设置元件/模型序号。

Parameter 栏用于选择所要设置的参数。不同的元件有不同的参数，以晶体管为例，其参数可指定为 off（不使用）、icvbe（即 ic、vbe）、icvce（即 ic、vce）、area（区间因素）、ic（即 ic）、sens_area（即灵敏度）或 temp（温度）等。

Present Value 栏用于当前该参数的设定值（不可更改）。

Description 栏用于对 Parameter 栏所选参数进行说明（不可更改）。

③Tolerance 区：确定容差的设置方式，其中：

Tolerance Type 用于选择容差的形式，其中包括 Absolute（绝对容差）和 Percent（相对容差）两个选项。

Tolerance value 栏用于设置容差值。

(2)Analysis Parameters 页

Analysis Parameters 页如图 9-7-3 所示，其中：

①Analysis 栏用于选择所要分析的项目，包括 AC analysis（交流分析）及 DC Operating Point（直流工作点）两个选项。

②Output variable 栏用于选择所要分析的输出节点。

③Collation Function 栏用于设置比较函数。最坏情况分析得到的数据通过比较函数（实质上相当于一个高选择性过滤器）收集，每运行一次仅允许收集一个数据。其中：

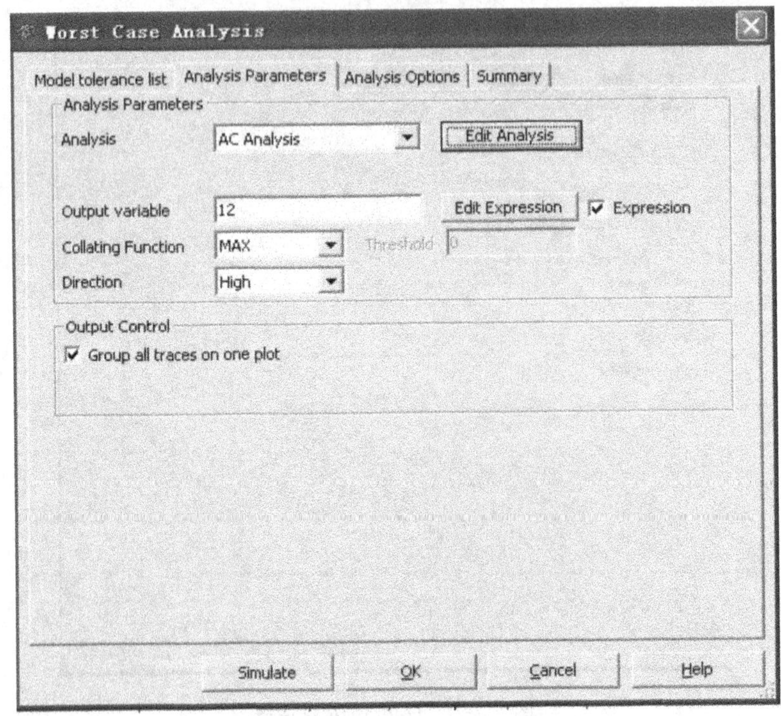

图 9-7-3 Analysis Parameters 页

MAX 表示 Y 轴的最大值（仅在 DC Operating Point 选项时选用）。

MIN 表示 Y 轴的最小值（仅在 DC Operating Point 选项时选用）。

RISE EDGE 用于指定第一次 Y 轴大于用户设定的门限时的 X 值，其右边的 Threshold 栏用来输入其门限值。

FALL EDGE 用于指定第一次 Y 轴出现小于用户设定的门限时的 X 值，其右边的 Threshold 栏用来输入其门限值。

④Direction 栏：设置容差变化方向，包括 Default、Low 及 High 等 3 个选项。

⑤Group all traces on one plot 栏：控制输出结果。若选中此项，将所有仿真分析结果和记录都放在一个图形中显示。若不选此项，则将标称值仿真、最坏情况仿真和 Run Log Descriptions 分别输出显示。

9-7-3 结果

对 Model Tolerance List 页的设置如图 9-7-1、图 9-7-2 所示，Analysis Parameters 页的设置如图 9-7-3 所示，直接按 Simulate 按钮开始分析。分析完成后，将出现 Analysis Graphs 窗口，显示出此电路最坏的情况分析结果，如图 9-7-4 所示。

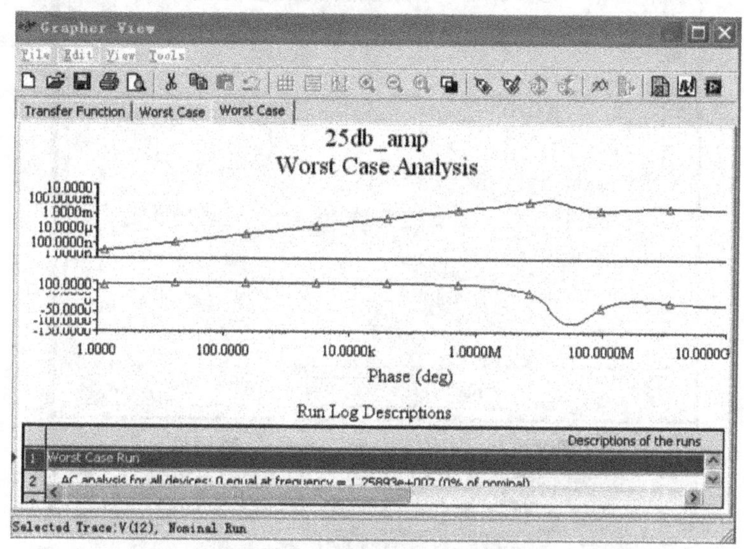

图 9-7-4 最坏情况分析的结果

9-8 蒙特卡罗分析

9-8-1 功能

蒙特卡罗分析(Mote Carlo Analysis)是以一种统计模拟分析方法，在给定电路元件参数容差的统计分布规律的情况下，用一组伪随机数求得元件参数的随机抽样序列，对这些随机抽样的电路进行直流、交流和瞬态分析，并通过多次分析结果估算出电路性能的统计分布规律的方法，如分析电路性能的中心值和方差、电路合格率及成本等。

蒙特卡罗分析与最坏情况分析都属于统计分析，所不同的是，蒙卡罗分析是在同一次仿真分析中，参数按指定的统计规律同时发生随机变化的分析方法。

9-8-2 方法

以图 7-6-1 所示的电路为例，选择 Simulate 菜单中 Analyses 命令下的 Monte Carlo 命令项，此时，将出现如图 9-8-1 所示的 Monte Carlo Analysis 对话框。

该对话框包括 Model tolerance list、Analysis Parameters、Analysis Options 及 Summary 共 4 页，其中后两页的设置与直流工作点分析类似，而 Model tolerance list 页和 Analysis Parameters 页的部分设置与最坏情况分析类似，Model tolerance list 页的 Tolerance 对话框如图 9-8-2 所示。

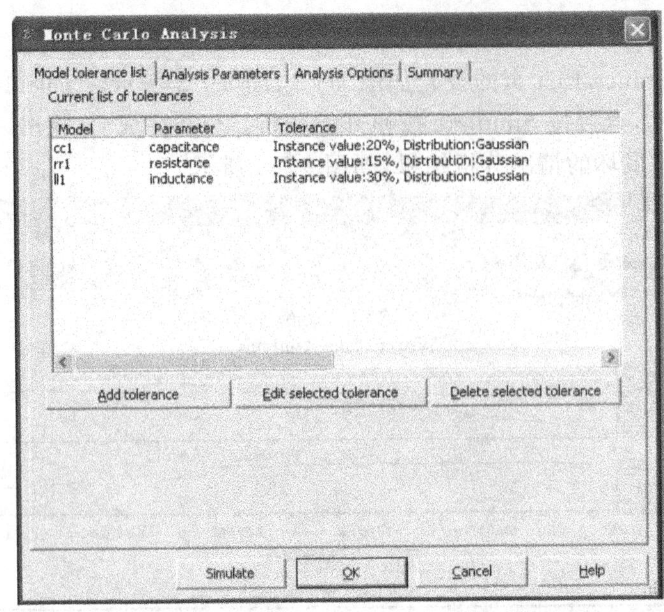

图 9-8-1 Monte Carlo Analysis **对话框**

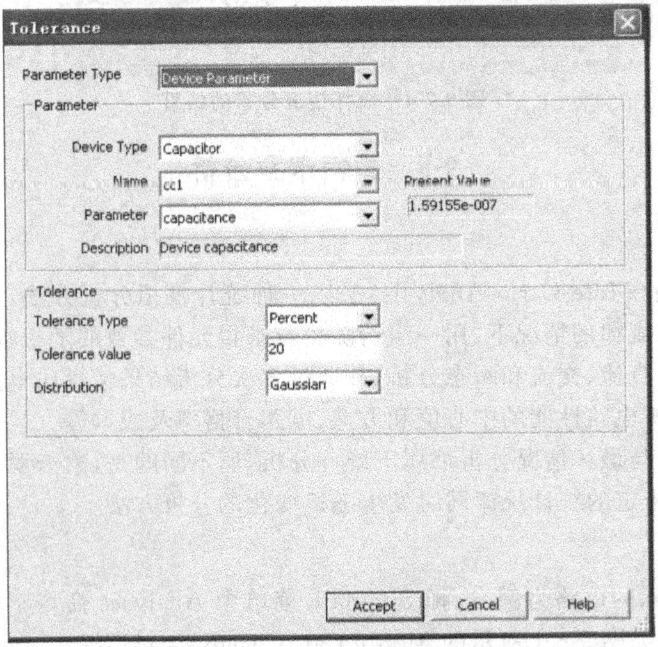

图 9-8-2 Model tolerance List **页中的** Tolerance **对话框**

Analysis Parameters 页的其他部分设置说明如下。

(1)Analysis 栏

如图 9-8-3 所示，Analysis 栏用于设置所要进行的分析，其中包括 Transient analysis(瞬态分析)，AC analysis(交流分析)，DC Operating Point(直流工作点)。

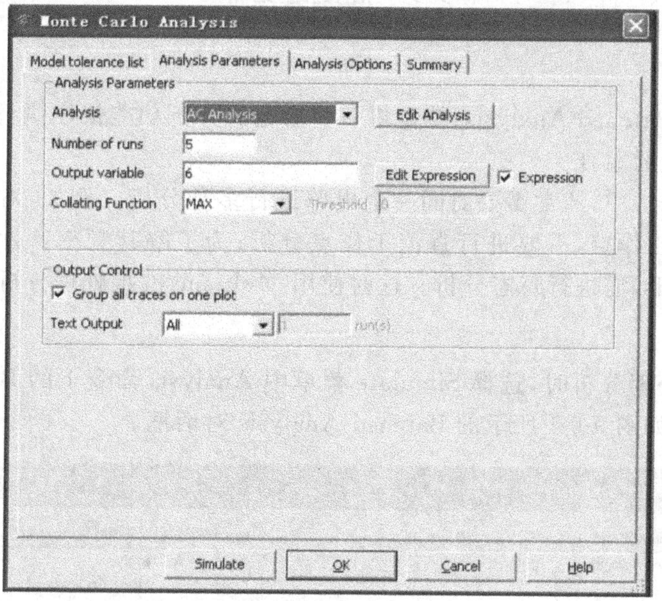

图 9-8-3　Analysis Parameters 页

(2)Number of runs 栏

Number of runs 栏用于设置运行次数，运行次数必须大于 2。

(3)Text Output 栏

Text Output 栏用于设置文字输出方式。

9-8-3　结果

对 Model tolerance list 页的设置如图 9-8-1、图 9-8-2 所示，Analysis Parameters 页的设置如图 9-8-3 所示，直接按 Simulate 按钮开始分析。完成分析后，将出现 Analysis Graphs 窗口，显示出此电路的蒙特卡罗分析(交流分析)结果，如图 9-8-4 所示。

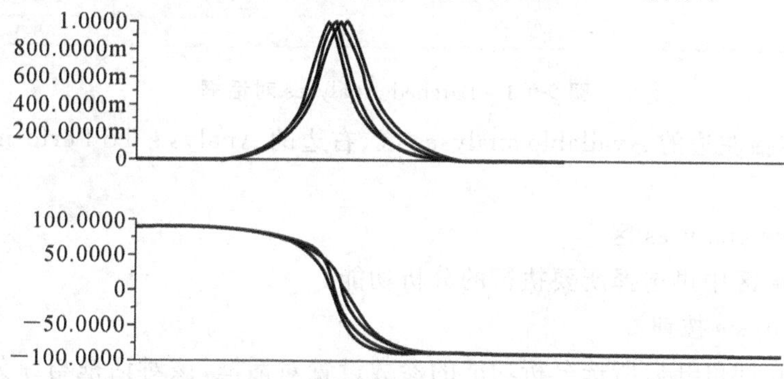

图 9-8-4　蒙特卡罗分析(交流分析)结果

9-9 批处理分析

9-9-1 功能

批处理分析(Batched Analysis)就是将一些指定的分析功能依序执行,所以批处理分析仅是各种分析功能的组合。

在实际电路分析中,通常需要对同一个电路进行多种分析。例如,对如图 8-1-1 所示的电路,为确定静态工作点,需要进行直流工作点分析;为了解其频率特性,需要进行交流分析;为观察输出波形,需进行瞬态分析。这时使用 Multisim 的批处理分析将会更快捷方便。

9-9-2 方法

当要进行批处理分析时,选择 Simulate 菜单中 Analysis 命令下的 Batched Analysis 命令项,此时将出现如图 9-9-1 所示的 Batched Analysis 对话框。

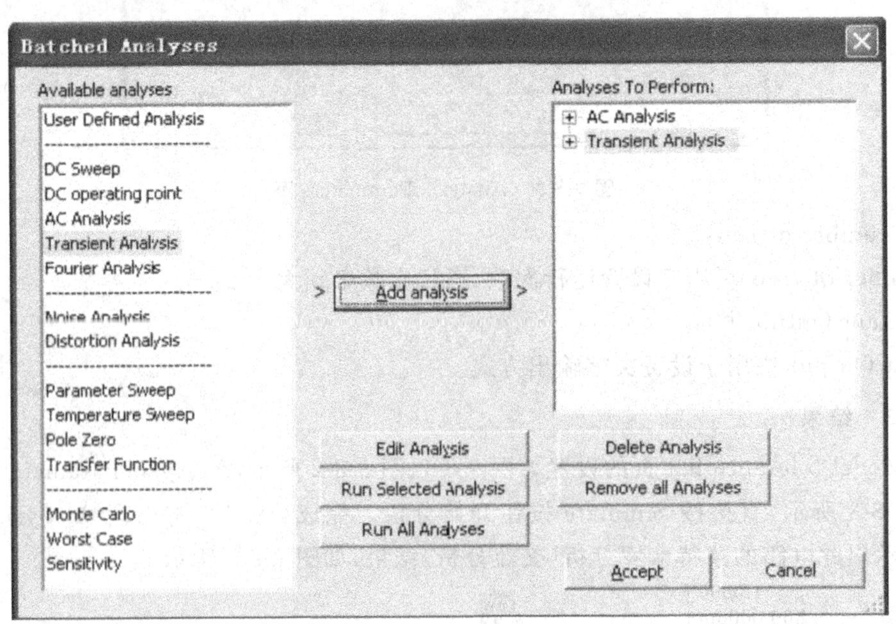

图 9-9-1 Batched Analyses 对话框

该对话框包括左边的 Available analyses 区、右边的 Analysis To Perform 区和若干个设置按钮。

(1)Available analyses 区

在 Available 区中可选择所要执行的分析功能。

(2)Add analysis 按钮

单击该按钮,即可开启所选分析功能的参数设置对话框,该对话框与原分析功能的参数设置对话框基本相同,其操作也一样,所不同的是将 Simulate 按钮换成了 Add to list 按钮。

在设置了对话框中各种参数之后，单击 Add to list 按钮，即回到 Batched Analysis 对话框，这时，Analysis To 区中出现要分析的分析功能。

(3)Analysis To Perform 区

显示依次设置的所要执行的分析功能。

(4)Run Selected Analysis 按钮

单击该按钮可选择批处理分析(已在 Analysis To 区中显示)中某个分析功能进行运行仿真。

(5)Run All Analysis 按钮

单击该按钮可执行所选定在 Analysis To 区中的全部分析仿真。

(6)Edit Analysis 按钮

单击该按钮可选择批处理分析中某个分析功能，对其参数进行设置。

(7)Delete Analysis 按钮

单击该按钮可选取批处理分析中某个分析功能，将其删除。

(8)remove All Analysis 按钮

单击该按钮可将已选中的 Analysis To 区内的分析功能全部删除。

(9)Accept 按钮

单击按钮可保留 Batched Analysis 对话框中的所有选择设置，待下次使用。

9-10 用户自定义分析

9-10-1 功能

用户自定义分析(User Defined Analysis)是 Multisim 提供给高级使用者扩充仿真分析的一个功能。该功能由用户 spice 语法自行编辑分析项目。

9-10-2 方法

选择 Simulate 菜单中 Analyses 命令下的 User Defined Analysis 命令项，此时将出现 User Defined Analysis 对话框。对话框包括 Commands，Analysis Options 及 Summary 共 3 页，其中后两页的设置与直流工作点分析类似。在 Commands 页中，可在 Enter the list of spice commands to execute 区直接输入 spice 命令，完成后单击 Accept 按钮储存设置，也可直接单击 Simulate 按钮开始仿真。

9-11 射频分析

9-11-1 功能

射频分析(RF Analysis 即 Radio Frequency Analysis)用于分析 RF 电路。该功能是目前众多电路仿真软件所不具备的。RF 即射频，指的是从音频以上至可见光频率的整个频段。音频的范围约为 16HZ～20KHZ，可见光波段在微波波段以上，所以 RF 范围大约为

20KHZ～3000GHZ,其中包括微波波段。总的来说,RF 频段的频率很高。

RF 电路主要用于无线电通信系统的发射装置和接收装置。随着信息技术的发展,对各种发射、接收装置的要求越来越高。RF 电路性能的好坏,将直接关系到通信的质量。尤其是 RF 频段中的微波波段,具有频率高、频带宽的特点,适用于作为大容量通信的载波,传输多路电报、电话和电视信号。

RF 电路与一般的低频电路相比较,有其自身的特点,如大量适用调谐网络,需考虑阻抗匹配问题,不同频段使用的元件不同等。

9-11-2　分析

以一例说明射频分析:利用 Multisim 中的网络分析仪设计一个最大功率传输放大器。设功率放大器的偏置网络如图 9-11-1 所示,并用两个电容器连接偏置晶体管和网络分析仪(用于在 DC 模式下隔离网络分析仪和偏置网络)。

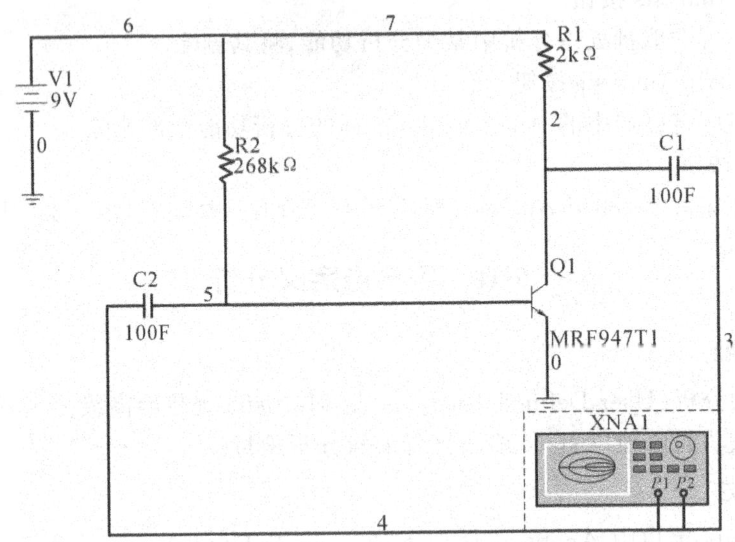

图 9-11-1　功率放大器的偏置网络

分析设计步骤如下:

(1)进行 AC 分析

启动仿真分析开关,自动进行 AC 分析。

(2)进行匹配网络设计

双击电路窗口中的网络分析仪图标,从 Mode 区的下拉列表中选择 Match Net. Designer(匹配网络设计)项,在出现的 Match Net. Designer 对话框(见图 9-11-2)中,进行如下操作。

①设置频率:设置频率为 3.02GHz,因为在这个频率点上电路时“无条件稳定”的,所以单击 Impedance Matching。

②自动阻抗匹配:由于电路“无条件稳定”,所以自动阻抗匹配是可能的,单击 Auto Mach 按钮,该窗口将提供共轭匹配的结构和数值,如图 9-11-2 所示。

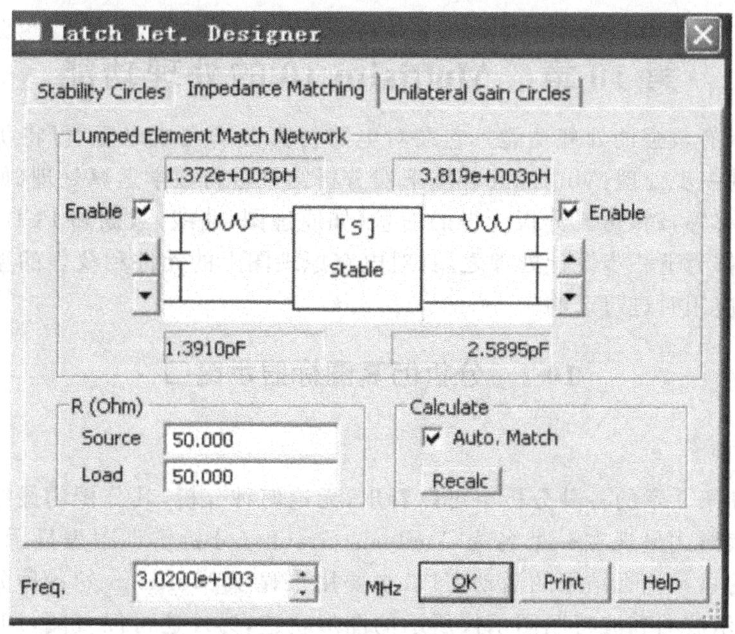

图 9-11-2 Match Net. Designer(匹配网络设计)对话框

(3)设计最大功率传输放大器电路

按图 9-11-2 所示的结构和参数设计输入、输出网络,则可获得最大功率传输。图 9-11-3 所示为 $f=3.02$GHZ 时的最大功率传输放大器电路(电路中的两个 1μF 电容 C_1 和 C_2 用来隔离有源网络和其匹配网络,以保持晶体管的偏置状态)。

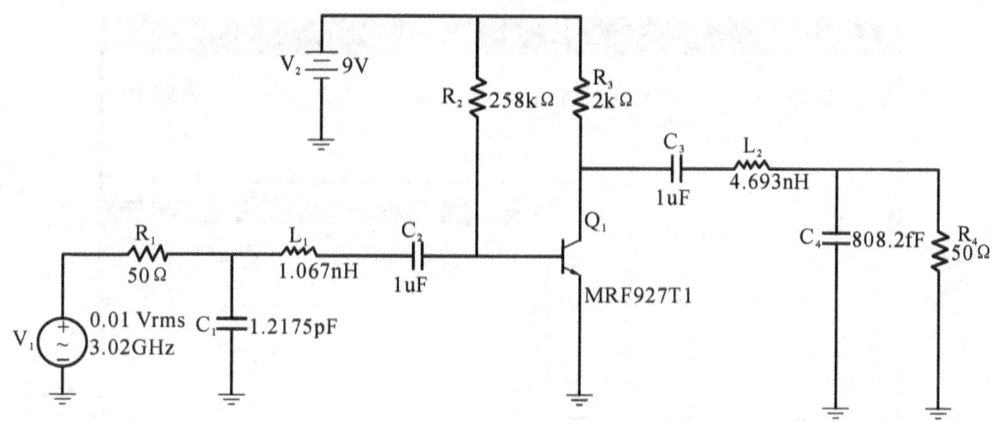

图 9-11-3 最大功率传输放大器电路

第 10 章　Multisim 10 的处理功能

Multisim 具有较强的处理功能。它在对电路仿真分析完成之后，可将仿真所得的各种分析结果再作进一步处理：Multisim 环境下对分析结果进行数学运算处理（如将电压乘以电流，得到信号功率等）；将仿真分析所得的信息（如原理图，曲线，数据和 PCB 网表文件等）提供给其他软件，作为下一步设计处理之用；对电路原理图上的元件和仪表的型号和数量进行统计，以便实际应用时进行选购。

10-1　分析仿真图标显示窗口

10-1-1　功能

从第 8 章和第 9 章的各种分析中可以看出，无论何种分析，其分析的最终结果都要以图形的形式或图表形式呈现在一个名为 Analysis Graphs（分析仿真图表显示）的窗口中。它是一个多用途的显示仿真结果的活动窗口，主要用来显示 Multisim 的各种分析所产生的图形或图表，以及示波器和波特图图示仪所示的图形轨迹，另外还可以查阅，调整，保存和输出仿真曲线和图表。

当一个电路选择并设置完仿真分析方法后，单击 Simulate 按钮，仿真结果与 Analysis Graphs 窗口将一起出现在屏幕上，单击 View 菜单中的 Show Grapher 也可以出现该窗口。

图 10-1-1 所示的为对某电路进行仿真分析的结果显示在 Analysis Graphs 窗口中的情况。下面以此为例说明 Analysis Graphs 窗口的使用。

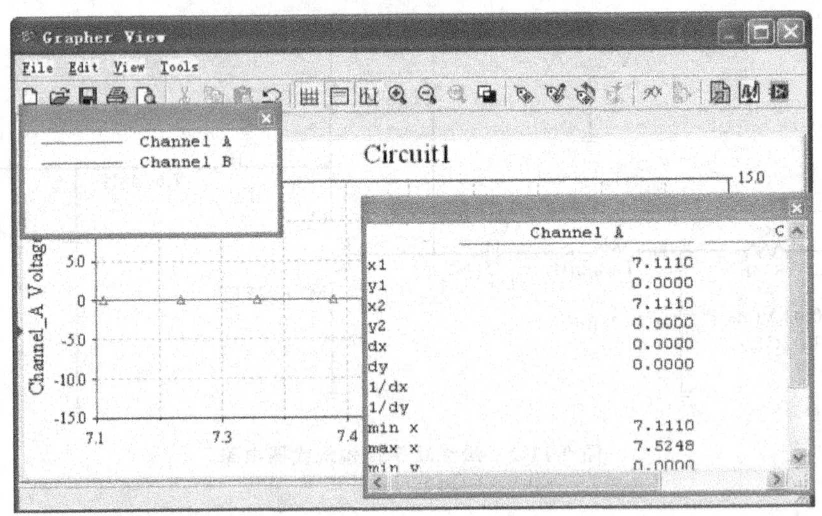

图 10-1-1　Analysis Graphs 窗口

10-1-2 方法

Analysis Graphs 窗口与一般 Windows 程序界面相似，从上至下分别为标题栏，菜单栏，工具栏，显示窗口和状态栏。

(1)菜单栏

菜单栏中共有 6 个下拉菜单，与一般 Windows 应用窗口一样，其中包含着 Analysis Graphs 窗口的全部操作命令。

①File(文件)菜单：有以下几项操作。

New 用于建立新页。启动该命令，将出现一个 Tab Name 的对话框，可以在其栏内输入页名。

Open 用于打开已保存的 *.gra 格式文件。

Save 用于以 *.gra 格式保存仿真结果。

其余各个命令功能与一般 Windows 应用程序的基本功能相同。

②Edit(编辑)菜单：有以下几项操作。

Cut 用于剪切当前所选中的整页或单个图表/曲线图(红色小三角位于该显示窗口左上角时表示选中的是整页，位于某个图表/曲线图的左边时表示选中的是该图表/曲线图)，当进行此项操作时整页或单个图表/曲线图被剪贴到剪贴板上，而原窗口中的相应部分消失。

Copy 的功能与 Cut 相似，所不同的是拷贝完成后，原窗口中的相应部分不会消失。

Paste 用于剪切板上的图形粘贴到指定页上。

Clear page 用于清除窗口中某一个电路的所有相关页(和 Cut 的功能不同，不是仅仅清除某一页)，通过随之打开的 Clear Pages 对话框进行选择。

Properties 用于对页面、曲线或图表等属性进行设置。

Copy Properties 用于拷贝红色小三角形所对应的那个曲线图的属性(除曲线本身之外的部分，如坐标，栅格等)到剪贴板上。

Paste Properties 用于将剪切板上的曲线图属性粘贴到其他曲线图上(完全代替)。

③View(视图)菜单：有以下几项操作。

Toolbar 用于窗口中显示工具栏。

Status Bar 用于状态显示栏。

Show/Hide Grid 用于显示/隐藏栅格。

Show/Hide Legend 用于显示/隐藏图例，如图 10-1-1 左上部所示的小方框内为显示的图例。

Show/Hide Cursors 用于显示/隐藏游标，该游标与示波器显示屏上的游标相同，如图 10-1-1 曲线图右下部所示的是游标测量值。

Reverse Colors 用于将窗口的背景与坐标的颜色黑白转换。

④Tools(工具)菜单：有以下几项操作。

Export to Excel 用于将曲线图中的曲线数据(每个点都有垂直和水平坐标)输出到 Excel 电子表格里，如图 10-1-2 所示。

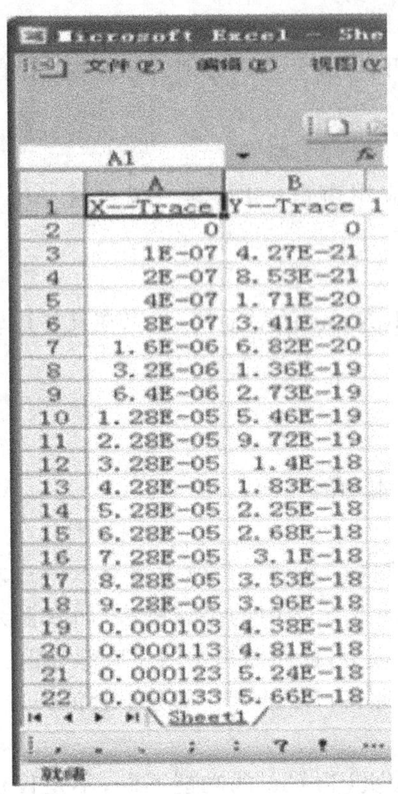

	A	B
1	X--Trace	Y--Trace 1
2	0	0
3	1E-07	4.27E-21
4	2E-07	8.53E-21
5	4E-07	1.71E-20
6	8E-07	3.41E-20
7	1.6E-06	6.82E-20
8	3.2E-06	1.36E-19
9	6.4E-06	2.73E-19
10	1.28E-05	5.46E-19
11	2.28E-05	9.72E-19
12	3.28E-05	1.4E-18
13	4.28E-05	1.83E-18
14	5.28E-05	2.25E-18
15	6.28E-05	2.68E-18
16	7.28E-05	3.1E-18
17	8.28E-05	3.53E-18
18	9.28E-05	3.96E-18
19	0.000103	4.38E-18
20	0.000113	4.81E-18
21	0.000123	5.24E-18
22	0.000133	5.66E-18

图 10-1-2 Export to Excel 的结果

Export to MathCAD 用于将曲线图中的曲线数据输出到 Math-CAD 中。

⑤Options(选项)菜单:有一项操作。

Auto-Closse Page 用于自动关闭显示页。

(2)工具栏

工具栏中各按钮的功能与菜单栏中对应的命令相同。

(3)显示窗口

该窗口由若干页组成,每页的上侧是页名(Tab Name),页名下方是图表/曲线图的名称(Title)和分析方法(如 Transient Analysis),最下面是图表/曲线图。

如果要查阅某一页,只需要单击该页页名即可。每页都有两个可激活区,整页或单个图表/曲线图,由左侧的红色箭头来指示。当单击页名时,红色箭头指向页名,表示选取了整页;而当单击某个图表/曲线图时,红色箭头指向这个图表/曲线图,表示选中时该图表/曲线图。某些功能操作(如 Cut,Copy,Paste 及 Properties 等)仅对当前激活区有效。

窗口中的大多数项目都可通过启动 Edit(编辑)菜单中 Properties 命令或单击工具栏上的相应按钮进行设置。

10-1-3 有关属性的设置

(1)页面属性设置

先单击页名以激活该页,然后选择 Edit(编辑)菜单中的 Properties 命令或单击工具栏的相应按钮,出现如图 10-1-3 所示的 Page Properties 对话框。

在该对话框中,Tab Name 栏用来设置页名,Title 栏用来设置图表/曲线图的标题;Font 按钮可设置文本的字体和字的大小等;Background Color 栏用来选择窗口的背景颜色;Show/Hide Diagrams on Page 按钮用来决定是否在该页显示某些图表/曲线图(如要显示,应选择 VISIBLE,如不显示,则单击 VISIBLE 使其转变为 HIDDEN,再单击 Apply 按钮即可)。

(2)图表属性设置

单击图表,然后选择 Edit(编辑)菜单中的 Properties 命令或单击工具栏上的相应按钮,出现 Chart Properties 对话框

在对话框中,Title 栏用来设置图表的标题;Font 按钮可设置文本的字体和字的大小等;Column Precision 区来显示图表的列数和精度。

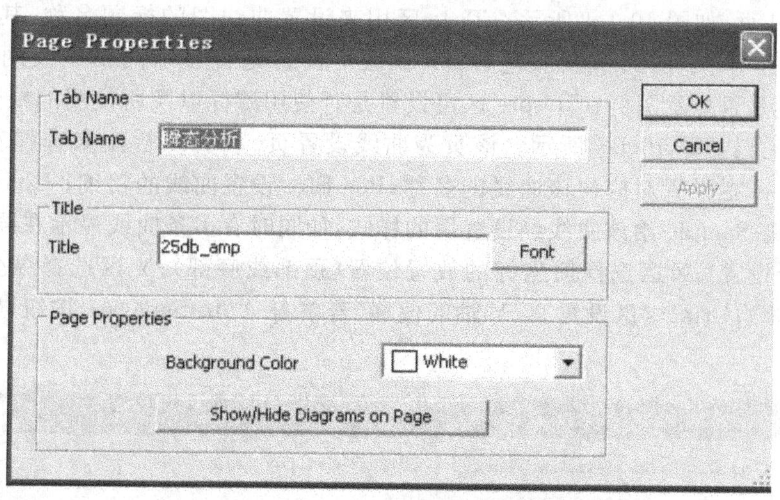

图 10-1-3　Page Properties 对话框

(3)曲线图属性的设置

先单击曲线图，然后选择 Edit(编辑)菜单中的 Properties 命令或单击工具栏上相应的按钮，出现如图 10-1-4 所示的 Graph properties 对话框，该对话框共有 6 页，其中：

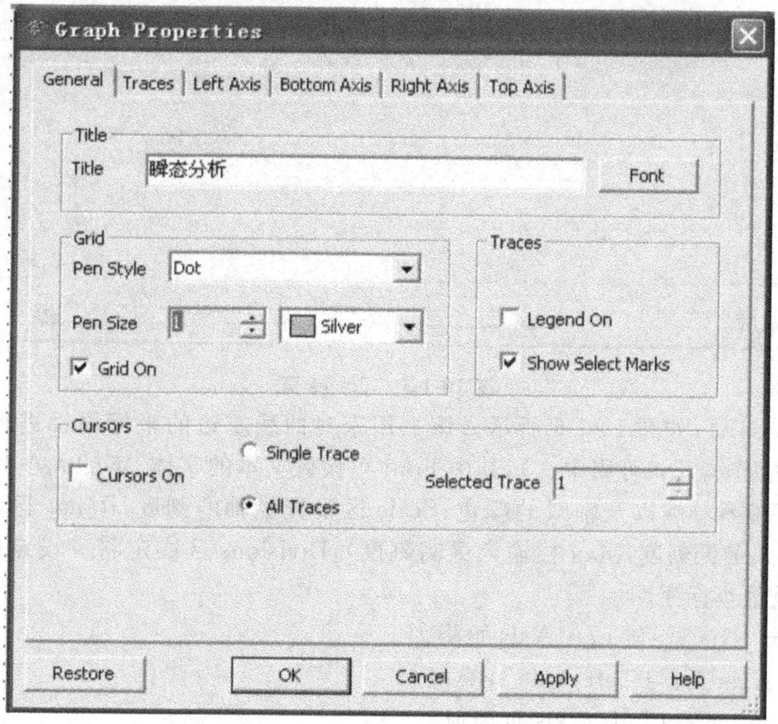

图 10-1-4　Graph properties 对话框

①General 页：如图 10-1-4 所示。Title 区用来设置曲线图的标题名称，其中 Font 按钮可设置文本的字体、字的大小及颜色等；Grid 区可设置是否显示网格线及网格线的颜色；Traces 可设置是否显示图例；Cursors 区可设置是否使用游标以及所使用的根数。

②Traces 页：如图 10-1-5 所示。该页为曲线设置页。Trace 栏用来选择对第几号曲线进行设置；Label 栏设置对应与该曲线的名称；Pen Size 设置曲线的粗细；Color 栏选择曲线的颜色(以右侧 Sample 给该曲线经设置后的样式，如同时有多条曲线显示在同一个坐标上，则需分别进行设置)；X 区选择横坐标的放置位置(顶部或底部)；Y 区选择纵坐标的放置位置(左侧或右侧)；Offsets 区设置 X、Y 轴的偏移(若单击 Auto-Separate 按钮，则由程序自动确定)。

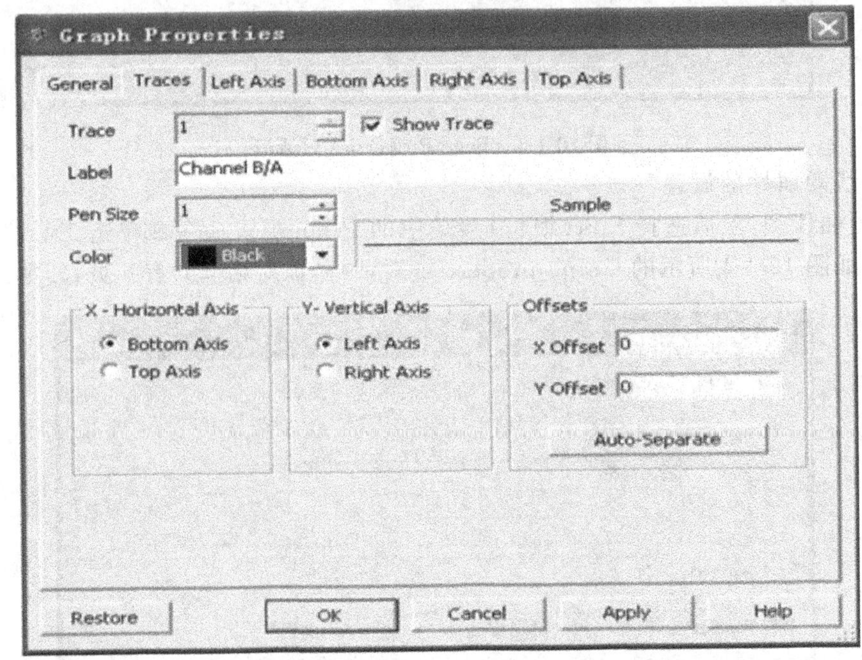

图 10-1-5 Traces **页**

③Left Axis 页：如图 10-1-6 所示。该页用来对曲线左边的坐标纵轴进行设置。Label 区利用来设置纵轴名称(可用中文)，其中 Font 可设置文本的字体、字的大小和颜色等；Axis 区选择要不要显示轴线以及轴线的颜色；Scale 区设置纵轴的刻度；Range 区设置刻度范围(在 Min 栏输入最低刻度，Max 栏输入最高刻度)；Divisions 区决定将一设定的刻度范围分为多少格以及最小标注。

④Bottom Axis 页：与 Left Axis 页类似。

⑤Right Axis 页：与 Left Axis 页类似

⑥Top Axis 页：与 Left Axis 页类似。

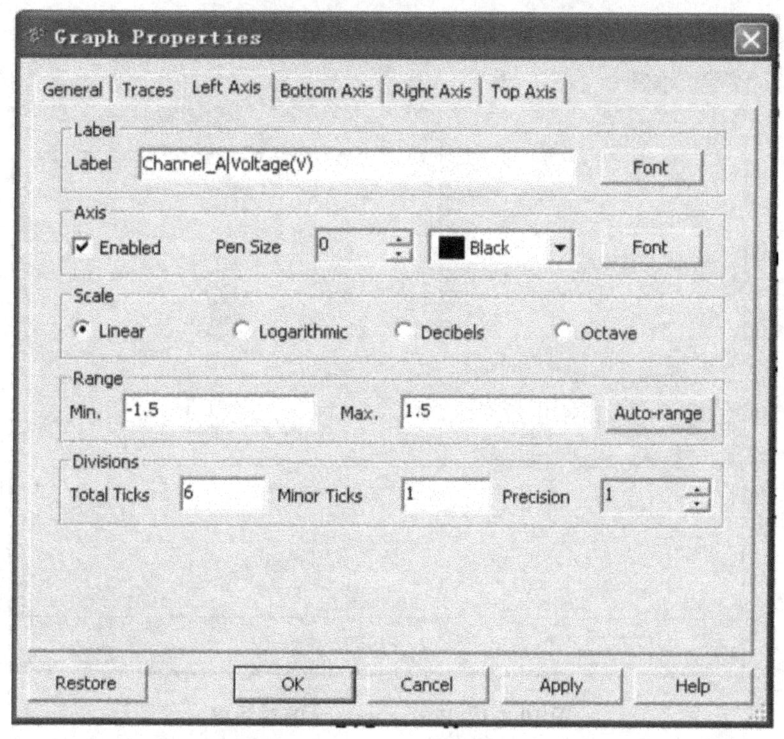

图 10-1-6 Left Axis 页

10-2 后处理器

10-2-1 功能

后处理器(Postprocessor)是专门用来对仿真结果进一步作数学处理的工具,它不仅能对仿真所得的曲线和数据单独进行处理(如取绝对值、开平方等),还可对多个曲线或数据的彼此之间进行运算处理(如将一电压波形曲线与一电流波形曲线相乘,从而得到功率波形曲线),处理结果仍可以曲线或数据表现式显示出来。

10-2-2 方法

选择菜单栏上 Simulate 菜单中的 Postprocessor 命令或单击设计工具栏上的相应按钮,即可打开 Postprocessor 的对话框,如图 10-2-1 所示。

(1)Select simulation results 区

用来存放电路已经进行过的仿真分析结果。每项左边有个+或一,如果是+,则单击该符号,即可展开对该电路所进行过的仿真分析,选取其中一项分析,则该分析中的所有变量将出现在其右边的 Variables 区中。另外,如单击该区下方的 Set default 按钮,则恢复预置的分析结果。

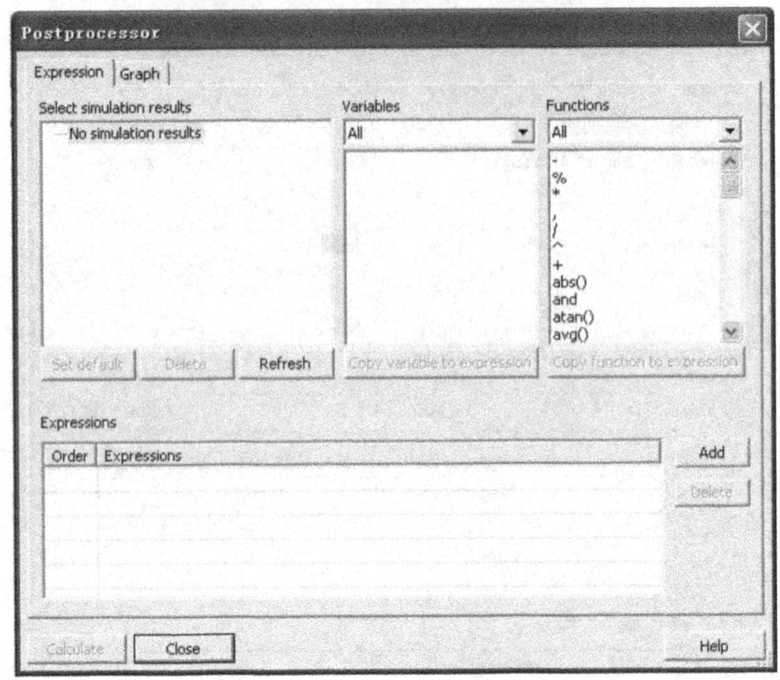

图 10-2-1　Postprocessor 的对话框

(2)Variables 区

Variables 区用来显示其左边区域所选取分析项目中的所有变量。在该区中，先选中要处理的变量，再单击该区下方的 Copy Variable to expression 按钮，把该变量放入 Expression 区。

(3)Functions 区

Functions 区用来放置所有 Multisim 所提供的数学运算功能(见表 10-2-1)。根据变量的处理需要，从该区中选取要进行运算的符号或函数，再单击该区下方的 Copy Function to expression 按钮，即可将该符号或函数放入 Expression 区。

表 10-2-1

符号	类型	运算功能
+	代数运算	加
−	代数运算	减
*	代数运算	乘
/	代数运算	除
∧	代数运算	幂
%	代数运算	百分比

续表 10-2-1

符号	类型	运算功能
,	代数运算	复数(例如 3,4=3+4j)
abs()	代数运算	绝对值
sqrt()	代数运算	平方根
sin()	三角函数	正弦
cos()	三角函数	余弦
tan()	三角函数	正切
atan()	三角函数	余切
gt	比较函数	大于
lt	比较函数	小于
ge	比较函数	大于或等于
le	比较函数	小于或等于
ne	比较函数	不等于
eq	比较函数	等于
and	逻辑运算	与
or	逻辑运算	或
not	逻辑运算	非
db()	指数运算	取 dB 值
log()	指数运算	以 10 为底的对数
ln()	指数运算	以 e 为底的对数
exp()	指数运算	e 的幂
j()	复数运算	$j=\sqrt{1}$(例如 j5)
real()	复数运算	取实数部分
image()	复数运算	取虚数部分
vi()	复数运算	vi(x)=image(v(x))
vr()	复数运算	vr(x)=real(v(x))
mag()	向量运算	取幅值
ph()	向量运算	取相位角
norm()	向量运算	归一化
rnd()	向量运算	取随机数
mean()	向量运算	取平均值

续表 10-2-1

符号	类型	运算功能
Vector()	向量运算	向量
length()	向量运算	取向量的长度
deriv()	向量运算	微分
max()	向量运算	取最大值
min()	向量运算	取最小值
vm()	向量运算	vm(x)=mag(v(x))
vp()	向量运算	vp(x)=ph(v(x))
yes	常数	是
true	常数	真
no	常数	否
false	常数	假
pi	常数	π
e	常数	自然对数的底数
c	常数	光速
i	常数	$i=\sqrt{1}$
kelvin	常数	摄氏温度
echarge	常数	基本电荷量
boltz	常数	波尔兹曼常数
planck	常数	普朗克常数

10-3 报告功能

10-3-1 功能

报告(Report)能够把仿真电路上所使用的器材分门别类地列出，而且还可查找出这些元件的相关资料。

10-3-2 方法

单击设计工具栏上的 Report 按钮，即可出现一个 Report 功能选择菜单，如图 10-3-1 所示。

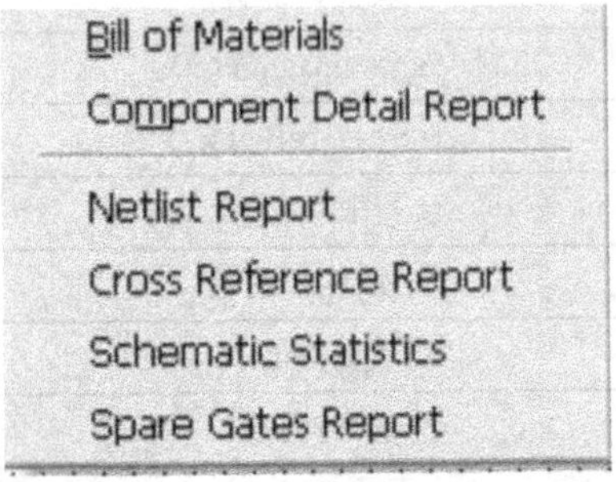

Bill of Materials
Component Detail Report
Netlist Report
Cross Reference Report
Schematic Statistics
Spare Gates Report

图 10-3-1 Report 菜单

(1) Bill of Materials 命令

选择该命令后，即可产生一个元件清单窗口(Bill of Materials View)，如图 10-3-2 所示。

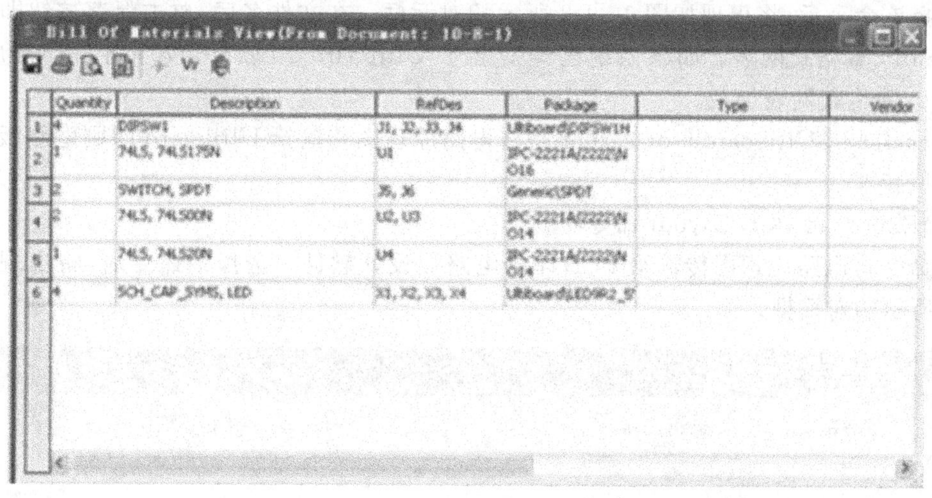

	Quantity	Description	RefDes	Package	Type	Vendor
1	4	DIPSW1	J1, J2, J3, J4	Ultiboard\DIPSW1H		
2	1	74LS, 74LS175N	U1	IPC-2221A/2222\NO16		
3	2	SWITCH, SPDT	J5, J6	Generic\SPDT		
4	2	74LS, 74LS00N	U2, U3	IPC-2221A/2222\NO14		
5	1	74LS, 74LS20N	U4	IPC-2221A/2222\NO14		
6	4	SCH_CAP_SYMS, LED	X1, X2, X3, X4	Ultiboard\LED9R2_5'		

图 10-3-2 Bill of Materials View **窗口**

(2)Component Detail Report 命令

这是产生某元件信息的详细说明的命令。选择该命令后，经过人机对话可打开 Component Browser(元件浏览)对话框，再选择元件所属的元件分类库和元件名(如 DIODE 和 1N914)，再单击 Detail Report 按钮即可。

10-4　传输功能

10-4-1　功能

传输(Transfer)功能可以将仿真分析的结果(如原理图、曲线和数据等)传输给其他软件，作为下一步设计处理之用。

10-4-2　方法

单击设计工具栏上的 Transfer 按钮，即可出现一个 Transfer 功能选择菜单，如图 10-4-1 所示。另外，选择菜单栏上的 Transfer 菜单也可出现类似的选择菜单。

从图 10-4-1 可以看出，Transfer 功能选择菜单上有 Transfer to Ultiboard 10、Transfer to Ultiboard 9 or earlier、Export to PCB Layout 等命令。

(1)Transfer to Ultiboard 10 命令

该命令将电路原理图传输给 Ultiboard 10 印刷电路板设计软件。Ultiboard 10 是 Electronics Workbench 系列配套的 PCB 设计软件，可以很方便地与 Multisim 10 连接。

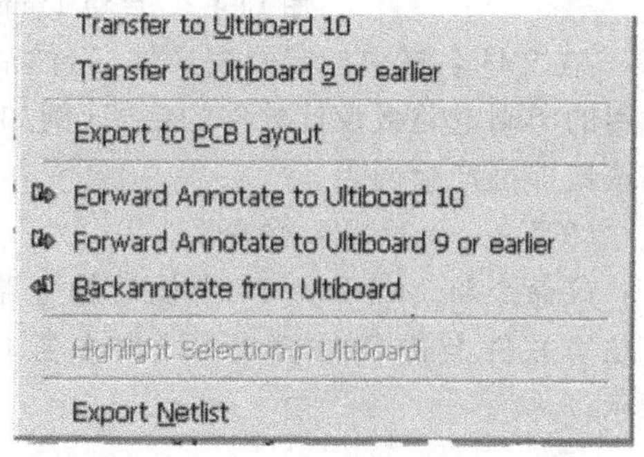

图 10-4-1 Transfer **功能选择菜单**

选择该命令后，将出现如图 10-4-2 所示的对话框。在文件名后，单击保存按钮即可产生 Multisim PCB 格式网表。如果系统已经安装了 Ultiboard 10 软件，程序将自动开启 Ultiboard 10，并将其网表加载。

Transfer to Ultiboard 9 or earlier 是将电路原理图传输给 Ultiboard 印刷电路板设计软件的早期版本。

(2)Export to PCB Layout 命令

该命令将电路原理图传输给 PCB 印刷电路板设计软件。选择该命令后，将出现类似图 10-4-2 所示的对话框。

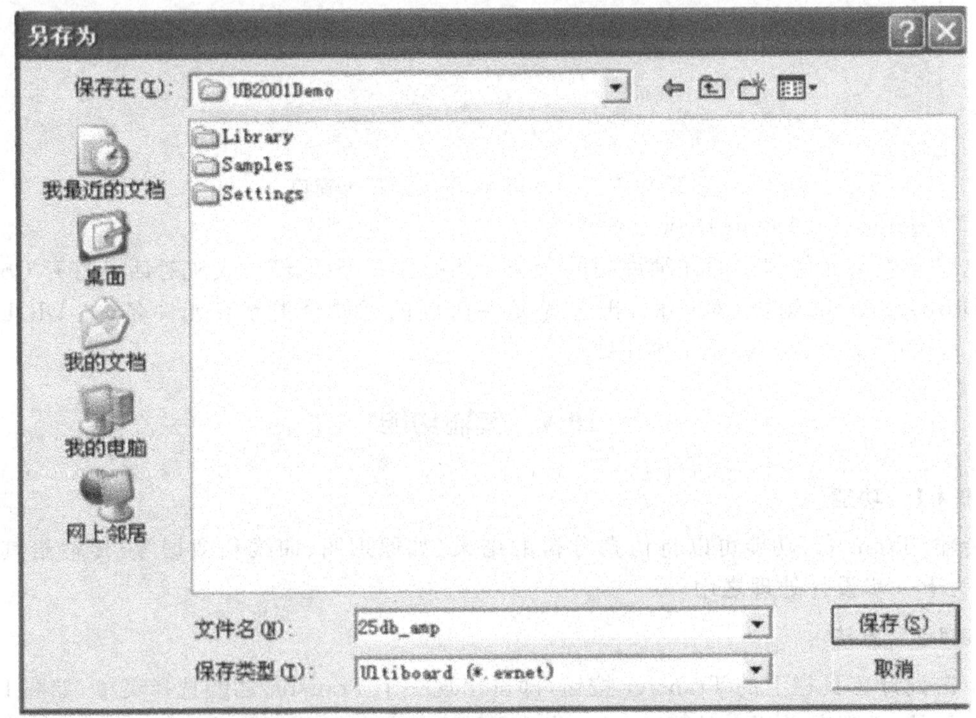

图 10-4-2 启动 Transfer to Uitiboard **命令后的对话框**

在文件名栏中指定网表文件名，然后在保存类型栏内指定网表格式，其中包括大部分常用的印刷电路板设计软件的格式(例如，Protel PCB 格式，如图 10-4-2 所示)，最后单击保存按钮即可产生网表。

(3)Export Netilst 命令

该命令将 Multisim 10 中设计的电路原理图转换成 SPICE Netlist 文件，传输到其他电路仿真软件上进行仿真分析(大多数电路仿真软件均以 SPICE 为内核)，如图 10-4-3 所示。

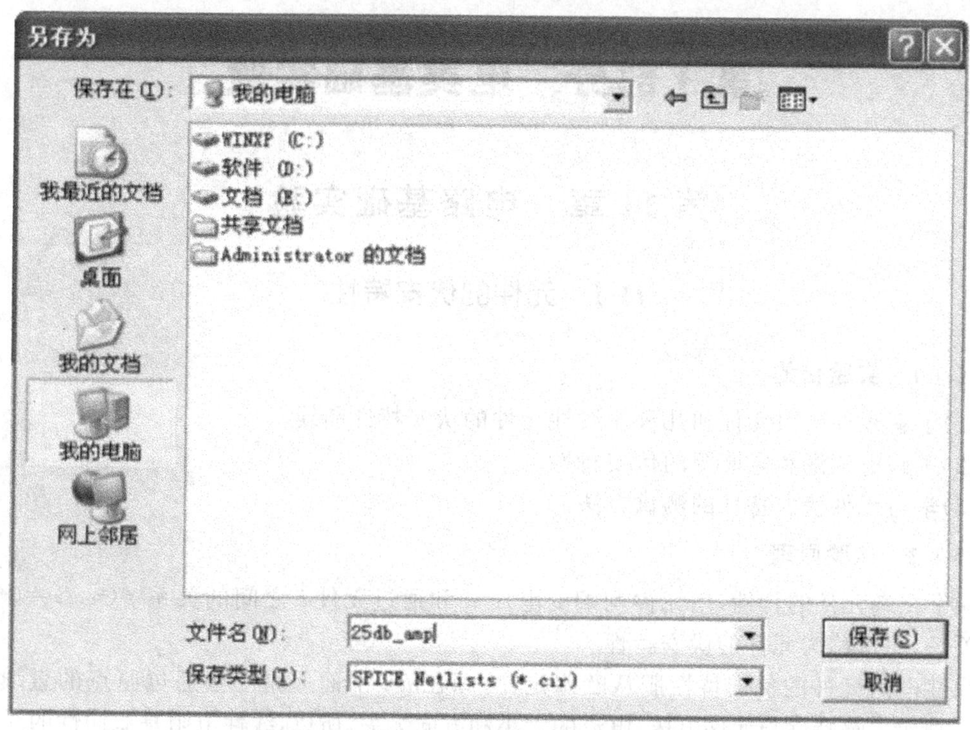

图 10-4-3 启动 Export Netlist 命令后的对话框

第 3 部分　电类基础实验

第 11 章　电路基础实验

11-1　元件的伏安特性

11-1-1　实验目的

(1)了解线性电阻元件和几种非线性元件的伏安特性曲线。

(2)了解电压源和电流源的伏安特性。

(3)学习元件伏安特性的测试方法。

11-1-2　实验原理

一个二端元件的特性,用元件两端的电压 u 和通过元件 i 之间的关系 $f(u,i)=0$ 表示。这种关系,通常称为元件的伏安特性。

线性电阻元件的伏安特性服从欧姆定律,画在 u-i 平面上是一条通过原点的直线,如图 11-1-1 所示。该特性与元件电压、电流的大小和方向无关,所以,线性电阻是双向性的元件。

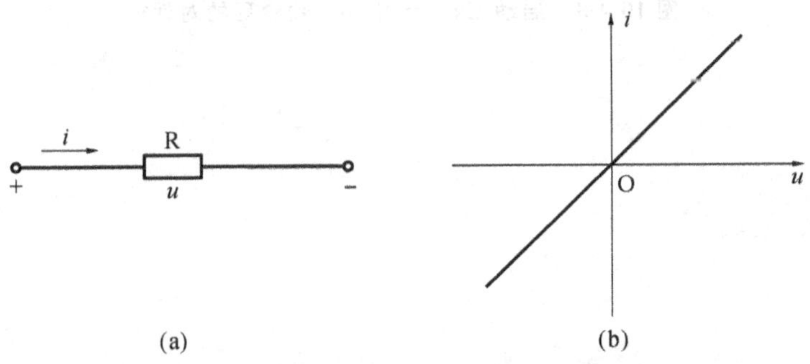

图 11-1-1　线性电阻元件的伏安特性曲线

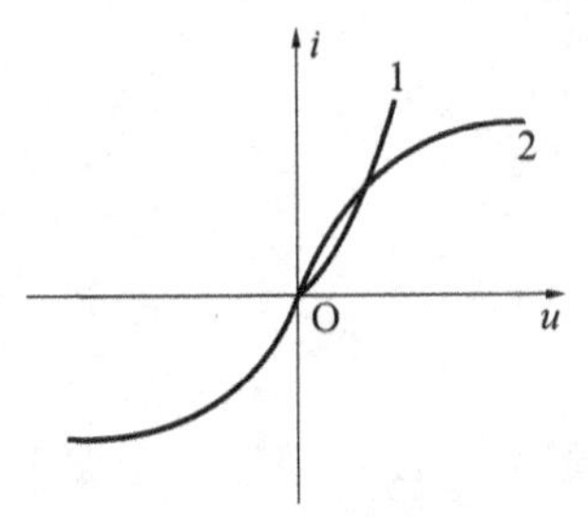

图 11-1-2　非线性电阻元件的伏安特性曲线

非线性电阻元件的伏安特性,不服从欧姆定律,画在 u-i 平面上是一条曲线。非线性电阻元件可按其伏安特性的特征来分类。

有一类非线性电阻元件,既是电流控制型,又是电压控制型,如晶体二极管、钨丝灯泡等就属这一类。它们的伏安特性曲线分别如图 11-1-2 的曲线 1 和曲线 2 所示。

一个实际电压源可以用理想电压源 U_S 与电阻 R_S 相串联的模型来表示。当电源与负载电阻 R_L 以如图 11-1-3

所示方式相连时，其伏安特性为 $U=U_S-R_SI$。伏安特性曲线如图 11-1-4 所示。

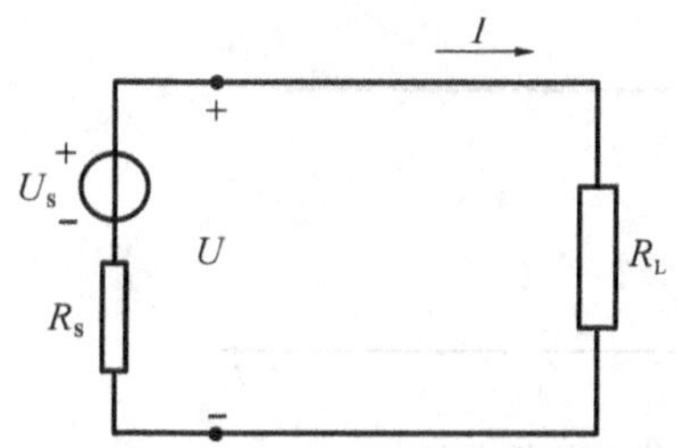

图 11-1-3　实际电压源模型

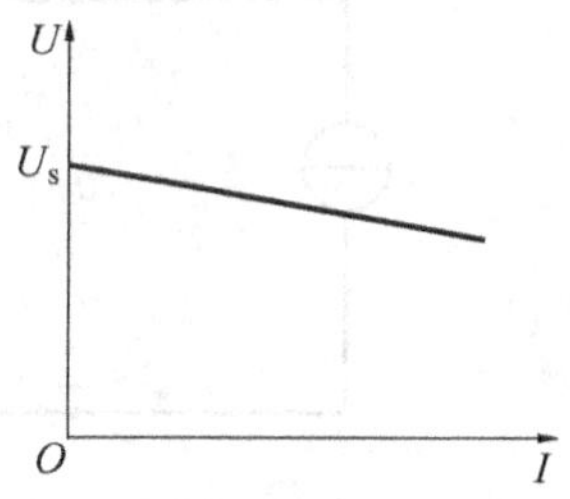

图 11-1-4　实际电压源伏安特性曲线

当负载固定时，实际电压源的内阻 R_S 越小，则其端电压 U 越接近电压源电压 U_S。当 $R_S=0$，$U=U_S$ 时为理想电压源，简称电压源。电压源的电路图及伏安特性曲线分别如图 11-1-5 和图 11-1-6 所示。对直流稳压电源而言，由于 R_S 很小，当输出电流在较小范围内变化时，其端电压基本保持不变。

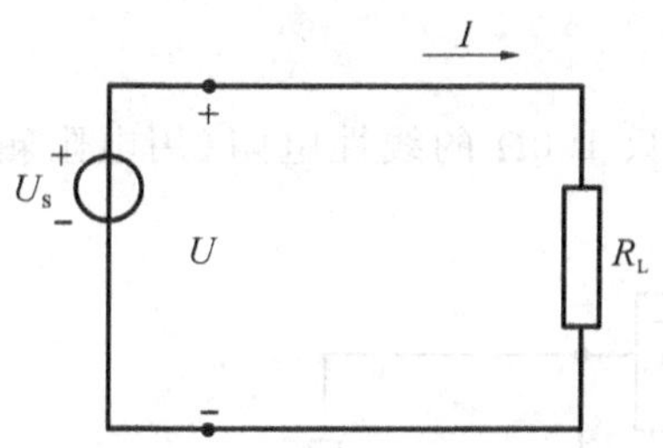

图 11-1-5　电压源模型

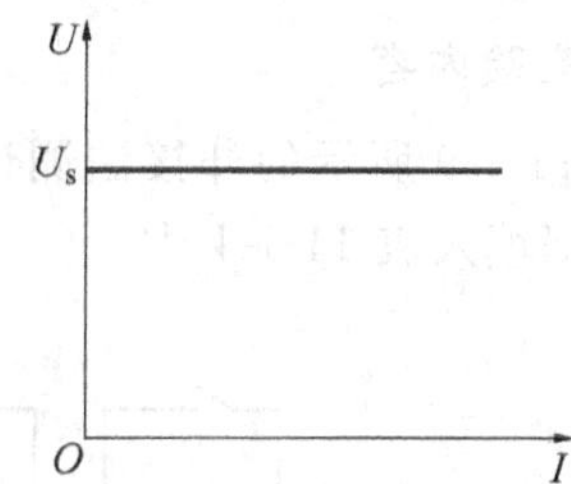

图 11-1-6　电压源伏安特性曲线

一个实际电流源可以用理想电流源 I_S 与电阻 R_S 相并联的模型来表示。当电源与负载相联时，其伏安特性为 $I=I_S-\dfrac{U}{R_S}$，伏安特性曲线如图 11-1-7 所示。

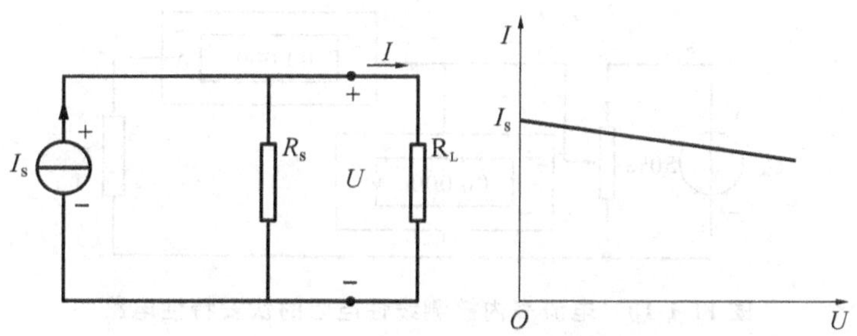

图 11-1-7　实际电流源电路图及伏安特性曲线

当电流源的内阻 $R_S\to\infty$，$I=I_S$ 时即为理想电流源，简称电流源。电流源的电路图及伏安特性曲线如图 11-1-8 所示。

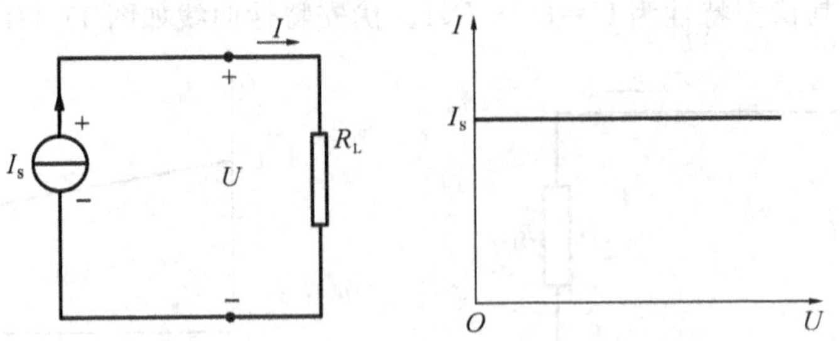

图 11-1-8 电流源电路图及伏安特性曲线

11-1-3 实验仪器

数字万用表 1只

双路直流稳压电源 1台

毫安表 1只

安培表 1只

11-1-4 实验内容

(1)用图 11-1-9 所示的外接法测试电路测定一只 100Ω 的线性电阻(用电阻箱)的伏安特性,并将数据填入表 11-1-1 中。

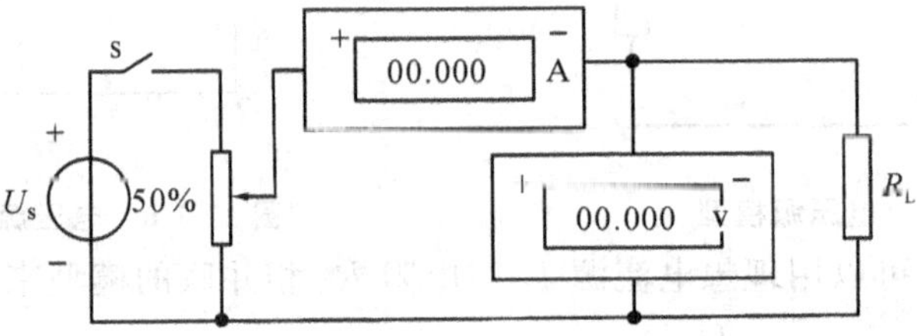

图 11-1-9 电流表外接测线性电阻的伏安特性电路

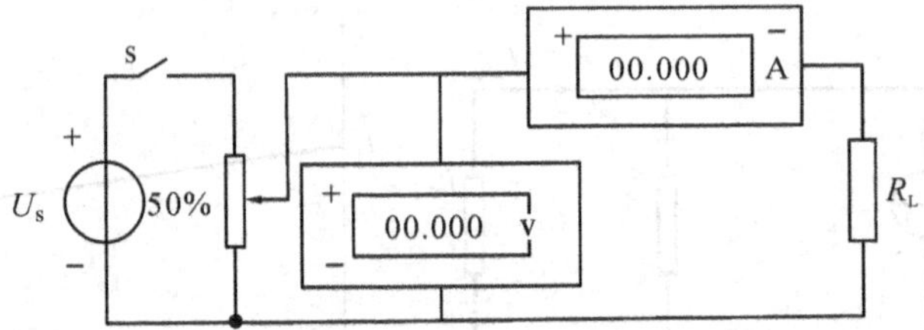

图 11-1-10 电流表内接测线性电阻的伏安特性电路

表 11-1-1

I/mA						
U/V						

(2)用图 11-1-10 所示的内接法测试电路继续测量该 100Ω 线性电阻的伏安特性，并将数据填入表 11-1-2 中。

表 11-1-2

I/mA						
U/V						

(3)在图 11-1-9 中串入一只小电珠，用外接法测量它的伏安特性，并将数据填入表 11-1-3中。

表 11-1-3

I/mA						
U/V						

(4)在图 11-1-9 中串入一只晶体二级管，用外接法测量它的伏安特性，并将数据填入表 11-1-4 中。

表 11-1-4

I/mA						
U/V						

(5)按图 11-1-11 所示的接线，测定干电池的伏安特性，并将测试结果填入表 11-1-5 中。

表 11-1-5

R_L/Ω	∞	500	400	300	200	100
I/mA	0					
U/V						

(6)按图 11-1-11 所示的接线，测定直流稳压电源(取 E＝干电池的 E)的伏安特性，并将测试结果填入表 11－1－6 中。

表 11-1-6

R_L/Ω	∞	500	400	300	200	100
I/mA	0					
U/V						

*(7)按图 11-1-12 所示的接线，测定一电流源(取 I_S＝12mA)的伏安特性。

11-1-5　实验注意事项

(1)测定小电珠的伏安特性曲线时，注意电压、电流不允许超过小电珠的额定值。

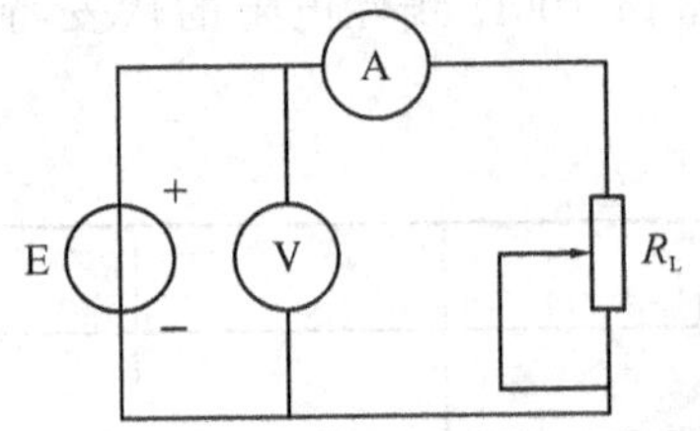

图 11-1-11 测定电压源伏安特性电路

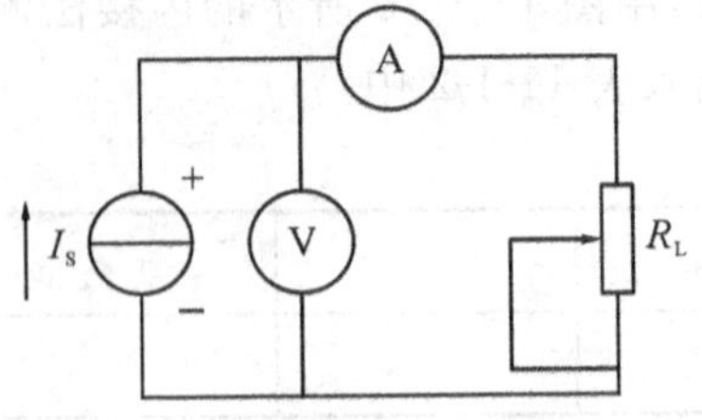

图 11-1-12 测定电流源伏安特性电路

(2)测定二极管的伏安特性时,电源的输出电压应从零开始缓慢增加。二极管导通后,电流不允许超过其最大整流电流。

(3)测干电池及直流稳压电源的伏安特性时,负载端不允许短路。

(4)测定电流源的伏安特性时,负载端不允许开路。

11-1-6 软件测试内容

(1)测定线性电阻的伏安特性

①取元件。

元件由基本零件列中取出。如电阻 R 均可按 按钮取之;电池及接地符号取出电源/信号源序列,可按 按钮取之;电压表、电流表取自指示零件列,可按 按钮取之;在元件列中,有些按钮可以自定义值,如电阻 。

由于具体取元件的方法在本书的 5-2 节中已经详细说明,以后均不具体叙述。

②具体操作

如图 11-1-13 所示,接好电路,双击电压表、电流表符号,得到数据。改变电流的值,得到相关数值并记录。

改变电源值的方法:双击电源符号,在 voltage 中改变电源值,如图 11-1-14 所示。

(2)测定理想电压源的伏安特性

①取元件。

具体见 5-2 节。

②具体操作。

如图 11-1-15 所示,接好电路,双击电压表、电流表符号,得到数据。改变电源的值得到相关数值并记录。

(3)测定实际电压源的伏安特性

①取元件。

②具体操作。

如图 11-1-16 所示,接好电路,双击电压表、电流表符号,得到数据。改变电阻值继续测量。

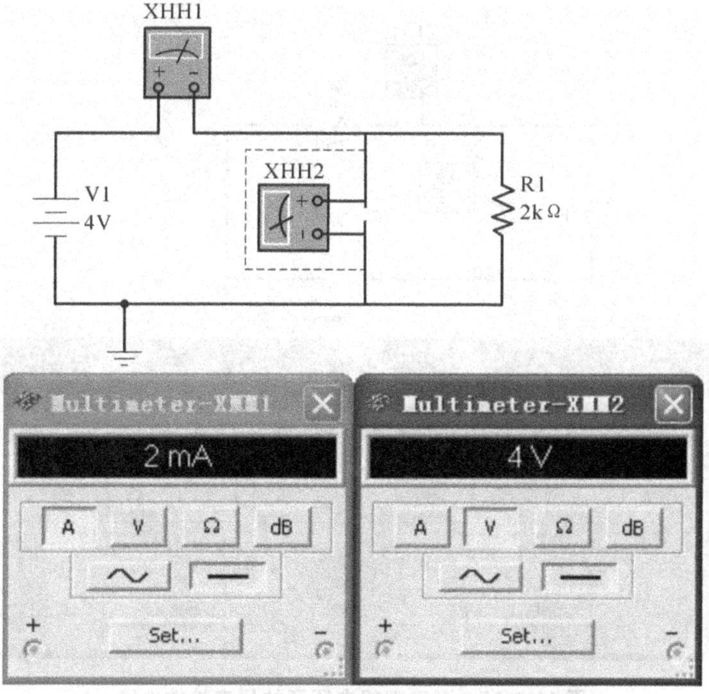

图 11-1-13　测定线性电阻的伏安特性曲线电路

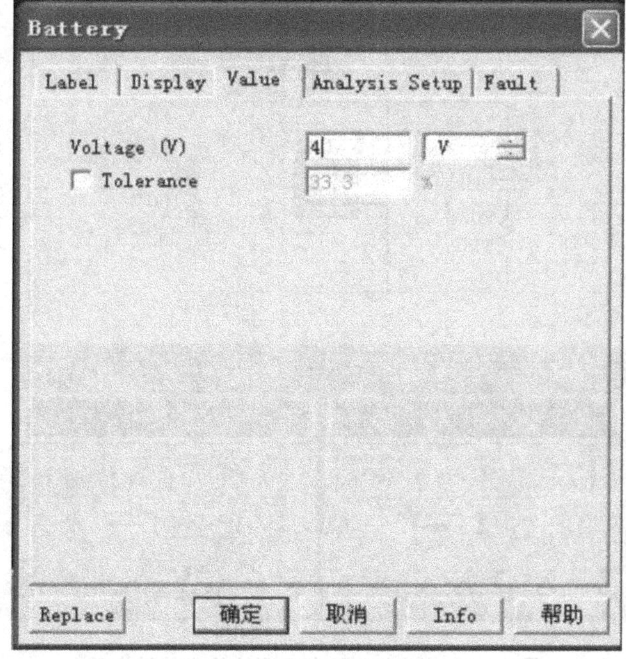

图 11-1-14　battery 对话框

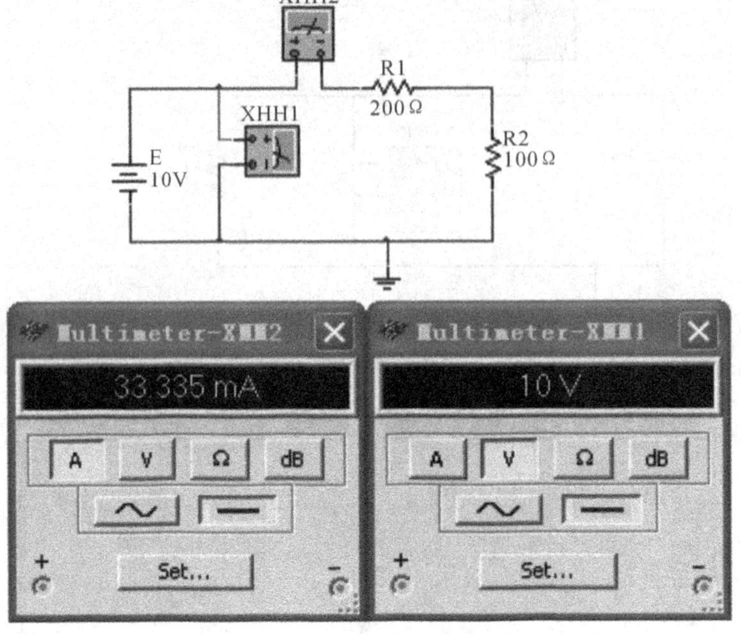

图 11-1-15 测定理想电压源的伏安特性电路

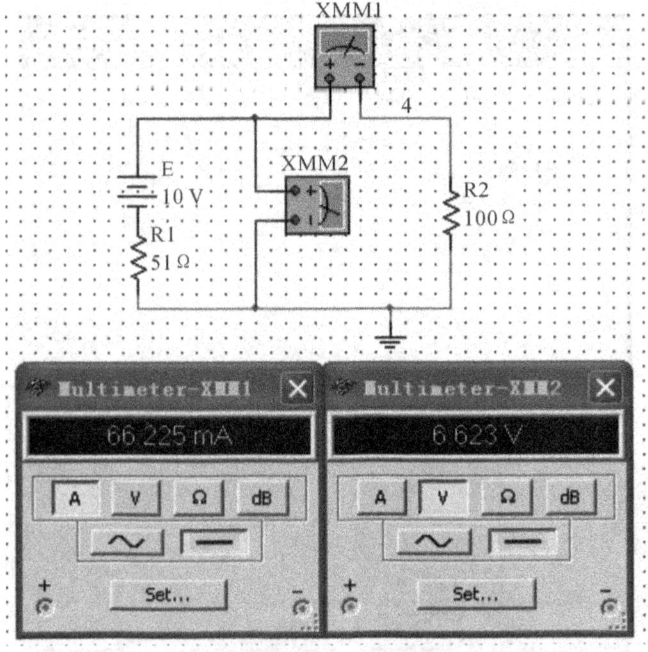

图 1-1-16 测定实际电压源的伏安特性电路

11-1-7 实验报告要求

(1)根据测量数据绘出各元件的伏安特性曲线,并总结各元件的伏安特性。

*(2)用软件分析半导体二极管的伏安特性,观察其现象并说明原因。

(3)预习思考题:

在电流很小时,小电珠的电阻只有几个欧姆,要测定它的伏安特性,应采用图 11-1-9 或图 11-1-10 所示的哪一个测试电路比较合理?为什么?

11-2 叠加定理

11-2-1 实验目的

(1)验证叠加定理。

(2)正确使用直流稳压电源和万用表。

11-2-2 实验原理

在任一线性网络中,任一支路的电流(或电压)等于电路中各个电源分别单独作用时在该支路中产生的电流(或电压)的代数和。所谓某一电源单独作用,就是除了作用电源外,其余电源为零值,对于实际电源的内阻或内电导,必须保留在原电路中。

11-2-3 实验仪器

双路直流稳压电源	1 台
数字万用表	1 只
交直流电流表	3 只

11-2-4 实验内容

图 11-2-1 所示的是测试原理电路图,分别测量 E_1、E_2 共同作用及单独作用时的 U_{AB}、U_{BC}、U_{CD}、I_1、I_2、I_3 的值,验证叠加定理。

测试步骤如下。

(1)接通稳压电源开关,调节电压旋钮,使 $E_1=20\text{V}$,$E_2=30\text{V}$,然后关闭电源待用。

(2)E_1、E_2 共同作用。

按图 11-2-1 所示电路接线,无误后接通电源。用万用表直流电压表分别测量 U_{AB}、U_{BC}、U_{CD}、I_1、I_2、I_3,将数据填入表 11-2-1 中。

表 11-2-1

电路的状态	实验值						计算值					
	U_{AB}/V	U_{BC}/V	U_{CD}/V	I_1/mA	I_2/mA	I_3/mA	U_{AB}/V	U_{BC}/V	U_{CD}/V	I_1/mA	I_2/mA	I_3/mA
E_1、E_2 共同作用												
E_1 单独作用												
E_2 单独作用												

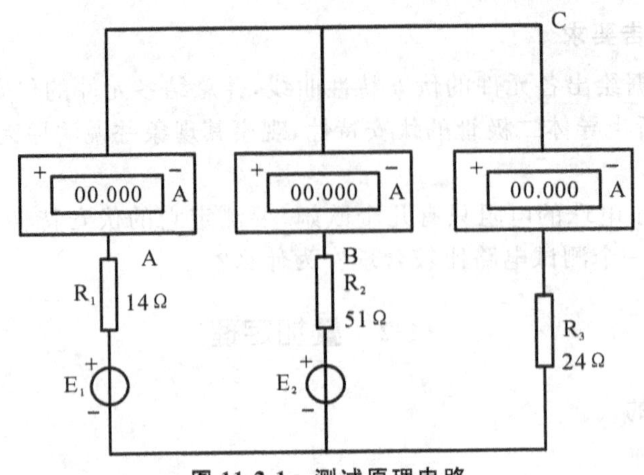

图 11-2-1 测试原理电路

(3)E_1 单独作用。

去掉 E_2(但要保证电路接通),E_1 单独作用于电路,接通电源,测量 U_{AB}、U_{BC}、U_{CD}、I_1、I_2、I_3,将数据填入表 11-2-1 中。

(4)E_2 单独作用

去掉 E_1(但要保证电路接通),E_2 单独作用于电路,接通电源,测量 U_{AB}、U_{BC}、U_{CD}、I_1、I_2、I_3,将数据填入表 11-2-1 中。

(5)关闭稳压电源,拆线。用万用表欧姆档测量各电阻的阻值。

11-2-5 实验注意事项

(1)在接线前,要合理选择仪表量程。

(2)记录数据时,注意电路各支路中的电压、电流的实际方向与参考方向的关系。

11-2-6 软件测试内容

(1)取元件。

具体见 5-2 节。

(2)具体操作。

分别如图 11-2-2、图 11-2-3、图 11-2-4 所示接好电路,双击电压表符号,得到数据。改变电源的值,得到相关数值,做好记录。

E_1、E_2 同时作用的情况如图 11-2-2 所示。

E_1 单独作用的情况如图 11-2-3 所示。

E_2 单独作用的情况如图 11-2-4 所示。

11-2-7 实验报告要求

(1)用测试数据验证支路电流是否符合叠加定理,并对测试误差进行分析。

(2)用实测电流值、电阻值,计算电阻 R_3 所消耗的功率为多少?能否直接用叠加定理计算?试用具体数据说明之。

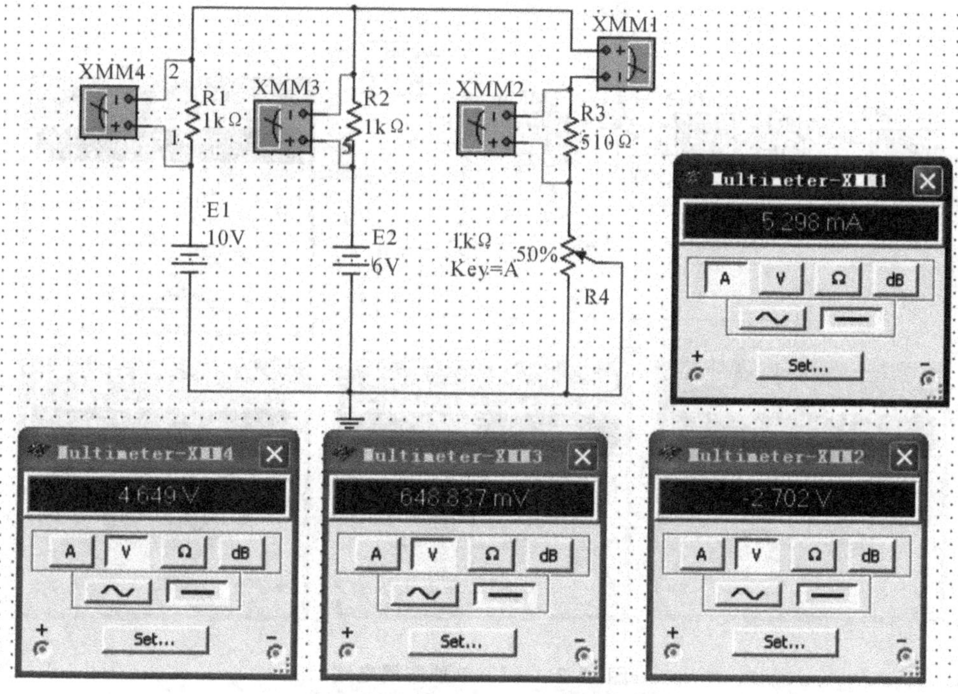

图 11-2-2 E_1、E_2 同时作用电路

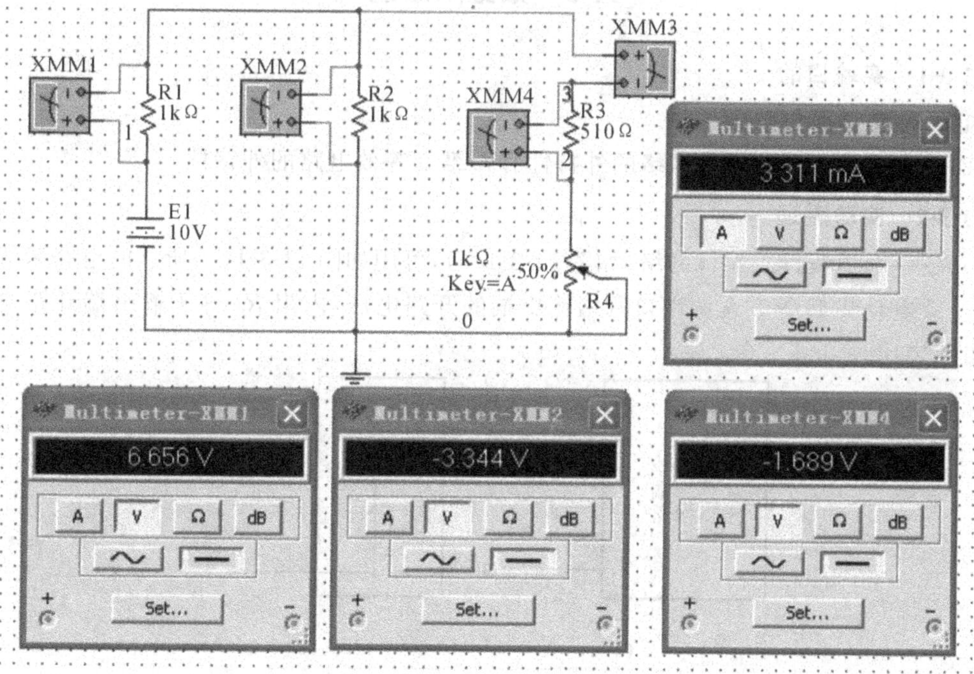

图 11-2-3 E_1 单独作用电路

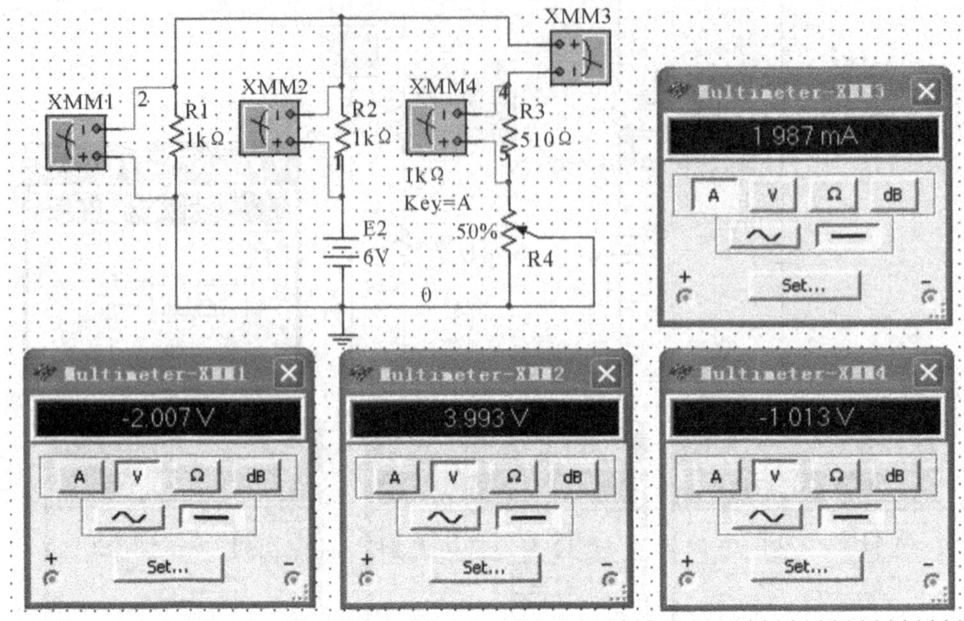

图 11-2-4　E_2 单独作用电路

11-3　戴维南定理

11-3-1　实验目的

(1)验证戴维南定理。

(2)测定线性有源二端口网络的外特性和戴维南等效电路的外特性。

11-3-2　实验原理

(1)任一含源线性二端口网络，如图 11-3-1(a)，可用如图 11-3-1(b)所示的电路来等效替代，其等效电动势 E 等于含源端口网络输出端的开路电压，内阻 R_0 等于输出端开路电压与短路电流之比。

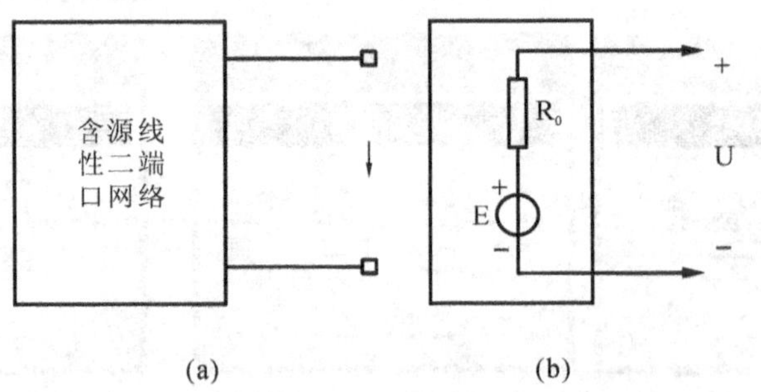

图 11-3-1　含源线性二端口网络及等效电路

(2)戴维南等效电阻的测试方法。

①测量含源二端口网络开路电压 U_0 在网络允许的情况下，测出它的短路电流 I_s，则电阻($R_0=U_0/I_s$)即为等效电阻。如果网络不允许短路，则可分别测出网络的开路电压 U_0 和支路电压 U_L，如图 11-3-2 所示。若 U_L 已知，则可求得

$$R_0 = \frac{U_0 - U_L}{U_L} R_L \tag{1}$$

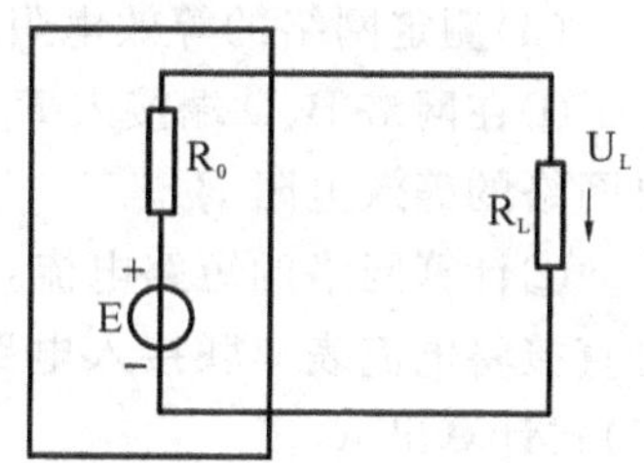

图 11-3-2 测量含源二端口网络支路电压

②将含源端口网络内所有的电压源和电流源变为零，然后在无源端口处，外加一个电压源 E_s，测量端口处的电流 I 即可得等效电阻 R_0，即

$$R_0 = \frac{E_s}{I} \tag{2}$$

等效电动势 E 与等效内阻 R_0 相串联即可构成戴维南等效电路。所谓等效是指它们的特性关系 $U=f(I)$ 完全相同。

11-3-3 实验仪器

双路直流稳压电源	1 台
数字万用表	1 块
直流毫安表	1 块

11-3-4 实验内容

图 11-3-3 所示的为测试原理电路图。

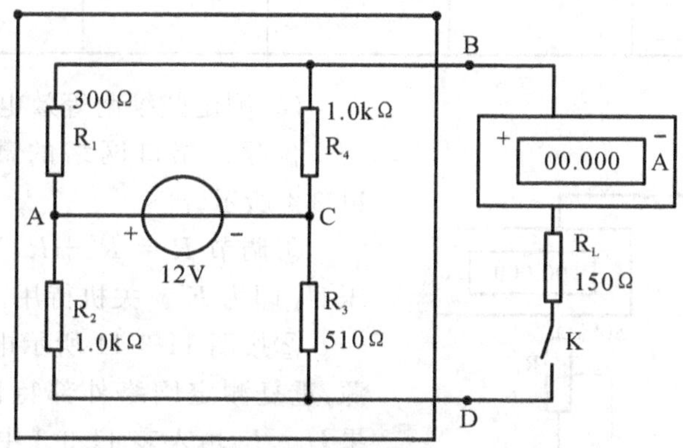

图 11-3-3 测试原理电路

(1)调节双路直流稳压电源，使其中一路输出为 12V，关机待用。

(2)测量网络的开路电压 U_0。按图 11-3-3 所示的接好电路，用数字万用表测量开路电压 U_0，将结果记入表 11-3-1 中。

(3)测定网络的等效电阻 R_0。

①在网络 B、D 端接入 $R_L=150\Omega$，测量出 R_L 上的支路电压 U_L 即可按 11-3-2(1)式计算出网络的等效电阻 R_0。

②计算网络的短路电流，在不超过直流稳压电源最大输出电流及电流表量程的条件下，可直接将电流表串联接入电路 B、D 端，测得短路电流，记入表 11-3-1 中，并按 11-3-2 小节(2)式计算出 R_0。

表 11-3-1

被测量	U_0/V	U_L/V	R_0/Ω	I_S/mA	R_0/Ω
计算值					
测量值					

(4)测定网络的外部特性。

在网络的 B、D 端接入负载电阻 R_L 和电流表，如图 11-3-3 所示，改变 R_L 值，在不同负载的情况下，测出相应的负载端电压 U_L 和流过负载的电流 I_L，将测量数据记入表 11-3-2 中。

表 11-3-2

R_L	0	200	400	600	800	∞
U_L/V						
I_L/mA						
U_R/V						
I_R/mA						

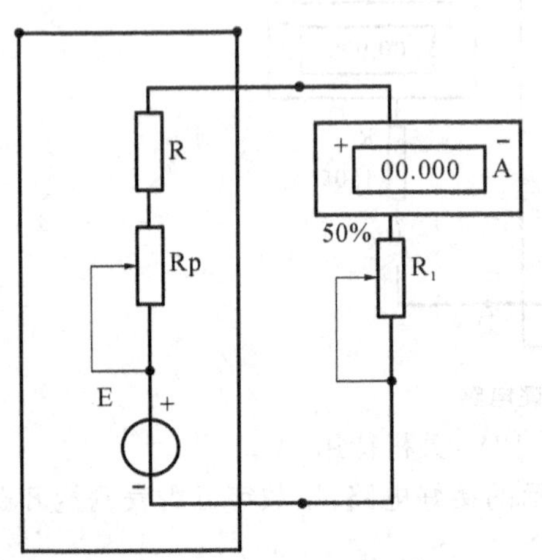

图 11-3-4　含源二端口网络的戴维南等效电路

(5)测定戴维南等效电路的外部特性。

含源二端口网络的戴维南等效电路如图 11-3-4 所示。

①调节 $R_0=R'+R$，调节稳压电源输出电压 U_0 即为 E'。关机待用。

②按图 11-3-11 所示电路接线，接通稳压电源，重复测定网络外部特性的步骤。将测量结果 $U_{R'}$、$I_{R'}$ 填入表 11-3-3 中。

11-3-5　实验报告要求

(1)将预习中 E'、R_0 的计算值与 U_0、R_0 的实测值比较，看是否相同。

(2)同一坐标平面画出网络和等效电路的伏安曲线，并作分析比较。

11-4　受控源特性的研究

11-4-1　实验目的

(1)熟悉四种受控源的基本特性。

(2)了解用运算放大器及电阻实现的受控源电路。

(3)测试两种受控源的控制系数和负载特性。

11-4-2　实验原理

受控源为一个具有两对端子的元件,共有 4 种形式,如图 11-4-1 所示。其中,受控电压源或受控电流源具有一对端子,而另一对端子则或为开路或为短路,控制量即为开路电压或短路电流。

受控源是一种非独立电源,它的电压或电流受电路中其他电压或电流所控制。当控制量为零时,受控源的电压或电流就为零,当它们为常数时,被控制量与控制量成正比,这种受控源为线性受控源。

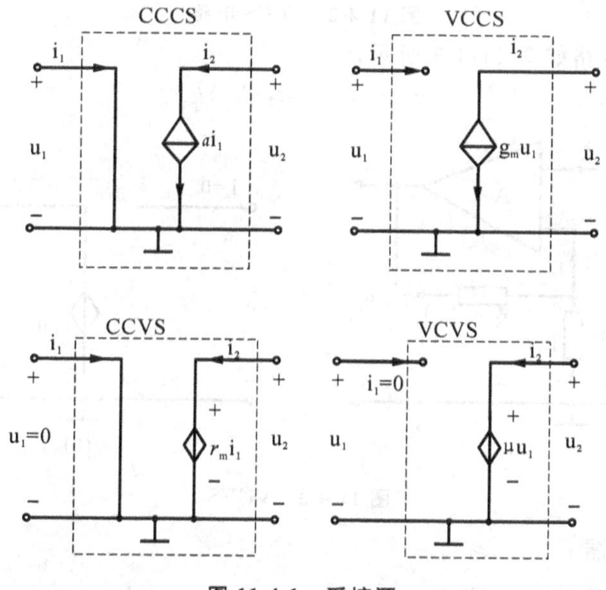

图 11-4-1　受控源

上图中 CCCS 为电流控制电流源;VCCS 为电压控制电流源;VCVS 为电压控制电压源;CCVS 为电流控制电压源。

受控源的受控量与控制量之比称为转移函数。四种受控源的转移函数分别用 a、g_m、μ 和 r_m 表示。它们的定义如下:

(1)CCCS:$a=i_2/i_1$ 转移电流比(电流增益);

(2)VCCS:$g_m=i_2/u_1$ 转移电导;

(3)VCVS：$\mu=u_2/u_1$ 转移电压比(电压增益)；

(4)CCVS：$r_m=u_2/i_1$ 转移电阻。

受控源可以用运算放大器及电阻来实现，实现 CCCS 的电路如图 11-4-2 所示。

$$i_2=\left(1+\frac{R_f}{R_1}\right)i_1=ai_1 \tag{1}$$

$$a=\frac{i_2}{i_1}=1+\frac{R_f}{R_1} \tag{2}$$

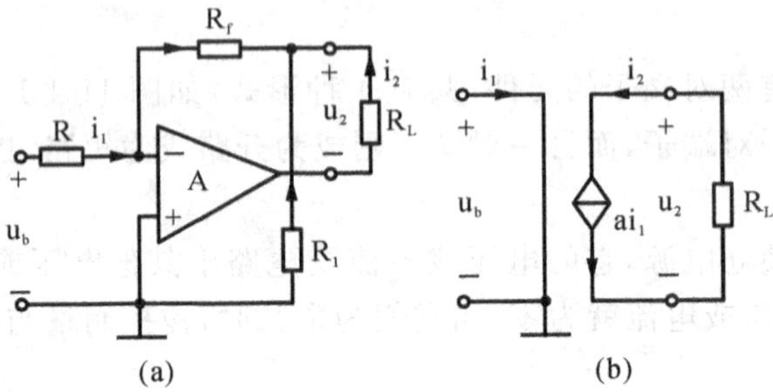

图 11-4-2　CCCS 电路

实现 VCVS 的电路如图 11-4-3 所示，

$$u_2=(1+R_2/R_1)u_a \tag{3}$$

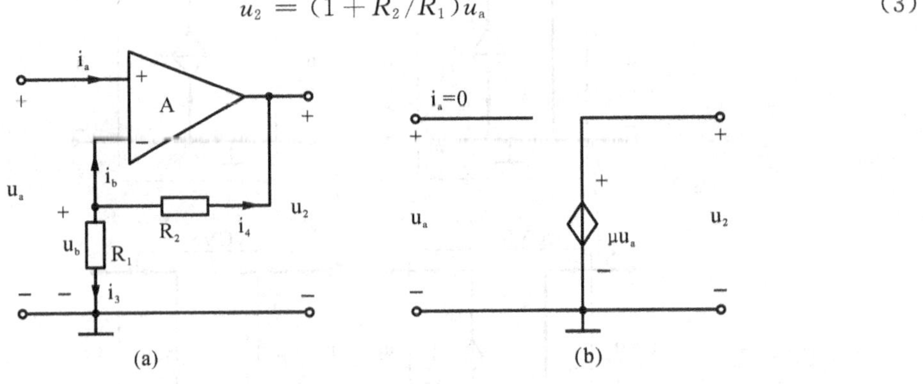

图 11-4-3　VCVS

11-4-3　实验仪器

直流毫安表　　1 只

数字万用表　　1 只

受控源实验板　　1 套

11-4-4　实验内容

(1)按照图 11-4-4 接上电源及输入、输出，CCCS 实验板中电阻均取 1kΩ。

(2)取 $R_L=1\text{k}\Omega$，调节 R 以改变输入电流 i_1，观察输出电流 i_2 受 i_1 控制的现象。以确定它的控制系数 a，将数据计入表中。

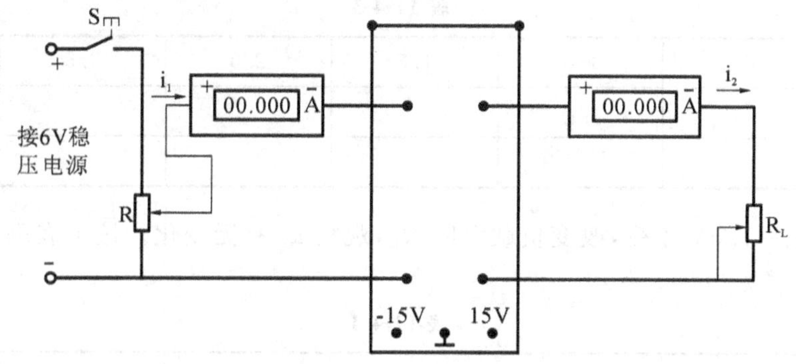

图 11-4-4　CCCS 电路

表 11-4-1

i_1/mA	1.0	1.5	2.0	2.5	3.0	3.5	4.0
i_2/mA							
$a=i_2/i_1$							

(3)保持 $i_1=1$mA 不变,改变负载电阻 R_L,观察 i_2 有无变化,测试 CCCS 的负载特性。

表 11-4-2

R_L/kΩ	1.0	2.0	3.0	4.0	5.0	6.0
i_2/mA						

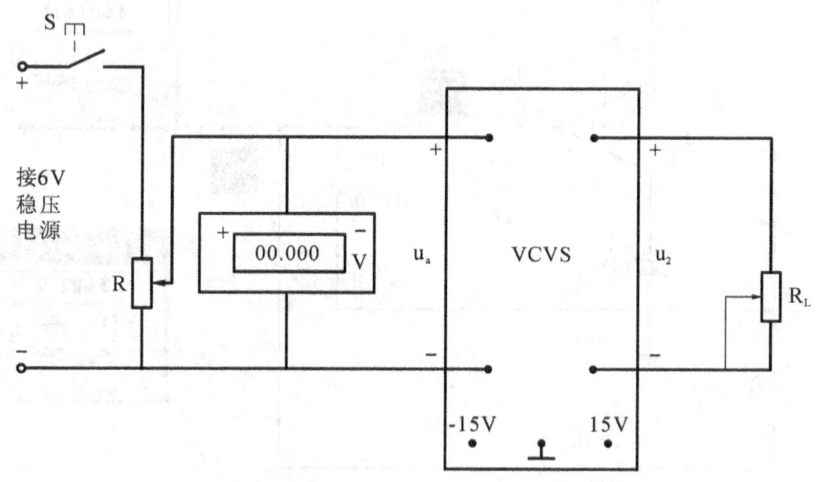

图 11-4-5　VCVS 电路

(4)按照图 11-4-5 接上电源及输入、输出,VCVS 实验板中电阻均取 5kΩ。将 R_L 断开,调节 R 改变 u_a,观察 u_2 受 u_a 控制的现象,按下表记录数据。

表 11-4-3

U_a/V	0.5	1.0	1.5	2.0	2.5	3.0
U_2/V						
$u=U_2/U_a$						

(5)保持 $u_a=1.0$V 不变，改变负载电阻 R_L，观察 u_2 有无变化。按下表测试 VCVS 的负载特性。

表 11-4-4

R/kΩ	无穷	9.0	7.0	5.0	3.0	1.0
U_2						

11-4-5　实验注意事项

(1)CCCS 和 VCVS 实验板由运算放大器构成，运算放大器应有＋15V 和－15V 直流电源供电。接线时注意电源正负极性不能接错，换接线时必须断开电源。

(2)CCCS 的负载电阻不允许开路，VCVS 的负载电阻不要小于 100Ω，更不允许短路。

11-4-6　软件测试内容

以电压控制电压源为例，按图 11-4-6 接好电路。

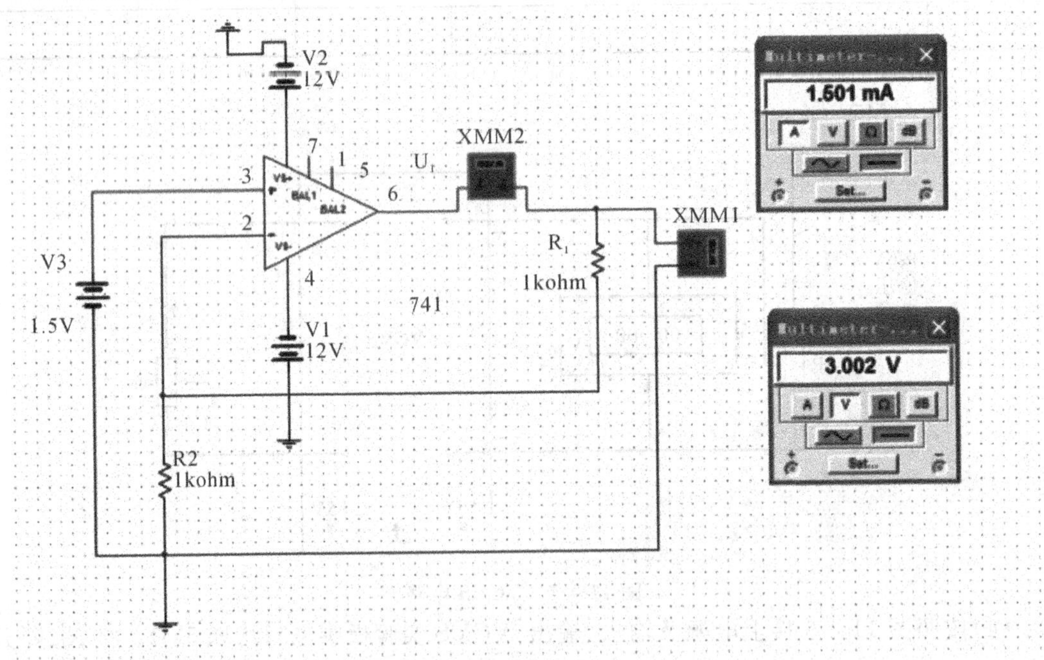

图 11-4-6　电压控制电压源电路

(1)电路接好以后，先不给激励电源，而是将运算放大器＋端对地短接，接通双路直流稳压电源，工作正常时，应有 $U_2=0$ 和 $I=0$。

(2)接入激励电源 U_a，取 U_a 分别为 0.5V、1V、1.5V、2V、2.5V，测量 U_2 的值并计入表 11-4-3 中。

(3)保持 $U_a=1.5V$，改变 R_L 的阻值，测量 U_2，记入表 11-4-4 中。

按图 11-4-7 电流控制电压源电路接线，自行研究其受控特性及负载特性。

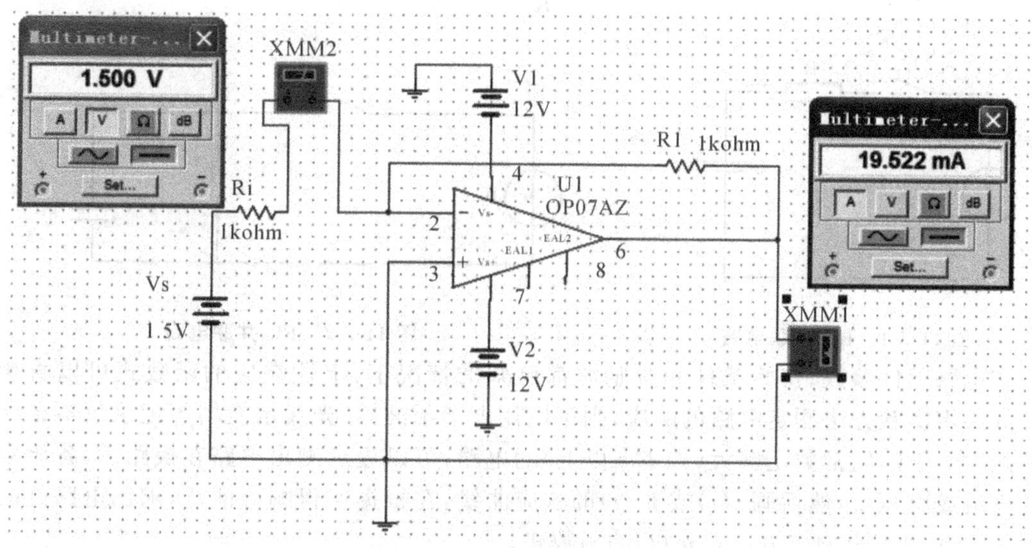

图 11-4-7　电流控制电压源电路

11-4-7　实验报告要求

(1)根据实验数据分别绘出受控源的受控特性曲线和负载特性曲线。

(2)总结受控源的特性。

(3)思考题:受控源和独立电源有何异同？受控源的控制特性是否适合于交流信号？

11-5　一阶 RC 电路和二阶 RLC 串联电路接通到直流电源的响应

11-5-1　实验目的

(1)测定一阶 RC 电路的时间常数，了解电路参数对它的影响。

(2)了解电路参数对二阶 RLC 串联电路响应的影响。

(3)学习使用示波器观察电路的响应。

11-5-2　实验原理

(1)图 11-5-1 所示电路的零状态响应为

$$u_c(t)=U_S(1-e^{\frac{t}{\tau}})\quad t\geqslant 0 \tag{1}$$

$$i(t)=\frac{U_S}{R}e^{\frac{t}{\tau}} \quad t \geqslant 0 \tag{2}$$

式中，$\tau=RC$ 是电路的时间常数。

图 11-5-2 所示电路的零输入响应为

$$u_c(t)=U_S(1-e^{\frac{t}{\tau}}) \quad t \geqslant 0 \tag{3}$$

$$i(t)=\frac{U_S}{R}e^{\frac{t}{\tau}} \quad t \geqslant 0 \tag{4}$$

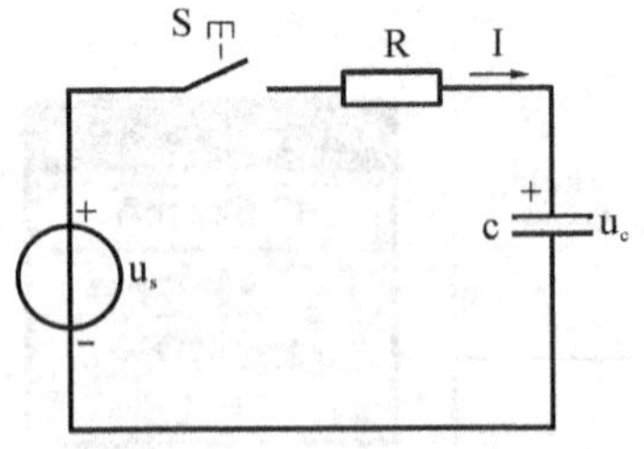

图 11-5-1　RC 串联电路

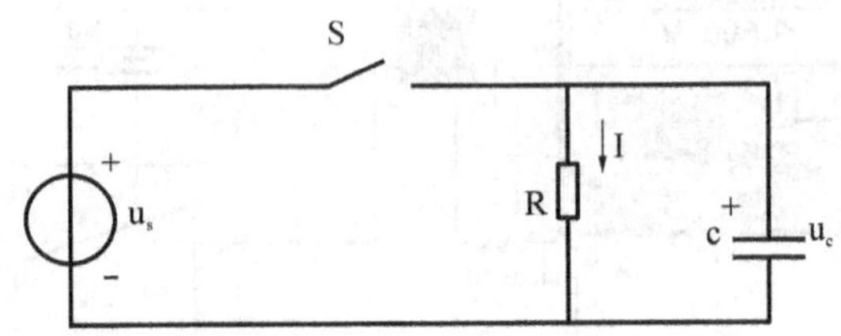

图 11-5-2　RC 并联电路

在电路元件参数、初始条件和激励源都已知的情况下，上述响应的函数式可以直接写出。如果用实验方法测定电路的响应，则可以用电子示波器、光线示波器等记录仪器记录响应曲线。对于时间常数足够大（如 10s 以上）的电路，可以逐点测出电路在换路后，各给定时刻的电流或电压值，然后画 $i(t)$ 或 $u_c(t)$ 的响应曲线，在根据所得响应曲线，求出电路的时间常数 τ，就可以写出响应 $i(t)$ 或 $u_c(t)$ 的函数式。

本实验采用如图 11-5-3 所示电路，激励源为低频信号发生器输出的方波信号，如图 11-5-4所示。

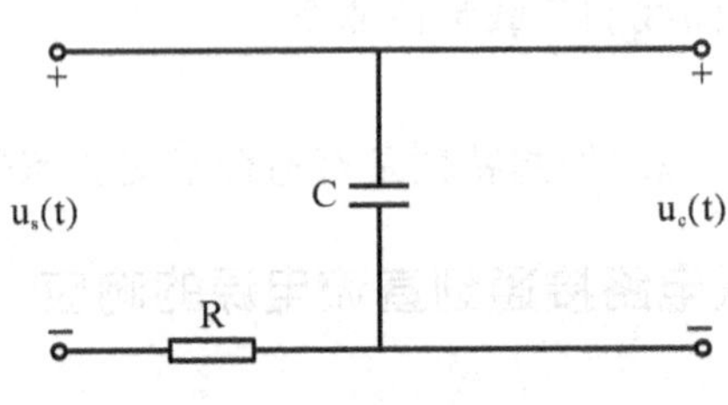

图 11-5-3　测试电路

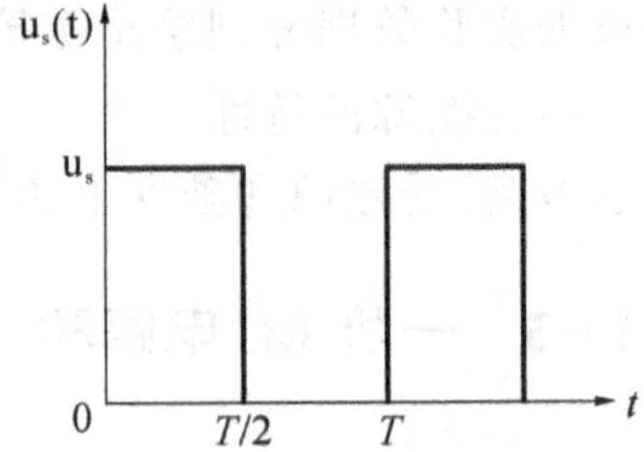

图 11-5-4　激励源方波信号

对于 RC 电路的方波响应，在电路的时间常数远小于方波激励信号的周期 T 时，可认为是零状态响应和零输入响应的全过程。方波高电平时电路响应为零状态响应，方波低电平时相当于在电容具有初始值 $u_c(0_-)$ 时把电源用短路置换，此时电路响应为零输入响应。

为了清楚地用示波器观察响应的全过程，可使方波的半周期和时间常数 RC 保持 5：1 左右的关系，这样就可用示波器显示出稳定的方波响应的图形（见图 11-5-5），以便进行定量分析。

根据测试所得响应曲线，确定时间常数 τ 的方法如下：

一阶 RC 电路充放电的时间常数可以应用示波器确定，对于充电曲线，幅值上升到终值的 63.2%所对应的时间就是一个 τ（见图 11-5-6(a)）。对于放电曲线，幅值下降到初值的 36.8%所对应的时间即为一个 τ（见图 11-5-6(b)）。

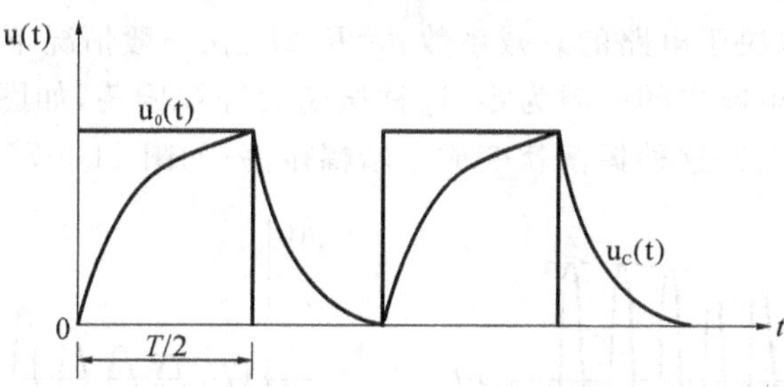

图 11-5-5　示波器显示的方波响应图

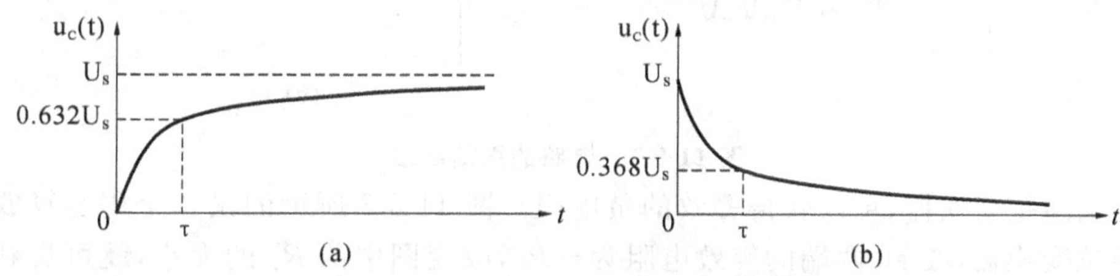

图 11-5-6　一阶 RC 电路充放电响应波形

适当选取方波信号的周期和 R、C 的数值，以观察方波信号 $u_S(t)$ 为例，将方波信号电压调幅，使 $u_C(t)$ 的零输入响应波形的始端与示波器荧光屏纵坐标的上端正刻度线重合，使 $u_C(t)$ 的零输入响应的波形的末端与示波器荧光屏纵坐标的下底端负刻度线重合，此时有

$$u_C(t) \mid t = \tau = n \times 0.368 = u_C(\tau)$$

其中，n 为示波器荧光屏纵向刻度总格数。

然后将 $u_C(\tau)$ 点调到与示波器荧光屏中间的纵向垂直线重合，再将 $u_C(t)$ 的零输入响应的始端点调到与中间的水平线重合，此时波形 $u_C(t)$ 的始端点与荧光屏中心点之间的距离所表示的刻度数乘以扫描时间，即为时间常数 τ。

(2)RLC 串联电路中，无论是零输入响应，还是零状态响应，电路过渡过程的性质，完全由特征方程所确定。

$$LCp^2 + RCp + 1 = 0$$

的特征根

$$p_{1,2} = -\frac{R}{2L} \pm \sqrt{\left(\frac{R}{2L}\right)^2 - \left(\frac{1}{\sqrt{LC}}\right)^2} = -\delta \pm \sqrt{\delta^2 - \omega_0^2}$$

$$\text{其中，}\delta = \frac{R}{2L},\quad \omega_0 = \frac{1}{\sqrt{LC}}$$

①如果 $R > 2\sqrt{L/C}$，则 $p_{1,2}$ 为两个不相等的负实根，电路过渡过程的性质为过阻尼的非

振荡过程。

②如果 $R=2\sqrt{L/C}$则 $p_{1,2}$ 为一对共轭复根，电路过渡过程的性质为临界阻尼过程。

③如果 $R<2\sqrt{L/C}$，则为一对共轭复根，电路过渡过程的性质为欠阻尼的振荡过程。

改变电路的参数 R、L 或 C 任一个值，均可使电路发生上述 3 种不同性质的过程。

电路振荡的性质取决于电路的衰减系数 $\delta=R/2L$，在一般情况下，δ 是一个正实数，这种振荡为衰减振荡；如果电路中的电阻为零，这种振荡为等幅振荡，如图 11-5-7(a)所示。如果电路中的总电阻为负值，则这种振荡就变成了增幅振荡，如图 11-5-7(b)所示。

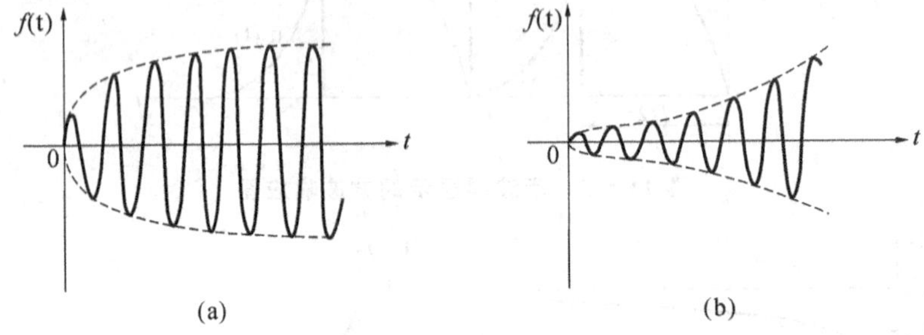

图 11-5-7　电路的振荡曲线

利用负阻抗变换器，可以获得等效的负电阻。图 11-5-8 所示的是一个用运算放大器组成的负阻抗变换器，在 ab 两端的等效电阻为 $-R_1$，改变图中的 R_1 的大小，就可得到不同的负电阻值。如果把图 11-5-8 所示的电阻串联到 RLC 的串联电路中去，如图 11-5-9 所示，则串联电路的总电阻为 $R-R_1$。改变 R_1，当 $R-R_1=0$ 时，就可得到电路的等幅振荡过程；当 $R-R_1<0$ 时，就可得到电路的增幅振荡过程；当 $R-R_1>0$ 时，就是得到电路的衰减过程。

过渡过程一般就是短暂的一次过程。如果用普通的电子示波器来观察过渡过程，就必须使过渡过程周期性地重复出现。为此，可采用周期性的方波电压作为激励电源。只要方波电压的半个周期 $T/2$ 远大于电路过渡过程持续时间，那么，在方波电压为高电平时，就相当于电路的零状态响应；在方波电压为零时，就相当于电路的零输入响应。

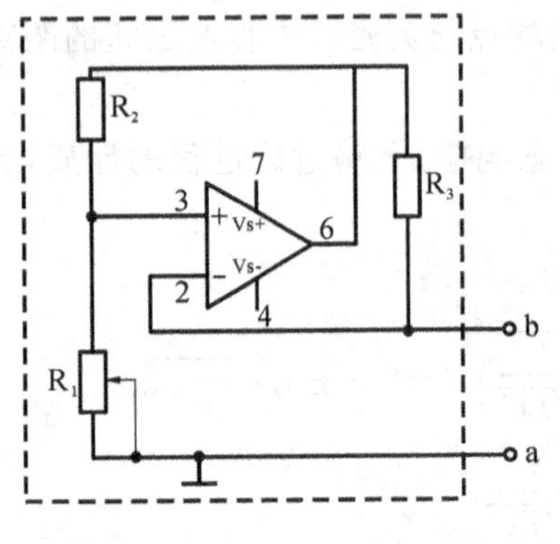

图 11-5-8　负阻抗变换器

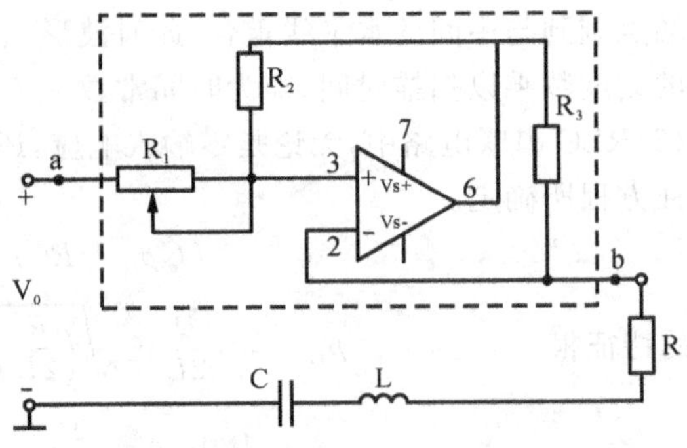

图 11-5-9　RLC 串联振荡电路

11-5-3 实验仪器

双踪示波器	1台
信号发生器	1台
电阻箱	1只
电容箱	1只
电感箱	1只

11-5-4 实验内容

(1)按图 11-5-3 接线,取 $R=1\text{k}\Omega$,$C=0.1\mu\text{F}$,方波信号电压频率取 $f=1\text{kHz}$,用示波器观察零输入响应和零状态响应 $u_C(t)$和 $i(t)$的波形,并从 $u_C(t)$波形来求时间常数 τ。

(2)改变 R 或 C 的数值,使 $RC\gg\frac{T}{2}$,$RC=\frac{T}{2}$,$RC\ll\frac{T}{2}$,观察 $u_C(t)$和 $i(t)$如何变化,并作记录。

(3)按图 11-5-10 所示接线,图中 r、L 为电感箱,C 为十进式电容箱,R 为电阻箱。

①C 取 0.05μF,改变 R 的值。用示波器观察并记录电流响应波形,总结出改变 R 对电流响应的影响,在电路产生振荡和非振荡过程中,记录电路中各元件的参数,并验证电路产生非振荡和振荡过程的条件。

②R 取 1500Ω,改变 C,重复①步的要求。

(4)按图 11-5-11 所示的接线,图中 C 取 0.05μF,R 取 1500Ω,改变负电阻 $-R_1$,用示波器观察电流响应的等幅振荡过程和增幅振荡过程的波形。

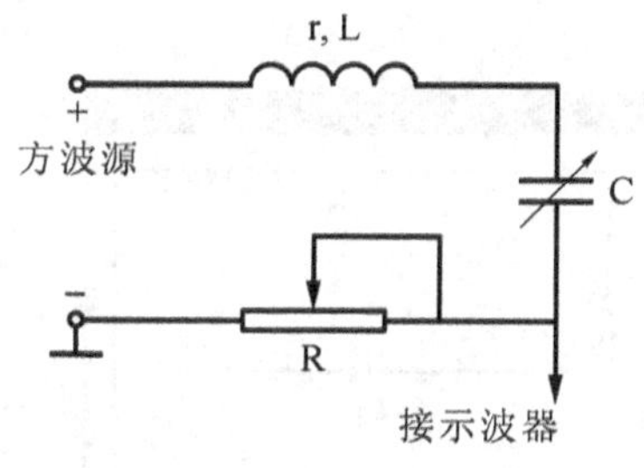

图 11-5-10 RLC 串联电路

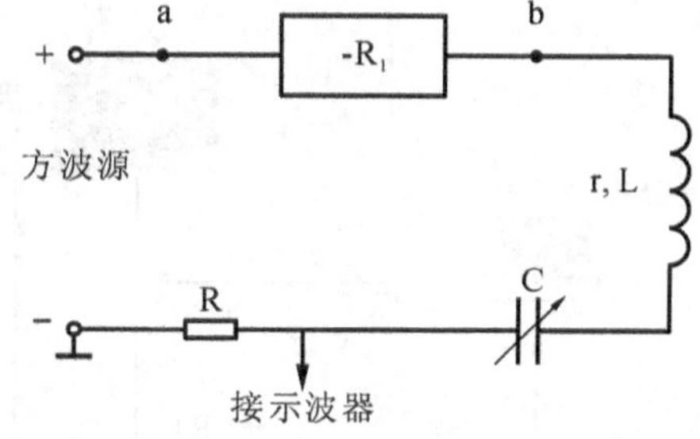

图 11-5-11 具有负电阻的 RLC 串联电路

11-5-5 实验注意事项

(1)在进行硬件测试时,由于负阻抗变换器是由运算放大器 μA741 组成的,它需要接上±15V 电源才能正常工作。

(2)运算放大器较易损坏,测试时要防止运算放大器输出短接,电源接错及电源的公共接地线断开。

(3)双踪示波器和低频信号发生器的公共地线必须连在一起。

11-5-6 软件测试内容

(1)用示波器观察作为电源的矩形脉冲电压，$T=1\text{ms}$，如图 11-5-12 所示。

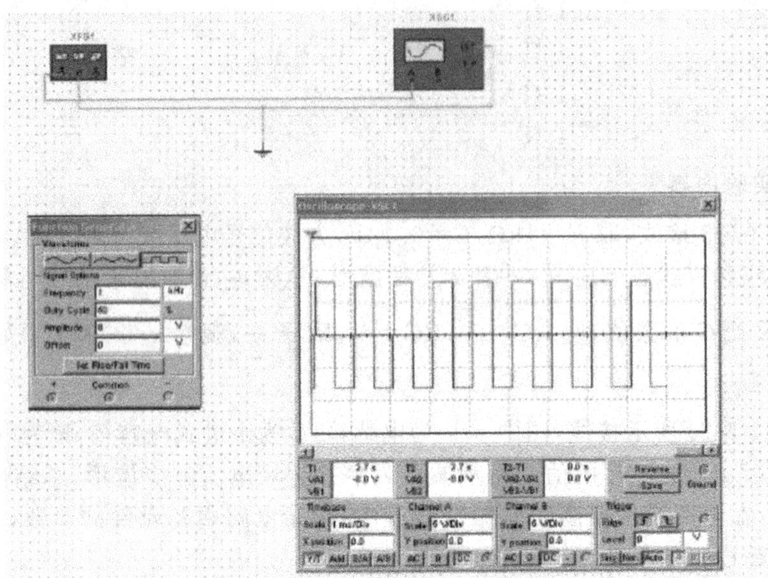

图 11-5-12 电源的矩形脉冲电压

(2)按图 11-5-13 所示的电路接线，使 $R=10\text{k}\Omega$，$C=0.01\text{uF}$，双击示波器得到电阻上的电压波形，即电路电流变化曲线。

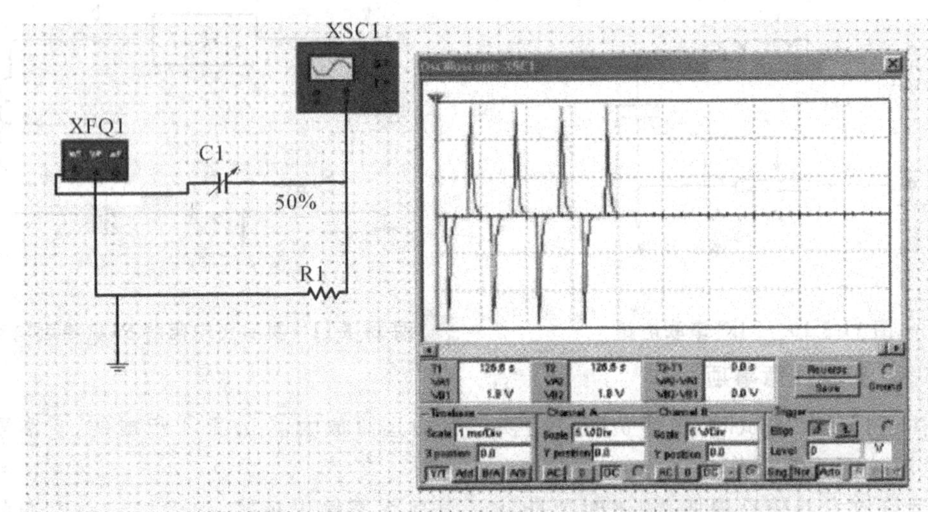

图 11-5-13 RC 串联电路及其电流波形

(3)按图 11-5-14 所示的电路接线，使 $R=10\text{k}\Omega$，$C=0.5\text{uF}$，电容充放电不完全，此时方波经积分电路输出为三角波。

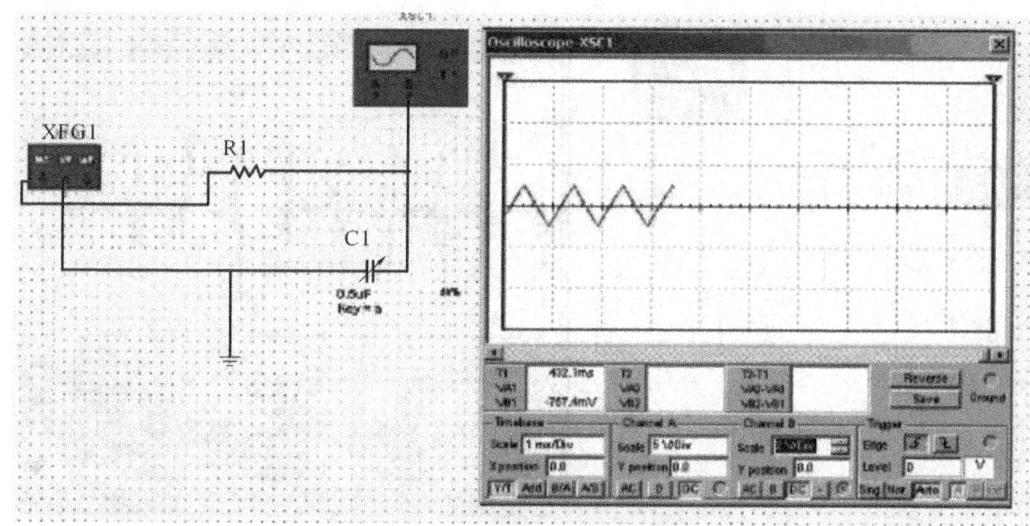

图 11-5-14 RC 串联电路及其输出波形

(4)按图 11-5-15 所示的电路接线，$R=500\Omega$，$L=0.2\text{H}$，$C=0.1\text{uF}$ 接入 $T=10\text{ms}$ 的矩形脉冲中，双击示波器观察振荡过程。

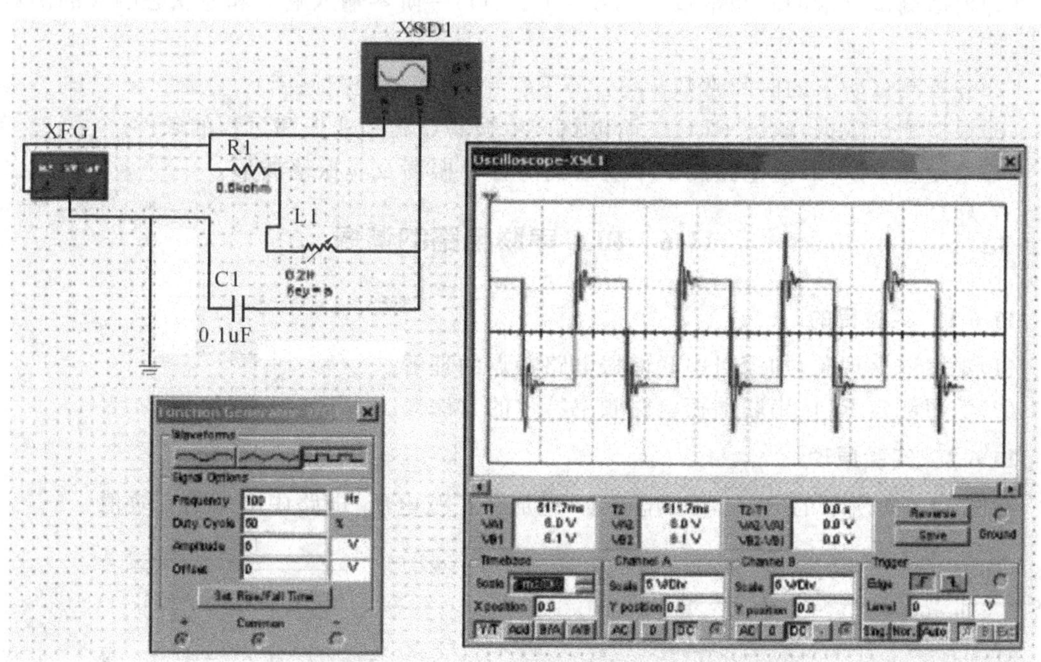

图 11-5-15 RLC 串联电路及输出波形

(5)按图 11-5-16 所示的接线，$R=4\text{k}\Omega$，$L=0.2\text{H}$，$C=0.1\text{uF}$ 接入 $T=10\text{ms}$ 的矩形脉冲中，双击示波器观测电容的电压波形并分析。

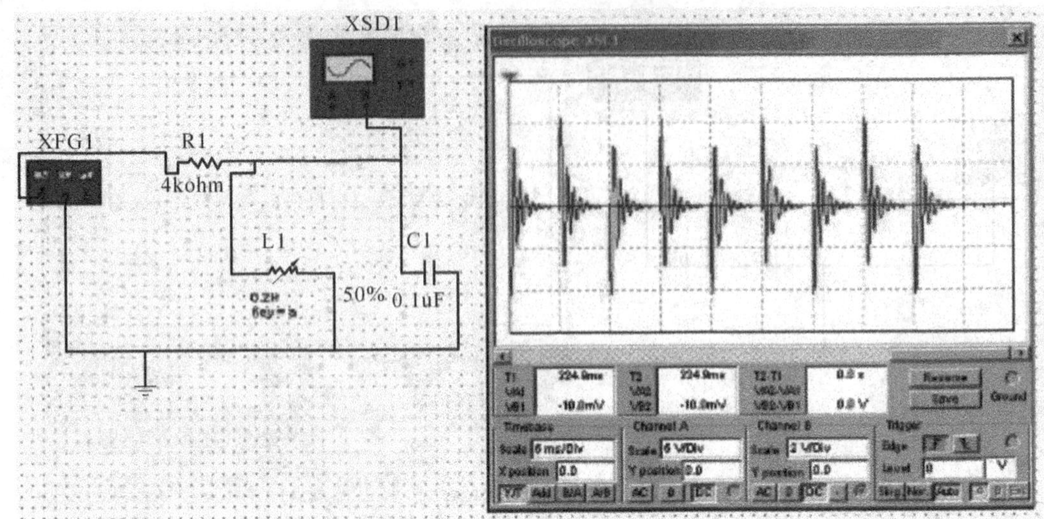

图 11-5-16　RLC 串并联电路及输出波形

11-5-7　实验报告要求

(1)根据测试所求的时间常数 τ,写出 $u_c(t)$、$i(t)$一阶零输入响应和零状态响应的函数表达式。

(2)分析测试所求的时间常数 τ 与计算 $RC=\tau$ 之间的误差原因。

(3)根据测试数据,验证 RLC 二阶电路产生振荡过程和非振荡过程的条件。

(4)绘制在 RLC 二阶电路测试中观察到的各种振荡及非振荡波形。

11-6　RLC 串联电路的谐振

11-6-1　实验目的

(1)观察谐振现象,加深对串联谐振电路特点的理解。

(2)学习测定 RLC 串联谐振电路频率特性的方法。

11-6-2　实验原理

在图 11-6-1 所示的 RLC 串联电路上,施加一正弦电压,电路中电流的有效值

$$I(\omega)=\frac{U}{\sqrt{R^2+\left(\omega L-\frac{1}{\omega C}\right)^2}}$$

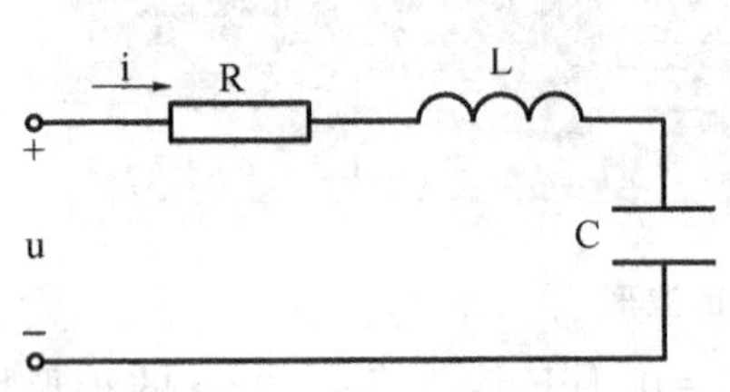

图 11-6-1　RLC 串联谐振电路

式中,电抗 $X(\omega)=\omega L-\frac{1}{\omega L}$是角频率的函数。当外施电压的角频率 $\omega=\omega_0$ 时,$X(\omega_0)=0$ 。这时电路的工作状态称为串联谐振。ω_0 称为谐振角频率,$f_0=\frac{\omega_0}{2\pi}$称为

谐振频率，可分别由下式求得

$$\omega_0 = \frac{1}{\sqrt{LC}}$$

$$f_0 = \frac{1}{2\pi\sqrt{LC}}$$

可见要是电路满足谐振条件，可以通过改变 L、C 或 f 来实现。图 11-6-1 所示的是采用改变外施正弦电压的频率来使电路达到谐振的电路。谐振时，电路的阻抗 $Z(\omega_0)=R+jX(\omega_0)=R$ 为最小值。若外施电压有效值 U 及电路中的电阻 R 为定值，则谐振时电路中电流的有效值达到最大，即 $I_0=I(\omega_0)=\frac{U}{R}$ 根据这个特点可以判断电路是否发生了谐振。

如果保持外施电压的有效值 U 及电路参数 R、L、C 不变，改变信号源的频率 f，则可得到电流的幅频特性，如图 11-6-2 所示。$I(\omega)$ 曲线也称为电流的谐振曲线。从曲线可以看出，串联电路中的电阻 R 愈小，曲线的尖锐程度就愈大。以 $\eta=\frac{\omega}{\omega_0}$ 为横坐标，$\frac{I}{I_0}$ 为纵坐标，画出的曲线称为串联谐振电路的通用曲线，如图 11-6-3 所示。图中，

$$\frac{I(\eta)}{I_0} = \frac{1}{\sqrt{1+Q^2\left(\eta-\frac{1}{\eta}\right)^2}}$$

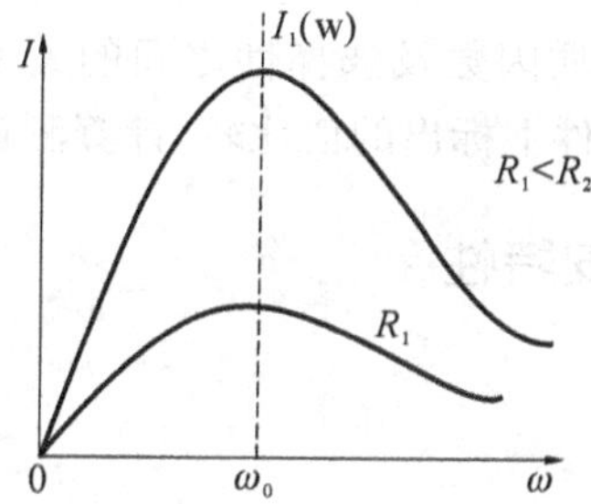

图 11-6-2 电流的幅频特性曲线

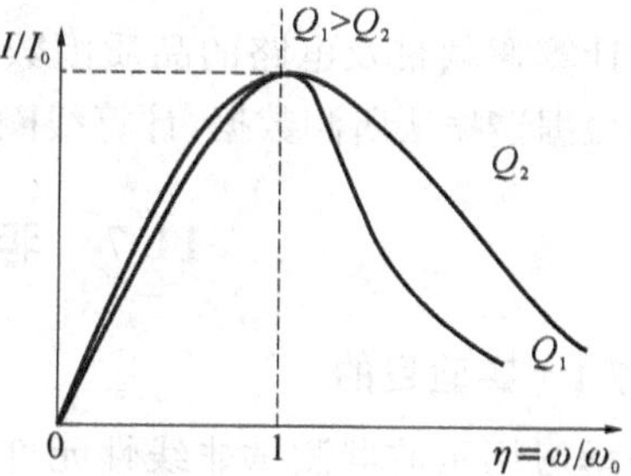

图 11-6-3 串联谐振电路的通用曲线

式中，Q 称为电路的品质因数，$Q=\frac{\omega_0 L}{R}=\frac{\frac{1}{\omega_0 C}}{R}=\frac{1}{R}\sqrt{\frac{L}{C}}$。可以看出，$Q$ 愈大，曲线的尖锐程度就愈大，谐振电路的选择性就愈好。

11-6-3 实验仪器

信号发生器	1 台
交流毫伏表	1 台
双踪示波器	1 台
数字万用表	1 只

11-6-4 实验内容

(1)接通电路,改变信号源频率,观察电路的谐振现象,找出电路的谐振频率。

(2)在串联电阻 R 的值较小时,改变信号源频率,并维持信号源的输出电压为 6V 不变。测量 R 两端的电压。需测量 10 个以上的数据。

(3)在 R 的值较大时,重复测试步骤(2)的内容。

(4)在上述两种情况下,测量谐振时电容器两端的电压 U_C。计算电路的品质因数 Q 值。

(5)当取电容箱的任一电容值作为已知的标准电容时,试用谐振的方法测量线圈的电感值。用 3 个不同的电容值进行测量,求其平均值。

11-6-5 实验注意事项:

(1)在谐振频率附近,应多取几个数据。

(2)每次改变频率时,都要用晶体管毫伏表测量低频信号发生器的输出电压,并调节输出电压使之保持为 6V 不变。

11-6-6 实验报告要求

(1)根据电路元件参数计算谐振频率,并与测试值比较。

(2)记录观察到的谐振现象。

(3)根据测试数据计算并绘制$\frac{I}{I_0}-\eta$ 通用曲线两条。

(4)计算通频带及电路的品质因数,说明通频带与品质因数及选择性之间的关系。

(5)根据谐振法所测数据,计算线圈的电感值,并与元件上标出的值比较,计算测量误差。

11-7 非线性元件的伏安特性

11-7-1 实验目的

(1)学习用示波器测试非线性元件的伏安特性。

(2)分段线性负电阻的实现及其伏安特性的测试。

11-7-2 实验原理

非线性电阻元件的伏安特性不服从欧姆定律,画在 u-i 平面上是一条曲线。非线性电阻元件可按其伏安特性的特征来分类。如果电阻元件两端电压是其电流的单值函数,即 $u=f(i)$,那么,这类电阻元件就称为电流控制性电阻元件。如果电阻元件中的电流是电阻两端电压的单值函数,即 $i=f(u)$,那么,这类电阻元件就称为电压控制性电阻元件。其伏安特性分别如图 11-7-1 和 11-7-2 所示。

如果电容元件的库伏特性不是一条通过原点的直线,那么这种元件就是非线性电容元件,它的库伏特性如图 11-7-3 所示。变容二极管就是非线性电容的半导体器件。

如果电感元件的韦安特性不是一条通过原点的直线,那么这种电感元件就是非线性电感元件,它的特性曲线如图 11-7-4 所示。

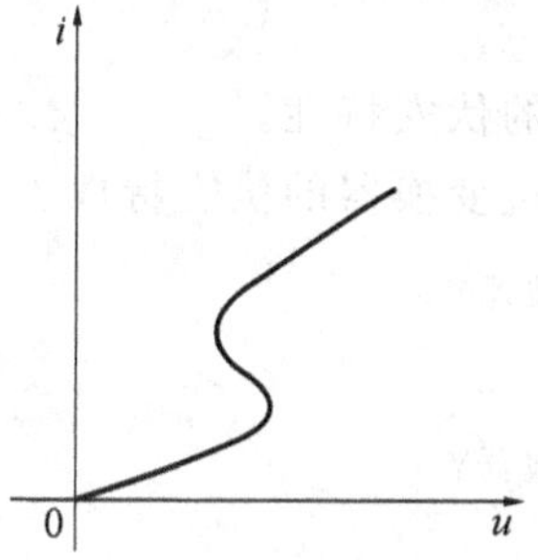

图 11-7-1 电流控制性元件伏安特性曲线

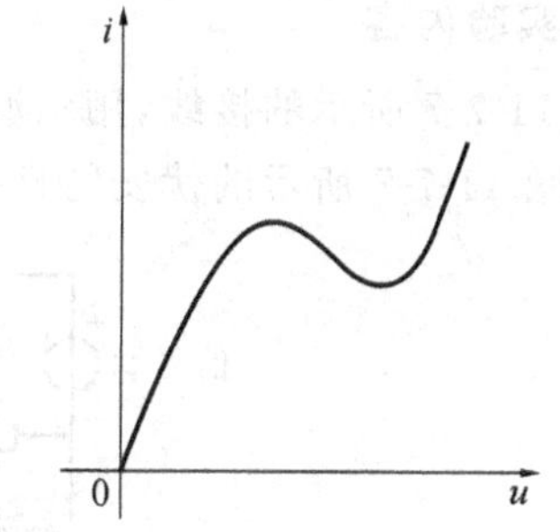

图 11-7-2 电压控制性元件伏安特性曲线

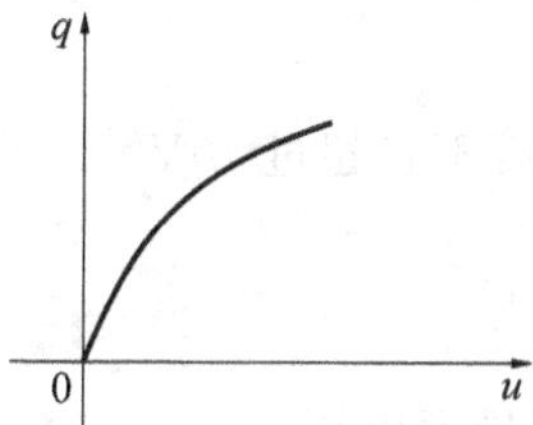

图 11-7-3 非线性电容元件的伏安特性曲线

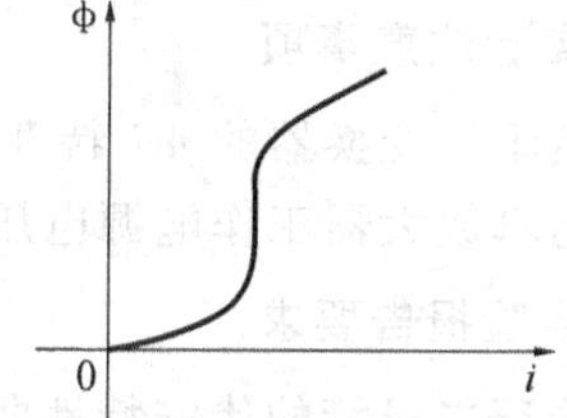

图 11-7-4 非线性电感元件的伏安特性曲线

负阻抗变换器可用图 11-7-5 所示电路实现，这是一种电压控制型的分段线性负电阻，它的伏安特性曲线如图 11-7-6 所示。同样，也可以用运算放大器实现电流控制型的分段线性负电阻。

图 11-7-6 所示的伏安特性曲线可以分解为几个线性电阻的伏安特性的合成，也可以用函数 $i=-g_1u+g_3u^3$，其中，$g_1>0$，$g_3>0$ 来拟合。

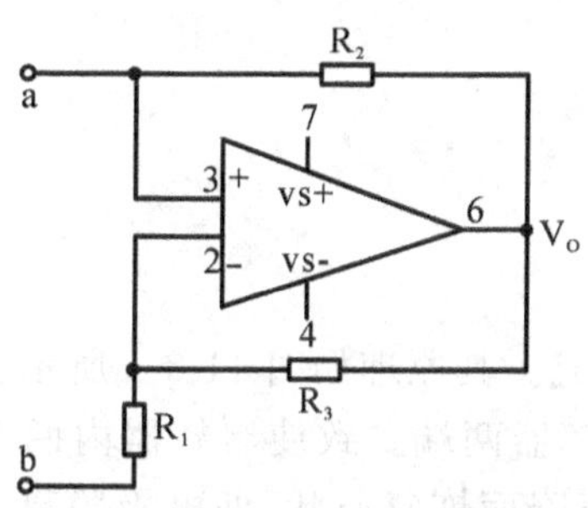

图 11-7-5 负阻抗变换器电路

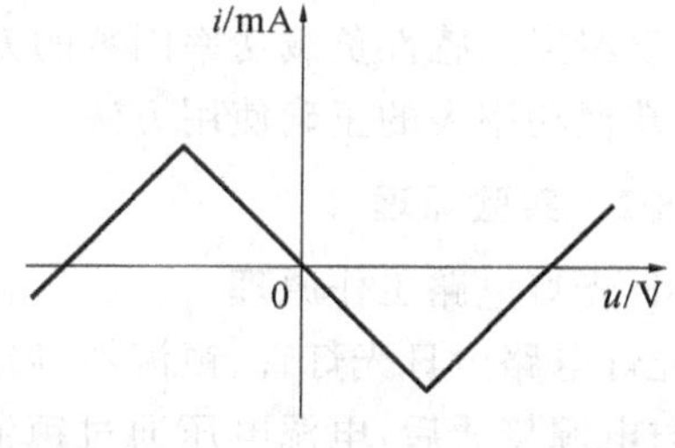

图 11-7-6 负阻抗变换器的伏安特性曲线

11-7-3 实验仪器

直流稳压电源	1 台
低频信号发生器	1 台
双踪示波器	1 台
数字万用表	1 只

11-7-4 实验内容

(1)按图 11-7-7 所示的接线,用示波器观察稳压二极管的伏安特性。

(2)参考图 11-7-7 所示的伏安特性测试电路,测试负阻抗变换器的伏安特性。

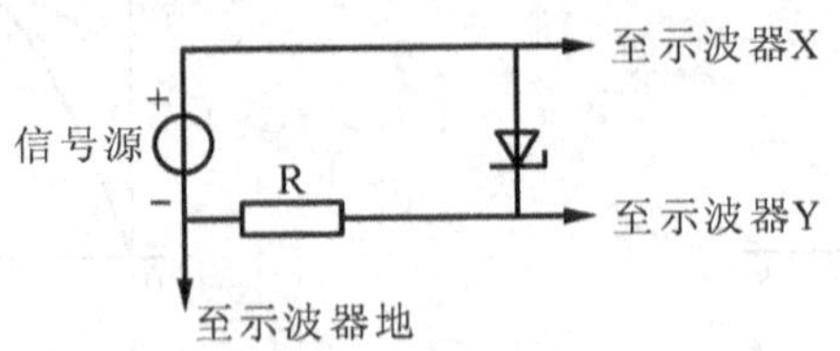

图 11-7-7 用示波器测试稳压管伏安特性的电路

11-7-5 实验注意事项

(1)测量负阻抗变换器的 u-i 特性时,输出的正弦信号电压不宜超过 10V。

(2)注意运算放大器工作电源电压±15V 的正确接法。

11-7-6 实验报告要求

(1)绘制稳压二极管的伏安特性曲线,记录稳压值及正向导通电压。

(2)绘制负阻抗变换器的伏安特性曲线,注意转折点电压值的记录,计算电阻阻值。

(3)思考题:测定电流控制型元件的伏安特性时,如何选取电源?

11-8 功率因数的提高

11-8-1 实验目的

(1)了解日光灯电路及工作原理。

(2)学习提高感性负载功率因数的方法。

(3)掌握功率表的正确使用方法。

11-8-2 实验原理

(1)日光灯电路工作原理

日光灯电路由日光灯管、镇流器、启辉器三部分组成。其原理如图 11-8-1 所示。当日光灯电路与电源接通后,电源电压通过镇流器施加在启辉器两端。致使启辉器内两个电极辉光放电,电路导通,辉光放电终止后,双金属片因温度下降而恢复原状,两电极脱离。此时回路中的电流突然切断而为零,在镇流器两端产生一个很高的感应电压,使管内惰性气体分子电离而产生弧光放电,管内温度逐渐升高,水银蒸汽游离,并猛烈地撞击惰性气体分子而放电。同时辐射出不可见的紫外线,而紫外线激发灯管壁的荧光物质发出可见光,日光灯管点亮。此时启辉器因两端压降较低,不再工作。

日光灯正常工作时,镇流器和灯管构成了电流的通路,由于镇流器与灯管串联并且感抗很大,因此电源电压大部分降落在镇流器上,可以限制和稳定电路的工作电流,即镇流器在日光灯正常工作时起限流作用。

(2)提高功率因数的意义

实际中的用电设备大多是感性负载,如电动机、变压器、日光灯等,日光灯的等效电路可用图 11-8-2 所示电路来表示。电路消耗的有功功率 $P=UI\cos\varphi$,当输送的有功功率 P 一定,电源电压 U 一定时,若功率因数低,则电源供给负载的电流就大,从而使输电线路上的线损增大,影响供电质量,同时还要多占电源容量,因此,提高功率因数有着非常重要的意义。

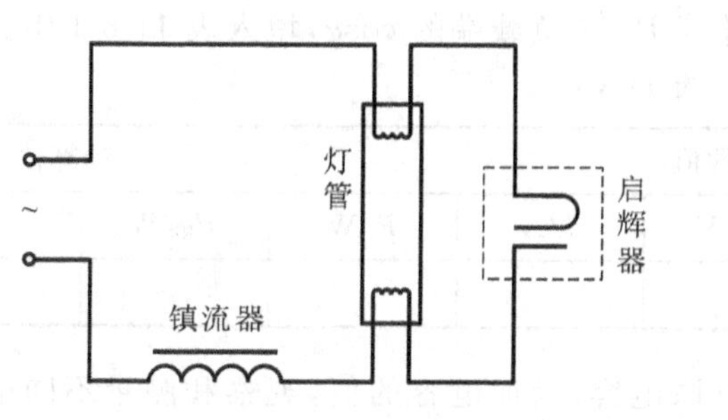

图 11-8-1 日光灯电路图

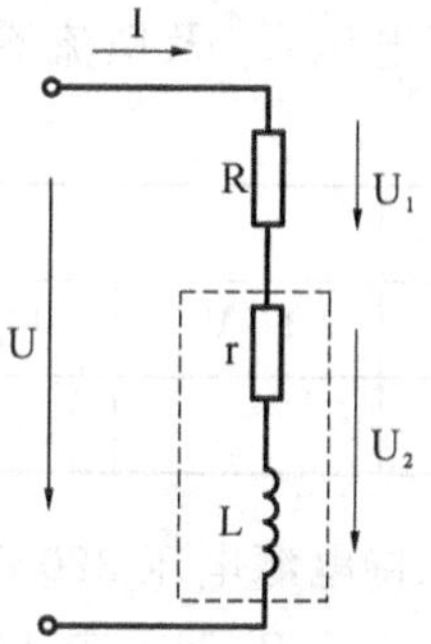

图 11-8-2 日光灯等效电路图

(3)提高功率因数的方法

提高感性负载功率因数常用的方法是在电路的输入端并联电容器。这是利用电容中超前电压的无功电流去补偿 RL 支路中滞后电压的无功电流,从而减小总电流的无功分量,提高功率因数,实现减小电路总的无功功率。而对于 RL 支路的电流、功率因数、有功功率并不发生变化。

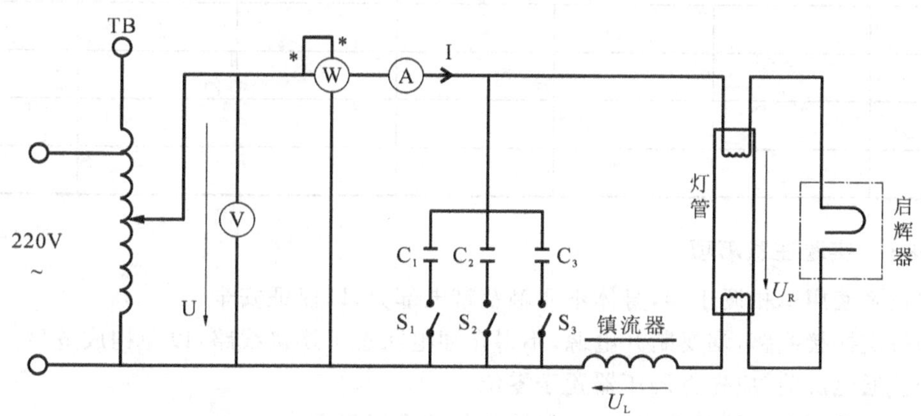

图 11-8-3 日光灯电路及功率因数提高实验电路图

11-8-3 实验仪器

调压变压器 1 只

功率表 1 只

日光灯电路板 1 套

电流表　　　　　　1只

数字万用表　　　　1只

11-8-4　实验内容

(1)按图11-8-3所示电路图接线,注意调压器手柄打在零位,电容器断开,经查无误后调节调压器,使日光灯支路端电压从0增大至220V。日光灯点亮后,测量电路电流I、有功功率P、灯管电压U_R及镇流器电压U_L。计算P_R及负载端的$\cos\varphi$,填入表11-8-1中。

表11-8-1

电容值	测量数值					计算值	
(μF)	U/V	U_R/V	U_L/V	I/A	P/W	P_R/W	$\cos\varphi$
$C=0$							

(2)保持电源电压220V不变,依次并联电容,增加电容的值,观察和测量不同电容值时的U_L、U_R、I及P,记入表11-8-2中。

表11-8-2

电容值	测量数值					计算值
(μF)	U/V	U_R/V	U_L/V	I/A	P/W	$\cos\varphi$
C=						
C=						
C=						
C=						
C=						
C=						

11-8-5　实验注意事项

(1)正确使用单相调压器,身体不要触及带电部分,以保证安全。

(2)每次换接线路,均要断开电源,不得在通电状态下换接线路,以免构成危险。

(3)接通电源前,应先将调压器置于零位。

(4)调节单相调压器的输出电压,保持负载端电压不变。

(5)正确连接日光灯电路,以免损坏灯管。

(6)功率表要正确接入线路,经查无误后方可送电。

11-8-6　实验报告要求

(1)完成数据表格中的计算。

(2)计算正弦情况下,欲使负载端$\cos\varphi=1$时应并联的电容值。

(3)绘制 $\cos\varphi=f(c)$ 和 $I=f(c)$ 曲线图。

(4)作出 $C=0$ 时电路的电压相量图,并在此基础上分析感性并联适当的电容后可以提高功率因数的原理(结合相量图进行分析说明)。

(5)思考题:

①并联电容后,总电流和功率因数有何变化?提高感性负载功率因数的实际意义是什么?

②为什么要用并联电容得方法提高功率因数,串联电容行不行?试分析之。

[实验小资料]

(1)功率表的结构接线与使用:

功率表:又称瓦特表,是一种电动式仪表,其电流线圈与负载串联,其电压线圈与负载并联。为了不使功率表的指针反向偏转,功率表电流线圈和电压线圈的一个端钮上标有"*"标记。正确的连接方法是:电流线圈和电压线圈的同名端(标有*号标记的两个端钮)必须连在一起,均应连在电源的同一端。本实验使用数字功率表,连接方法与电动式功率表相同。

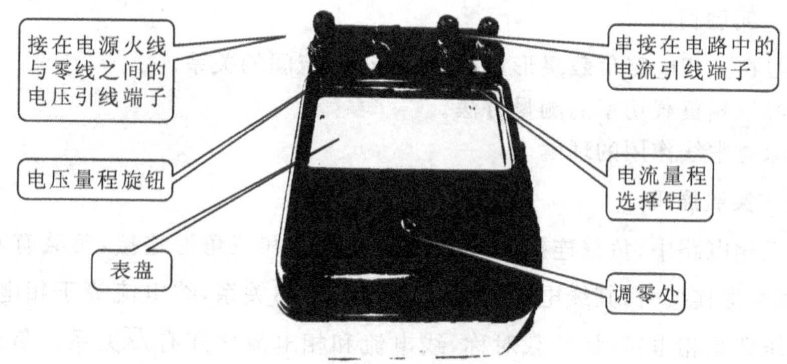

附图:功率表的面板,各端钮表面符号所代表的意义

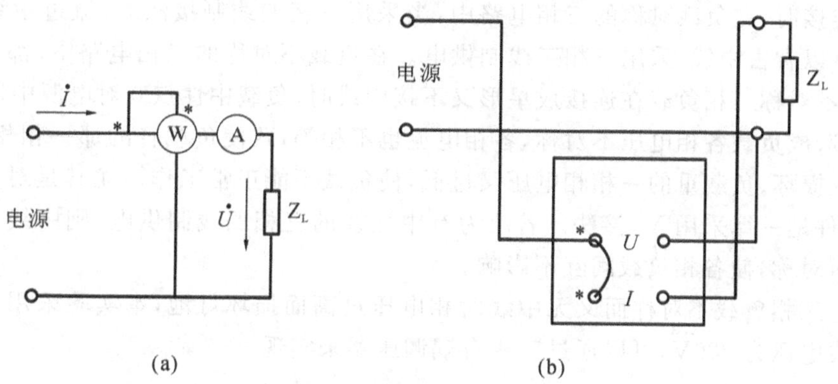

图(a)所示连接称并联电压线圈前接法，功率表读数中包括了电流线圈的功耗，它适用于负载阻抗远大于电流线圈阻抗的情况。

图(b)所示是功率表在电路中的连接线路和测试端钮的外部连接示意图。

(2)功率表的读数方法：

在多量程功率表中，刻度盘上只有一条标尺，它不标瓦特数，只标出分格数。因此，被测功率须按下式换算得出

$$P = C \cdot \alpha$$

式中 P 为被测功率，单位为瓦特(W)，C 为电表功率常数，单位为瓦/格，α 为电表偏转指示格数。

普通功率表的功率常数

$$C = \frac{U_N I_N}{\alpha_M}$$

式中 U_N 为电压线圈额定量程，I_N 为电流线圈额定量程，α_m 为标尺满刻度总格数。

11-9 三相电路中电压、电流和功率的测量

11-9-1 实验目的

(1)学习在三相电路负载星形连接时电压、电流间的关系。

(2)学习三相负载功率的测量方法。

(3)加深对中线作用的理解。

11-9-2 实验原理

(1)在三相电路中，负载连接的方式有星形连接和三角形连接，负载有对称和不对称两种情况。在星形连接时，其线电压与相电压之间有$\sqrt{3}$关系，线电流等于相电流；在三角形连接时，线电压即是相电压，如负载对称，线电流和相电流之间有$\sqrt{3}$关系。负载的连接方式取决于负载所需的额定电压。

星形连接时，在负载对称的三相电路中，当采用三相四线制接法时，流过中线的电流 $I_0=0$，所以可以省去中线，采用三相三线制供电。在负载不对称的三相电路中，都采用三相四线制，因为不对称三相负载在连接成星形又不接中线时，负载中性点0对电源中性点N有位移，这样会造成负载各相电压不对称，各相电流也不相等，致使负载轻的那一相相电压过高，使负载遭受损坏；负载重的一相相电压又过低，使负载不能正常工作。尤其是对于三相照明负载，无条件地一律采用 Y_0 接法。若改为有中性线的三相四线制供电，则中线可以保证各相负载电压对称，使各相负载间互不影响。

为防止三相负载不对称而又无中线时相电压过高而损坏灯泡，本实验采用“三相220V电源”，即线电压为220V，可以通过三相自耦调压器来实现。

(2)三相负载所吸收的功率等于各相负载功率之和。在对称三相电路中,因各相负载所吸收的功率相等,故用一只功率表测出任一相的功率,然后乘3即得三相负载的功率。在不对称三相电路中,各相负载功率不相等,可用三只功率表分别测出各相功率,然后相加即得三相负载的功率。这种测量方法称为三功率法。在三相三线制电路中,不论对称与否,均可使用两只功率表来测三相功率。它们连接方式如图11-9-1所示。两只功率表的电流线圈分别串入任意两条端线中(图示为A、B线),它们的电压线圈的非对应端(即无星号*端)共同接在第三条端线上(图示为C线)。可见在这种测量方法中,功率表的接线与负载及电源的连接方式无关。如果按上述规定接线,功率表的指针反向偏转,应把功率表的转换开关由"+"转到"-"位置,或把功率表的电流线圈的接头对调,并把读数记为负值。两只功率表读数的代数和即为所测的三相功率。这种测量方法称为二功率法。

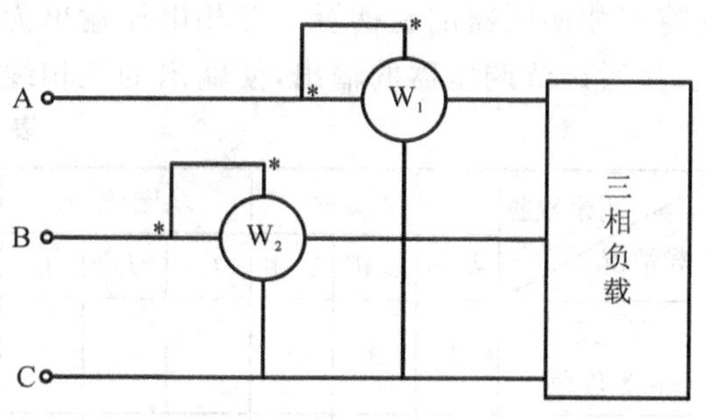

图 11-9-1 二瓦计法测三相功率电路图

11-9-3 实验仪器

三相灯组负载板 1套

交流电流表 1只

数字万用表 1只

三相自耦调压器 1台

11-9-4 实验内容

(1)三相四线制 Y_0 形联接(有中线)

按图11-9-2所示组装实验电路,即三相灯组负载经三相自耦调压器接通三相对称电源,

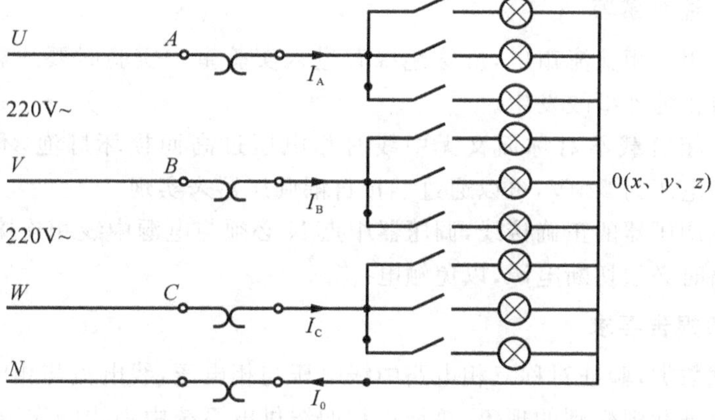

图 11-9-2 三相负载星形联接实验电路图

并将三相调压器的旋柄置于三相电压输出为0V的位置，检查确认后，方可合上三相电源开关，然后调节调压器的输出，使输出的三相线电压为220V。

表 11-9-1

测量数据 负载情况	开灯盏数			线电流/A			线电压/V			相电压/V			中线电流	中点电压
	A相	B相	C相	I_A	I_B	I_C	U_{AB}	U_{BC}	U_{CA}	U_{AO}	U_{BO}	U_{CO}	I_O/A	U_{NO}/V
Y_0 接平衡负载	3	3	3											
Y_0 接不平衡负载	1	2	3											

按表11-9-1要求，测量有中线时三相负载对称和不对称情况下的线电压、相电压、线电流（相电流）和中线电流之值，并观察各相灯组亮暗程度是否一致，特别要注意观察中线的作用。

（2）三相三线制Y形联接（无中线）

将中线断开，测量无中线时三相负载对称和不对称情况下的线电压、相电压、

线电流（相电流）、电源与负载中点间的电压，记录入表11-9-2，并观察各相灯亮暗的变化程度。

表 11-9-2

测量数据 负载情况	开灯盏数			线电流/A			线电压/V			相电压/V			中点电压
	A相	B相	C相	I_A	I_B	I_C	U_{AB}	U_{BC}	U_{CA}	U_{AO}	U_{BO}	U_{CO}	U_{NO}/V
Y接平衡负载	3	3	3										
Y接不平衡负载	1	2	3										

11-9-5 测试注意事项

（1）本实验采用三相交流市电，应穿绝缘鞋进入实验室。实验时要注意人身安全，不可触及导电部件，防止意外事故发生。

（2）为防止三相负载不对称而又无中线时相电压过高而损坏灯泡，本实验采用“三相220V电源”，即线电压为220V，可以通过三相自耦调压器来实现。

（3）注意三相调压器的正确接线，调压器中点N必须与电源中线相连接。

（4）连接线路时必须切断电源，以免触电。

11-9-6 实验报告要求

（1）根据测试数据，验证对称三相电路中线电压与相电压，线电流与相电流的关系。

（2）用实验数据和观察到的现象，总结三相四线供电系统中中线的作用。

（3）计算实验中四种情况的三相功率，并分析。

(4)根据测试数据，画出三相电路中断开一相负载后其电压和电流的相量图。

(5)思考题：

①图 11-9-3 所示电路不接中线时，可以用来测三相电源的相序。设接电容负载的为 A 相，则灯泡较亮的一相为 B 相，暗的为 C 相，试对其工作原理进行分析。

②在三相四线制中，中线是不允许接保险线的，试分析其原理。

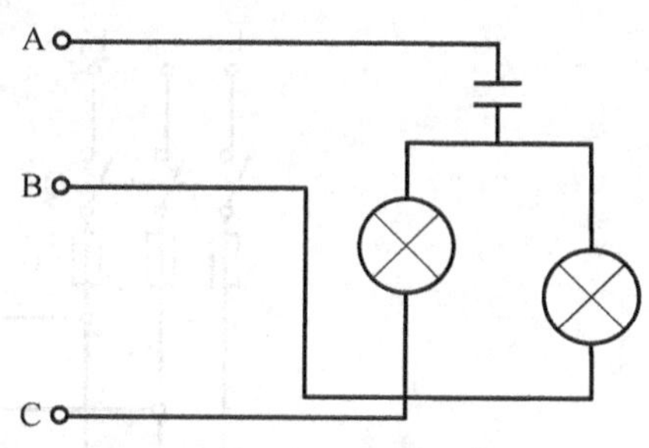

图 11-9-3 测三相电源的相序电路

11-10 三相异步电动机

11-10-1 实验目的

(1)熟悉电机铭牌上额定值的意义。

(2)了解接触器的基本结构，学习用接触器控制异步电动机直接起动方法。

(3)学习电动机正反转控制线路的连接。

(4)了解“互锁”在控制线路中的作用。

11-10-2 实验原理

电动机铭牌上的额定值是正确使用电动机的主要依据，在电机试验之前，必须熟悉它的意义，对电动机的电气部分和机械结构部分(如转动部分)也要先检查，测定绝缘电阻是电气部分检查的基础项目之一。

(1)异步电动机绝缘电阻的测定。

电动机的绝缘电阻是指每组绕组和机壳(地)之间以及任意两绕组之间的绝缘电阻，如果电动机的额定功率小于 100kW，额定电压为 380V，则其绝缘电阻不低于 0.5MΩ，绝缘电阻应用 500V 的兆欧表测量。

(2)电动机单向连续运转控制

异步电动机起动时，起动电流很大，约为额定电流的 4—7 倍，而起动转矩并不大，仅为额定转矩的 1—1.8 倍。因此，在选择异步电动机的起动方法时，必须依据电网容量以及负载对起动转矩的要求等具体情况来决定。

电动机的单向连续运转控制电路如图 11-10-1 所示。其控制过程如下：

①先闭合主回路中的电源控制开关，为电动机的起动做好准备，图中 M 为三相异步电动机。

②按下常开按钮 SB_2，接触器 KM 线圈得电，KM 的三对主触点闭合，电动机主电路接通，电动机单向运转，同时 KM 的辅助常开触点也闭合，起自锁作用：把手松开按钮 SB_2，电动机控制回路中电流由从 SB_2 通过改为从 KM 辅助常开触点通过，即控制回路仍然闭合，因

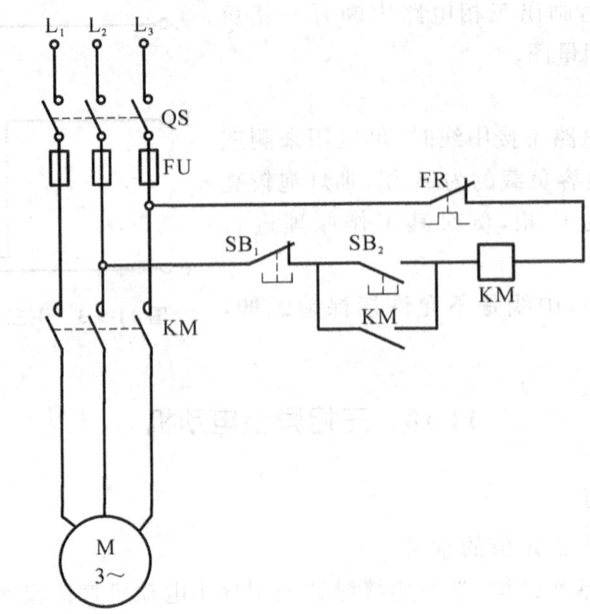

图 11-10-1 电动机的单向连续运转控制电路

此 KM 线圈不会失电，电动机主回路触点不会断开，仍将连续运行。

③需要电动机停下来时，按下停止按钮 SB_1 即可，控制回路电流由 SB_1 处断开，造成接触器 KM 线圈断电，其主触点打开，电动机停转。

(3)异步电动机的反转。

当需要三相异步电动机反转时，只需对接在定子上的三相电源线任意对调两根就可以实现。

继电接触器目前大量应用于电动机的起动、制动、停止、正反转及调速控制等，使生产机械能按既定的顺序工作，同时，也能对电动机和生产机械进行保护。控制线路原理图中所用电器的触点都处于静态位置，例如，对于继电器和接触器来说，就是指线圈未通电的位置，又如按钮是在没有受到压力时的位置。

11-10-3　实验仪器：

鼠笼式异步电动机　　1 台
兆欧表　　1 只
接触器　　1 只
按钮　　2 只
数字万用表　　1 只

11-10-4　实验内容

(1)抄录待测电动机的铭牌数据，理解这些数据的物理意义，弄清出线端标号与各绕组起、末端的关系。

(2)用手转动电动机转轴，观察转动是否有卡住、扫膛、轴承缺油等现象。

(3)用兆欧表分别测量三相定子绕组的相间绝缘和对地(机壳)的电阻值。

(4)把电路图与实物相对照，做到能把电路中的图符号、文字符号与实际设备一一对应，了解接触器、按钮的结构，分清主触头、辅助触头、常开、常闭触头，按图 11-10-1 进行连线。

(5)连线结束检查无误后通电操作，按下起动按钮 SB_2，电动机起动后观察电机旋转方向。

(6)按下停止按钮 SB_1，电动机停转。关断电源，将电源接到主触头的三根线中任意对调两根连接好，合上电源，按下起动按钮 SB_2，观察电机旋转方向是否改变。

(7)观察自锁触头的作用，拆除控制线路中的自锁触头连线后，再合上电源，进行点动操作。

11-10-5　实验注意事项

(1)本实验系强电实验，接线前(包括改接线路)、实验后都必须断开实验线路的电源，特别改接线路和拆线时必须遵守"先断电，后拆线"的原则。

(2)电机在运转时，电压和转速均很高，切勿触碰导电和转动部分，以免发生人身和设备事故。

11-10-6　实验报告要求

(1)比较用接触器控制电动机和用闸刀控制电动机直接启动的优缺点。

(2)你在实验过程中遇到过什么问题？是如何解决的？

(3)你能用万用表判断交流接触器与按钮的好坏吗？如何判断？

[实验小资料]

一、三相鼠笼式异步电动机的检查

(1)机械检查

检查引出线是否齐全、牢靠；转子转动是否灵活、匀称、有否异常声响等。

(2)电气检查

用兆欧表检查电机绕组间及绕组与机壳之间的绝缘性能。

电动机的绝缘电阻可以用兆欧表进行测量。对额定电压 1KV 以下的电动机，其绝缘电阻值最低不得小于 1000/V，测量方法下如图所示。一般 500V 以下的中小型电动机最低应具有 0.5M 的绝缘电阻。

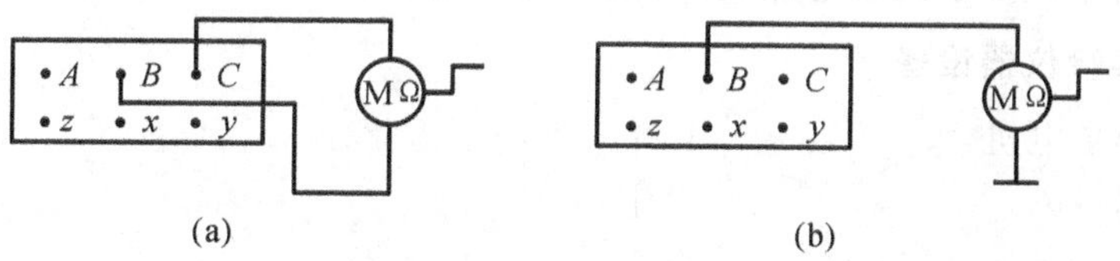

(a)电机绕组间的测量检查 (b) 电机绕组与机壳间的测量检查

二、兆欧表及其使用方法：

(1)兆欧表有三个接线柱，上面分别标有线路 L、接地 E 和屏幕或保护环 G。测量电动机的绝缘电阻时，要先拆开电动机绕组的 Y 或△形联结的连线。用兆欧表的两接线柱 E 和 L 分别接电动机的两相绕组。摇动兆欧表的发电机手柄读数。此接法测出的是电动机绕组的相间绝缘电阻。

电动机绕组对地绝缘电阻的测量接线：接线柱 E 接电动机机壳（应清除机壳上接触处的漆或锈等），接线柱 L 接电动机绕组上。摇动兆欧表的发电机手柄读数，测量出电动机对地绝缘电阻。

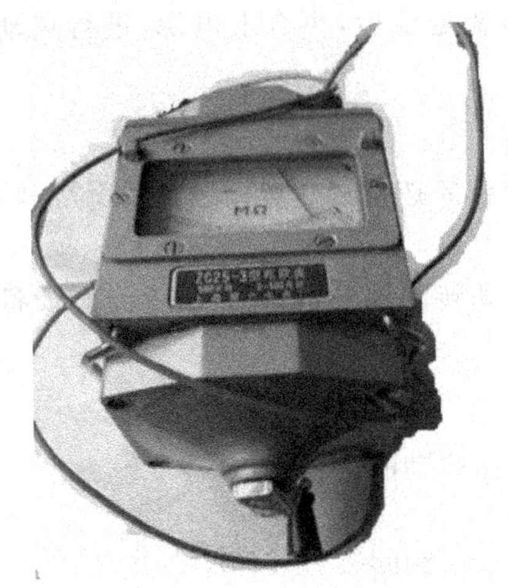

(2)兆欧表使用注意事项：

测量电动机的绝缘电阻时，必须先切断设备电源，而且要先进行放电。兆欧表应水平放置，未接线之前，应先摇动兆欧表，观察指针是否在∞处，再将 L 和 E 两接线柱短路，慢慢摇动兆欧表，指针应指在零处。经开路、短路试验，证实兆欧表完好方可进行测量。兆欧表的引线应用多股软线，且两根引线切忌绞在一起，以免造成测量数据不准确；兆欧表测量完毕，应立即使被测物放电，在兆欧表的摇把未停止转动和被测物未放电前，不可用手去触及被测物的测量部位或进行拆线，以防止触电；被测物表面应擦试干净，不得有污物，以免造成测量数据的不准确。

11-11 三相异步电动机正反转控制电路的设计

11-11-1 设计任务和要求

(1)必须保证两个接触器不能同时工作。

(2)在正转过程中要求反转时，不必先按停止按钮而直接按反转起动按钮。

11-11-2 设计原理

为让电机实现正反转，只要将接到电源的任意两根连线对调一头即可。为此，只要两个交流接触器就能实现这一要求。当正转接触器 KMF 工作时，电动机正转；当反转接触器 KMR 工作时，由于调换了两根电源线，所以电动机反转。

11-11-3 实验仪器设备

三相鼠笼异步电机	1 台
交流接触器	自定
按钮	自定
热继电器	3 只

11-11-4　实验内容

(1)根据设计要求自拟主回路、控制回路电路图(必须有电气和机械双重互锁)。

(2)将设计电路图交老师检查,如果正确,按图接线。

(3)控制电路实验:接通控制电路电源,分别按下“正转”、“反转”和“停止” 按钮,观察电机和接触器的工作状态。

(4)主电路实验:接通主电路,重复实验“3”的步骤。

11-11-5　实验报告要求:

(1)测试异步电机正反转控制电路中各电器的状态。用“1”表示线圈通电或触头按钮闭合,用“0” 表示断开状态。测试结果填入表格 11-11-1(此表格仅供参考)

表 11-11-1

电器	SB_1	SB_F	SB_R	KM_F(常开)	KM_R(常开)	KM_F(常闭)	KM_R(常闭)	KM_F	KM_R
电机停转									
电机正转									
电机反转									

(2)思考题:在电动机正、反转控制线路中,为什么必须保证两个接触器不能同时工作?采用哪些措施可解决此问题?这些方法有何利弊?最佳方案是什么?

11-12　交流电路等效参数的测定(三表法)(一)

11-12-1　实验目的

(1)熟练掌握功率表的接法和使用方法。

(2)掌握用交流电压表、电流表和功率表测定交流电路等效参数的方法。

11-12-2　实验原理

交流电路中常用的实际无源元件有电阻器、电感器(互感器)和电容器。在工频情况下,需要测定电阻器的电阻参数,电容器的电容参数和电感器的电阻参数和电感参数。

测量交流电路参数 R、L、C,可用专用仪表直接测量,也可用交流电流表、交流电压表和功率表按图 11-12-1 所示电路测量 I、U、P,通过计算获得。

如果被测元件是一个电感线圈,则由关系式 $|Z|=\frac{U}{I}$ 和 $\cos\varphi=\frac{P}{UI}$ 计算等效参数为

$$R=|Z|\cos\varphi,\quad L=\frac{X_L}{\omega}=\frac{|Z|\sin\varphi}{\omega}$$

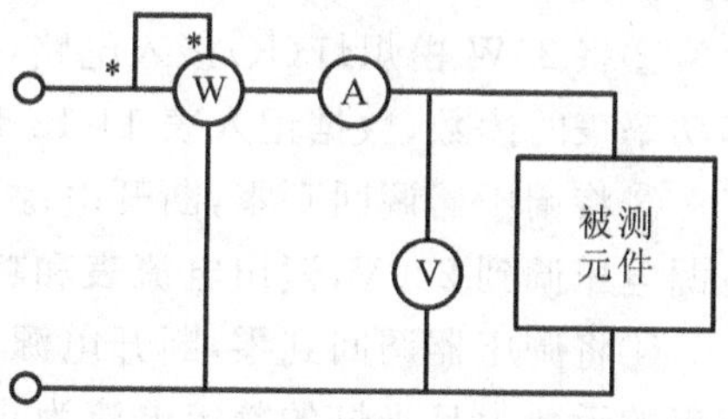

图 11-12-1　三表法测量电路

同理,如果被测元件是一个电容器,则其等效参

数为

$$R = |Z| \cos\varphi, \quad C = -\frac{1}{\omega X_C} = \frac{1}{\omega |Z| \sin\varphi}$$

如果被测对象不是一个元件，而是一个未知是容性还是感性的无源一端口网络，只根据三表测得的端口电压、端口电流和该网络所吸收的有功功率，不能确定网络的等效复阻抗是容性还是感性。也就是说，无法确定无源一端口网络的等效阻抗角是正还是负。

判断被测复阻抗性质可以用下述方法：

(1)与被测电路串联电容法：首先记录串联电容前的电压、电流和功率，计算其电抗 X，把电容值为 C_0 的电容器与被测阻抗串联，其中 C_0 值的选择应满足 $C_0 > \frac{1}{2\omega|X|}$，式中 $|X|$ 为被测阻抗的电抗值，C_0 为串联试验电容值。在保证测量电压不变的情况下，如果串联电容后网络端口电流增加，网络为感性，反之为容性。

(2) 与被测电路并联电容法：在无源一端口网络的端口处并联一个试验电容 C_0，只要试验电容满足

$$C_0 < \frac{2\sin|\varphi|}{\omega|z|}$$

条件，则如果并联电容后网络端口电流增加，网络为容性，反之为感性。

11-12-3 实验仪器

数字万用表	1 只
调压器	1 台
单相功率表	1 只
交流电流表	1 只
日光灯实验板	1 套
三相灯组负载板	1 套

11-12-4 实验内容

(1)三表法测量 R、L、C 元件的等效参数

①实验线路如图 11-12-1 所示。电源电压取自调压器输出端，逆时针旋转调压手柄，使调压器指零，方可接通市电电源。

②将 25W 白炽灯(R)接入电路，用交流电压表监测，将电源电压调到 220V，读出电流表和功率表的读数，数据记入表 11-12-1 中。

③将调压器调回到零，断开电源；将 4.7μF 电容器(C)接入电路，用交流电压表监测，将电源电压调到 220V，读出电流表和功率表的读数，数据记入表 11-12-1 中。

④将调压器调回到零，断开电源；将日光灯镇流器(L)接入电路，将电源电压从零调到电流表的示数为日光灯的额定电流为止，读出电压表和功率表的读数，记入表 11-12-1 中。(注意：L 中流过的电流不得超过其额定电流!)

(2)测量L、C串联与并联后的等效参数

分别将元件L、C串联和并联后接入电路,在电感支路中串入电流表,将电源电压从零调到电流表的示数为电感的额定电流为止,并将电压表和功率表的读数记入表11-12-1中。

表 11-12-1

被测阻抗	测量值					计算值		电路等效参数		
	U	I	P	U_L	U_C	Z/Ω	$\cos\varphi$	R/Ω	L/mH	$C/\mu\mathrm{F}$
25W白炽灯										
电容器C										
电感线圈L										
L与C串联										
L与C并联										

(3)用并联电容的方法判别LC串联和并联后电路阻抗的性质

如图11-12-2所示,在L、C串联或并联电路中,保持输入电压不变,并接不同数值的电容,测量电路中总电流的数值(即并接电容后并联电路的总电流值),根据电流的变化情况来判别LC串联和并联后电路阻抗的性质。数据记入表11-12-2中。

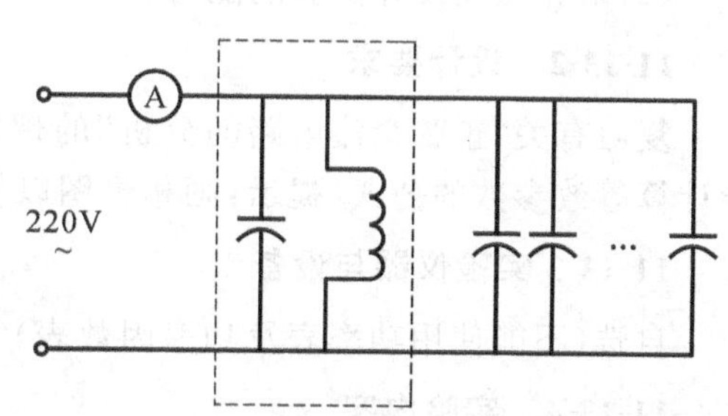

图 11-12-2 用并联电容的方法判别电路阻抗的性质

表 11-12-2

测量电路	并联电容 / 电路电流	0μF	1μF	2.2μF	3.2μF	4.7μF	5.7μF	6.9μF
LC串联	I/A							
	电路性质							
LC并联	I/A							
	电路性质							

11-12-5 实验注意事项

(1)本实验直接用市电220V交流电源供电,实验中要特别注意人身安全,不可用手直接触摸通电线路的裸露部分,以免触电,进实验室应穿绝缘鞋。

(2)自耦调压器在接通电源前,应将其手柄置在零位上(逆时针旋转到底),调节时,使其输出电压从零开始逐渐升高。每次改接实验线路或实验完毕,必须先将其手柄慢慢调回零位,再断电源。必须严格遵守这一安全操作规程。

(3)功率表要正确接入电路,且一定要有电压表和电流表监测,使电压表和电流表的读数不超过功率表电压和电流的量限。

(4)电感线圈中流过电流不得超过额定电流。

11-12-6 实验报告要求

(1)根据实验数据,完成各项计算,简要写出计算过程。

(2)总结功率表与自耦调压器的使用方法。

11-13 交流电路等效参数的测定(二)

11-13-1 实验目的

(1)学习用交流电压表和交流电流表测定交流电路元件等效参数的方法。

(2)培养独立设计实验的能力。

11-13-2 设计要求

复习有关"正弦交流电路的分析"的理论。设计测定交流电路元件等效参数的电路,推导计算等效参数的公式(提示:画相量图以便分析)。(请在实验之前完成)

11-13-3 实验仪器与设备

自选(不能使用功率表及功率因数表)

11-13-4 实验内容

按自行设计的电路接线,分别测定3个被测元件(电感线圈、电容器和大功率电阻)的等效参数。为减小误差,在测量数据之前,先用交流电压表分别测量另一串联的滑线电阻及被测元件两端的电压,调节滑线电阻,使二电压达到可比较的程度。每个元件各测3次,然后求平均值,填入自行设计的数据表格。

11-13-5 实验注意事项

实验电路中的电流不得超过电路元件的额定电流。

11-13-6 实验报告要求

(1)写出设计的基本思路和实验方法,画出设计线路。

(2)根据测试数据,计算各元件的等效参数,并与所给的标称值比较,计算测量误差。

第 12 章　模拟电子技术基础实验

12-1　常用电子仪器的使用练习

12-1-1　实验目的

(1)了解双踪示波器、函数信号发生器、直流稳压电源、晶体管毫伏表(交流毫伏表)的主要技术指标。

(2)学习用双踪示波器观察、测量波形的幅值、频率及相位差的基本方法。

(3)了解函数信号发生器输出频率范围、幅值范围,其面板上各旋钮的作用及使用方法。

(4)学习直流稳压电源的使用方法。

(5)学习晶体管毫伏表的使用方法。

12-1-2　实验原理

(1)数字示波器简介

DS 5022M 数字存储示波器是一种用途很广的电子测量仪器,它既能直接显示电信号的波形,又能对电信号进行各种参数的测量。可以同时观察和测量两个信号波形。

面板上包括旋钮和功能按键。旋钮的功能与其它示波器类似。显示屏右侧的一列 5 个灰色按键为菜单操作键(自上而下定义为 1 号至 5 号)。通过它们,可以设置当前菜单的不同选项。其它按键(包括彩色按键)为功能键,通过它们,可以进入不同的功能菜单或直接获

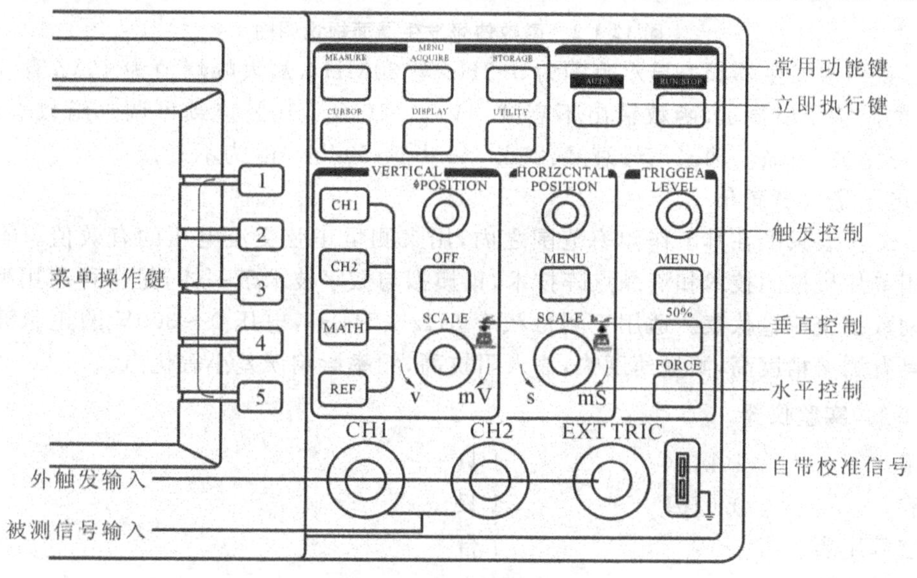

图 12-1-1　数字存储示波器面板按键说明图

得特定的功能应用，希望学生在实验中自己动手加以摸索和掌握。

从荧光屏的 Y 轴刻度尺并结合其量程分档选择开关(Y 轴输入电压灵敏度分档选择开关)读得电信号的幅值(V_{P-P}=峰峰值波形格数×V/div)。从荧光屏的 X 轴刻度尺并结合其量程分档选择开关(时间扫描速度分档选择开关)，读得电信号的周期、脉宽、相位差等参数(T=一个周期占有的格数×t/div)。其中：$V_{P-P}=2\sqrt{2}V_{有效值}$，$V_{有效值}=V_{rms}$(均方根值)$=0.707V_{P-P}/2$。

(2)函数信号发生器面板简介

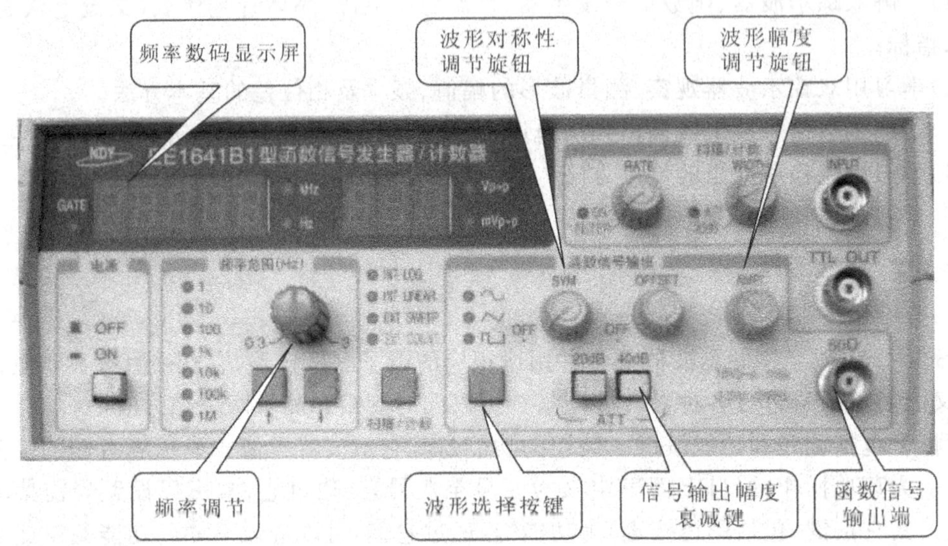

图 12-1-2 函数信号发生器面板说明图

本函数信号发生器频率显示范围为 0.2Hz 至 20MHz，最大峰峰值为 10V，有 5 位共阴极 LED 数码管予以显示，函数输出不衰减：$1V_{P-P}$—$10V_{P-P}$，10%连续可调。函数输出信号：正弦波，三角波、方波。输出信号衰减：20db/40db 或 60db(0db 为不衰减)。

(3)电子毫伏表简介

电子毫伏表只能在其工作频率范围之内，用来测量正弦交流电压的有效值。本系列毫伏表采用单片机控制技术和液晶点阵技术，集模拟与数字技术于一体，是一种通用型智能化的全自动数字交流毫伏表。适用于测量频率 5Hz～2MHz，电压 0～300V 的正弦波有效值电压。具有测量精度高，测量速度快，输入阻抗高，频率影响误差小等优点。

12-1-3 实验仪器

电阻	10kΩ	1 只
电容	0.01μF	1 只
数字万用表		1 台
数字示波器		1 台

函数信号发生器　　　　　　　　　　1 台

电子毫伏表　　　　　　　　　　　　1 台

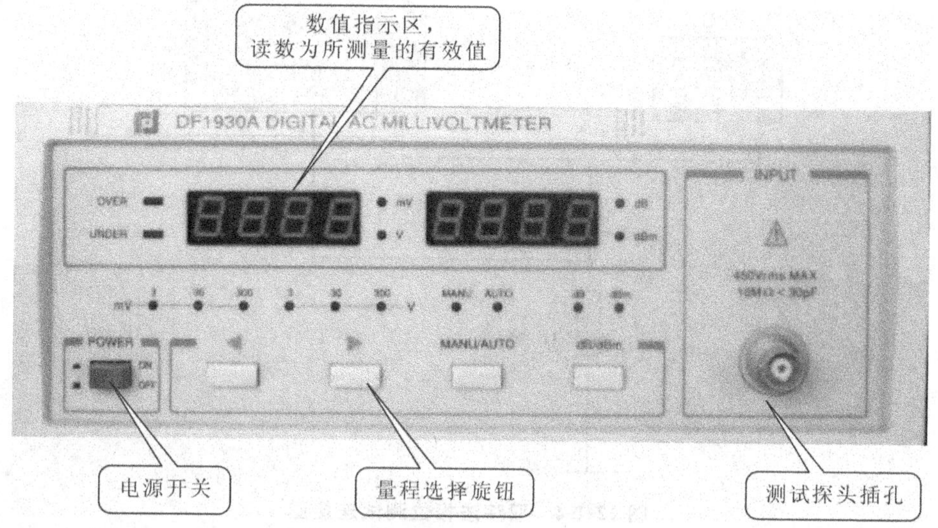

图 12-1-3　电子毫伏表面板说明图

12-1-4　实验内容

(1)示波器的检查与校准

熟悉示波器面板上各旋钮的名称及功能，掌握正确使用时各旋钮应处的位置；接通电源，检查示波器的亮度、聚焦、位移等旋钮是否正常；将示波器内部的校正信号送入 Y 轴输入端(CH_1 或 CH_2)，调节有关旋钮，使屏幕上显示出稳定波形，检查 Y 轴灵敏度及 X 轴扫描时间是否正确。

(2)用示波器观察和测量交流电压

将函数信号发生器输出正弦电压的频率调至 1kHz，幅值调至 10V 峰—峰值，输出衰减为 0dB。用示波器测量信号发生器输出电压的峰－峰值。此时，调整 Y 轴灵敏度选择开关“V/Div”，使屏幕上显示的波形幅度适中，则灵敏度选择开关指示的标称值乘上被测信号在 Y 轴方向所占格数就是被测信号的峰－峰值(为保证测量精度，在屏幕上应显示足够高的波形)。

(3)用示波器测量直流电压

(a)选择零电平参考基准线

将 Y 轴输入耦合方式开关至“⊥”位置，方法有两个：方法一，调节 Y 轴位移旋钮，使扫描线对准屏幕上某一条水平线，则该水平线为零电平参考基准线；方法二，将 CH_1 和 CH_2 两条扫描线调至重合，其中一条用作零电平参考基准线。

(b)再将耦合开关至“DC”位置，灵敏度旋钮扭至“校准”位置。

(c)接入被测直流电压，调节灵敏度旋钮，使扫描线处于适当高度位置。

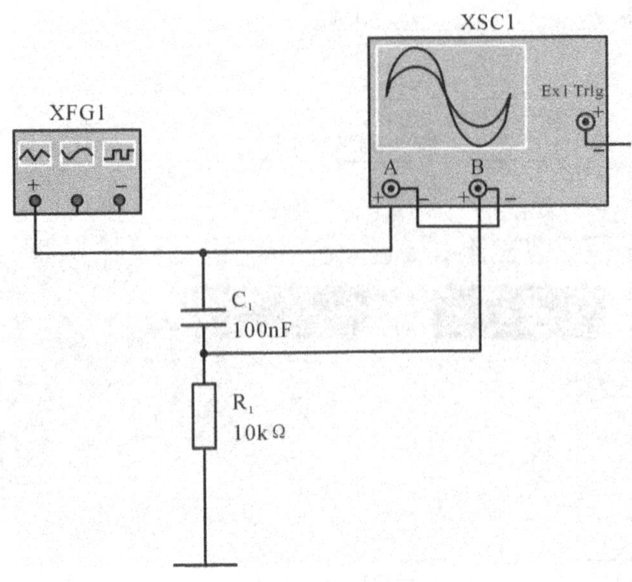

图 12-1-4 双踪法相位测试连接图

(d)读取扫描线在 Y 轴方向偏移零电平基准线的格数，则被测直流电压 U_x 为 U_x=偏移格数·(V/Div)

(4)用示波器测量交流电压的周期(频率)

对于周期性的被测信号，只要测定一个完整周期 T，则频率。$f(\text{HZ})=1/T(\text{s})$。

(a)将扫描时间微调(红色)旋钮顺时针旋至"校准"位置(可听到开关关闭声)。若波形不稳定，则可调节"触电电平"旋钮，使之稳定。

(b)调节扫描时间调粗(黑色)旋钮，使显示的波形尽可能大。

(c)读取一个周期波形所占格数及扫描速度 s/Div，则被测信号周期为

$$T=\text{所占格数}\cdot(\text{s/Div}) \qquad f=1/T(\text{Hz})$$

(5)用示波器测量相位差

用示波器可以测量两个相同频率信号之间的相位关系。测试中采用 1kHz、4V(有效值)的正弦信号，经 RC 移相网络，获得同频不同相的两组信号。

按图 12-1-4 所示电路，将上述两组信号分别接到双踪示波器的 CH_1 和 CH_2 的 Y 轴输入端，显示方式开关(MODE)置"CHOP"处，调节 CH_1 和 CH_2 两个通道的位移旋钮、灵敏度选择开关"V/Div"及微调旋钮，使其在屏幕上显示两个高度相同的正弦波，如图 12-1-5 所示。从图上读出 X、X_T 的格数，则是它们之间的相位差。

$$\varphi=\frac{X}{X_T}360^\circ$$

12-1-5 测试注意事项：

(1)使用仪器前，必须先阅读各仪器的使用说明书，严格遵守操作规程。

(2)拨动面板上各旋钮时,用力要适当,不可过猛,以免造成机械损坏。

(3)完成所有测试内容后,所有仪器要关电源。注意将桌面清理整洁干净。

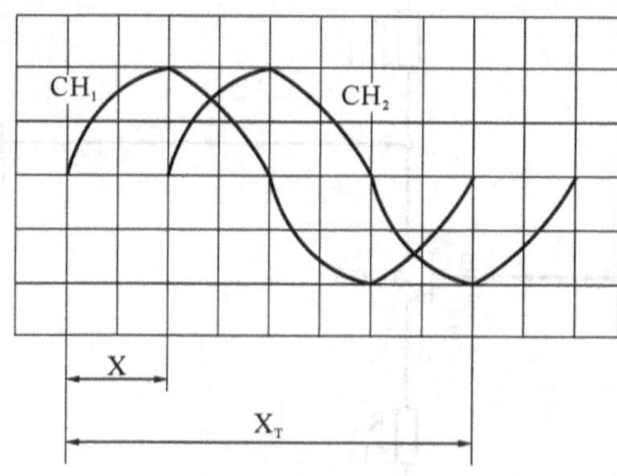

图 12-1-5 双踪法相位测试波形图

12-1-6 实验报告要求

(1)整理测试数据,填入自拟的表格中。

(2)画出用双踪示波器测量相位差的波形图。

(3)思考题:

①用示波器观察信号波形时,要达到以下要求,应调节哪些旋钮?

a. 波形清晰。

b. 波形稳定。

c. 改变示波器屏幕上可视波形的周期数。

d. 改变示波器屏幕上所示波形的幅度。

②现有一正弦信号,其峰-峰在 $U_{P\text{-}P}=3V$, $f=1kHz$,若想在示波器屏幕上显示 5 个完整的周期的正弦电压,高度为 6cm,试问:示波器时基旋钮(s/cm)、Y 轴灵敏旋钮(V/cm)各应置何档?

12-2 单级共射放大电路

12-2-1 实验目的

(1)学习单级放大电路静态工作点及动态参数的测试方法。

(2)学习使用示波器测量电压波形的幅值与相位,用万用表测量直流电压的方法。

(3)学习通频带的测量方法。

12-2-2 实验原理

(1)参考电路

测试参考电路如图 12-2-1 所示。该电路采用自动稳定静态工作点的分压式偏置共射极放大电路,其温度稳定性好。三极管选用 I_{CE} 很小的硅管 3DG6,电位器 R_P 用来调整静态工作点。

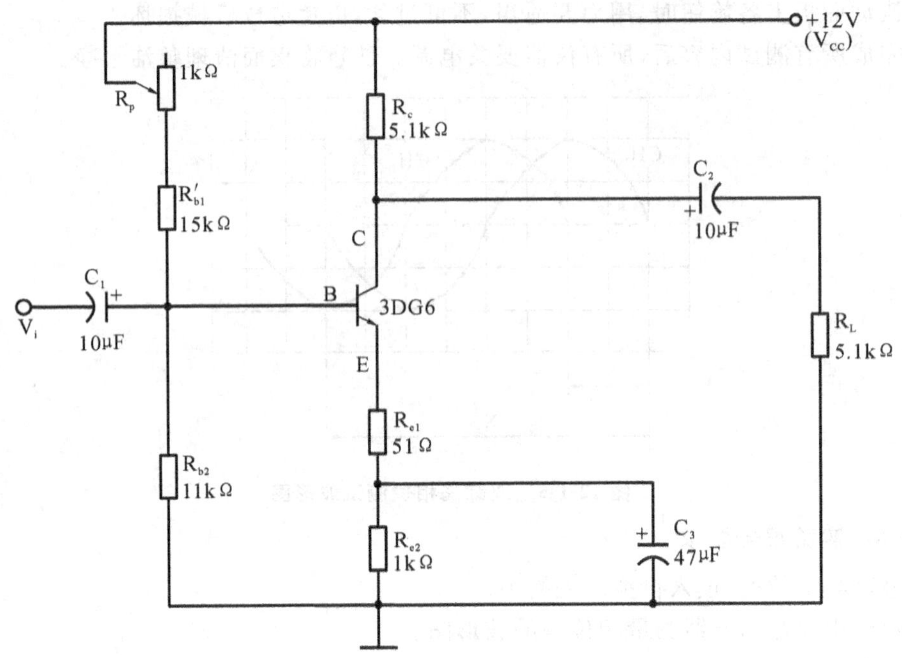

图 12-2-1 单级共射放大电路

(2)静态工作点测量

在半导体三极管放大器的图解分析中已经介绍,为了获得最大不失真的输出电压,静态工作点应选在输出特性曲线上交流负载线的中部。若工作点选得太高,易引起饱和失真,而选得太低,又易引起截止失真。测试中,如果测得 $U_{CEQ}<0.5V$,说明三极管已饱和;如测得 $U_{CEQ}\approx V_{CC}$,则说明三极管已经截止。对于线性放大电路,这两种工作点都是不合适的,必须对其进行调整。

静态工作点的位置与电路参数 V_{CC}、R_c、R_{b1}(R_p 与 R'_{b1} 之和)R_{b2} 都有关。当电路参数确定之后,工作点的调整主要是通过调节电位器 R_p 来实现的。R_p 调小,工作点增高;R_p 调大,工作点降低。当然,如果输入信号过大,使三极管工作在非线性区,输出电压波形将可能出现双向失真。

静态工作点是指输入交流信号为零时的三极管集电极电流 I_{CQ} 和管压降 U_{CEQ}。要直接测量 I_{CQ},需断开集电极回路,比较麻烦,所以常采用电压测量法来换算电流,即先测出 V_E(发射极对地电压),再利用公式 $I_{CQ}\approx I_{EQ}=V_E/R_e$,算出 I_{CQ}。此法虽简便,但测量精度稍差,故应选用内阻较高的电压表。

(3)电压放大倍数的测量

电压放大倍数 A_U 是指输出电压与输入电压的有效值之比,即

$$A_U = U_o/U_i$$

测试中,需用示波器监视放大电路输出电压的波形,在不失真时,用交流毫伏表分别测

量输入、输出电压，然后按上式计算电压放大倍数。

对于图 12-2-1 所示电路，电压放大倍数 A_U 和三极管输入电阻 r_{be} 分别为

$$A_U = -\frac{\beta(R_C // R_L)}{r_{be} + (1+\beta)R_{e1}}$$

$$r_{be} \approx 300 + (1+\beta)\frac{26(\mathrm{mV})}{I_{EQ}(\mathrm{mA})}$$

(4)输入电阻的测量

输入电阻 R_i 的大小表示放大电路从信号源或前级放大电路获取电流的多少。输入电阻越大，索取前级电流越小，对前级的影响就越小。

输入电阻的测量原理如图 12-2-2 所示。在信号源与放大电路之间串入一个已知阻值的电阻 R，用交流毫伏表分别测出 R 两端的电压 U_s'和 U_i，则输入电阻为

$$R_i = \frac{U_i}{I_i} = \frac{U_i}{(U_s' - U_i)/R}$$

电阻 R 的值不宜取得过大，过大易引入干扰；但也不宜取得太小，太小易引起较大的测量误差。最好取 R 与 R_i 的阻值为同一数量级。

(5)输出电阻的测量

输出电阻 R_O 的大小表示电路带负载能力的大小。输出电阻越小，带负载能力越强。

输出电阻的测量原理如图 12-2-3 所示。交流毫伏表分别测量放大器的开路电压 U_O 和负载电阻上的电压 U_{RL}，则输出电阻 R_O 可通过计算求得。

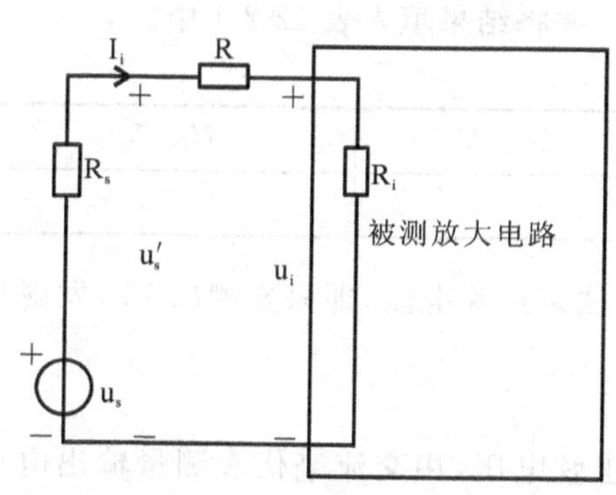

图 12-2-2 测试输入电阻原理图

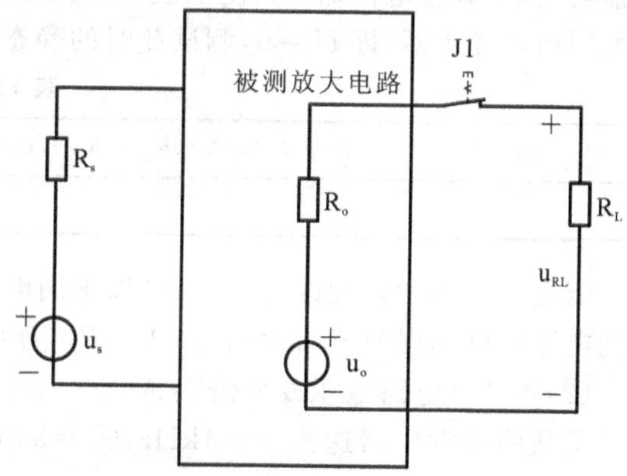

图 12-2-3 测试输出电阻原理图

由图 12-2-3 可知

$$U_{OL} = \frac{U_O}{(R_O + R_L)}R_L$$

所以

$$R_O = \frac{(U_O - U_{RL})}{U_{RL}}R_L$$

同样，为了使测量值尽可能精确，最好取 R_L 与 R_O 的阻值为同一数量级。

(6)幅频特性的测量

放大器的幅频特性是指放大器的增益与输入信号频率之间的关系。一般用逐点法进行测量。在保持输入信号幅值不变的情况下，改变输入信号的频率，逐点测量对应与不同频率时的电压增益。通常将放大倍数下降到中频电压放大倍数的 0.707 倍时所对应的频率称为该放大电路上、下限截止频率，分别用 f_H 和 f_L 表示，则该放大电路的通频带为

$$B_w = f_H - f_L \approx f_H$$

12-2-3 实验仪器

双踪示波器	1 台
信号发生器	1 台
交流毫伏表	1 台
直流稳压电源	1 台
数字万用表	1 台

12-2-4 实验内容

(1)装接电路图

按图 12-2-1 所示在面包板上组装好单级共射放大电路，经检查无误后，接通电源 +12V。测试电路在线性放大状态时的静态工作点。

输入端从信号发生器接入 $f=1\text{kHz}, U_i=30\text{mV}$(有效值)的正弦波，输出端接到示波器 Y 轴输入端，调整电位器 R_p，使示波器上显示的 U_0 波形在不失真的情况下达到比较大，然后关闭信号发生器，即 $U_i=0$，测试此时的静态工作点，并将结果填入表 12-2-1 中。

表 12-2-1

V_E/V	$I_C \approx V_E/(R_{e1}+R_{e2})$/mA	U_{CE}/V	U_{BE}/V

测量 I_{CQ}时，为避免改动接线，可以采用电压测量法来换算电流，即只要测出 V_E(发射极对地电压)，可利用公式 $I_{CQ} \approx I_{EQ} = V_E/R_E$，算出 I_{CQ}。

(2)测试该电路电压放大倍数 A_U

①从信号发生器送入 $f=1\text{kHz}, U_i=30\text{mV}$ 的正弦电压，用交流毫伏表测量输出电压 U_o，计算电压放大倍数 $A_U=U_o/U_i$。

②用示波器观察 U_o 和 U_i 电压的幅值和相位。

把 U_i 和 U_o 分别接到双踪示波器的 CH_1 和 CH_2 通道上，在荧光屏上观察它们的幅值大小和相位。

(3)观察非线性失真现象

了解由于静态工作点设置不当，给放大电路带来的非线性失真现象。

调节电位器 R_p，分别使其阻值减少或增加，观察输出波形的失真情况，分别测量出相应的静态工作点，测量方法同硬件测试内容与步骤(1)相同，将结果填入表 12-2-2 中。

表 12-2-2

工作状态	输出波形	静态工作点			
		V_E/V	I_C/mA	U_{CE}/V	U_{BE}/V

(4)测量单级共射放大电路的通频带

①当输入信号 $f=1\text{kHz}$,$U_i=30\text{mV}$,$R_L=5.1\text{k}\Omega$ 时,在示波器上测出放大器中频区的输出电压 U_{OPP}(或计算出电压增益)。

②增加输入信号的频率(保持 $U_i=30\text{mV}$)不变,输出电压将会减小,当其下降到中频区输出电压的 0.707(−3dB)倍时,信号发生器所指示的频率即为放大电路的上限频率 f_H。

③同理,降低输入信号的频率(保持 $U_i=30\text{mV}$)不变,输出电压同样会减小,当其下降到中频区输出电压的 0.707(−3dB)倍时,信号发生器所指示的频率即为放大电路的下限频率 f_L。

④通频带 $B_W=f_H-f_L$。

12-2-5 测试注意事项

(1)组装电路时,不要把三极管的三个电极弯曲,应当将它们垂直地插入面包板的孔内。

(2)先组装好电路和调整好稳压电源,经检查无误后,再接入电路打开电源开关。

(3)测试静态工作点时,应关闭信号源。

12-2-6 软件测试内容

(1)绘制电路图

静态电路图如图 12-2-4 所示。

画图步骤如下。

①取元件。

方法详见 5-2 节。

②具体操作。

调整 R_p 的方法,双击左键,打开下面的对话框,如图 12-2-5 所示。

其中,Resistance:调整电阻值。

Key:设定符号(a 减少 A 增加)

Increment:调整增减幅度。

调整 R_p,使 V_E 保持在 2.2V 左右。如右图连接得出 U_{BE} 和 I_C 的值,同理改接电路测量 U_{CE}的值。

改变 R_p,记录 I_c 分别为 0.5mA、1mA、1.5mA 时三极管 V_E 的值(注意 I_b 的测量和计算方法。)

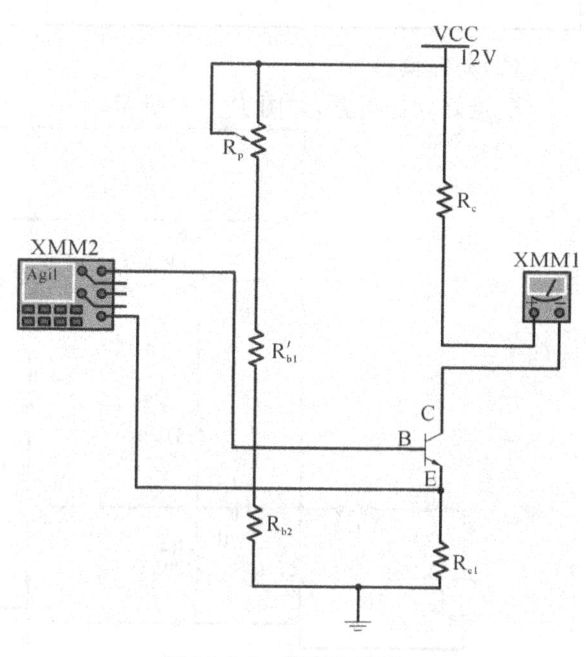

图 12-2-4 静态电路图

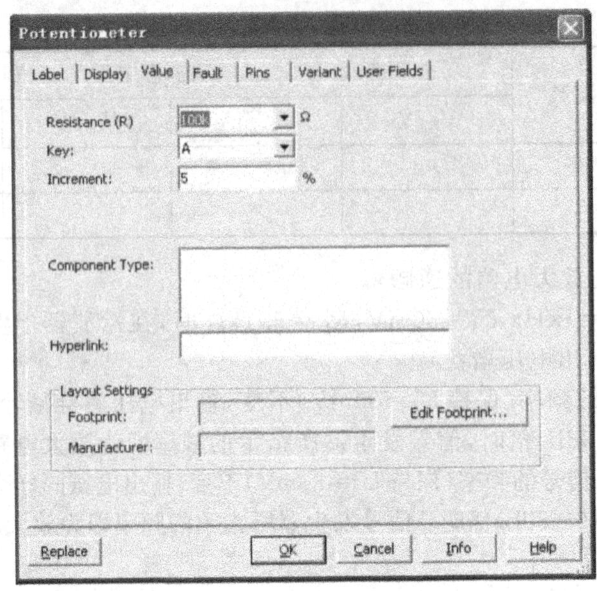

图 12-2-5 Potentiometer 对话框

在图 12-2-1 中，调整 R_p 使 $V_E=2.2V$，计算并将结果填在表 12-2-3 中。

表 12-2-3

V_E/V	$I_C \approx V_E/R_E/mA$	U_{CE}/V	U_{BE}/V

(2)动态调整

①接好动态电路，如图 12-2-6 所示。

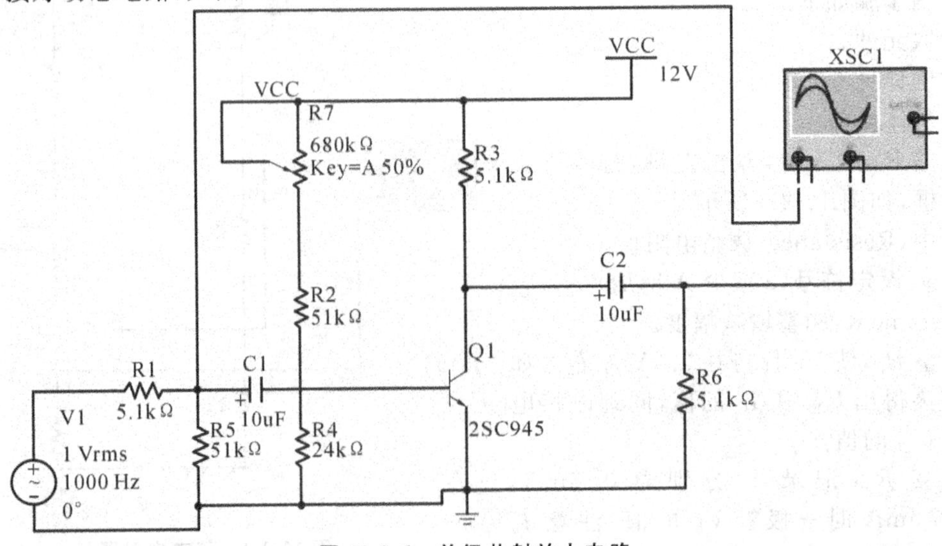

图 12-2-6 单级共射放大电路

②双击信号源，设置 Freguency、Amplitucder 的参数值，使 Frequency 的参数为 1kHz，使 Amplitude 得参数为 500mV。

③双击示波器，是 Timebase 区块的字段里将水平扫描的周期定为 1ms/Div，分别在 ChannelA、ChannelB 区块的 Scale 字段里将两个信号的垂直刻度为 50ms/Div。按仿真开关开始仿真，U_i 点得到 5mV 的 2 个信号，观察 U_i 和 U_o 图形，并比较其相位，从示波器截图如 12-2-7 所示。

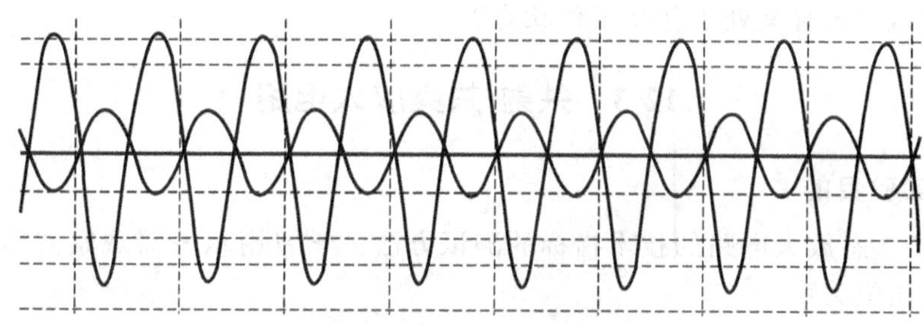

图 12-2-7 仿真波形

④信号源频率不变，函数加大幅度，观察 U_o 不失真时的最大值，并将结果填在表 12-2-4 中。

表 12-2-4

U_i/V	1	1	1	1	1	1	1	1	1	1
f/Hz	10	20	30	50	100	130	160	200	300	400
U_o/V										

⑤保持 U_i＝5mV 不变，调节电位器 R_p 的电阻值，观察 U_o 波形的变化。R_p 为最大，或最小时波形如图 12-2-8 所示。

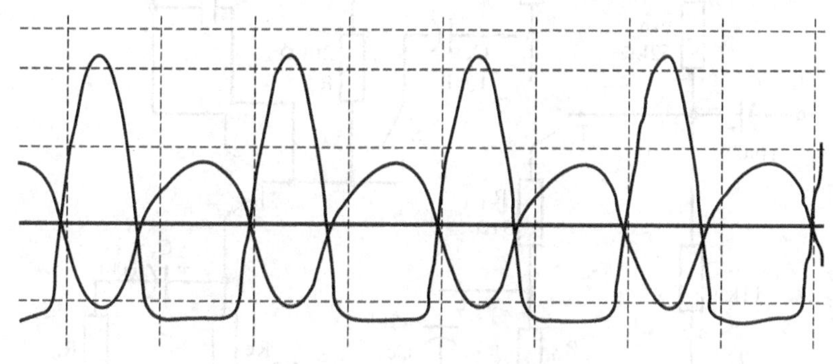

图 12-2-8 失真电压波形

12-2-7 实验报告要求：

(1)认真记录和整理测试数据，按要求填写表格并画出波形图。

(2)对测试结果进行现场分析，找出产生误差的原因。

(3)详细记录组装、调试过程中发现的故障和问题，进行故障分析，并记好排除故障的过程和方法。

(4)写出本次实验的心得体会,以及改进实验方法的建议。

(5)思考题:

①估算该电路的动态指标:放大倍数 A_u,输入电阻 R_i 和输出电阻 R_0。并与测试值比较,分析误差原因。

②测量放大器静态工作点时,如果所测 $U_{CEQ}<0.5V$,说明三极管处于什么工作状态?如果 $U_{CEQ}\approx U_{cc}$,三极管又处于什么工作状态?

12-3 共射-共集放大电路

12-3-1 实验目的

(1)进一步熟悉放大电路的技术指标的测试方法。学习用示波器观察波形的输入、输出信号的幅值及相位关系。

(2)了解多级放大器的极间影响。

12-3-2 实验原理

(1)电路分析

测试参考电路如图 12-3-1 所示。该电路为共射-共集组态的阻容耦合两级放大电路。第一级是共射放大电路,第二级是共集放大电路,其静态工作点可通过电位器 R_p 来调整,两级均采用 NPN 型硅三极管 3DG6 组成。

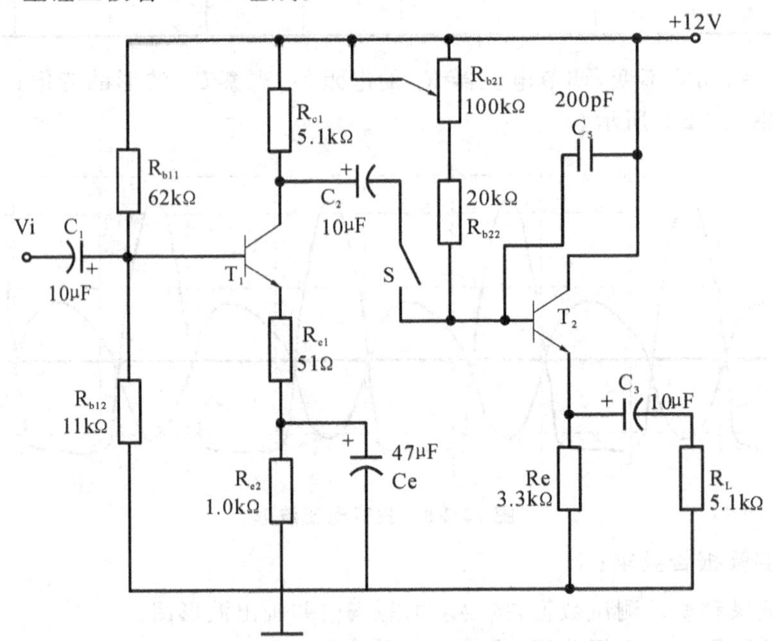

图 12-3-1 共射-共集放大电路

由于级间耦合方式是阻容耦合方式，电容对直流有隔离作用，所以两级的静态工作点是彼此独立，互不影响的。测试时可一级一级地分别调整各级的最佳工作点，对于交流信号，各级之间有着联系：前级的输出电压是后级的输入信号，而后级的输入阻抗是前级的负载。第一级采用了共射电路，具有较高的电压放大倍数，但输出电阻较大。第二级采用共集电路，虽然电压放大倍数较小（近似等于 1），但输入电阻大，向第一级索取功率小，对第一级影响小；同时其输出电阻小，可弥补单级共射电路输出电阻大的缺点，使整个放大电路的带负载能力大大提高。

(2)静态工作点的设置与调整

由于第一级共射电路需具有较高的电压放大倍数，静态工作点可适当的设置得高一些。在图 12-3-1 所示的电路中，上偏置电阻 R_{b11} 为待定电阻，若取 I_{CQ1} 为 1～1.3mA，试计算，选择 R_{b11} 的阻值范围。第二级共集电路，可通过调节电位器 R_p 改变静态工作点，使其能达到输出电压波形最大不失真。分别设置好两级的静态工作点后，即可分别测出两级的静态工作点的参数。

(3)测电压放大倍数

电压放大倍数 A_u 是指总的输出电压与输入电压的有效值之比，即

$$A_U = \frac{U_O}{U_i}$$

为了了解多级放大电路级与级之间的影响，还需要分别测出第一级的电压放大倍数 A_{U1}，第二级的电压放大倍数 A_{U2}，则总的电压放大倍数为

$$A_u = A_{U1} \cdot A_{U2}$$

对于图 12-3-1 所示的电路，电压放大倍数为

$$A_{U1} = \frac{-\beta_1 (R_{c1} \mathbin{/\!/} R_{i2})}{r_{be1} + (1+\beta_1) R_{e1}}, \quad R_{i2} \approx (R_{b22} + R_p) \mathbin{/\!/} [r_{be} + (1+\beta) R_L{}']$$

$$A_{U2} \approx 1$$

$$\dot{A} = \dot{A}_{u1} \cdot \dot{A}_{u2}$$

(4)输入、输出电阻的测量

该放大电路的输入电阻即第一级共射电路的输入电阻；输出电阻即第二级共集电路的输出电阻。

$$R_i = R_{i1} = R_{b11} \mathbin{/\!/} R_{b12} \mathbin{/\!/} [r_{be1} + (1+\beta_1) R_{e1}]$$

$$R_o = R_{o2} = R_{e2} \mathbin{/\!/} \frac{r_{be2} + [R_{c1} \mathbin{/\!/} (R_{b22} + R_p)]}{1+\beta_2}$$

R_i 和 R_o 的测量方法与实验 12-2 的相同。

(5)幅频特性的测量

多级放大电路的通频带比任何一级放大电路的通频带窄，级数越多，通频带越窄。

通频带的测量方法同实验 12-2 之逐点测量法。

12-3-3 实验仪器

双踪示波器　　1台
数字万用表　　1台
信号发生器　　1台
交流毫伏表　　1台
直流稳压电源　1台

12-3-4 实验内容

(1)按图 12-3-1 所示电路计算第一级上偏置电阻 R_{b11} 的阻值范围(设 $I_{CQ1}=1\sim1.3\text{mA}$),并将其值标在电路图上。

(2)在面包板上组装共射—共集两级放大电路,接入事先调整好的电源+12V 中。

(3)合上开关 S,输入 $f=1\text{kHz}$,$U_i=20\text{mV}$ 的正弦信号到放大器的输入端,用示波器观察输出电压 U_o 的波形。调节电位器 R_p,(使 $U_i=0$),用万用表分别测量第一级与第二级的静态工作点,将数据填入表 12-3-1 中,测量方法与实验 12-2 的相同。

表 12-3-1

	I_C/mA	U_{CE}/V	U_{BE}/V
第一级			
第二级			

(4)打开信号源,输入 $f=1\text{kHz}$,$U_i=20\text{mV}$ 的正弦波,测试多级放大器总的电压放大倍数 A_U 和分级电压放大倍数 A_{U1},A_{U2},将数据填入表 12-3-2 中。

(5)定性测绘 U_i、U_{o1}、U_{o2} 的波形

选用 U_{o2} 作外触发电压,送至示波器的外触发接线端。将双踪示波器的一个通道 CH_1 接输入电压 U_i,而另一个通道 CH_2 则分别接 U_{o1} 和 U_{o2},用示波器分别观察它们的波形,定性将它们画出,并比较它们的对应关系。

表 12-3-2

<table>
<tr><td rowspan="3">U_i</td><td colspan="3">U_{o1}</td><td colspan="2">U_{o2}</td><td rowspan="2">$R_{L1}=R_{i2}$</td><td colspan="2">$R_{L1}=R_{i2}$　$R_L=5.1\text{k}\Omega$</td><td rowspan="3">R_o</td></tr>
<tr><td colspan="2">断开 S</td><td rowspan="2">合上 S
$R_L=R_{i2}$</td><td rowspan="2">$R_L=\infty$</td><td rowspan="2">$R_L=5.1\text{k}\Omega$</td><td rowspan="2">$A_{U2}=U_{o2}/U_{o1}$</td><td rowspan="2">$A_U=U_{o2}/U_i$</td></tr>
<tr><td>$R_L=\infty$</td><td>$R_L=5.1\text{k}\Omega$</td><td>$A_{U1}=U_{o1}/U_i$</td></tr>
<tr><td>20mV</td><td></td><td></td><td></td><td></td><td></td><td></td><td></td><td></td><td></td></tr>
</table>

12-3-5 测试注意事项:

(1)测试硬件时,要组装好电路,如发现高频自激,可采用滞后补偿,即在 T_2 的基极和集电极之间加以消振电容,容量约为 200pF。

(2)如电路工作不正常,应先检查各级静态工作点是否适合,然后一级一级地送入交流信号,追踪查找故障所在。

(3)测绘 U_i、U_{o1} 和 U_{o2} 的波形,比较它们相位时,以第二级的输出电压 U_{o2} 作为触发电压。

12-3-6 软件测试内容

软件测试电路如图 12-3-2 所示。

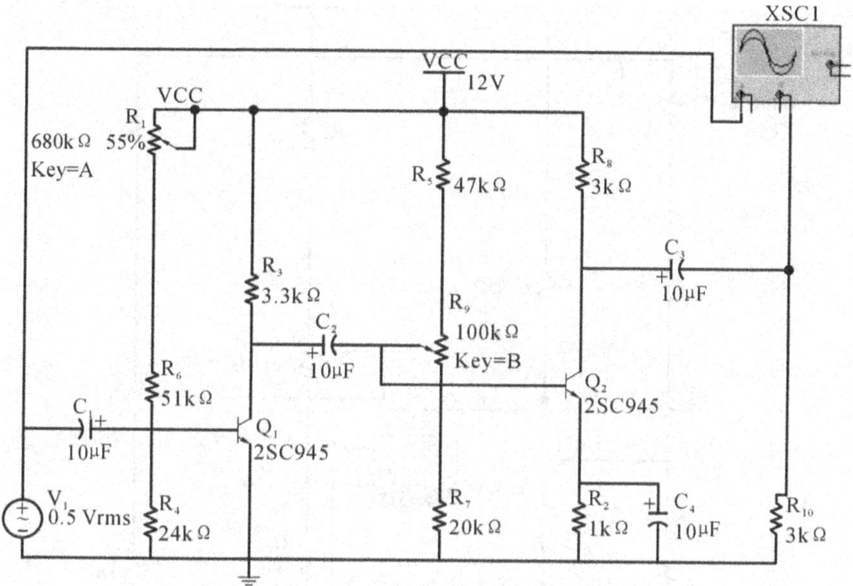

图 12-3-2 共射-共集放大电路

(1)元件的取用与参数设置

电阻、电位器、电解电容、三极管等元件均可由基本的零件中取出，示波器、万用表等由仪器列中取出。电位器参数设置如图 12-3-3 所示，电位器 R_1 阻值有 a\A 控制，当键入 a 或 A 时，其阻值会变大或变小，设置其变化幅度为 1%，R_9 也可同样设置，其控制键为 b\B。将信号源的 Freguency 和 Ampvitude 的参数设置为 1kHz 值和 0.5mV。

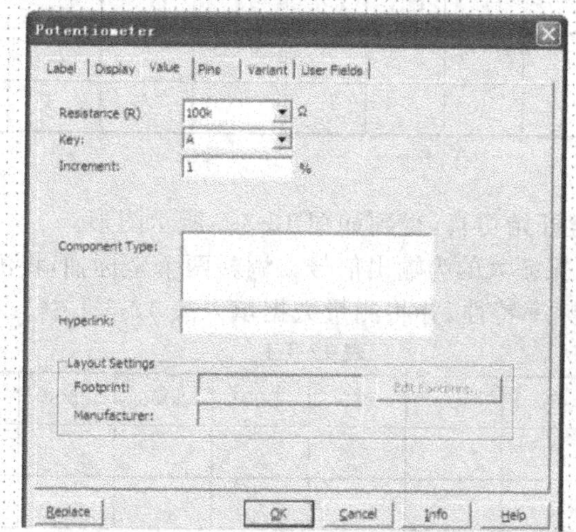

图 12-3-3 Potentionmeter 对话框

(2)静态调整

如图 12-3-4 所示连接直流通路电路图，测量静态工作点，将结果填入表 12-3-3 中。

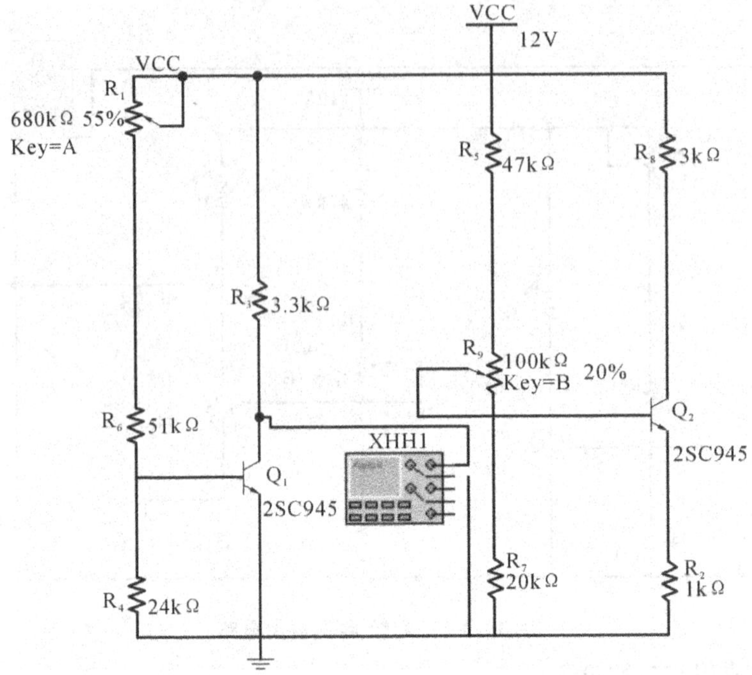

图 12-3-4 静态电路图

表 12-3-3

	静态工作点/V						输入/输出电压/mV					
	第一级			第二级						一级	二级	三级
	U_{c1}	U_{b1}	U_{e1}	U_{c2}	U_{b2}	U_{e2}	U_{i}	U_{o1}	U_{o2}	A_{U1}	A_{U2}	A_{U}
空载												
负载												

(3)动态调整

动态调整时，按开关键开始仿真，得到如图 12-3-5 所示图形。

振幅小的为输入信号，振幅大的为输出信号。调整两个坐标抽，将测量数据填入表 12-3-3 中。仿真两级放大电路的频率特性，并将测量数据填入表 12-3-4 中。

表 12-3-4

f/Hz		50	100	250	500	1000	2500	5000	10000	20000
U_o/V	R_L 断开									
	$R_L=3\text{k}\Omega$									

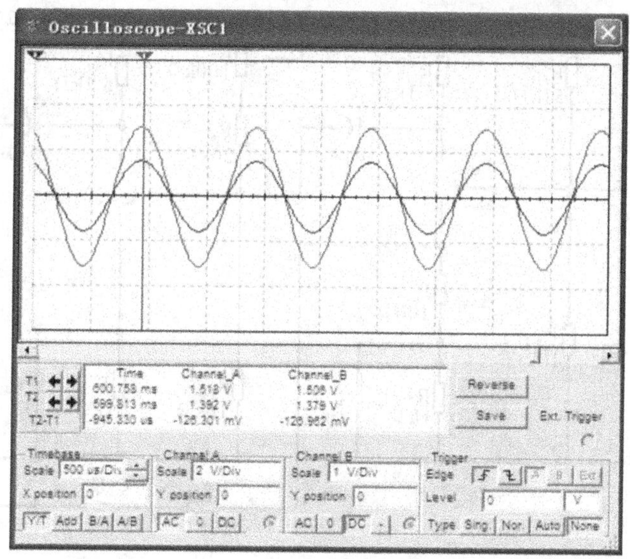

图 12-3-5 仿真波形图

12-3-7 实验报告要求

(1)认真记录测试数据与波形。

(2)对测试结果进行理论分析,找出产生误差的原因,提出减少测试误差的措施。

(3)计算 A_{U1}、A_{U2} 及 A_o 的数值,并与测试值比较,分析误差原因。

(4)思考题:

①总结共集放大电路的特点。

②测量放大器输出电阻时,利用公式 $R_o=(U_o-U_{RL})\cdot R_L/U_{RL}$ 来计算 R_o。试问:如果负载电阻 R_L 改变,输出电阻 R_o 变化吗?应如何选择 R_L 的阻值,使测量误差较小?

③在图 12-3-1 所示电路中,第二级的电压放大倍数 $A_{U2}\approx1$。为什么将 $R_L=5.1\text{k}\Omega$ 接到第二级输出比 R_L 直接接到第一级输出端所得到的输出电压大些?

12-4 负反馈放大电路

12-4-1 实验目的

(1)研究电压串联负反馈对放大器的性能改善作用。

(2)学习负反馈放大器技术指标的测试方法。

(3)进一步熟悉用示波器测量相位、幅值的方法。

12-4-2 实验原理

(1)测试电路

测试参考电路如图 12-4-1 所示。

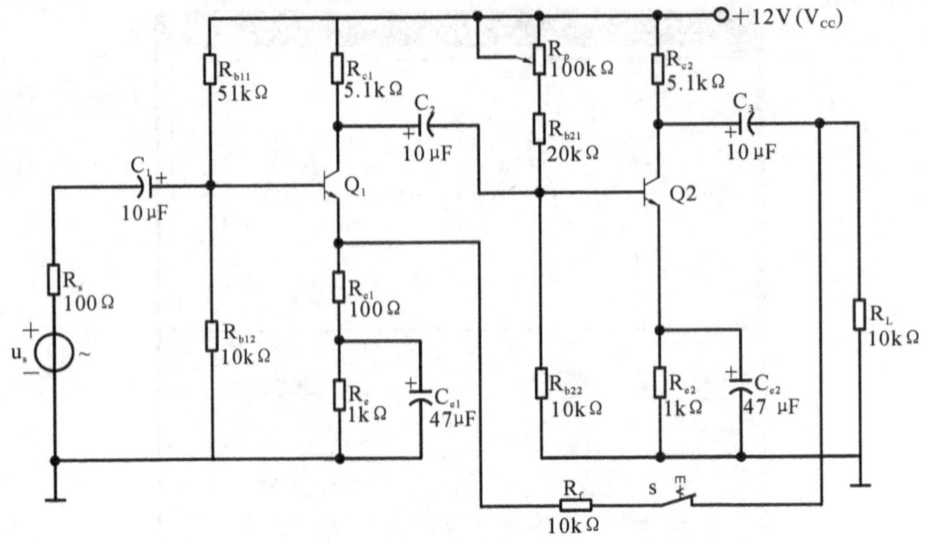

图 12-4-1　电压串联负反馈放大电路

负反馈共有 4 种类型,本测试仅对“电压串联”负反馈进行研究。测试电路由两级共射放大电路组成引入电压串联负反馈,构成负反馈放大器。反馈电阻 $R_f=10\text{k}\Omega$。

(2)电压串联负反馈对放大器性能的影响

①引入负反馈后降低了电压放大倍数。

$$\dot{A}_{Uf}=\frac{\dot{A}_U}{1+\dot{A}_U F_U}$$

其中,F_U 是反馈系数

$$F_U=\frac{U_f}{U_O}=\frac{R_{e1}}{R_{e1}+R_f}$$

A_U 是放大器无级间反馈(即 $U_f=0$,但要考虑反馈网络阻抗的影响)时的电压放大倍数,其值可由图 12-4-2 所示电路求出。

设$(R_{b11}//R_{b12})\gg R_s$,则有

$$A_{U1}=-\frac{\beta_1 R_{L1}'}{R_s+r_{be1}+(1+\beta_1)R_{e1}'}$$

$$A_{U2}=-\frac{\beta_2 R_{L2}'}{r_{be2}}$$

$$A_U=A_{U1}\cdot A_{U2}$$

其中,第一级交流负载电阻为

$$R_{L1}'=R_{c1}\ /\!/\ R_{i2}=R_{c1}\ /\!/\ R_{b21}'\ /\!/\ R_{b22}\ /\!/\ r_{be2}$$

第二级交流负载电阻为

$$R_{L2}'=R_{c2}\ /\!/\ (R_f+R_{e1})\ /\!/\ R_L$$

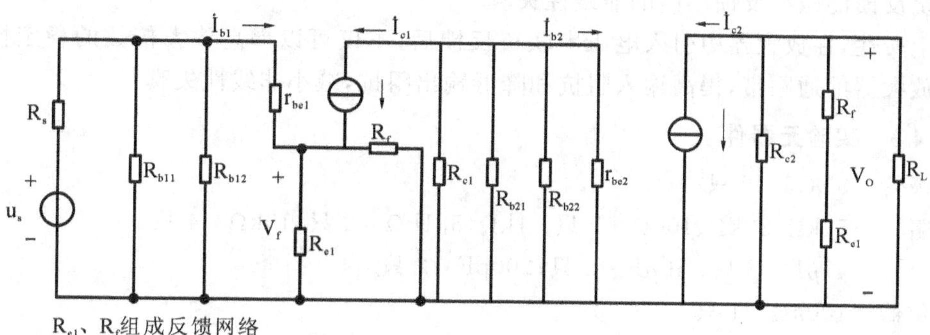

图 12-4-2　求 A_U 的交流等效电路

$$R_{el}' = R_{el} \mathbin{/\!/} R_f$$

由 $A_{Uf}=\dfrac{A_U}{1+A_U \cdot F_U}$可知，引入负反馈后，电压放大倍数 A_{uf} 比没有负反馈时的电压放大倍数 A_U 降低了$(1+\dot{A}_U\dot{F}_U)$倍，并且$|1+\dot{A}_U\dot{F}_U|$愈大，放大倍数降低愈多。

②负反馈可提高放大倍数的稳定性。

$$\frac{dA_f}{A_f} = \frac{1}{1+A_f} \cdot \frac{dA}{A}$$

上式表明，引进负反馈后，放大器闭环放大倍数 A_f 的相对变化量$\dfrac{dA_f}{A}$比开环放大倍数的相对变化量$\dfrac{dA}{A}$减少了$\dfrac{1}{1+A_f}$，即闭环增益的稳定性得到了很大提高。

③负反馈可扩展放大器的通频带。

引入负反馈后，放大器闭环时的上、下限截止频率分别为

$$f_{Hf} = |1+AF| \cdot f_H$$

$$f_{Lf} = \frac{f_L}{|1+AF|}$$

可见，引入负反馈后，f_{Hf}向高端扩展了$|1+AF|$倍，f_{Lf}向低端扩展了$|1+AF|$倍，从而使通频带得以加宽。

④负反馈对输入阻抗和输出阻抗的影响比较复杂。不同的反馈形式，对阻抗的影响不一样。一般而言，串联负反馈可以增加输入阻抗，并联负反馈可以减小输入阻抗；电压负反馈将减少输出阻抗，电流负反馈将增加输出阻抗。本测试引入的是电压串联负反馈，所以对整个放大器而言，输入阻抗增加了，而输出阻抗降低了。它们增加和降低的程度与反馈深度$(1+AF)$有关，在反馈环内满足

$$R_{if} = R_i(1+AF)$$

$$R_{of} \approx R_O/(1+AF)$$

⑤负反馈能减小反馈环内的非线性失真

综上所述，在放大器中引入电压串联负反馈后，不仅可以提高放大倍数的稳定性，还可以扩展放大器的通频带，提高输入阻抗和降低输出阻抗，减小非线性失真。

12-4-3 实验元器件

三极管 3DG6 2只

电阻 51kΩ、20kΩ、100Ω 1只；1kΩ、5.1kΩ 2只；10kΩ 4只

电容 47μF 2只；10μF 3只；200pF 2只

电位器 100kΩ 1只

12-4-4 实验内容

(1)按图12-4-1所示组装电压串联负反馈电路，调整Q_1、Q_2静态工作点。输入端加$f=1kHz$,$U_i=2mV$的正弦电压，输出端接示波器CH_2，观察输出电压波形是否有自激振荡，若有，则可在T_2的基极B_2和集电极C_2之间加消振电容，其容值约为200pF。在确认输出电压无自激振荡，不失真后，关闭信号源(使$U_i=0$)，测量和记录T_1、T_2的静态工作点(记录表格自拟)。

(2)观察负反馈对放大器性能的影响

将开关S开或关，分别测量基本放大器的电压放大倍数A_U和负反馈放大器的电压放大倍数A_{uf}，按下列公式计算电压放大倍数的稳定度：

$$\frac{A_U(+12V)-A_U(+9V)}{A_U(+12V)}\times 100\% =$$

$$\frac{A_{Uf}(+12V)-A_{Uf}(+9V)}{A_{Uf}(+12V)}\times 100\% =$$

(3)观察负反馈对非线性失真的影响

开环状态下，保持输入信号频率$f=1kHz$，用示波器观察输出波形刚刚出现失真时的情况，记录U_o幅值。然后加入负反馈形成闭环，并加大U_i，使U_o幅值达开环时相同值，再观察输出波形的变化情况对比以上两种情况，得出结论。

12-4-5 测试注意事项：

(1)测量两项静态工作点时，必须保持放大器的输出波形不失真。若电路产生自激振荡，则可以加消振电容消除。

(2)比较U_s、U_{o1}、U_{o2}电压波形的相位关系时，选用U_{o2}作为触发电压较为合适。

12-4-6 软件测试内容

负反馈放大电路开环和闭环放大倍数的测试。

(1)开环电路

调入元件，C_6和R_f不接(即为开环电路，接入就是闭环电路)，连接电路如图12-4-3所示。

①按图 12-4-3 所示接线，R_f 先不接入。

②输入端接入 $U_i=1mV$，$f=1kHz$ 的正弦波。调整接线和参数使输出不失真且无振荡。

③按表 12-4-1 要求进行测量并填表。

④根据实测值计算开环放大倍数和输出电阻 R_o。

(2)闭环电路

①接通 R_f 按开环电路的要求调整电路。

②按表 12-4-1 要求测量并填表，计算 A_{uf}。

③根据实测结果，验证 $A_{uf}=1/F$。

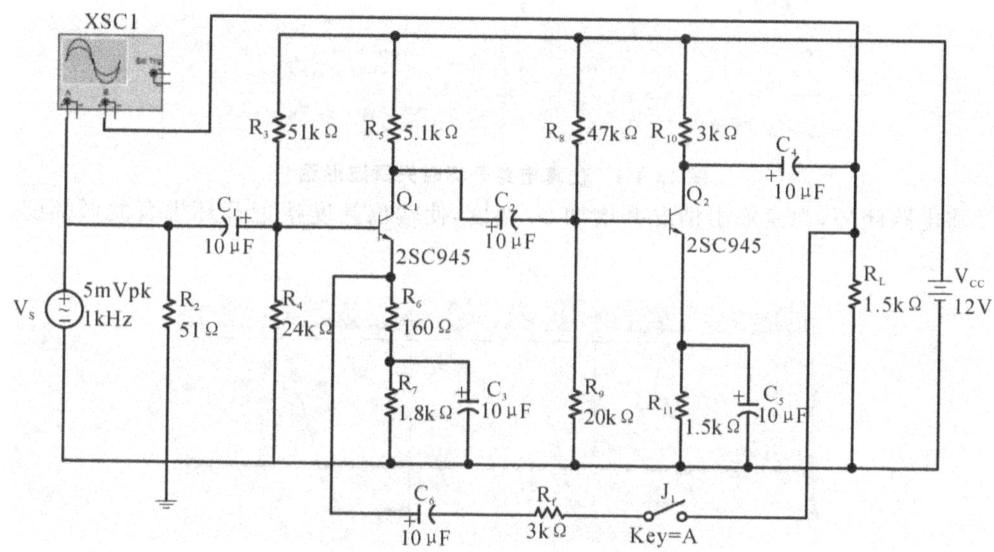

图 12-4-3　软件测试原理图

表 12-4-1

	R_L/kΩ	U_i/mV	U_o/mV	A_U/A_{Uf}
开环	∞	1		
	1.5	1		
闭环	∞	1		
	1.5	1		

(3)负反馈对失真的改善作用

①将图 12-4-3 所示电路开环，逐步加大 U_i 的幅度，使输出信号出现失真(注意不要过分失真)，记录失真波形幅度，如图 12-4-4 所示。

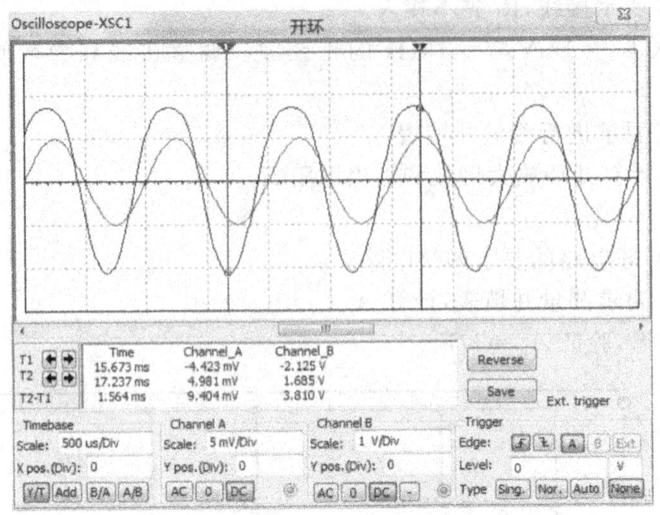

图 12-4-4　仿真电路开环时失真波形图

②将电路闭环，观察输出情况并增加 U_i 幅度，使输出幅度接近开环失真波形幅度，如图 12-4-5 所示。

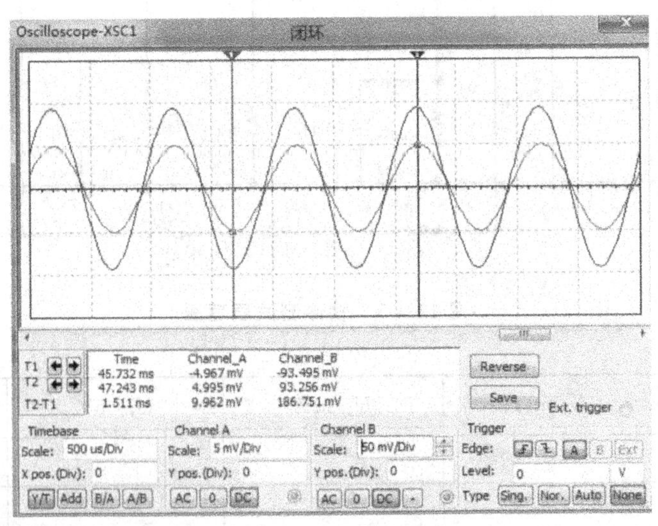

图 12-4-5　仿真电路闭环时波形图

③若 $R_f = 1.5\text{k}\Omega$ 不变，但 R_f 接入 T_1 的基极，则会出现什么情况？验证之。试画出电路图并仿真。

(4)负反馈对通频带的改善作用

①将电路开环，观察电路幅频响应曲线，如图 12-4-6。

②将电路闭环，再观察幅频响应曲线，如图 12-4-7。

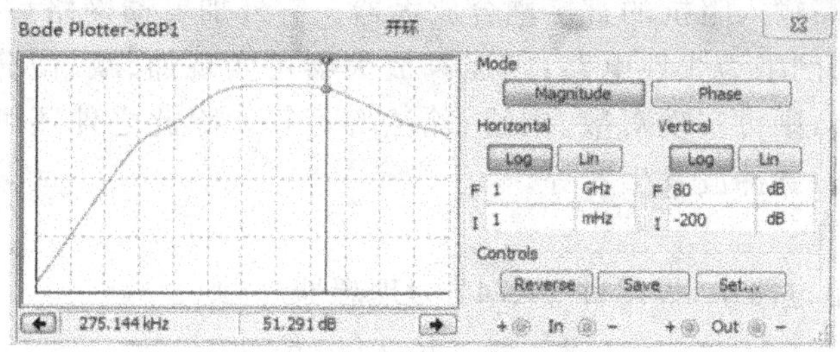

图 12-4-6　开环幅频响应

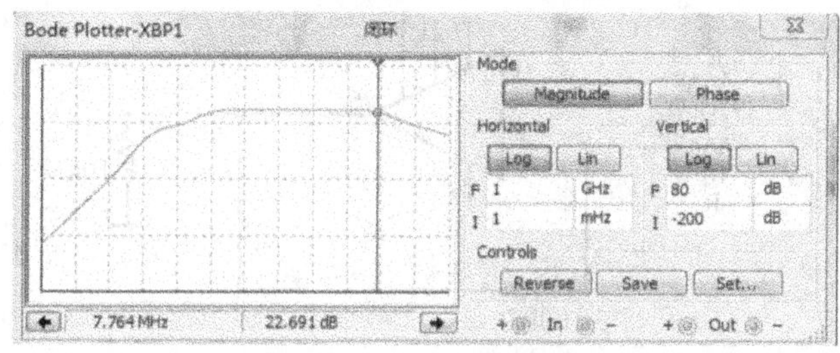

图 12-4-7　闭环幅频响应

12-4-7　测试报告要求

(1)认真记录和整理各项数据和波形，并与理论值相比较，分析误差原因。

(2)根据测试所得数据，求出无反馈和有反馈时的电压放大倍数，说明 f_{Hf} 和 f_{Lf} 的变化情况。

(3)近似估算深度负反馈情况下的电压放大倍数 A_U。

(4)由测试结果说明电压串联负反馈对放大器的影响。

(5)思考题：

①测量基本放大器的各项指标时，也可将反馈电阻接地即可，为什么？

②本测试中采用了电压串联负反馈。试说明这种类型的反馈会给输入、输出电阻带来什么影响。

12-5　基本运算电路

12-5-1　实验目的

(1)熟悉用集成运算放大器构成基本运算电路的方法。

(2)学习正确使用示波器 DC、AC 输入方式，学习观察波形的方法。重点掌握积分器波形的测量及分析方法。

12-5-2　实验原理

本测试采用 μA741 集成运算器放大器和外接电阻、电容等构成基本运算电路。运算放大器是具有高效益、高输入阻抗的直接耦合放大器。它外加反馈网络后，可实现各种不同的电路功能。如果反馈网络为线性电路，则运算放大器可实现加、减、微分、积分运算；如果反馈网络为非线性电路，则可实现对数、乘法、除法等运算。除此之外还可组成各种波形发生器，如正弦波、三角波、脉冲波发生器等。

(1)反向比例运算

在图 12-5-1 所示电路中，设组件 μA741 为理想器件，则

$$U_0 = -R_f \cdot U_i / R_1$$

其输入电阻 $R_{if} \approx R_1$，$R' = R_f // R_1$。

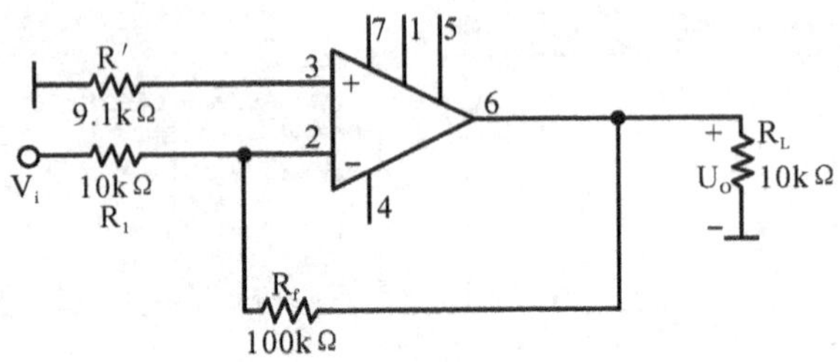

图 12-5-1　反相比例运算电路

由上式可知，选择不同的电阻比值，就会改变运算放大器的闭环增益 A_{Uf}。在选择电路参数时应考虑如下几个问题。

①根据增益，确定 R_f 与 R_1 的比值，即

$$A_{Uf} = -\frac{R_f}{R_1} U_i$$

②具体确定 R_f 和 R_1 的值。

若 R_f 太大，则 R_1 一大，这样容易引起较大的失调和温度漂移(简称温漂)；若 R_f 太小，则 R_1 亦小，输入电阻 R_i 也小，不能满足高输入阻抗的要求。一般取 R_f 为几十千欧至几百千欧。

若对放大器的输入电阻已有要求，则根据 $R_i = R_1$，先定 R_1，再求 R_f。

③为减小偏置电流和温漂的影响，一般取 $R' = R_f // R_1$，由于反相比例运算电路属于电压并联负反馈电路，其输入、输出阻抗均较低。

(2)反相比例加法运算

在图 12-5-2 所示电路中，当运算放大器开环增益足够大时，其输入端为虚地，U_{i1} 和 U_{i2} 均可通过 R_1、R_2 转换成电流，实现代数相加运算，其输出电压

$$U_O = -\left(\frac{R_f}{R_1} U_{i1} + \frac{R_f}{R_{i2}} U_{i2}\right)$$

当 $R_1 = R_2 = \mathrm{R}$ 时，

$$U_O = -\frac{R_f}{R}(U_{i1} + U_{i2})$$

为保证运算精度，除尽量选用高精度的集成运算放大器外，还应精心挑选精度高、稳定性好

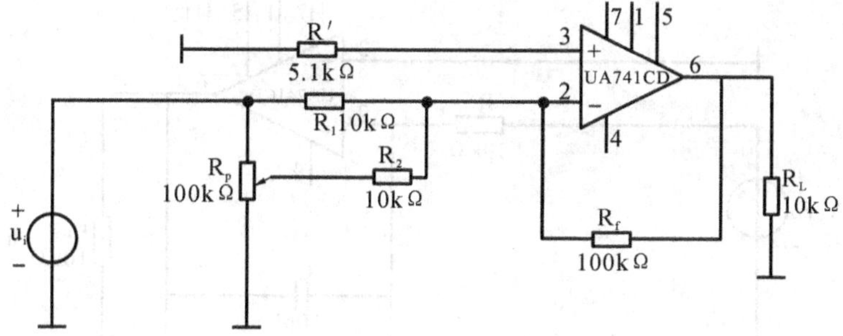

图 12-5-2 反相比例加法运算电路

的电阻。R_f 与 R' 的取值范围可参照反相比例运算电路的选取原则。

(3)减法运算

图 12-5-3 所示电路为减法运算电路,当 $R_1=R_2$,$R'=R_f$ 时,输出电压

$$U_O=-\frac{R_f}{R_1}(U_{i2}-U_{i1})=\frac{R_f}{R_1}(U_{i1}-U_{i2})$$

在电阻值严格匹配的情况下,本电路具有较高的共模抑制能力。

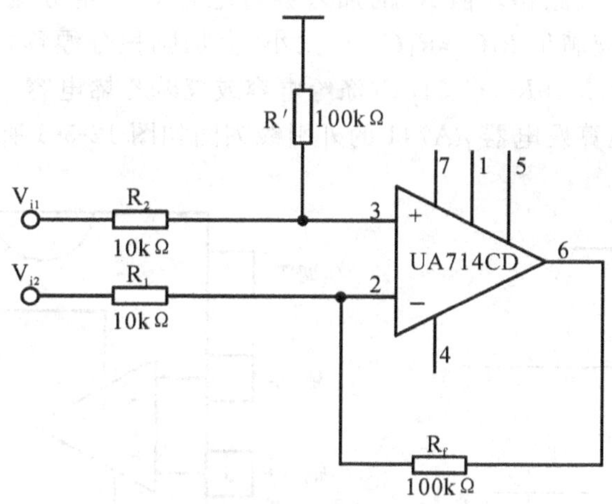

图 12-5-3 减法运算电路

(4)积分器

如图 12-5-4 所示,当运算放大器开环电压增益足够大时,可认为 $i_R=i_C$,其中

$$i_R=\frac{U_i}{R_1},\quad i_C=-C\frac{dU_0(t)}{dt}$$

将 i_R、i_C 代入,并设电容两端初始电压为零,则

$$U_O(t)=-\frac{1}{R_1C}\int_0^t U_i(t)dt$$

当输入信号 $U_i(t)$ 为幅度 U 的阶跃电压时,则有

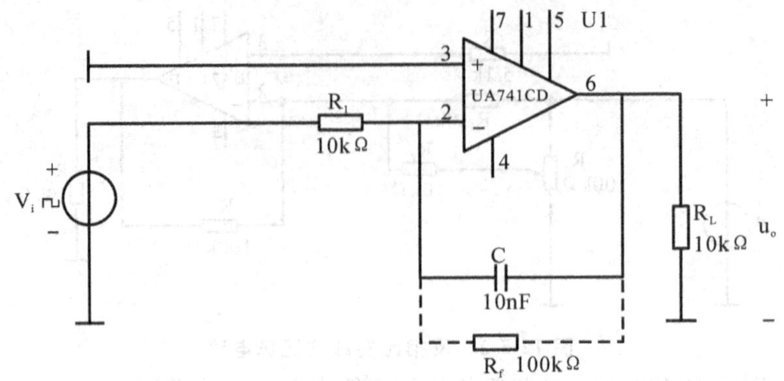

图 12-5-4 积分器

$$U_O(t)=-\frac{1}{R_1C}\int_0^t U_i(t)dt=-\frac{1}{R_1C}U_i(t)$$

此时输出电压$U_0(t)$的波形时随时间线性下降的，如图 12-5-5 所示。

实际电路中，通常在积分电路两端并联反馈电阻R_f，用作直流负反馈，目的是减小集成运算放大器输出端的直流漂移。但R_f的加入会对电容 C 产生分流作用，从而导致积分误差。为克服误差，一般应满足$R_fC \geqslant R_1C$。C太小，会加剧积分漂移，但C增大，电容漏电也将随之增大。通常取$R_f > 10R_1$、$C < 1\mu F$（涤纶电容或聚苯乙烯电容）。

本测试所用集成运算发电器 μA741 的外引线列图如图 12-5-6 所示。

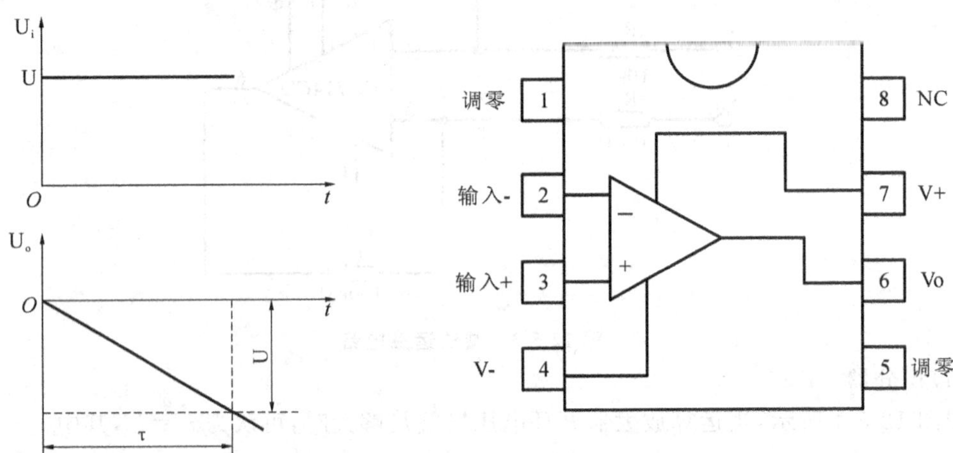

图 12-5-5 输入为 U 的积分器输出波形

图 12-5-6 μA741 的外引线排列

12-5-3 实验元器件

集成运算放大器 μA741 1 只

电阻 100kΩ 2 只；10kΩ 3 只；

5.1kΩ 1 只；9.1kΩ 1 只

电容　　　　　　10nF　　1只

电位器　　　　　100kΩ　　1只

12-5-4　实验内容

(1)反向比例运算

在该放大器输入端加入 f=1kHz 正弦电压，有效值见表 12-5-1，用交流毫伏表测量放大器的输出电压值；改变 U_i 的大小，在测 U_0，研究 U_i 和 U_0 的反相比例关系，填入表 12-5-1 中。

表 12-5-1

输入电压 U_i/mV		30	100	300	1000	3000
输出电压 U_o/mV	理论估算/mV					
	实际值/mV					
	误差					

(2)比例积分运算

在反相比例运算电路的基础上，在 R_f 的两端并联一个容量 10nF 的电容，构成如图 12-5-4所示的积分电路。输入端加入 f=500Hz、幅值为 1V 的正方波，用双踪示波器同时观察 U_i 和 U_0 的波形，记录在坐标纸上，标出幅值和周期。

(3)反相比例加法运算

图 12-5-2 所示电路中接入 f=1kHz 正弦波，调节电位器 R_P，用交流毫伏表测量 U_{i1}、U_{i2} 电压的大小，然后再 U_0 测大小。调节 R_P，改变 U_{i2} 的值，分别记录相应 U_{i1}、U_{i2}、U_0 的数值，填入自拟表格中(此时 $R'=R_f /\!/ R_1 /\!/ R_2$)。

(4)减法运算

在图 12-5-3 所示电路中输入同上信号，分别测量 U_{i1}、U_{i2}、U_0 数值。改变 U_{i2} 的大小，再测 U_0，填入自拟表格中，研究减法运算关系。

12-5-5　实验注意事项

μA741 集成运算放大器的正、负电源不能接错，否则会被损坏。

12-5-6　实验报告要求

(1)测试前用理论计算出各种运算关系的 U_0 值，描绘出积分器 U_i 和 U_0 的大致波形。

(2)记录和整理测试所得数据和波形，并与理论值相比较。

(3)思考题：

①若输入信号与放大器的同相端连接，当信号正向增加时，运算放大器的输入是正还是负？

②若输入信号与放大器的反相端连接，当信号正向增大时，运算放大器的输出是正还是负？

12-6 RC 正弦波振荡器

12-6-1 实验目的

(1)通过实验,进一步理解文氏电桥式 RC 振荡器的工作原理,研究负反馈强弱对振荡的影响。

(2)学习用示波器测量正弦波振荡器的振荡频率、开环幅频特性和相频特性的方法。

12-6-2 实验原理

RC 文氏电桥振荡器电路如图 12-6-1 所示。图中 D_1、D_2 的作用,是当 U_o 幅值很小时,二极管 D_1、D_2 开路,等效电阻 R_f 大,$A_{uf}=(R_1+R_f)/R_1$ 较大,有利于起振;反之,当 U_o 幅值较大时,二极管 D_1、D_2 导通,R_f 减小,A_{uf} 随之下降,U_o 幅值趋于稳定。因此,在一般的 RC 文氏电桥振荡器电路基础上,加上如图所示的 D_1、D_2 有利于起振和稳幅。

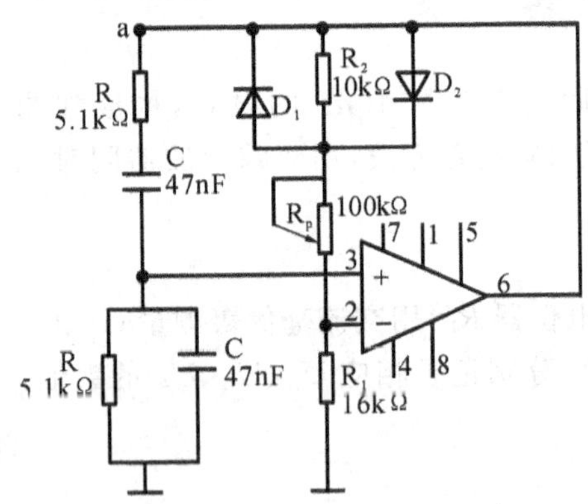

图 12-6-1 RC 文氏电桥振荡器

考虑到电路振荡的角频率 $\omega_0=\frac{1}{RC}(f_0=\frac{1}{2\pi RC})$,对于图 12-6-1 所示的 RC 串并联选频网络,有

$$\dot{F}_V=\frac{1}{3+j\left(\frac{\omega}{\omega_0}-\frac{\omega_0}{\omega}\right)}$$

当 $\omega=\omega_0$ 时,幅频响应的幅值为最大,即

$$F_{Vmax}=\frac{1}{3}$$

而相频响应的相位角为零,即

$$\varphi_f=0$$

因此,可画出串并联选频网络的频率特性。

12-6-3 实验元器件

集成运算放大器	μA741	1 片	
电阻	5.1kΩ	2 只,10kΩ、16kΩ	各 1 只
电位器	100kΩ	1 只	
电容	0.047μF	2 只	
二极管	1N4001	2 只	

12-6-4 实验内容

(1)按图 12-6-1 所示接线,调节 R_p,观察负反馈强弱(即 A_{uf}大小)对输出波形的影响。

(2)调节 R_p,使 U_o 波形基本不失真,分别测出输出电压(有效值)U_o 和振荡频率 f_0。

(3)测量开环幅频特性和相频特性。

所谓开环就是将如图 12-6-1 所示电路中的正反馈网络(例如 a 点)断开,使之成为选频放大器。

①幅频特性

在图 12-6-1 所示电路(a 点断开)中输入信号 V_a(为了保持放大器工作状态不变,V_a 的大小应保持与步骤(2)测得的 U_o 值相同)。改变信号 U_{12} 的频率(并保持 U_{12} 大小不变),分别测量相应的 U_o 值,并记入表 12-6-1 中。

表 12-6-1

输入信号 U_{12} 的频率/Hz	50	70	100	200	500	f_o	1×10^3	1.5×10^3	7×10^3	10×10^3
输出电压 U_o(有效值)										
U_o、V_a 间的相位差/°										

②相频特性

在图 12-6-1 所示电路(a 点断开)中,输入一信号 V_a,改变信号 V_a 的频率,测 U_o 与 V_a 的相位差并记入表 12-6-1 中。

12-6-5 实验注意事项

测量 RC 文氏电桥正弦振荡器的开环相频特性时,应注意相位差 φ_f 在 f_0 前后会发生极性变化。

12-6-6 软件测试内容

(1)按图 12-6-2 接线。

(2)用示波器观察输出波形。

其中,图 12-6-2 可以分为 3 个部分:RC 文氏电桥振荡器、过零比较器和积分器。

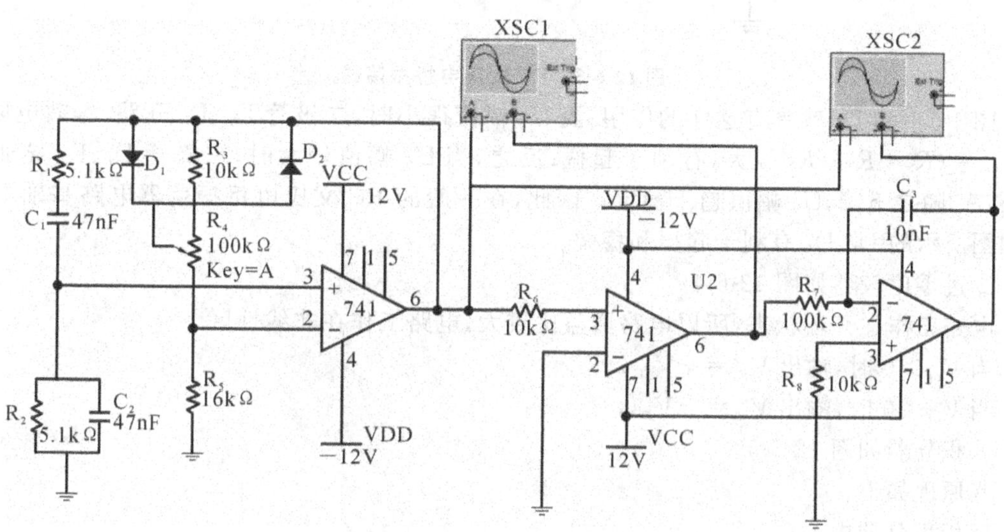

图 12-6-2 简易波形发生器

①RC 文氏电桥振荡器：

图中左边第一个 741 芯片、D_1、D_2、R_3、R_4、R_5 组成放大电路，而 R_1、C_1、R_2 和 C_2 组成 RC 文氏电桥电路振荡的角频率

$$w_o = 1/RC \text{ 或 } f_o = \frac{1}{2\pi RC}$$

对 RC 振荡电路来说，存在白噪声，它的频域分布很广，其中也包括 $w=1/RC$。微弱的白噪声信号经过放大，最终幅度稳定下来，通过选频网络输出电压振荡频率为 f_o。

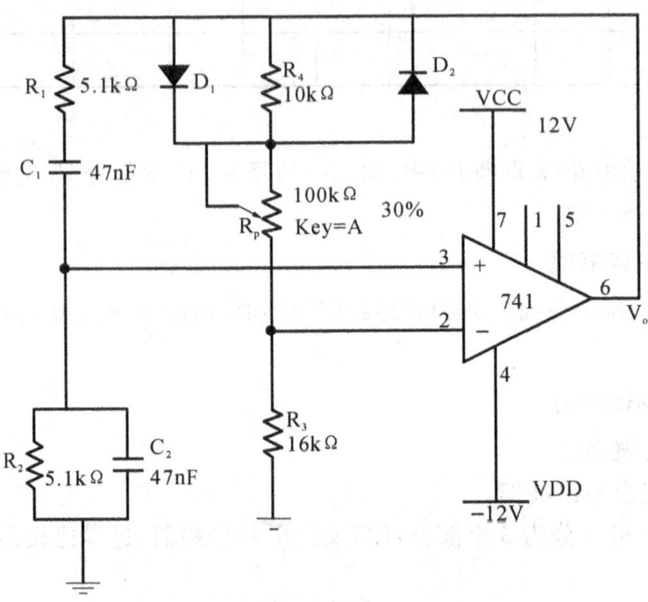

图 12-6-3　RC 文氏电桥振荡器

图中 D_1 和 D_2 就具有这样的作用：当 U_0 幅值很小时，二极管 D_1、D_2 开路，等效电阻 R_f 大，$A_{uf}=(R_3+R_f)/R_3$ 较大，有利于起振；反之，当 U_o 幅值较大时，二极管 D_1、D_2 导通，R_f 减小，A_{uf} 随之下降，U_0 幅值趋于稳定。因此，在一般的 RC 文氏电桥振荡器电路基础上，加上如图所示的 D_1、D_2 有利于起振和稳幅。

②过零比较器如图 12-6-4

电路工作在开环状态，所以电路增益比较大，电路工作在非线性区。

当 $V_{o1}>0$ 时，输出 $V_{o2}=+V_{CC}$；

当 $V_{o1}<0$ 时，输出 $V_{o2}=-V_{DD}$。

③积分器如图 12-6-5

其原理如下：

反相积分器中，

由虚断有：$i_1=i_2$；

由虚短有：$U_-=U_+$；

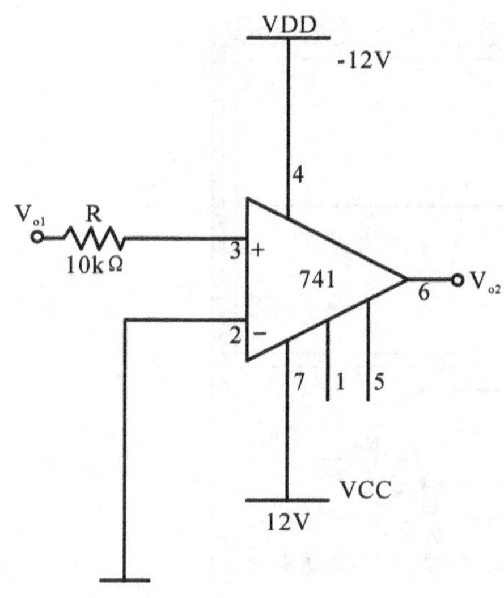

图 12-6-4　过零比较器

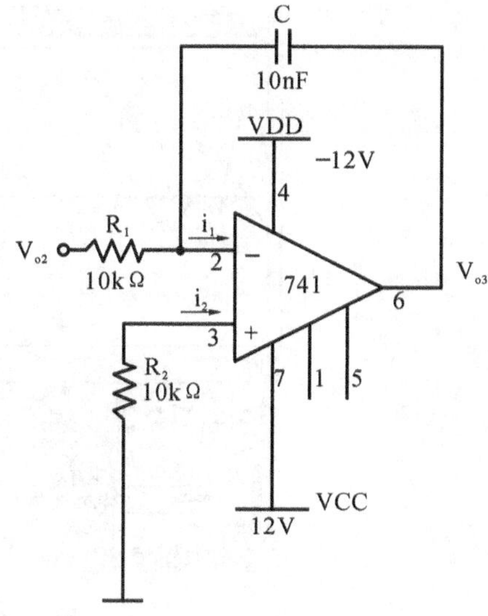

图 12-6-5　积分器

则
$$\frac{V_{o2}-U_1}{R_1}=C\frac{d(U_{-}-V_{o3})}{dt}$$

得
$$V_{o3}=-\frac{1}{R_1C}\int_o^t V_{o2}(t)dt$$

简易波形发生器输出的正弦波和方波如图 12-6-6 所示；

输出的正弦波和三角波波形如图 12-6-7 所示。

(3)在示波器上测量输出波形的幅值、频率。

(4)调节图 12-6-2 中 R_4 的阻值，观测输出波形的变化。

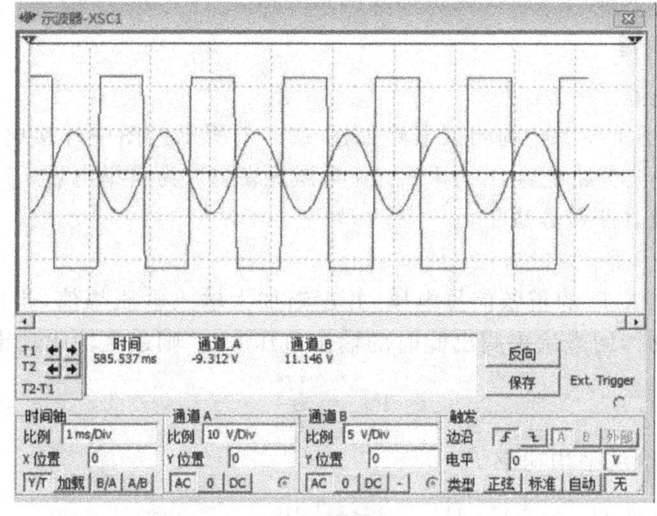

图 12-6-6　正弦波与方波

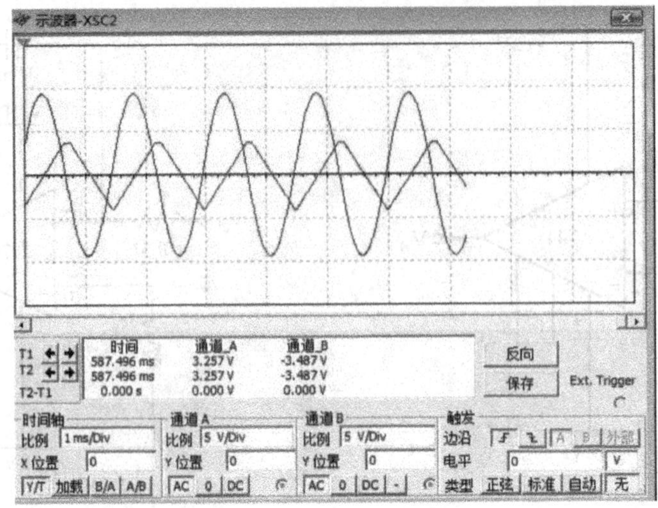

图 12-6-7 正弦波与三角波

12-6-7 实验报告要求

(1)将测得的正弦波振荡频率与计算值比较,分析产生误差的原因。

(2)画出选频放大器的开环幅频特性和相频特性。

12-7 集成功率放大器

12-7-1 实验目的

(1)熟悉集成功率放大电路,了解各元件的作用。

(2)掌握功率放大器的主要性能指标及测量方法。

12-7-2 实验原理

(1)测试原理电路

集成功率放大器 LA4100 的测试电路如图 12-7-1 所示。图中外接电容 C_1、C_2、C_7 为耦合电容,C_5、C_6 为纹波旁路电容,C_3 用于消除自激振荡,C_4 为自举电容。

(2)几项指标及其测量方法

①最大输出功率 P_{om} 测量方法。

给放大器输入 1kHz 的正弦信号电压,并逐渐加大输入电压幅值,当用示波器观察到输出波形为临界消波时,用毫伏表测出此时的输出电压 U_o。则最大输出功率为

$$P_{om}=\frac{U_0^2}{R_L}$$

②直流电源供给的平均功率 P_v

在理想情况下(即 $U_{om}\approx\frac{1}{2}V_{CC}$时) $P_V\approx\frac{4}{\pi}P_{om}$

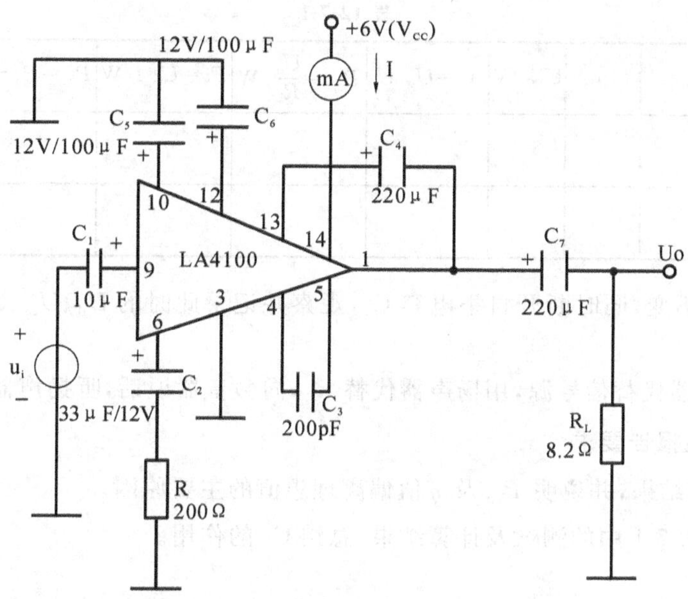

图 12-7-1 集成功率放大器 LA4100 实验电路

测量方法：

在测量 U_o 的同时，记下直流毫安表的读数 I，由它可算出此时电源供给的功率

$$P_V = U_{CC} I$$

(3)效率

$$\eta = \frac{P_{om}}{P_v}$$

(4)最大输出功率时三极管的管耗

$$P_T = P_v - P_{om}$$

12-7-3 实验元器件

电阻　　8.2Ω 1 只，200Ω 1 只

电容　　200pF 1 只，10μF 1 只，33μF 1 只，100μF 2 只，220μF 2 只

集成功率放大器 LA4100 1 块

12-7-4 实验内容

(1)按图 12-7-1 所示接线，令 $U_i=0$(将输入端短路)，用示波器观察输出电压 U_o 有无振荡，如有振荡，则适当加大 C_3 数值，直至振荡消除为止。

(2)经放大器输入 1kHz 的正弦信号电压，并逐渐加大输入电压幅值，当用示波器观察到输出电压 U_o 波形为临界削波时，用毫伏表测出输出电压 U_o、输入电压 U_i，记下此时的直流电流 I 和电源电压 U_{cc}，算出 P_{om}、P_V、P_T、η 和电压增益 A_U，并填入表 12-7-1 中。

表 12-7-1

	U_i/V	U_o/V	I/mA	U_{CC}/V	$A_u=U_o/U_i$	$P_{om}=\frac{U_o^2}{R_L}/W$	$P_v=U_{cc}I/W$	$P_T=P_V-P_{om}/W$	$\eta=P_{om}/P_V$
加自举（有 C_4）									
不加自举（无 C_4）									

(3)保持 U_i 不变，同时断开自举电容 C_4，观察并记录此时的 U_o、U_{cc}、U_i 和 I 值，记入表 12-7-1 中。

*(4)用微音器代替信号源，用扬声器代替 R_L，向微音器说话，听扬声器的声音。

12-7-5 实验报告要求

(1)计算测试结果，并说明 P_{om} 及 η 值偏离理想值的主要原因。

(2)根据表 12-7-1 中的测试及计算结果，总结 C_4 的作用。

(3)思考题：

在图 12-7-1 所示电路中，电容 C_1 至 C_7 各有何作用？改变电阻 R 的值，对电路工作状态有何影响？

12-8 有源滤波器

12-8-1 实验目的

(1)了解具有运算放大器的滤波电路。

(2)测试有源滤波器的幅频特性。

12-8-2 实验原理

在实际的电子系统中，输入信号往往包含一些不需要的信号，必须设法将它衰减到足够小的程度，或者把有用的信号挑出来。为此，可采用滤波器滤去不需要的信号成分。

滤波器是一种选频电路，它是一种能使有用频率信号通过，而抑制（或大为衰减）无用频率信号的电子装置。这里研究的由运算放大器和 R、C 等组成的有源模拟滤波器。由于集成运算放大器的带宽有限，目前有源滤波器的最高工作频率只能达到 1MHz 左右。

(1)二阶有源低通滤波器

如图 12-8-1 所示：

二阶低通滤波器传递函数的典型表达式为：

$$A(s)=\frac{V_o(s)}{V_i(s)}=\frac{A_o}{\left(\frac{s}{w_n}\right)^2+\frac{1}{Q}\cdot\frac{s}{w_n}+1}=\frac{A_o w^2}{s^2+\frac{w_n}{Q}s+w_n^2}$$

其中 w_n 为特征角频率，而 Q 则为等效品质因数。

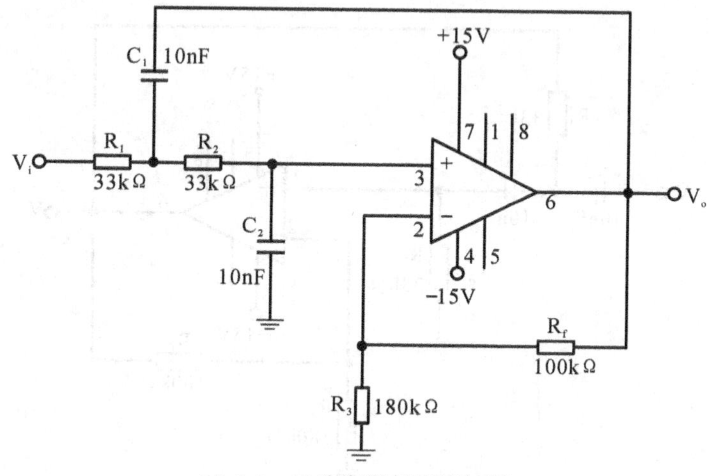

12-8-1　二阶有源低通滤波器

$$w_n^2 = \frac{1}{R_1R_2C_1C_2},\quad Q = \frac{\sqrt{R_1R_2C_1C_2}}{C_2(R_1+R_2)+R_1C_1(1-A_vF)}$$

$$A_o = A_{vF} = 1+\frac{R_f}{R_3}$$

令 $s=jw$

得幅频响应为

$$|A(jw)| = \frac{A_o}{\sqrt{\left[1-\left(\frac{w}{w_n}\right)^2\right]^2+\frac{w^2}{w_n^2Q^2}}}$$

其相频响应表达式为

$$\varphi(w) = -\arctan\frac{w/Qw_n}{1-\left(\frac{w}{w_n}\right)^2}$$

二阶低通滤波器的通带增益 $A_{vF}=1+\frac{R_f}{R_3}$，上限截止频率为 $f_o=\frac{1}{2\pi R_1C_1}$，它是二阶低通滤波器通带与阻带的界限频率。品质因数 Q 影响低通滤波器在截止频率处幅频特性的形状。当 $Q=0.707$ 时，幅频响应较平坦，当 $Q>0.707$ 时，将出现峰值。

(2)二阶有源高通滤波器

与低通滤波器相反，高通滤波器用来通过高频信号，衰减或抑制低频信号。只要将图 12-8-1 低通滤波器电路中起滤波作用的电阻和电容互换，即可变成二阶有源高通滤波器，如图 12-8-2 所示。

从该电路图可以证明其幅频响应表达式为

$$A(jw) = \frac{-A_ow^2}{w_n^2-w^2+j\frac{w_nw}{Q}}$$

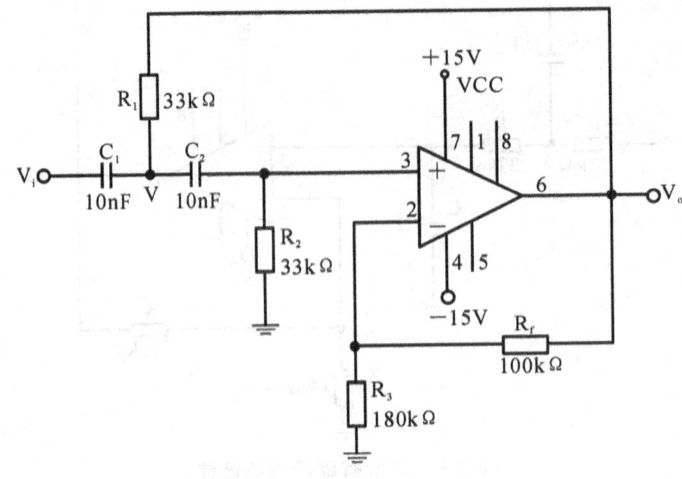

图 12-8-2　二阶有源高通滤波器

表达式中的 A_o, w_n, Q 的含义同二阶低通滤波器。

结合电路图具体证明过程如下:(注:V 为位于两个电容之间的节点电压值)

由"虚断"知:$i_+ = i_-$

由"虚短"得:$V_+ = V_- = \frac{R_3}{R_3 + R_f} V_o = \frac{V_o}{A_{VF}}$

由 KCL 方程得:

$$\frac{V_i - V}{\frac{1}{jwc}} = \frac{V - V_o}{R_1} + \frac{V - V_+}{\frac{1}{jwc}}$$

$$\frac{V - V_+}{\frac{1}{jwc}} = \frac{V_+ - 0}{R_2}$$

联立以上各式解得:

$$\frac{V_o}{V_i} = \frac{(jwR_1C_1)^2}{1 + (3 - A_{VF})jwR_1C_1 + (jwR_1C_1)^2}$$

如 $R = R_1 = R_2, C = C_1 = C_2$

令 $w_n = \frac{1}{RC}, Q = \frac{1}{3 - A_{VF}}$ 和 $A_{VF} = 1 + \frac{R_f}{R_3}$ 得

幅频响应:

$$\left|\frac{A(jw)}{A(vF)}\right| = \frac{1}{\sqrt{\left[1 - \left(\frac{w_n}{w}\right)^2\right]^2 + \left(\frac{w_n}{wQ}\right)^2}}$$

(3)两种滤波电路的幅频特性示意图：

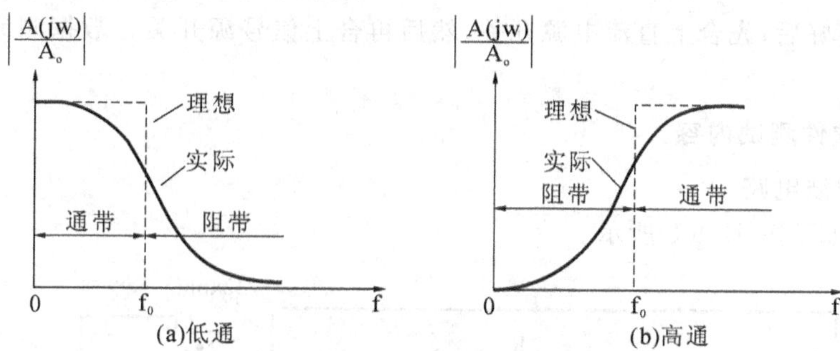

图 12-8-3　低通、高通滤波电路的幅频特性示意图

二阶高通滤波器与二阶低通滤波器的幅频特性曲线有“镜像”关系。

12-8-3　实验元器件

集成运算放大器：uA741　1 片

电阻：33kΩ　2 只，180kΩ、100kΩ　各 1 只

电容：10nF　2 只

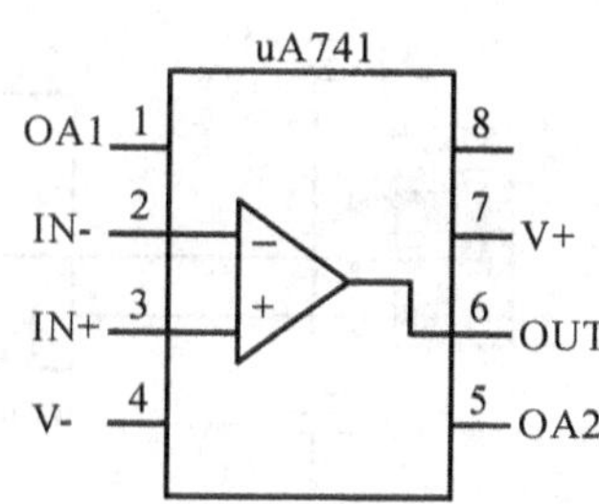

图 12-8-4　集成运算放大器

1、5—偏置(调零端)，2—反相输入端，3—同相输入端，4 —(−15V)，6 —输出端，7—(+15V)，8—NC

12-8-4　实验内容

(1)按图 12-8-1 所示接线，测试二阶低通滤波器的幅频响应。将测试的结果记入表 12-8-1 中。

表 12-8-1

U_i/V	1	1	1	1	1	1	1	1	1	1
f/Hz	50	150	300	350	400	450	f_o	500	550	600
U_o/V										

(2)按图 12-8-2 所示接线，测试二阶高通滤波器的幅频响应。将测试的结果记入表 12-8-2中。

表 12-8-2

U_i/V	1	1	1	1	1	1	1	1	1	1
f/Hz	50	150	300	350	400	450	f_o	500	550	600
U_o/V										

12-8-5　实验注意事项

(1)本次测试采用 uA741 运算放大器，正负直流电压源由双稳态电源提供，电压为±15V。电源的极性不能接错，否则会损坏运算放大器。

(2)测试有源滤波器的频率特性时，要保证输出电压的波形不失真，故输入电压不能

太大。

(3)电路接好后,先合上直流电源开关,然后再合上信号源开关。数据测完后,则先断开信号源开关。

12-8-6 软件测试内容

(1)低通滤波电路

测试电路如下图 12-8-5 所示。

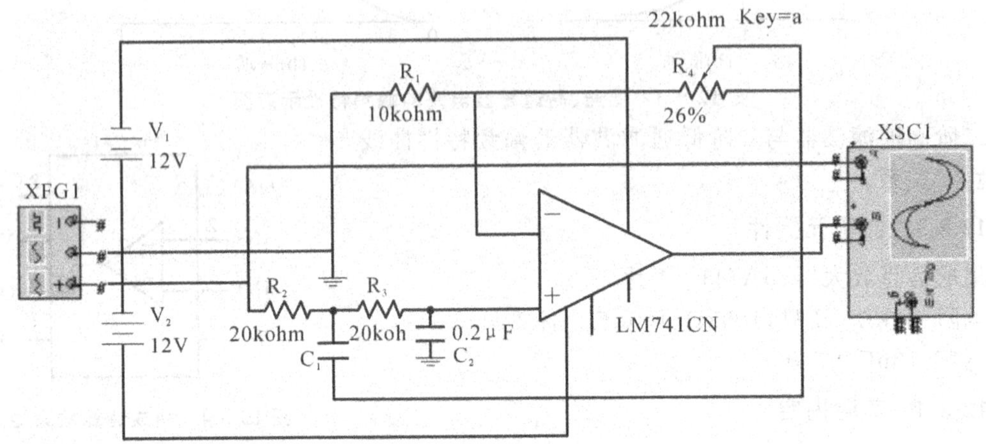

图 12-8-5 低通滤波电路

按表 12-8-3 内容测量并记录:

表 12-8-3

U_i/V	1	1	1	1	1	1	1	1	1	1
f/Hz	5	10	15	30	60	100	150	200	300	400
U_o/V										

当输入信号为 400Hz 时,波形如图 12-8-6 所示。当输入信号频率为 5Hz 时,波形如图 12-8-7 所示。

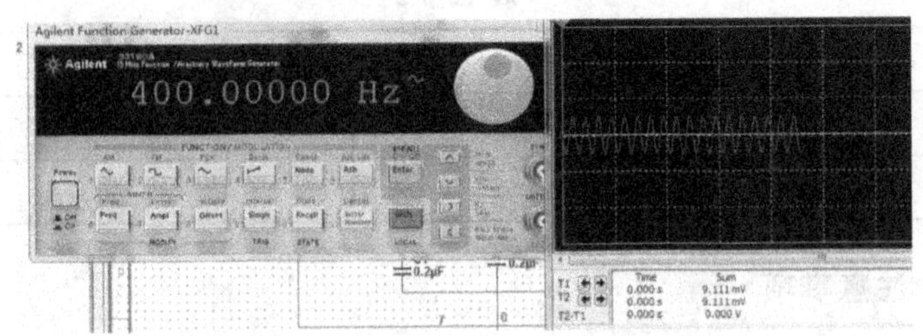

图 12-8-6

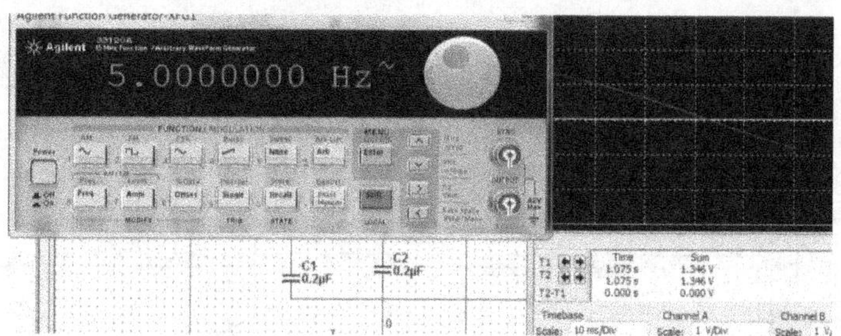

图 12-8-7

(2)高通滤波电路

测试电路图如下图 12-8-8 所示,按表 12-8-4 内容测量并记录。

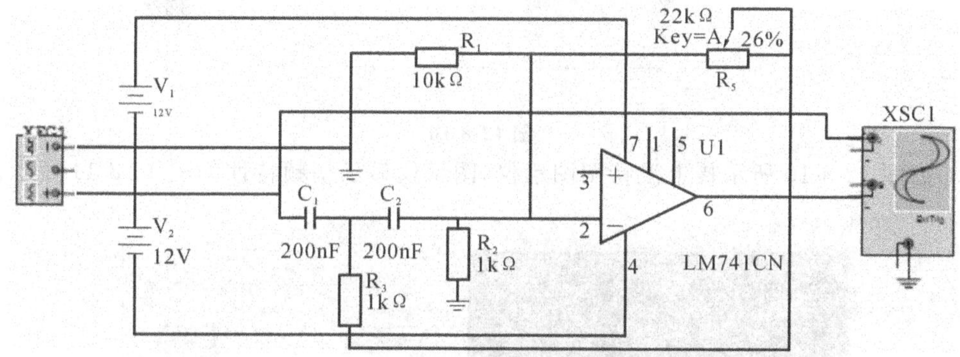

图 12-8-8　高通滤波电路

图 12-8-9

表 12-8-4

U_1/v	1	1	1	1	1	1	1	1	1	1
f/Hz	10	20	30	50	100	130	160	200	300	400
U_o/mv										

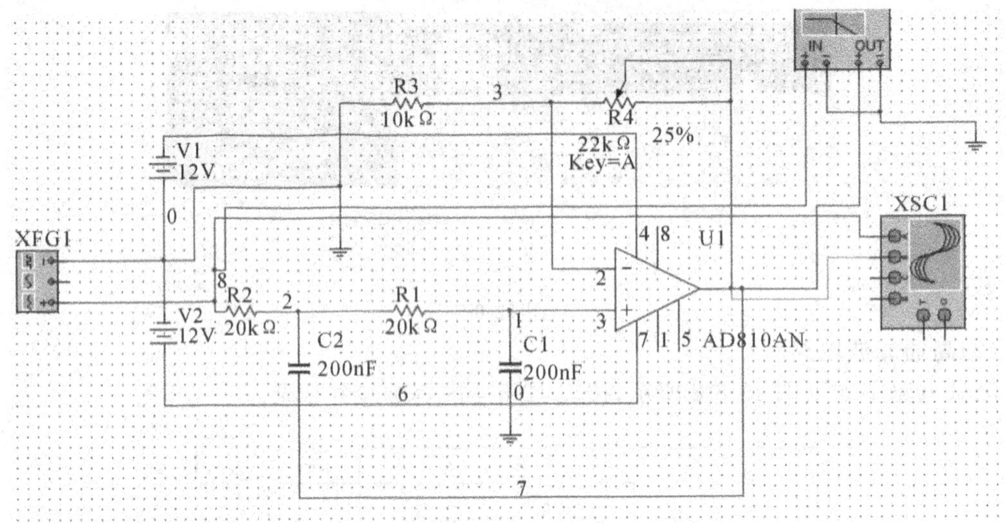

图 12-8-10

(3)如图 12-8-10 所示接上波特图图示仪,图示仪显示幅频特性如图 12-8-11 所示。

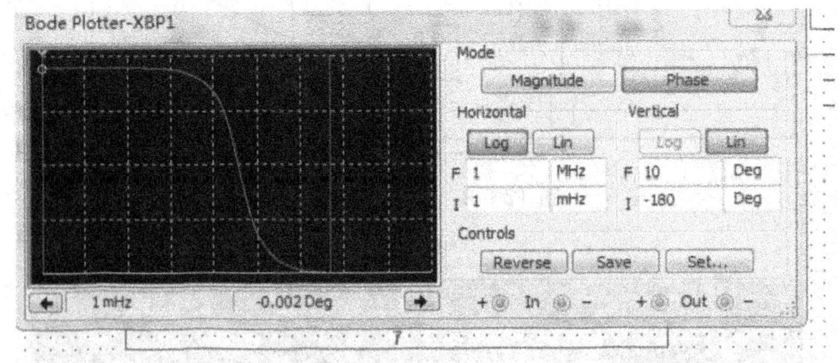

图 12-8-11

12-8-7 实验报告要求

(1)根据测试数据,分别绘制高通滤波电路及低通滤波电路的幅频特性。

12-9 整流滤波与并联稳压电路

12-9-1 实验目的

(1)学习用数字万用表判别二极管好坏和极性的方法。

(2)熟悉桥式整流、滤波及稳压电路。

12-9-2 实验原理

在电子电路中,通常都需要电压稳定的直流电源供应;大多数直流稳压电源由以下几个部分组成，各部分的作用如下：

(1)整流与滤波电路

外接交流电压通过电源变压器成为符合要求的交流电压 U_2，然后通过整流电路将该交流电压变换成脉动直流电压 U_D。脉动直流电压除了所需要的直流成分外，还包括交流成分。其输入电压与输出电压的关系分别是 $U_D=0.9U_2$（有效值）。经过滤波电路时，可将大部分交流成分滤去，从而波形变得比较平滑，其输入电压、输出电压之间的关系为 $U_C=(1.0\sim1.4)U_2$，空载时为 $U_C=\sqrt{2}U_2$。

(2)稳压电路

由整流滤波电路输出的直流电压稳定性较差，其不稳定因素有二个，一是交流电网的变化；二是整流电路有很大的内阻，当负载变化时，电流流经内阻会有很大的压降变化，这使输出电压随之有较大变化。采用稳压电路后输出电压的稳定性将大为改善，同时其波形也更为平滑。

测试电路如图 12-9-1 所示。

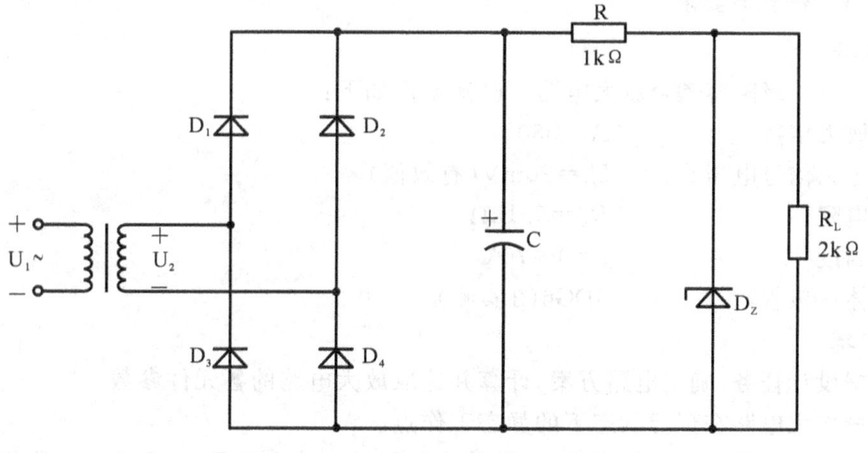

图 12-9-1　测试原理电路

12-9-3　实验仪器

双踪示波器	1 台
单相调压器	1 台
数字万用表	1 块
电源变压器	1 台

12-9-4　实验内容

(1)用数字万用表检查各元件好坏，判断二极管、稳压管的极性。

(2)按图 12-9-1 所示将整流部分、滤波部分及稳压部分电路组装好。

(3)检查电路无误后，接通电源。

(4)测量输入电压和输出电压。在不接和接上滤波电容 C 两种状态下，分别测量 U_1、U_2、U_D、U_C、U_R、U_L 值，将测量值记入表中(表格自行设计)。

12-9-5 实验注意事项

(1)不要用示波器观察市电电压 U_1、否则可能导致电源短路。

(2)测试过程中不要使负载短路。

12-9-6 实验报告要求

(1)整理测试数据并与 U_D、U_C 的理论值相比较。

(2)思考题：

根据图 12-9-1 所示电路，$U_1=220V$、$U_2=21V$、$R_L=2k\Omega$、$I_L=5mA$，考虑电网电压有的波动，试选择二极管、稳压管、估算限流电阻 R。

12-10 单级阻容耦合放大电路的设计

12-10-1 任务与要求

(1)任务

设计一个单级阻容耦合放大电路。已知条件如下：

电压放大倍数	$A_U \geqslant 50$
输入正弦信号电压	$U_i=20mV$(有效值)
负载电阻	$R_L=5.1k\Omega$
环境温度	$t=0\sim70℃$
半导体三极管	3DG6(β 实测)

(2)要求

①根据设计任务，确定电路方案，计算并选取放大电路的各元件参数。

②测量放大电路在现行状态下的静态工作点。

③测量该电路的主要性能指标：电压放大倍数 A_U，输入电阻 R_i 和输出电阻 R_0。

④观察因工作点设置不当而引起的放大器的非线形失真现象。

⑤测量放大电路的通频带。

12-10-2 实验原理

(1)共射极放大电路

①电路工作原理

图 12-10-1 所示的是应用较广泛的分压式偏置共射放大电路。其特点是利用分压式电阻固定 B 点电位；利用射极电阻 R_e 起的直流负反馈作用。

在满足

$$I_1 \gg I_B \begin{cases} I_1 = (5 \sim 10) I_B & \text{硅管} \\ I_1 = (10 \sim 20) I_B & \text{锗管} \end{cases} \tag{1}$$

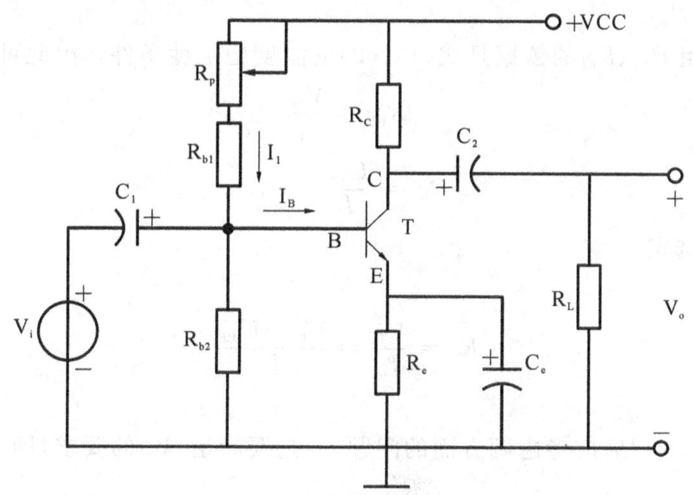

图 12-10-1　射极偏置电路

$$V_B \gg U_{BE} \begin{cases} V_B = (3 \sim 5)V & \text{硅管} \\ V_B = (1 \sim 3)V & \text{锗管} \end{cases} \tag{2}$$

的条件下，具有相当好的温度稳定性，这是最常用的一种稳定工作点的偏置电路。

②参数的确定与元件的选择

设计一个放大电路时，元件参数值的确定原则是既要考虑有合适的静态工作点，也要考虑是否满足电路的设计性能要求。对于图 12-10-1 所示放大电路，需要计算与选取的参数是 R_C、R_{b1}、R_{b2}、R_e、C_1、C_2、C_e 以及电源电压 U_{CC}。

(a)确定静态工作点(U_{CE}、I_C)。

考虑到电路在正常工作范围内应使输出电压幅度 U_{om} 足够大，同时在满足放大倍数的前提下，输出电压不应产生饱和失真，为此，管压降 U_{CE}应满足下列关系：

$$U_{CE} > U_{om} + U_{CES} \tag{3}$$

式中，$U_{om} = A_U \cdot U_{im} = A_u \cdot \sqrt{2} U_i$

U_{CES}为饱和压降，一般可取 1V。

选择 I_C(或 I_B)的原则是不会使放大电路产生失真。通常 I_C 可取为 1mA 左右。

(b)选择电源电压 U_{CC}。

从图 12-10-2 所示晶体管输出特性可知，Ucc 与 U_{CE}的关系近似为

$$U_{CC} > 2U_{CE} + V_E \tag{4}$$

式中 $V_E = V_B - U_{BE} \approx V_B$

V_B 由式(2)设定。

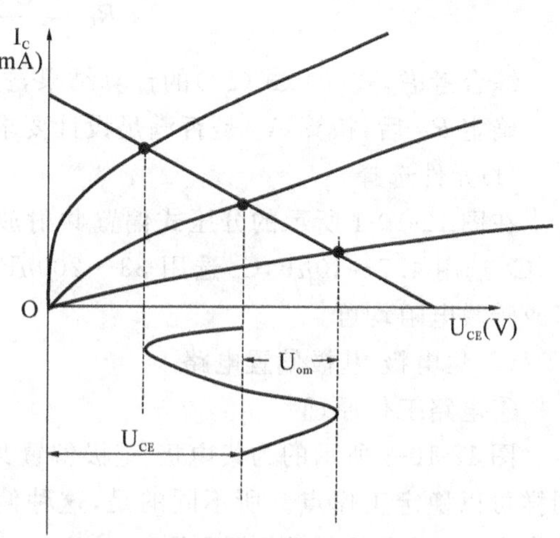

图 12-10-2　晶体管输出特性曲线

(c)确定 R_{b1}、R_{b2}。

确定偏置电阻 R_{b1}、R_{b2} 的依据是式(1)、(2)的温度稳定性条件。由此可知，

$$R_{b2}=\frac{V_B}{I_1} \tag{5}$$

$$R_{b1}=\frac{U_{CC}}{I_1}-R_{b2} \tag{6}$$

式中，I_1 由式(1)选定。

(d)确定 Re。

$$Re=\frac{V_E}{I_C}=\frac{V_B-U_{BE}}{I_C} \tag{7}$$

(e)确定 R_C。

选择集电极电阻 R_C 应考虑两方面的问题，一是要满足 A_U 的要求，即

$$\frac{\beta R'_L}{r_{be}}>|A_U| \tag{8}$$

或

$$R'_L>\frac{|A_U\cdot r_{be}|}{\beta} \tag{9}$$

式中，

$$r_{be}=300+(1+\beta)\frac{26(\text{mV})}{I_E(\text{mA})}$$

$$R_L'=R_L\ /\!/\ R_C(R_L\text{ 已知})$$

其次，要避免产生非线性失真。为此，在满足式(3)的条件下，先确定管压降 U_{CE}，再由电路求出

$$R_C=\frac{U_{CC}-U_{CE}-V_E}{I_C} \tag{10}$$

综合考虑，式(9)、式(10)的计算结果，选择合适的集电极电阻 R_C。

确定 R_C 后，核算 A_U 是否满足设计要求。

(f)元件选择

在图 12-10-1 所示的分压式偏置共射放大电路中，电容 C_1、C_2、C_e 均为电解电容，一般 C_1、C_2 选用 4.7～10μF，C_e 选用 33～200μF 均可满足要求。电阻 R_b、R_c、R_e 选用金属膜电阻或碳膜电阻均可。

(2)集电极-基极偏置电路

①电路工作原理

图 12-10-3 所示的为集电极-基极偏置共射放大电路。其特点是利用 Rb 的负反馈作用同样可以稳定工作点。所不同的是，这种偏置电路不适用于 R_c 很小的放大电路(如变压器耦合电路，请读者自行分析原因)。

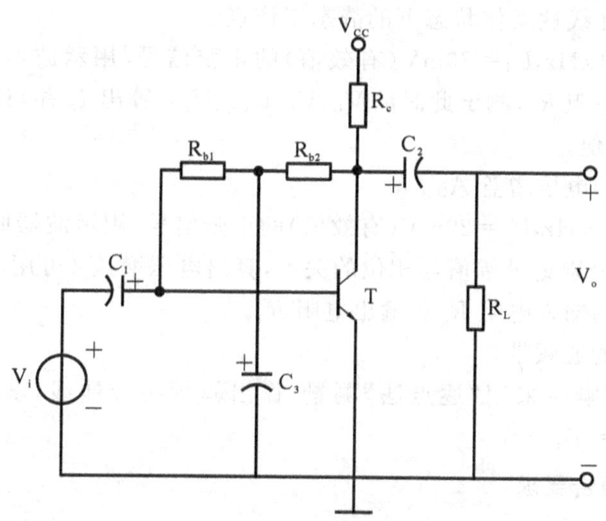

图 12-10-3 集电极-基极偏置电路

②参数的确定与元件的选择

在图 12-10-3 所示电路中，静态工作点(U_{CE}、I_C)与电源电压 Ucc 的选择原则均与 12-10-1 所示的相同，不另赘述。不同的有如下几点：

(a)确定 R_C。

选择电阻 R_C 同样要从两方面考虑。若从满足电压放大倍数$|A_u|$的要求估算 R_C，则要满足下列关系式：

$$R'_L > \frac{|A_u| \cdot r_{be}}{\beta} \tag{11}$$

式中 $R'_L = R_{b2} /\!/ R_C /\!/ R_L$。

若从避免产生非线性失真而选定的 U_{CE} 值式(3)来估算 R_C，则关系式为

$$R_C = \frac{U_{CC} - U_{CE}}{(1+\beta) I_B} \tag{12}$$

综合考虑式(11)和式(12)的计算结果，选择合适的 Rc 值。

(b)确定 R_b。

偏置电阻 R_b 的大小不但与工作点的稳定性有关，同时还与工作点的设置位置有关。若从提高工作稳定性来考虑，则 R_b 越小越好，但又必须保证正常工作所需的偏置电流 I_B。通常，R_b 由所需偏置电流 I_B 来决定。一般取 $R_b = (10 \sim 20) R_C$。图 12-10-3 所示电路其余电阻电容元件的选用原则与图 12-10-1 所示电路相同。

12-10-3 实验内容

(1)测试电路采用图 12-10-1 所示电路，根据已知条件和设计要求，计算元件参数，并在面包板上组装、连接电路，检查无误后，接通电源，进行测试。

(2)测量该电路在线性工作状态下的静态工作点。

输入端接入 $f=1\text{kHz}$,$U_i=20\text{mV}$(有效值)的正弦信号,用示波器观察输出电压 U_o 的波形,同时调节可调电阻 R_p,测试此时的 V_B、V_E、U_{CE}、U_{BE},算出 I_c 并与理论计算值比较。注意记录可调电阻的阻值。

(3)测量该电路的电压增益 A_U。

输入端接入 $f=1\text{kHz}$,$U_i=20\text{mV}$(有效值)的正弦信号,用示波器同时观察输入电压 U_i 和输出 U_o 的波形。分别记录幅值与相位的关系,算出电压增益(可用晶体管毫伏表测试)

(4)测量该电路的输入电阻 R_i 和输出电阻 R_o。

(5)测量该电路的通频带。

放大电路的幅频响应采用"逐点法"测量,作出幅频响应曲线,求出上、下限截止频率 f_H、f_L 和通频带 $B_W=f_H-f_L$。

12-10-4 实验报告要求

(1)电路的设计。

①简要说明电路的原理与优缺点。

②主要参数的计算与元器件的选择。

(2)电路的检测。

①静态工作点与主要性能指标 A_V、R_i、R_o 的计算。

②分析测试结果,分别与仿真值,理论值进行比较,分析误差原因。

(3)根据检测结果调整电路参数。

(4)列出所选元器件的参数。

第 13 章　数字电路基础实验

13-1　电路逻辑控制功能及测试

13-1-1　实验目的

(1)掌握 TTL 与非门电路逻辑功能。

(2)熟悉数字电路训练器及示波器的使用方法。

13-1-2　实验仪器及元件

集成与非门 74LS00　1 块

数字万用表　1 块

双踪示波器　1 台

13-1-3　实验内容

(1)XJ—17A 双踪示波器的使用练习

将 XJ—17A 的机内校准电压($U_{p\text{-}p}=2.0$V，$f=1$kHz 的方波)同时送到示波器 CH_1 和 CH_2 的通道。示波器主要旋钮的初始位置是：Y 轴灵敏度——0.2V/cm，时基速率——0.5ms/cm，触发源(SOURCE)——内触发(INT)。在示波器上读出波形的幅值和周期，并根据表 13-1-1 的内容记录所测波形。

表 13-1-1

示波器旋扭		波形
输入选择	DC	
	GND	
	AC	
输入模式	CH_1	
	CH_2	
	CHOP(或 ALT)	

*(2)测试和绘别 TTL 与非门的电压传输特性

①按图 13-1-1 所示接线。输入信号选择锯齿波，其 $f=500$Hz，$U_{ipp}=4$V 左右，将输入信号同时送到与非门输入端和示波器的 X 轴。

②将与非门的输出送到示波器的 Y 轴。

③将示波器置为 X-Y 显示方式，在荧光屏上观察与非门的电压传输特性。

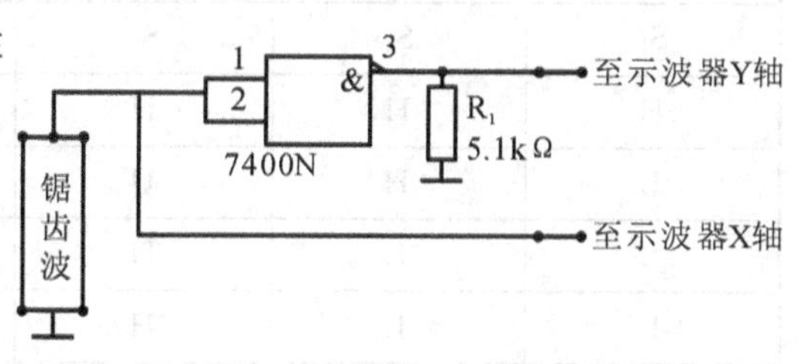

图 13-1-1　TTL 与非门的电压传输特性电路

④用坐标纸描绘出电压传输特性，并标出 U_{OH}、U_{OL}、U_{ON}、U_{OFF}。

(3)测试与非门的逻辑功能

①按图 13-1-2 所示接好电路，对照表 13-1-2 内容逐项检验与非门的逻辑功能。

表 13-1-2

A	B	L
0	0	1
0	1	1
1	0	1
1	1	0

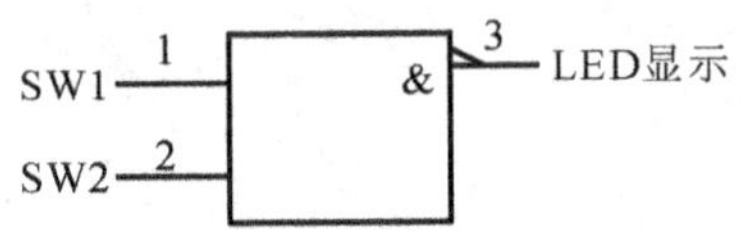

图 13-1-2　与非门的逻辑功能测试电路

②将图 13-1-2 所示电路的 SW_2 改接为 $f=1kHz$ 的方波，输出送示波器 Y 轴。当 $SW_1=1$ 时，记录下与非门输出端的波形。改接 $SW_1=0$，再次记录与非门输出端的波形。

13-1-4　测试注意事项

(1)TTL 集成与非门芯片 74LS00 的电源电压 $U_{CC}=+5V$，一般允许在 $\pm10\%$ 的范围内变化，不可超出过多。GND 接地，不要接错。

(2)TTL 与非门的闲置输入端可接高电平，不能接低电平。

(3)与非门的输出端不能并联使用，不能直接接 +5V 电源或接地。

(4)测试(3)中所描绘的波形，不仅要画出形状还要标出周期和幅值。

13-1-5　软件测试内容

(1)测试门电路的逻辑功能

①选用双四输入与非门 74LS20，如图 13-1-3 所示接线。其中，输入端 $S_1\sim S_4$（电平开关输出插口），输出端接电平显示灯泡（$D_1\sim D_4$ 任意一个）。

②电平开关按表 13-1-3 所示置位，分别测输出电压及逻辑状态。

表 13-1-3

输入				输出	
S_1	S_2	S_3	S_4	Y	电压/V
H	H	H	H		
L	H	H	H		
L	L	H	H		
L	L	H	L		
L	L	L	L		

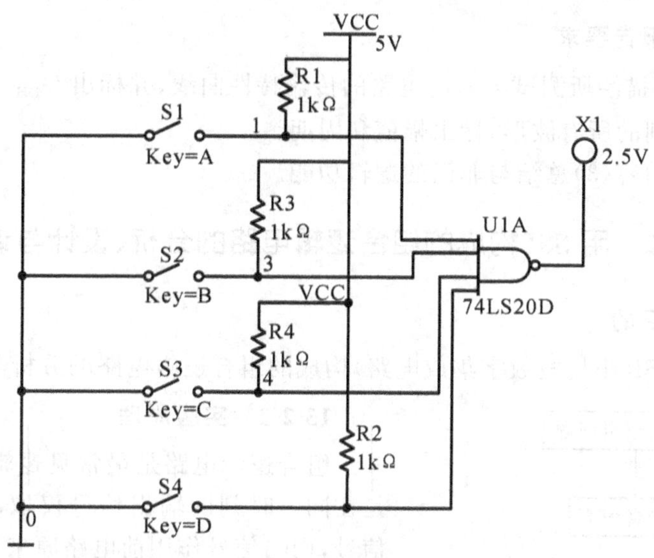

图 13-1-3　软件测试门电路的逻辑功能电路

(2)逻辑电路的逻辑关系

用 74LS00 按图 13-1-4 所示接线，将输入输出逻辑关系填入表 13-1-4 中。

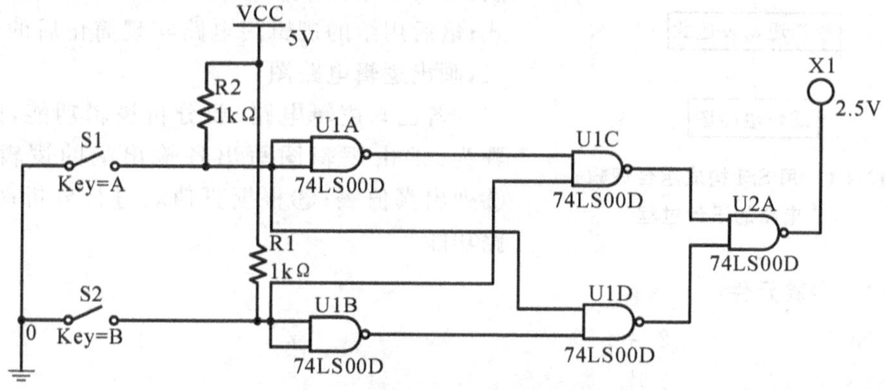

图 13-1-4　软件测试逻辑电路的逻辑关系

表 13-1-4

输入		输出
A	B	Y
L	L	
L	H	
H	H	
H	L	

13-1-6　实验报告要求

* (1)用坐标纸描绘所测试与非门电路的传输特性曲线,并标出 U_{OH}、U_{OL}、U_{ON}、U_{OFF}。

(2)绘制观察到的所有波形,标出幅值和周期。

(3)根据实验内容(3)总结与非门的逻辑功能。

13-2　用 SSI 构成的组合逻辑电路的分析、设计与调试

13-2-1　实验目的

加深理解用 SSI(小规模数字集成电路)构成的组合逻辑电路的分析与设计方法。

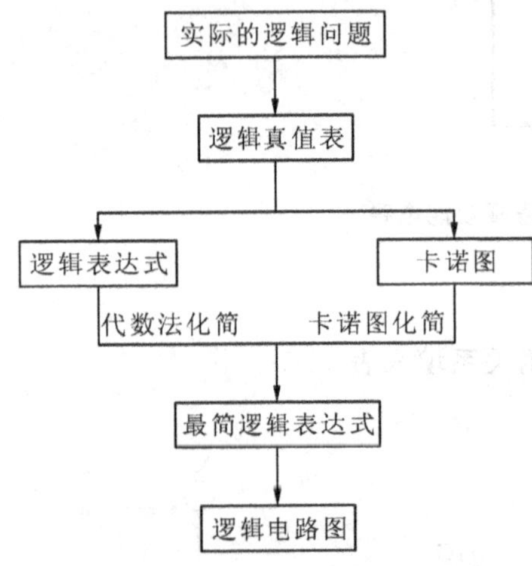

图 13-2-1　用 SSI 构成组合逻辑电路的设计过程

13-2-2　实验原理

组合逻辑电路是最常见逻辑电路之一,其特点是在同一时刻的输出信号仅取决于该时刻的输入信号,而与信号作用前电路原来所处的状态无关。

组合逻辑电路的设计步骤如图 13-2-1 所示,先根据实际的逻辑问题进行逻辑抽象,定义逻辑状态的含意;然后按照给定事件因果关系列出逻辑真值表;再用卡诺图或代数法化简,求出最简逻辑表达式;最后用给的逻辑门电路实现简化后的逻辑表达式,画出逻辑电路图。

若已知逻辑电路,要分析逻辑功能,则分析步骤为:①由逻辑图写出各输出端的逻辑表达式;②列出真值表;③根据真值表进行分析;④确定电路功能。

13-2-3　实验元件

74LS00　　2 片

74LS10　　2 片

13-2-4　实验内容

(1)设计一个能判断一位二进制数 A 和 B 大小的比较电路。画出逻辑图(用 L_1、L_2、L_3 分别表示 3 种状态,即 $L_1(A>B)$,$L_2(A<B)$,$L_3(A=B)$。

把 A,B 分别接至数据开关,L_1,L_2,L_3 接至逻辑显示器(灯)。将测试结果记入表 13-2-1中。

(2)如图 13-2-2 所示,设 A,B 为数据选择控制端,D_1,D_2,D_3 为数据输入端,L 为输出端,试设计一具有表 13-2-2 所示功能的数据选择器。

表 13-2-1

A	B	L_1(A>B)	L_2(A<B)	L_3(A=B)
0	0			
0	1			
1	0			
1	1			

A,B 接至数据开关,D_1 接至高电平,D_2、D_3 分别接不同频率的方波。试用手拨动数据开关,改变 A,B 状态,用示波器观测并记录输出端的波形。

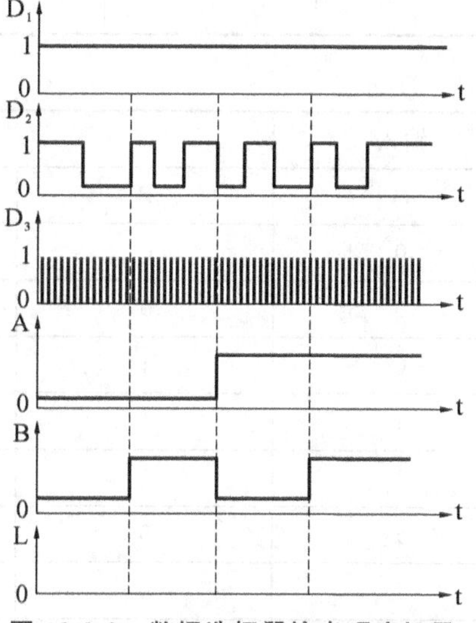

图 13-2-2 数据选择器输出观察记录

13-2-5 测试注意事项

TTL 与非门多余的输入端可接高电平,以防引入干扰。

13-2-6 软件测试内容

(1)取用元件。

具体见 5-2。

(2)用两片 74LS00 芯片,连接如图 13-2-3 所示的组合逻辑电路,改变 A、B、C 的状态,将发光二极管的状态记录到表 13-2-3 中("1"代表亮,"0"代表灭)。

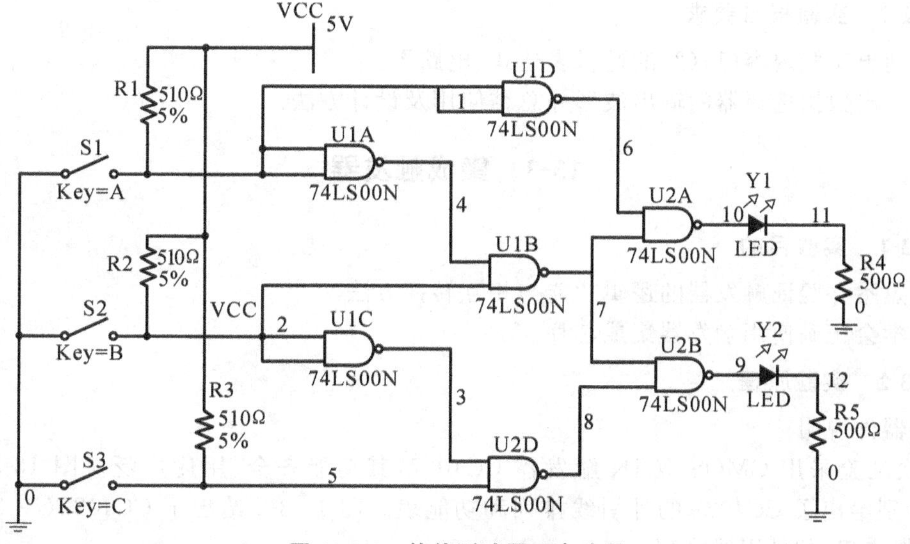

图 13-2-3 软件测试原理电路图

表 13-2-2

地址输入端		数据输出
A	B	L
0	0	0
0	1	D_1
1	0	D_2
1	1	D_3

表 13-2-3

输入	输出			
A	B	C	Y_1	Y_2
0	0	0		
0	0	1		
0	1	1		
1	1	1		
1	1	0		
1	0	0		
1	0	1		
0	1	0		

13-2-7 实验报告要求

(1)列出实验内容(1)(2)的逻辑表达式、电路图。

(2)绘出数据选择器的输出波形并总结使用及设计方法。

13-3 集成触发器

13-3-1 实验目的

(1)熟悉并验证触发器的逻辑功能与相互转换方法。

(2)学会正确使用触发器集成芯片。

13-3-2 实验原理

(1)器件说明

本次试验采用 CMOS 双 JK 触发器 CC4027,其功能齐全、用途广泛。图 13-3-1 和表 13-3-1分别给出了 CC4027 的外引线排列和功能表。图 13-3-2 给出了 CC4023(三 3 输入端 CMOS 与非门)的外引线排列。

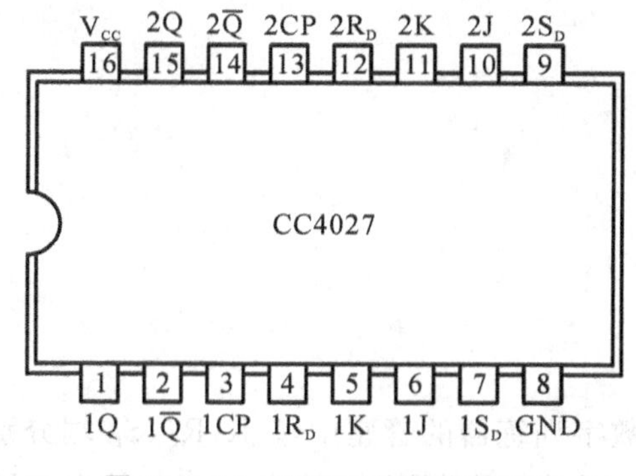

图 13-3-1 CC4027 外引线排列

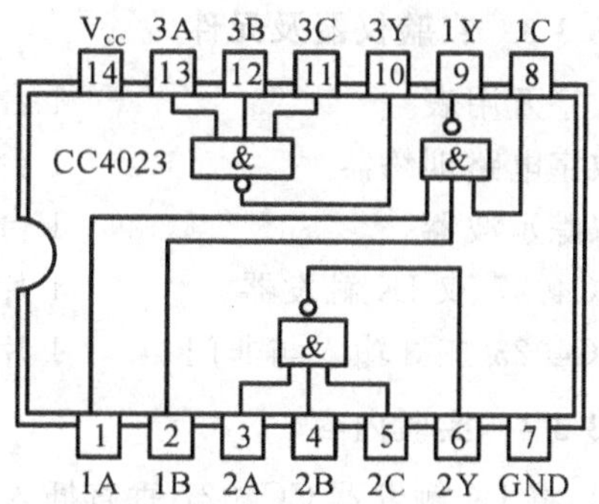

图 13-3-2 CC4023 外引线排列

表 13-3-1

现在状态					CP	下一个状态	
输入				输出		输出	
J	K	S_D	R_D	Q_n		Q_{n+1}	$\overline{Q}_{n+1}$
1	×	0	0	0	↑	1	0
×	0	0	0	1	↑	1	0
0	×	0	0	0	↑	0	1
×	1	0	0	1	↑	0	1
×	×	0	0	×	↓	Q_n	$\overline{Q}_n$
×	×	1	0	×	×	1	0
×	×	0	1	×	×	0	1
×	×	1	1	×	×	1	1

(2)用 JK 触发器设计简单的时序逻辑电路

触发器是构成各种时序逻辑电路的基本单元。一般同步时序逻辑电路的设计步骤大致如下：

①根据给定的工作波形，确定计数器进制数 N，从而确定触发器数目 n，一般应满足：$2^{n-1} < N < 2^n$。

②列出计数器状态表。

③由选用的 JK 触发器逻辑功能求出激励表。

④由状态表和激励表用卡诺图化简，得各触发器输入端和原态 Q^n 之间的逻辑表达式(即驱动方程)。

⑤按驱动方程画计数器的原理图。

参照以上步骤，自己设计实验内容中要求的电路。

13-3-3 实验仪器及元件

数字万用表	1台
数字电路训练器	1台
双踪示波器	1台
CC4027 双 JK 触发器	1片
CC4023 三 3 输入与非门	1片

13-3-4 实验内容

(1)将 JK 触发器 CC4027 垂直插入 ELA-D 数字训练器的管座中,J、K、R_D、S_D 端分别接数据开关 SW_1～SW_4,输出端 Q 接 LED 显示,CP 用手动单次脉冲,按表 13-3-1 的内容逐项检验 JK 触发器 CC4027 的逻辑功能。

(2)将两个 JK 触发器连接起来,即 1Q 接 2J 和 2K;CP 都选用 ELA-D 训练器上 1kHz 方波。1J 和 1K 接高电平,S_D、R_D 接低电平,用示波器观察并记录 JK 触发器输出波形 1Q、2Q 及 CP 波形,理解二分频和四分频的概念。

(3)用双 JK 触发器构成同步三分频电路(电路由读者先设计好),用示波器观察和记录 CP、1Q、2Q 波形。

*(4)设计时序脉冲控制器,要求其输出如图 13-3-3 所示。用示波器观察和记录 CP、1Q、2Q 以及 L 的波形。

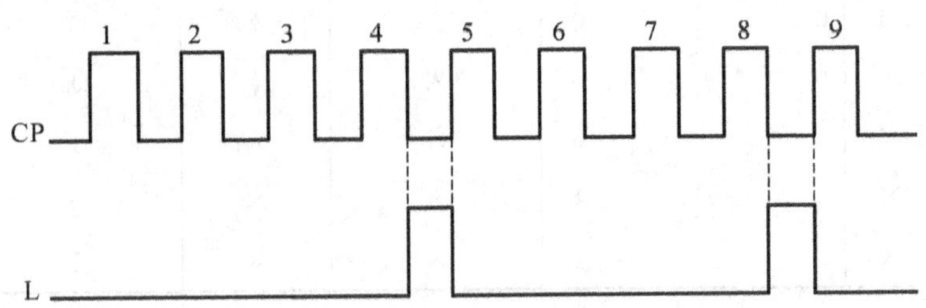

图 13-3-3 时序脉冲控制器波形

13-3-5 实验注意事项:

(1)严格遵守 CMOS 集成电路的使用规则。

(2)用示波器观察 3 个以上电压波形的时序关系,选用频率最低的电压作为同步电压。

13-3-6 实验报告要求

(1)绘出实验内容(2)和(3)中 CP、1Q、2Q 的电压波形,标出幅值和周期。

*(2)根据实验内容(4),画出自己设计的同步时序逻辑控制器的逻辑电路图,并绘出 CP、1Q、2Q 以及 L 的波形,标出幅值的周期。

(3)思考题:利用 CC4023 及 CC4027 将 JK 触发器转换成 D 触发器,画出设计的电路图。

13-4 计数器和寄存器

13-4-1 实验目的

(1)学习计数器 74LS93 的使用。

(2)掌握移位寄存器 74LS194 的逻辑功能。

13-4-2 实验原理

(1)计数器

计数器 74LS93 是 4 位二进制计数器。计数频率最高可达 16MHz。它包括了 4 个主从 JK 触发器和附加门,是二-八进制的计数器。当 CP 从 CP_0 输入,输出 Q_0 接 CP_1 时,这就构成了十六进制计数器,其功能和计数时序分别如表 13-4-1 和表 13-4-2 所示,其外引线排列如图 13-4-1 所示。

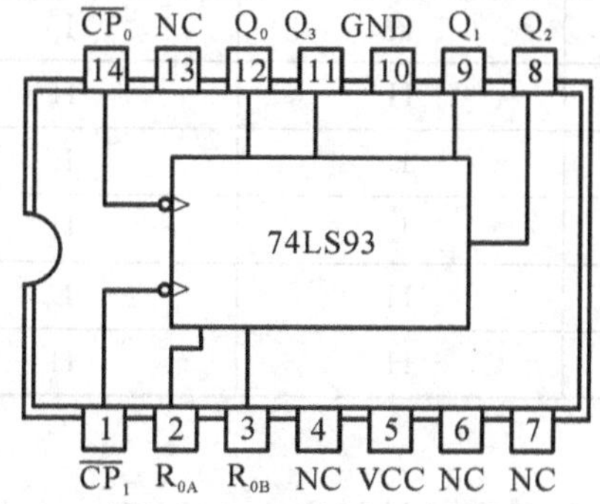

图 13-4-1 74LS93 外引线排列

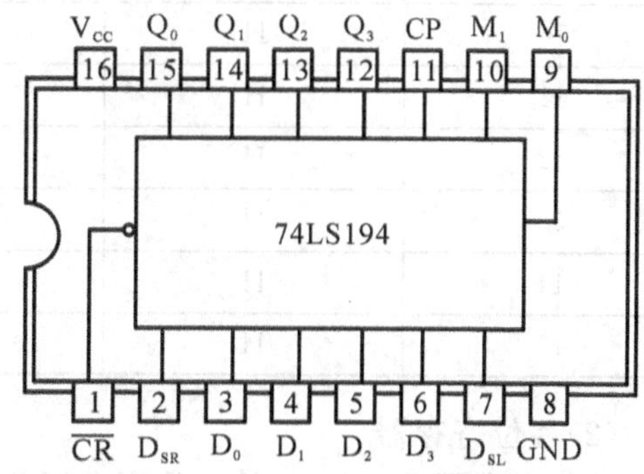

图 13-4-2 74LS194 外引线排列

表 13-4-1

CP	输入		输出			
	R_{0A}	R_{0B}	Q_3	Q_2	Q_1	Q_0
X	H	H	L	L	L	L
↓	L	X	计数			
↓	X	L	计数			

表 13-4-2

计数	输出			
	Q_3	Q_2	Q_1	Q_0
0	L	L	L	L
1	L	L	L	H

续表 13-4-2

计数	输出			
	Q_3	Q_2	Q_1	Q_0
2	L	L	H	L
3	L	L	H	H
4	L	H	L	L
5	L	H	L	H
6	L	H	H	L
7	L	H	H	H
8	H	L	L	L
9	H	L	L	H
10	H	L	H	L
11	H	L	H	H
12	H	H	L	L
13	H	H	L	H
14	H	H	H	L
15	H	H	H	H

(2)移位寄存器

移位寄存器 74LS194 是 4 位双向通用移位寄存器，最高时钟频率为 36MHz。它具有保持、并行输出、左移和右移的功能。这些功能均通过模式控制端 M_1，M_0 来确定。在 D_0、D_1、D_2、D_3 端输入 4 位二进制数，该 4 位二进制数同步并行输入寄存器。若 $M_1=M_0=1$ 时，当 CP 到来后，在 CP 上升沿的作用下，4 位二进制数并行输出。若 $M_1=0$，$M_0=1$，则该 4 位二进制数被串行送入到右移数据输入端 D_{SR}，在 CP 上升沿作用下，同步右移，若 $M_1=1$，$M_0=0$，数据同步左移；若 $M_1=M_0=0$，寄存器保持原状态。

74LS194 的外引线排列如图 13-4-2 所示。其控制模式和功能表如表 13-4-3 和表 13-4-4 所示。

表 13-4-3

M_1	M_0	功能
0	0	保持
0	1	右移
1	0	左移
1	1	并行

表 13-4-4

输入							输出	功能
CR	M_1	M_0	CP	D_{SL}(左移)	D_{SR}	D_0 D_1 D_2 D_3	Q_0 Q_1 Q_2 Q_3	
L	X	X	X	X	X	X X X X	L L L L	清零
H	X	X	L	X	X	X X X X	Q_{0n} Q_{1n} Q_{2n} Q_{3n}	保持
H	H	H	↑	X	X	d_0 d_1 d_2 d_3	d_0 d_1 d_2 d_3	送数
H	L	H	↑	X	H	X X X X	H Q_{0n} Q_{1n} Q_{2n}	右移
H	L	H	↑	X	L	X X X X	L Q_{0n} Q_{1n} Q_{2n}	右移
H	H	L	↑	H	X	X X X X	Q_{1n} Q_{2n} Q_{3n} H	左移
H	H	L	↑	L	X	X X X X	Q_{1n} Q_{2n} Q_{3n} L	左移
H	L	L	↑	X	X	X X X X	Q_{0n} Q_{1n} Q_{2n} Q_{3n}	保持

13-4-3 实验元器件

移位寄存器　　74LS194　　1 片

计数器　　74LS93　　1 片

13-4-4 实验内容

(1)参照表 13-4-2 所示功能,测试计数器 74LS93 的计数器功能。Q_3～Q_0 接 LED 显示,CP 接 1Hz 方波。

(2)参照表 13-4-4 所示功能,测试移位寄存器 74LS194 的逻辑功能。Q_0～Q_3 接 LED 显示,CP 接手动单次脉冲或 1Hz 方波,M_1、M_0 接 SW_1、SW_2。

(3)如图 13-4-3 所示的为移位寄存器构成的环形计数器。选单次手动脉冲或 1Hz 方波作为 CP 的输入,D_0～D_3 用 SW_1～SW_4 分别预置二进制数 0001、0101、0111,观察数据的循环过程。

13-4-4 实验注意事项

(1)集成芯片 74LS93 的电源和地与大多数集成芯片不同。它的正电源为第 5 脚,而接地端为第 10 脚,使用时要特别注意,以免接错,造成器件损坏。

(2)图 13-4-3 所示寄存器环形计数器在循环前必须预置一个初始状态(即被循环的二进制数)。所以,必须先使 $M_0=M_1=1$,让初始状态并行输出到 Q_0～Q_3,然后改变 M_1 电平,进行循环。

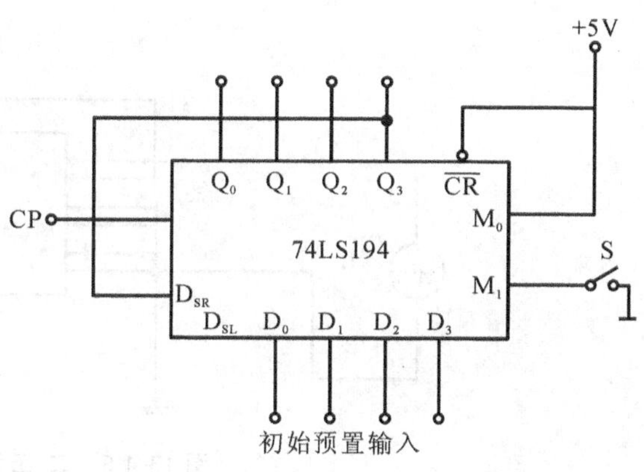

图 13-4-3　移位寄存器型环形计数器

13-4-5 软件测试内容

(1)集成计数器 74L90 的功能测试

①连接如图 13-4-4 所示电路，改变 74LS90 管脚 2、3、6、7 即 $R_{o(1)}$、$R_{o(2)}$、$R_{9(1)}$、$R_{9(2)}$ 各输入量状态，验证其计数功能，并记录在表 13-4-5 中。

②图 13-4-5 所示电路为二-五混合进制电路图，连接电路，在单脉冲 CP 的作用下，观察数码显示器的变化，验证其功能，并做记录，画出电路的功能表。

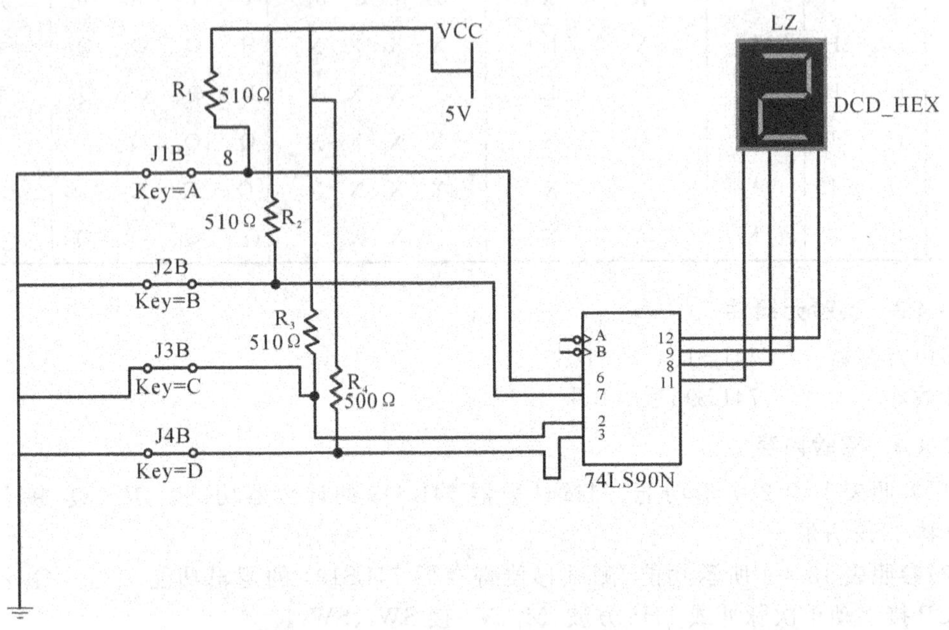

图 13-4-4 集成计数器 74LS90 功能测试电路

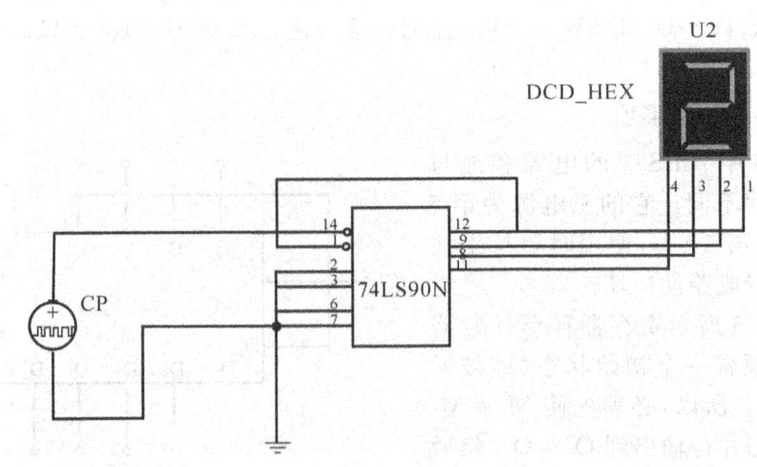

图 13-4-5 二-五混合进制电路

表 13-4-5

$R_{0(1)}$	$R_{0(1)}$	$S_{9(1)}$	$S_{9(1)}$	输出			
				Q_D	Q_C	Q_B	Q_A
H	H	L	X				
H	H	X	L				
X	X	H	H				
L	X	L	X				
X	L	L	X				

(2)任意进制计数器设计方法

图 13-4-6 所示的为六进制计数器接线图，采用脉冲反馈法（通过 $R_{0(1)}$、$R_{0(2)}$ 复位）即计数到 M（5 脚，图中未画出）时异步清零，这时，连接电路进行证明。

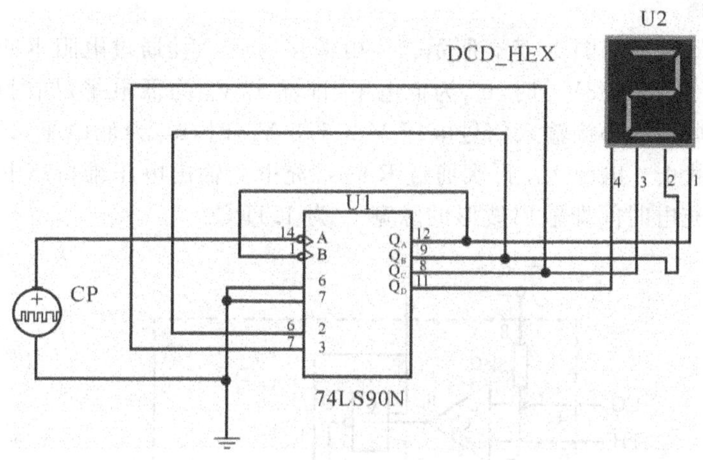

图 13-4-6 六进制计数器电路

13-5 555 集成定时器及应用

13-5-1 实验目的

(1)熟悉 555 集成定时器的组成及工作原理。

(2)掌握用定时器构成单稳态电路、多谐振荡器和施密特触发器等。

(3)学习用示波器对波形进行定量分析，测量波形的周期、脉宽和幅值等。

13-5-2 实验原理

(1)555 集成定时器简介

555 定时器是模拟功能和数字逻辑功能相结合的一种双极型中规模集成定时器件。外加电阻、电容可以组成性能稳定而精细的多谐振荡器、单稳态电路、施密特触发器等，应用十分广泛。

555 定时器的内部原理框图和外引线排列图如图 13-5-1 所示。它是由上、下两个电压比较器、3 个 5kΩ 电阻、1 个 RS 触发器，1 个放电三极管以及功率输出级组成。上比较器 C_1 的同相输入端即 555 芯片的 5 脚接到由 3 个 5kΩ 电阻组成的分压网络的 $2/3U_{CC}$ 处(5 也称控制电压端)，反相输入端即 555 芯片的 6 脚为阈值电压输入端。下比较器 C_2 的反相输入端接到分压电阻支路的 1/3 处，同相输入端 2 为触发电压输入端，用来启动电路。两个比较器的输出端控制 RS 触发器。RS 触发器设置有复位端，当复位端处于低电平时，输出 3 为低电平。控制电压端 5 脚是上比较器的基准电压端，通过外接元件或电压源可改变控制端的电压值，即可改变上、下比较器的参考电压。不用时可将它与地之间接一个 0.01μF 的电容，以防止干扰电压引入。555 的电源电压范围是＋4.5～＋18V，输出电流可达 100～200mA，能直接驱动小型电机、继电器和低阻抗扬声器。

(2)555 定时器的应用

①单稳态电路。

单稳态电路的组成如图 13-5-2 所示。当电源接通后，V_{CC} 通过电阻 R 向电容 C 充电，待电容上电压 U_C 上升到 $2/3V_{CC}$ 时，u_{C1} 为低电平，即输出 V_o 为低电平，同时电容 C 通过三极管放电。当触发端 2 的外接输入信号电压 $V_i<1/3\ V_{CC}$ 时，u_{C2} 为低电平，即输出 V_o 为高电平，同时，三极管截止。电源 V_{CC} 再次通过 R 向 C 充电。输出电压维持高电平的时间取决于 RC 的充电时间，充电时间即输出波形的脉宽 t_{po} 为 1.1RC。

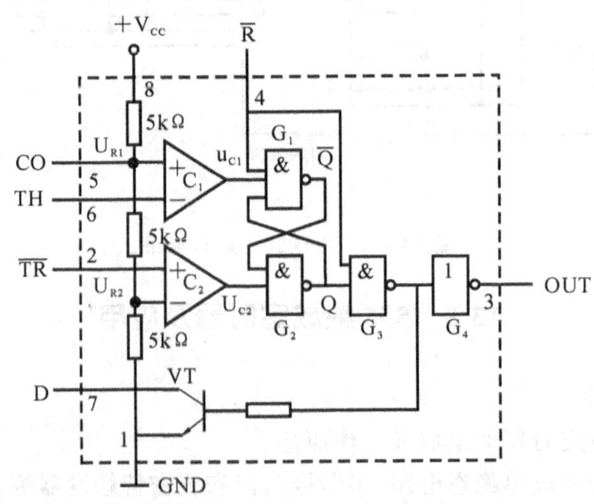

图 13-5-1　555 集成定时器内部原理框图

一般 R 取 1kΩ～10MΩ，C＞1000pF。

值得注意的是：2 脚输入电压 V_i 的重复周期必须大于 t_{po}，才能保证每一个正倒置脉冲起作用。单稳态电路的暂态时间与 V_i 无关。因此，用 555 定时器组成的单稳态电路可以作为精密定时器。

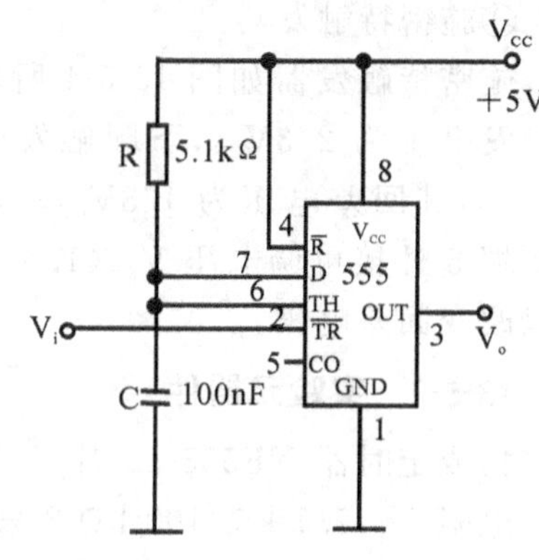

图 13-5-2　单稳态电路

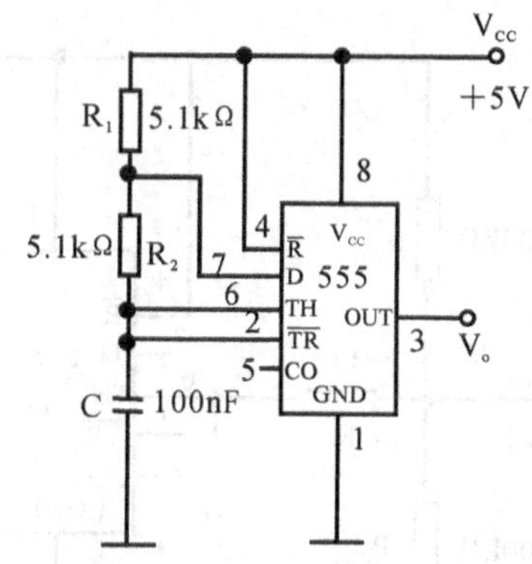

图 13-5-3　多谐振荡器

②多谐振荡器。

多谐振荡器如图 13-5-3 所示。电源接通后，$U_C=2/3V_{CC}$时，阀值输入端 6 脚受到触发，上比较器输出 u_{C1} 为低电平，即输出 V_o 为低电平，同时放电管导通，电容 C 通过 R_2 放电；当电容上电压 U_C 放电至 $1/3V_{CC}$，即 2 脚的电压小于 $1/3V_{CC}$时，下比较器工作，u_{C2} 为低电平，输出 V_o 为高电平，C 放电终止，又重新开始充电。周而复始，形成振荡。其振荡周期与充放电的时间如下。

充电时间：
$$t_{PH}=(R_1+R_2)C\ln\left(\frac{U_{CC}-\frac{2}{3}U_{CC}}{U_{CC}-\frac{1}{3}U_{CC}}\right)\approx 0.7(R_1+R_2)C$$

放电时间：
$$t_{PL}=R_2C\ln\left(\frac{U_{CC}-\frac{2}{3}U_{CC}}{U_{CC}-\frac{1}{3}U_{CC}}\right)\approx 0.7R_2C$$

振荡周期：
$$T=t_{PH}+t_{PL}\approx 0.7(R_1+2R_2)C$$

震荡频率：
$$f=\frac{1}{T}=\frac{1}{t_{PH}+t_{PL}}\approx\frac{1.44}{(R_1+2R_2)C}$$

占空系数：
$$D=\frac{t_{PH}}{T}=\frac{R_1+R_2}{R_1+2R_2}$$

当 $R_2\gg R_1$ 时，占空系数似为 50%。

该电路的最高输出频率为 200kHz。

由上分析可知：

(a)电路的振荡周期 T、占空系数 D，仅为外接元件 R_1、R_2 和 C 有关，不受电源电压变化的影响。

(b)改变 R_1、R_2，即可变占空系数，其值可在较大范围内调节。

(c)改变 C 的值，可单独改变周期，而不影响占空系数。

另外，复位端 4 也可输入一控制信号。复位端 4 为低电平时，电路停振。

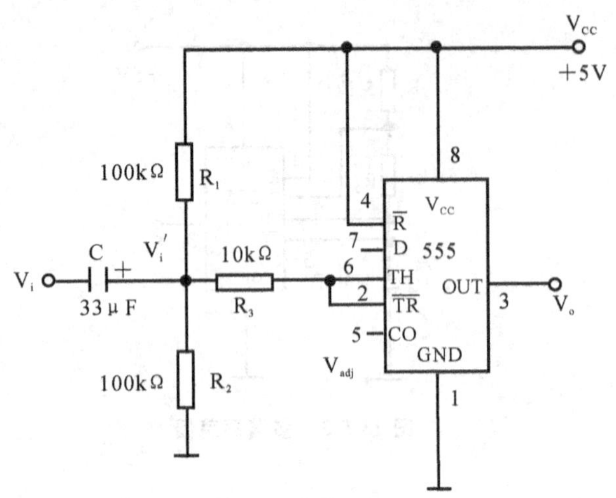

图 13-5-4 施密特触发器

③施密特触发器

施密特触发器如图 13-5-4 所示。上限触发电平为 $2/3V_{CC}$，下限触发电平为 $1/3V_{CC}$，其回差电压为 $1/3V_{CC}$。在电压控制端 5 外接可调电压 V_{adj}(1.5～5V)，可以改变回差电压。

13-5-3 实验元器件

集成定时器 NE555 1 片

电阻 5.1 kΩ、100 kΩ 2 只；
10 kΩ 1 只

电容 0.1μF 1 只；33μF 1 只

13-5-4 实验内容

(1)用 555 集成定时器构成单稳态电路，按图 13-5-2 所示接线。当 $R=5.1\text{k}\Omega$，$C=0.1\mu\text{F}$ 时，合理选择输入信 V_i 的频率和脉宽，以保证 $T>t_{PO}$，使每一个正倒置的脉冲起作用。加输入信号后，用示波器观察 V_i、U_c 以及 V_0 的电压波形，比较它们的时序关系，绘出波形，并在图中标出周期、幅值、脉宽。

(2)在图 13-5-3 中，若固定 $R_1=R_2=5.1\text{k}\Omega$，$C=0.1\mu\text{F}$ 时，用示波器观察并描绘 V_o 和 U_c 波形的幅值，周期以及 t_{PH} 和 t_{PL}，标出 U_c 各转折的电平。

(3)按图 13-5-4 所示电路组成施密特触发器。输入电压为 $V_{Ipp}=3\text{V}$，$f=1\text{kHz}$ 的正方波。用示波器观察并描绘 V_i' 和 V_0 的波形。注明周期和幅值，并在图上直接标出上限触发电平、下限触发电平，算出回差电压。

*(4)图 13-5-4 所示电路中，在电压控制端 5 分别外接 2V、4V 电压，在示波器上观察该电压对输出波形的脉宽、上限触发电平、下限触发电平及回差电压有何影响。

13-5-5 实验注意事项

(1)单稳态电路的输入信号选择要特别注意。V_i 的周期 T 必须大于 V_0 脉宽 t_{PO}，并且低电平的宽度要小于 V_0 的脉宽 t_{PO}。

(2)所有需绘制的波形图要按时间坐标对应描绘，并且要正确的选择示波器的 AC、DC 输入方式，才能正确描绘出所有波形的实际面貌。按要求在图中标出周期，脉宽以及幅值等。

13-5-6 实验报告要求

(1)整理实验数据，绘制实验内容中所要求画的波形，并整理波形的周期、脉宽和幅值。

(2)从频率、幅值、占空比等几方面总结单稳态电路实验中输入信号的选择。

13-6　译码器和数据选择器

13-6-1　实验目的

(1)熟悉集成译码器。

(2)了解数据选择器。

13-6-2　实验原理

(1)译码是编码的逆过程。它的功能是对具有特定含义的二进制码进行辨别,并转换成控制信号,具有译码功能的逻辑电路称为译码器。

(2)数据选择是指经过选择,把多个通道的数据传送到唯一的公共数据通道上去。实现数据选择功能的逻辑电路称为数据选择器。

13-6-3　实验仪器及元器件

数字万用表　1台

双踪示波器　1台

数字电路训练器　1台

集成块:74LS139 2-4线译码器　1片

74LS153双4选1数据选择器　1片

74LS00四2输入与非门　1片

13-6-4　软件测试的内容

(1)译码器功能测试

将74LS139译码器按图13-6-1所示接线,按表13-6-1输入电平,分别置位,填输出状态表。

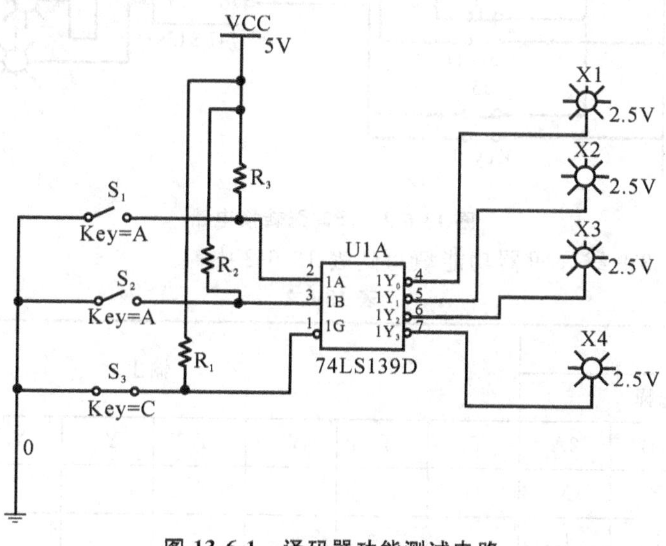

图13-6-1　译码器功能测试电路

表 13-6-1

输入			输出			
使能	选择					
G	B	A	Y_0	Y_1	Y_2	Y_3
H	X	X				
L	L	L				
L	L	H				
L	H	L				
L	H	H				

(2)译码器转换

将双 2-4 线译码器转换为 3-8 线译码器。

①画出转换电路图，如图 13-6-2 所示。

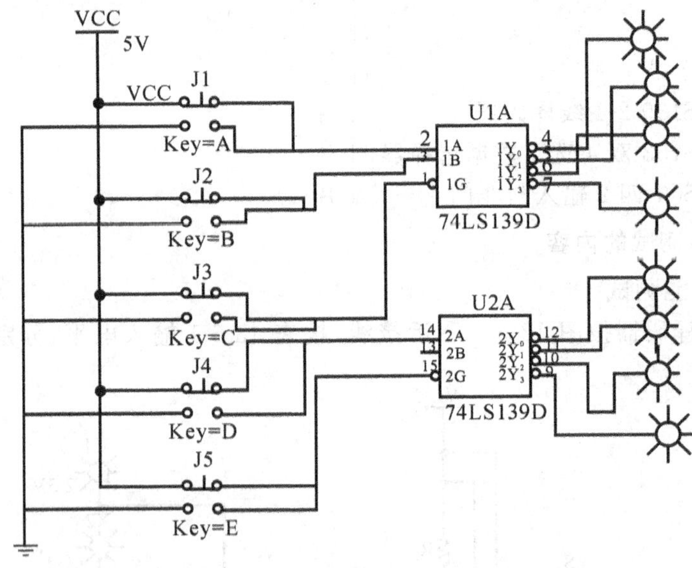

图 13-6-2　译码器转换电路

②设计并将该 3-8 线译码器功能填写到表 13-6-2 中。

表 13-6-2

输入				输出							
使能	选择										
G	1A	1B	2A	Y_0	Y_1	Y_2	Y_3	Y_4	Y_5	Y_6	Y_7
H	X	X	X								
L	L	L	L								

续表 13-6-2

输入				输出							
使能	选择										
G	1A	1B	2A	Y_0	Y_1	Y_2	Y_3	Y_4	Y_5	Y_6	Y_7
L	L	L	H								
L	L	H	L								
L	L	H	H								
L	H	L	L								
L	H	L	H								
L	H	H	L								
L	H	H	H								

(3)数据选择器的功能及应用

将双 4 选 1 数据选择器 74LS153 参照图 13-6-3 所示接线，测试其功能并将结果填写到表 13-6-3 中。

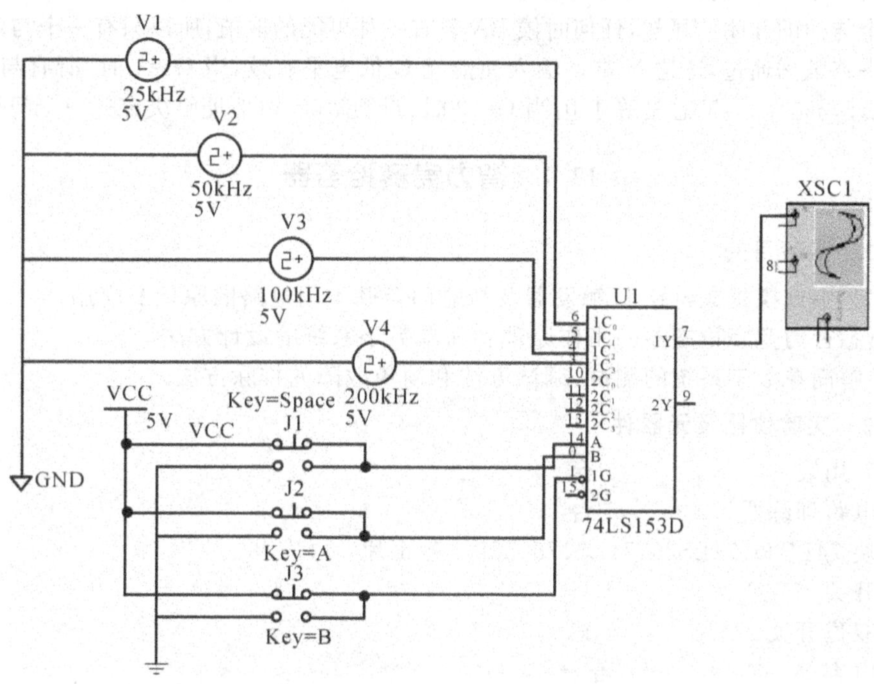

图 13-6-3　数据选择器应用电路

表 13-6-3

选择端		数据输出端				输出控制	输出
B	A	C_0	C_1	C_2	C_3	G	Y
X	X	X	X	X	X	H	
L	L	L	X	X	X	L	
L	L	H	X	X	X	L	
L	H	X	L	X	X	L	
L	H	X	H	X	X	L	
H	L	X	X	L	X	L	
H	L	X	X	H	X	L	
H	H	X	X	X	L	L	
H	H	X	X	X	H	L	

①将脉冲信号源中 4 个不同频率的信号接到数据选择端 4 个输入端，将选择端置位，使输出端可分别观察到 4 种不同频率脉冲信号。

②分析上述测试结果并总结数据选择器作用。

为了对 4 个数据选择，使用两位地址码 BA 产生 4 个地址信号，由 BA 等于 00、01、10、11 分别控制 4 个与门的开闭。显然，任何时候 BA 只有一种可能的取值，所以只有一个与门打开，使对应的那一路数据通过，送达 Y 端。输入使能端 G 低电平有效，当 G=1 时，所有与门都被封锁，无论地址码是什么，Y 总是等于 0，当 G=0 时，封锁解除，由地址码决定哪一个门打开。

13-7 智力竞赛抢答器

13-7-1 实验目的

(1)熟悉中规模集成电路 D 触发器及与非门等基本门电路的原理及应用。

(2)熟悉智力竞赛抢答器的工作原理和简单数字系统的设计方法。

(3)了解简单数字系统的测试、调试方法和简单故障的排除方法。

13-7-2 实验仪器及元器件

数字万用表　　1 台

数字电路训练器　　1 台

集成块 74LS00、74LS20、74LS175、555　各 1 片

按钮开关　　4 只

双刀双位开关　　1 只

电阻电容　　若干

13-7-3 实验内容

(1)参考电路如图 13-7-1 所示。

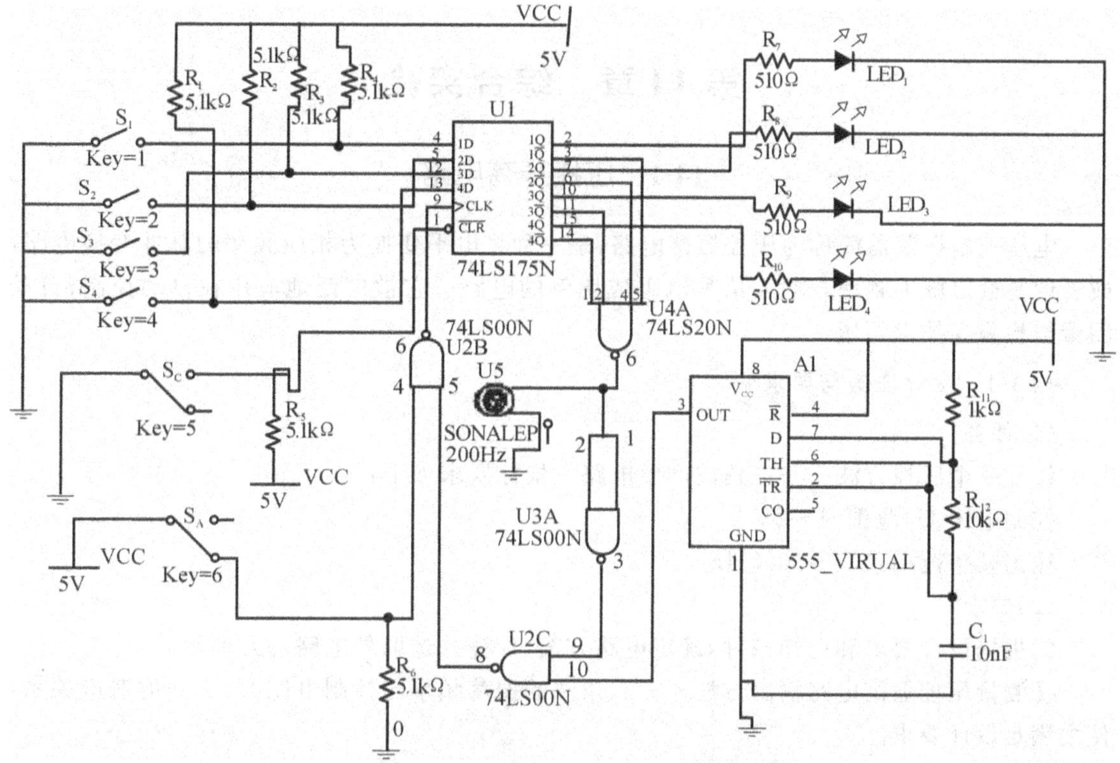

图 13-7-1 智力竞赛抢答器软件测试电路

智力竞赛抢答器电路是通过逻辑电路来判断哪一个预定状态优先发生的装置，可测试反应能力等。S_1～S_4 为抢答人所用按钮，LED_1～LED_4 为抢答成功显示，同时蜂鸣器发声。

(2)要求：

①控制开关 S_A 在“复位”位置时，S_1～S_4 按下无效。

②控制开关打至“启动”位置时，

(a)S_1～S_4 无人按下时 LED 不亮，蜂鸣器不发声。

(b)S_1～S_4 有一个按下时，对应的 LED 亮，蜂鸣器发声，其余开关再按则无效。

(c)控制开关 S_C 打到“复位”时，电路恢复等待状态，准备下一次抢答。

(3)按上述工作要求测试电路工作情况至少 4 次，即 S_1～S_4 各优先一次。

注：实际电路中，可用门铃音乐集成电路代替蜂鸣器，有人抢答时，会发出“叮咚”等声。

13-7-4 软件测试内容

(1)取元件。

在本测试中用到连动开关 S_C，它的取用同普通开关。还用到蜂鸣器，详见 5-2 节。其使用过程中要注意：只有在外接电压大于自身设置电压时(本次测试设为 4V)蜂鸣器才会正常工作，发出蜂鸣声。

(2)如图 13-7-1 所示，连接电路，进行仿真。

第 14 章　综合实验

14-1　压控振荡电路

电压控制振荡器简称为压控振荡电路，是一种将电平变换为相应频率的脉冲变换电路，或者说是输出脉冲频率与输入信号电平成比例的电路。它被广泛地应用在自动控制、自动测量与检测等技术领域。

14-1-1　设计任务与要求

(1)任务

设计一个压控方波——三角波产生电路。指标要求如下：

控制电压 U_I 范围：1～2V

输出频率范围：500～1000Hz

(2)要求

①根据设计要求和已知条件，确定电路方案，计算并选取外电路的元件参数。

②测量压控振荡电路输出方波——三角波的振荡频率与控制电压 U_I 之间的对应关系，使之满足设计要求。

14-1-2　设计思路与参考电路

压控振荡器通常用 VCO(Voltage Controlled Oscillator)表示。它是通指可用电压控制振荡频率的电路或器件。

VCO 大致分为两类：调谐振荡和多谐振荡。调谐式可以直接取得正弦波，但是通常振荡频率相对控制电压的线性比多谐式差很多，控制范围也较窄。

压控振荡器的控制电压可以有不同的电压方式，如用直流电压作为控制电压，可制成频率调节十分方便的信号源；用正弦电压作为控制电压，成为调谐振荡器；用锯齿电压作为控制电压，成为扫频振荡器。

压控波形产生电路的电路形式很多，现列举一、二如下：

(1)由集成运算放大器组成压控方波——三角波产生电路如图 14-1-1。

当加入 D_1、D_2 左边的电路之后，被积分的电压由 U_{O2} 而改变为控制电压 U_I，而三角波的峰值仍然是 $\pm\frac{R_1}{R_2}V_{O2\max}$，由于 $|U_{O2\max}|$ 为定值，故三角波的幅度保持不变，当改变控制电压 U_I 时，三角波上升、下降的斜率随之变化，即振荡频率随之变化，从而实现了电压控制振荡频率的目的。由图可知

$$V_{O3m}=\frac{R_1}{R_2}\mid U_{O2\max}\mid=\frac{1}{RC}\int_0^{T/A}U_I dt=\frac{U_I T}{4RC} \tag{1}$$

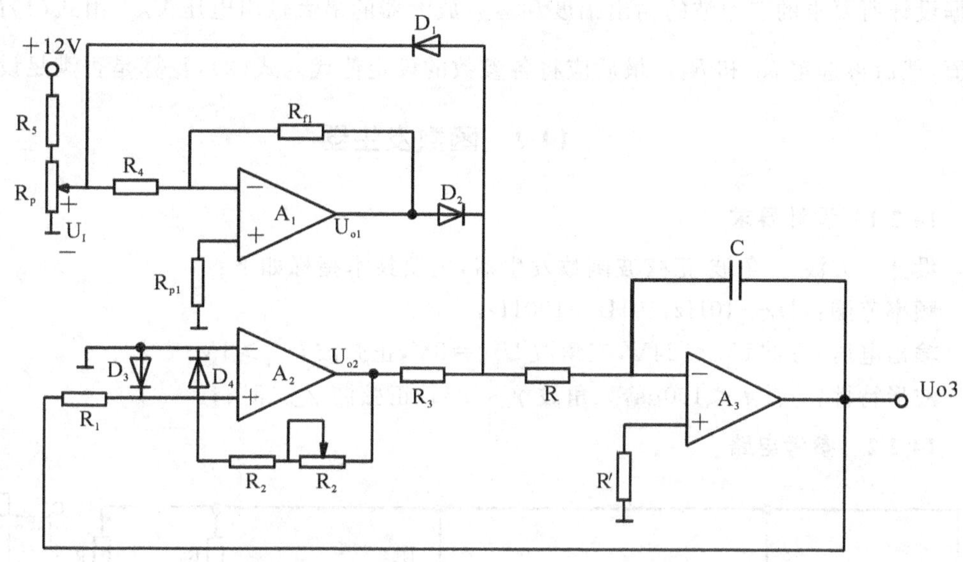

图 14-1-1　由集成运算放大器组成压控压控方波——三角波产生电路

即得振荡频率

$$f=\frac{R_2}{4R_1RC}\cdot\frac{U_I}{U_{O2\max}} \tag{2}$$

(2)参数确定与元件选择

①确定 R_5、R_P

R_5、R_P 组成分压电路以获取一定变化幅度的输入电压，因此从控制电压 V_I 的输入控制范围可以选定 R_5 与 R_P 对电源电压的分压比。

②确定 R_4、R_{f1}

图中所示电路中的 A_1 为反相比例放大电路，从该电路的工作原理分析可知，应该使 $|A_{U1}|=1$，即要使 $U_I=-U_{O1}$，则

$$R_4=R_{f1}$$

由上式可以选定 R_4 与 R_{f1} 的阻值(1MΩ 以下)

③确定积分时间常数 R、C

由式(2)可知，振荡频率 f 与积分电容 C，积分电阻 R 的取值有关，当电容 C 或电阻 R 增大时，振荡频率 f 将随之减小。

在进行电路设计时，我们可以先设计一个 C 值，然后再选取 R。

④确定正反馈回路电阻 R_1、R_2

由式(1)和式(2)可知，正反馈回路电阻 R_1 与 R_2 的取值不但与输入三角波的峰值有关，而且与振荡频率的大小有关。因此在选取 R_1、R_2 的阻值时，应同时兼顾两方面的因素；首先

根据设计所要求的三角波的输出幅度和运算放大器的最大输出电压 V_{Omax} 由式(1)确定的$\frac{R_1}{R_2}$比值，然后再选定 R_1 和 R_2。最后应将各参数的设定值代入式(2)，复算是否满足设计要求。

14-2　函数发生器

14-2-1　设计要求

设计一方波-三角波-正弦波函数发生器，主要技术指标如下：

频率范围：1Hz—10Hz，10Hz—100Hz；

输出电压：方波 $U_{p\text{-}p} \leqslant 24V$，三角波 $U_{p\text{-}p} = 8V$，正弦波 $U_{p\text{-}p} > 1V$；

波形特性：方波 $t_r < 100\mu s$，三角波 $\gamma_{\Delta} < 2\%$，正弦波 $\gamma_{\sim} < 5\%$；

14-2-2　参考电路

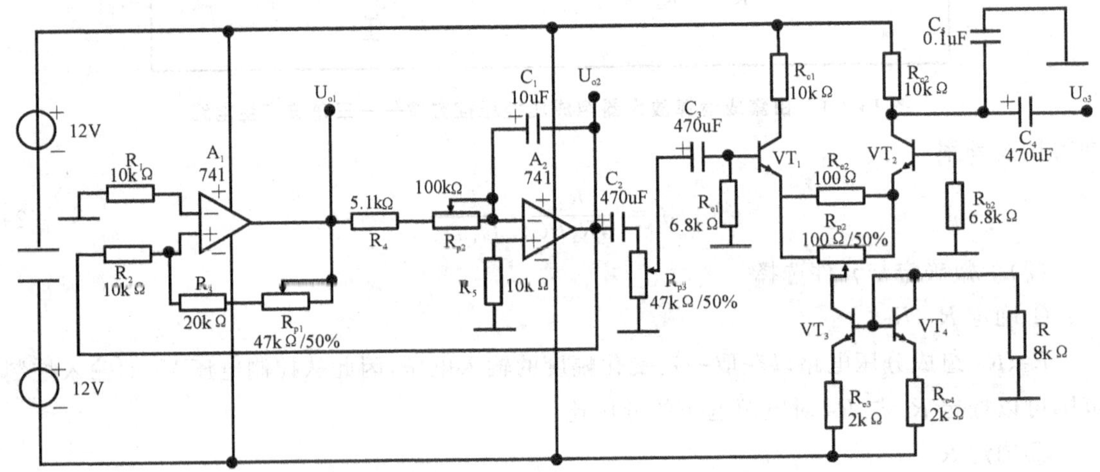

图 14-2-1　三角波-方波-正弦波函数发生器电路

14-2-3　实验内容及要求

(1)波形记录：用示波器观察记录方波、三角波、正弦波电压波形。

(2)测试设计要求中的主要技术指标。

14-3　越限报警器

14-3-1　设计要求

利用运算放大器设计一越限报警器，主要技术指标如下：

电源电压：±15V；输入电压小于 5V 或大与 10V 进行声光报警，输入信号在 5V—10V 之间属于正常。

14-3-2 参考电路

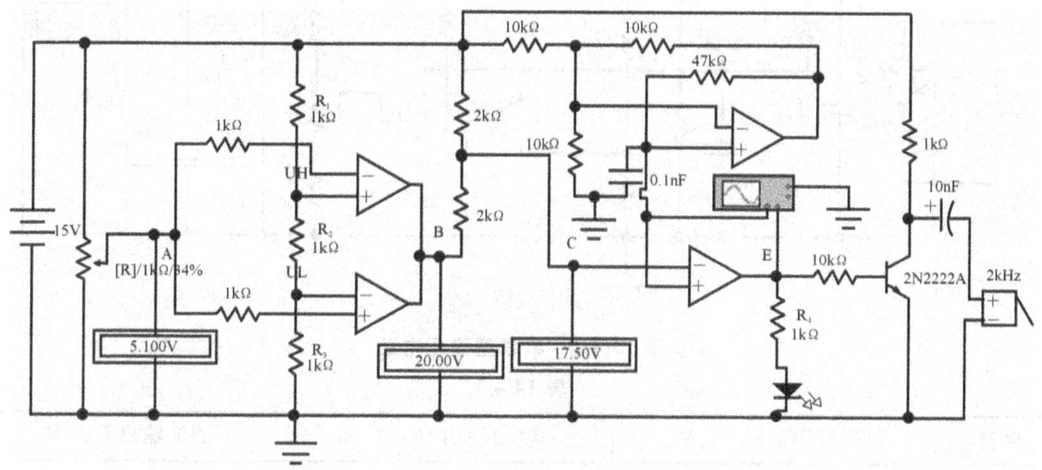

图 14-3-1 越限报警电路

14-3-3 实验内容及要求

(1)改变输入电压,用电压表监测各点电压的变化;

(2)波形记录:用示波器观察记录 U_E 电压波形。

(3)测试上述主要技术指标。

14-4 串联型稳压电源

14-4-1 设计要求

设计一个串联型稳压电路,主要技术指标如下:

输出电压:$U_O=8\sim14V$ 连续可调

输出电流 $\leqslant300mA$

输入电压:220V,$f=50Hz$

输出电阻:$R_O<0.1\Omega$

稳压系数:$Sr\leqslant0.01$

14-4-2 参考电路

如图 14-4-1 所示。

14-4-3 实验内容

(1)测试信号源电压、整流输出电压、滤波输出电压波形:

接全波桥式整流及负载电阻 $R_L=200\Omega$,再接滤波电容 $C=470\mu F$,及 $R_L=200\Omega$,输入端用交流信号源 $U=15V/50HZ$ 模拟电源变压器,在表 14-4-1 中记录整流、滤波输出电压,并用示波器观察记录波形。

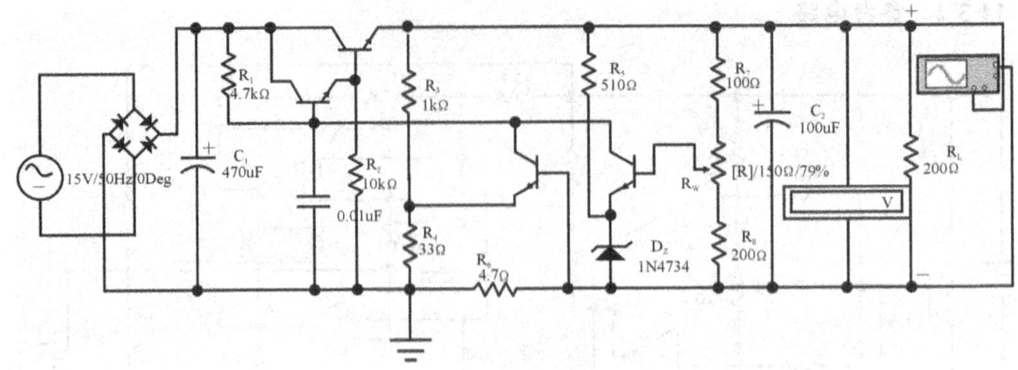

图 14-4-1　串联型稳压电路

表 14-4-1

项目	信号源电压 U_S/V	整流输出 U_{01}/V	滤波输出 U_{02}/V
数据	15		
波形	U	U_{01}	U_{02}

(2)测试输出电压:$U_O=8\sim14V$ 连续可调

测试方法:接好完整串联型稳压电源电路,断开负载 R_L,调节电位器 R_W,观察记录 U_0 的调节范围,按如下表测试

数据 / R_W 位置	U_0/V	U_{CE1}/V (调整管压降)
R_W 在 100%		
R_W 在 0%		

(3)测试输出电阻:$R_O<0.1\Omega$

测试输出电阻 R_O 的方法:接上负载 $R_L=200\Omega$,调节 R_W 电位器,使 $U_0=9V$,测量负载电流 I_L,再测出空载时的输出电压 U_{01},则 $R_O=(U_{01}-U_0)/I_L$。

U_0/V	U_{01}/V	I_L/mA	R_O/Ω

(4)稳压系数的测量:

稳压系数:$S_r\leqslant0.01$

接上负载 $R_L=200\Omega$,调节电位器 R_W,使 $U_0=9V$,测量整流滤波输出电压 U_i(直流分量)和U_{a1}(交流分量);测量输出端电压U_0(直流分量)和U_{a2}(交流分量)并计算S_r。

U_i/V	U_0/V	U_{a1}/mV	U_{a2}/mV	$S_r=(U_{a2}/U_0)/(U_{a1}/U_i)$

14-5 音频模拟功放

14-5-1 设计要求

工作电压:8V

最大不失真正弦波输出电压峰-峰值:约6V

扬声器电阻:8Ω

最大不失真功率:0.56W(Vrem^2/R)

14-5-2 设计思路

以LM386作为基础参考电路。

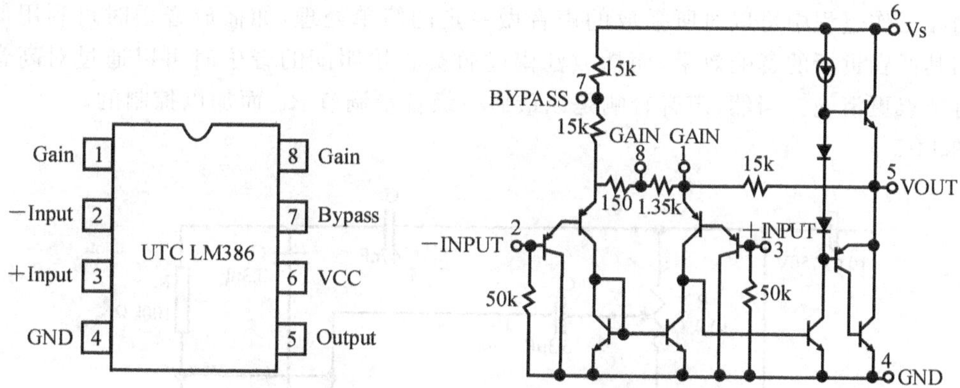

图 14-5-1 LM386 外壳封装及内部模拟电路

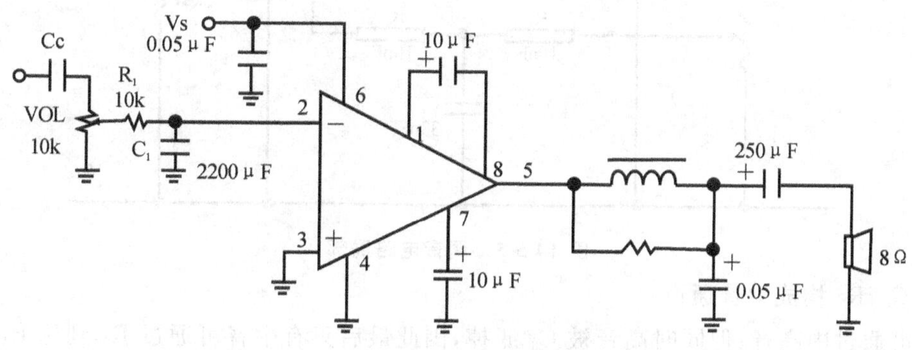

图 14-5-2 LM386 参考音响电路

由于音响采用了两级放大，于是在前置放大与功率放大中分别用一次 LM386 的基础接法。其中，C_3 为后来调试过程中接上的。C_2 也在调试过程中做了更改。

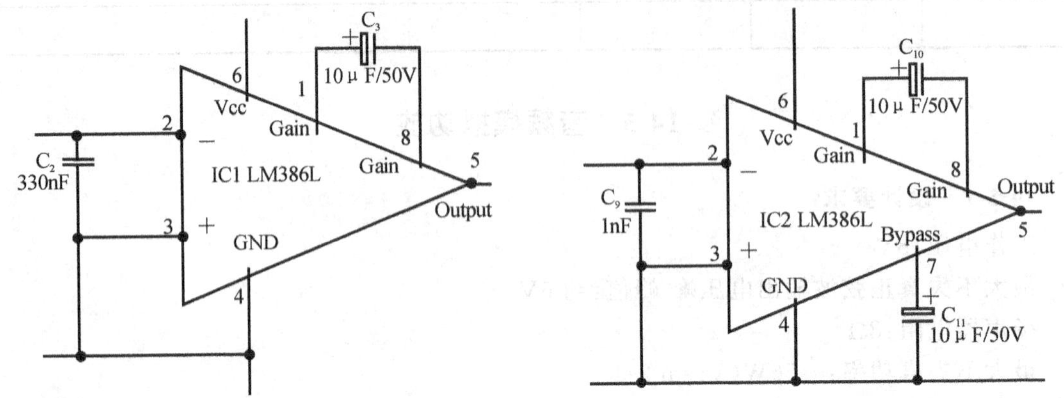

图 14-5-3　前置放大局部　　**图 14-5-4　功率放大局部**

在两级放大间加上音响所需的音调调节系统，由高音、低音以及音量调节三个环节，使得音响在工作过程中可以对所播放的声音做一定的简单处理，如播放音乐时可利用低音调节增加其低音贝斯的音响效果，而播放江南丝竹类轻快明朗的音乐时可以通过对高音的调节使得音点更清脆。当然，声音轻响是以最后一级音量调节 R_{V3} 而加以控制的。

图 14-5-5 中：

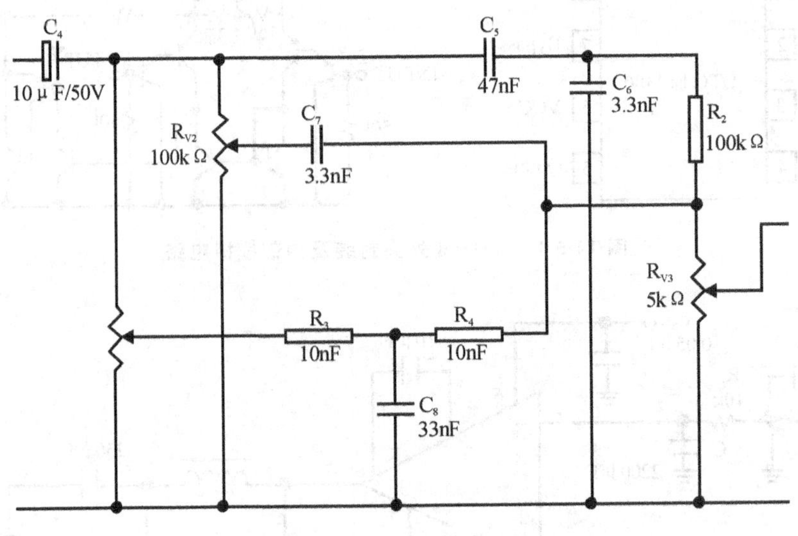

图 14-5-5　调音电路局部

C_5、C_6、R_2 构成中音通道：

C_5 可通过中高音，但同时高音被 C_6 滤掉，因此最后只有中音可通过 R_2 到达 R_{V3}。

R_{V2}、C_7 构成高音通道：

C_7 的相对电容值决定了只有高频方能通过，因此它起到了高通滤波的作用。

R_{V1}、R_3、R_4、C_8 构成低音通道：

中高音通过 C_8 被滤掉，因此只有低音能被 R_{V1} 调节并且最后到达 R_{V3}。

R_{V3} 为音量调整。

电路采用 220V 交流电为供电来源。一个通用的 12VDC 输出开关电源可将交流电转换为安全的低压直流电。为尽量降低噪音，需要保证电路的电压更加稳定，没有纹波。可通过 LM7808 稳压器对输入的电压进行线性稳压控制，使其保持在 8V，以提供放大器更加稳定的工作电压。

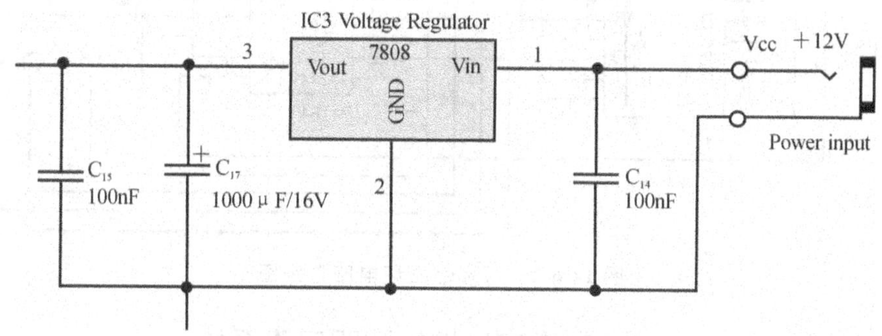

图 14-5-6 稳压电源部分

如图 14-5-6 所示，瓷片电容 C_{15} 和电解电容 C_{17} 并联接在 7808 输出端，用于滤掉高频和低频。

14-5-3 实验注意事项

(1)检查元件：将自己的元件与图上所示的元件比较，以确定元件是否齐全，尤其是注意引脚极性。

(2)将各个元件焊接到试验板上时，由于要求损耗尽量小，所以线路安排需要比较紧密。为便于布局，就基本采用原理图上元器件的排布方式，对局部稍作调整。

(3)焊接仔细，避免出现虚焊、错焊的情况。

(4)较短距离的连接不易携带干扰波，因此可以用剪下的引脚代替。

14-6 八彩灯循环电路

14-6-1 设计要求

利用集成计数器和移位寄存器设计八彩灯循环电路，主要功能如下：

能够实现八灯中两灯流水闪亮或三灯流水闪亮。

选做内容：在上述彩灯电路中，按图 14-6-1 所示顺序循环。

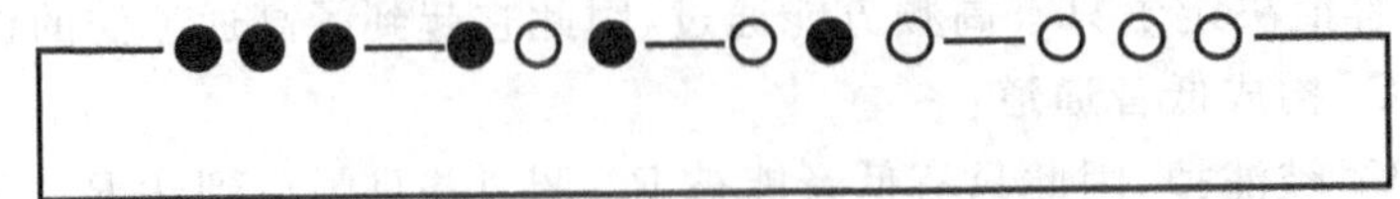

图 14-6-1　广告灯转换状态

14-6-2　参考电路

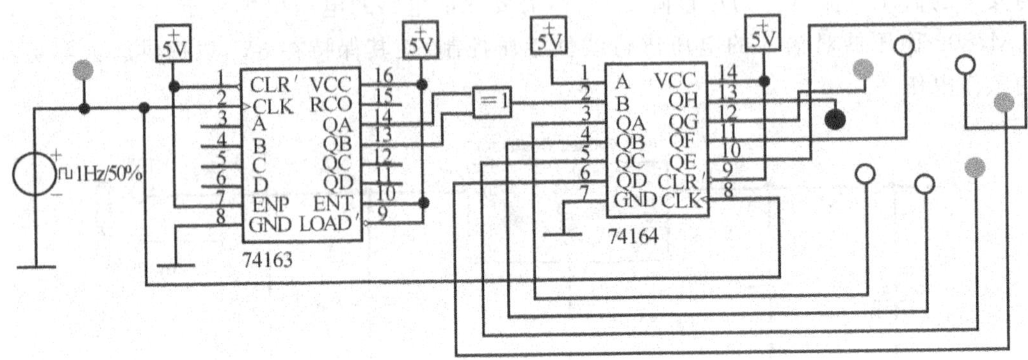

图 14-6-2　八彩灯循环电路电路图

14-7　楼道声光控制照明电路系统

14-7-1　设计要求

要求该电路夜间有声音信号时，照明灯(用 LED 发光管模拟)点亮；无声时延迟 5 秒后熄灭；如声音间隔小于 5 秒，则 LED 持续点亮。白天有声无声均不点亮。

14-7-2　设计思路

(1)参考电路

该电路由声控电路、光控电路及放大电路、单稳态延时电路组成，下面对其功能进行逐一分析并确定电路结构。

光控电路是根据光线的强弱来优先决定电灯的亮灭。声音信号由驻极体话筒 BM 接收，经过反比放大，放大的信号送到 NE555 定时器的 2，6 脚。该电路可以对声控延时电路进行控制，在白天光线较强时，该电路在光控电路的作用下，处于关闭状态，对任何声音信号都不响应；在晚上光线较弱时，光控电路将该电路的功能打开，使得该电路能根据外界声音信号做出相应的响应。NE555 定时器的输出去控制 74HC123 声控延时电路。该电路主要在光线较弱时起作用。这主要是通过光控电路的输出来控制的。整体电路图如图 14-7-2 所示。

(2)零件及各电路设计

①驻极体话筒 BM 及工作原理

驻极体话筒是最常用的电容话筒，由于输入和输出阻抗很高，所以要在这种话筒外壳内设置一个场效应管作为阻抗转换器，为此驻极体电容式话筒在工作时需要直流工作电压。

驻极体话筒由声电转换和阻抗变换两部分组成。

驻极体话筒的高分子极化膜上生产时就注入了一定的永久电荷(Q)，由于没有放电回路，这个电荷量是不变的。在声波的作用下，极化膜随着声音震动，因此和背极的距离也跟着变化，也就是说极化膜和背极间的电容是随声波变化的。我们知道电容上电荷的公式是$Q=C\times V$，反之$V=Q/C$也是成立的。驻极体总的电荷量不变，当极板在声波压力下后退时，电容量减小，电容两极间的电压就会成反比地升高，反之电容量增加时电容两极间的电压就会成反比地降低。最后再通过阻抗非常高的场效应将电容两端的电压取出来，同时放大，就可得到和声音对应的电压了。由于场效应管是有源器件，需要一定的偏置和电流才可以工作在放大状态，因此，驻极体话筒都要加一个直流偏置才能工作。

②555 定时器电路

555 电路构成单稳态触发器，如图 14-7-1 所示。

③74HC123 与 LM358

74HC123 是单稳态触发器，器件中单稳触发器作用是不管触发信号持续多长时间，只固定维持外围阻容给定的一段时间就恢复触发前状态，外围电阻电容决定单稳时间，因为触发是由边缘触发，上升或下降沿。可再触发单稳不同之处是前次触发后的单稳没有恢复触发前状态而又有触发信号时，可再触发单稳将在触发边缘开始继续维持阻容给定的单稳时间，而单稳是不理会在翻转后的触发信号的。此芯片也可做多谐振荡器用。

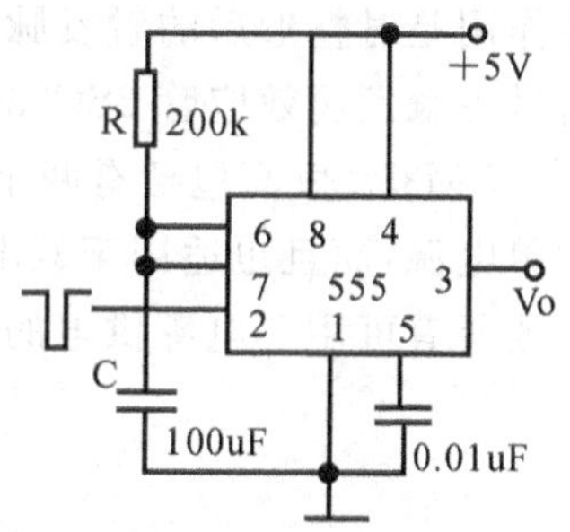

图 14-7-1 单稳态触发器

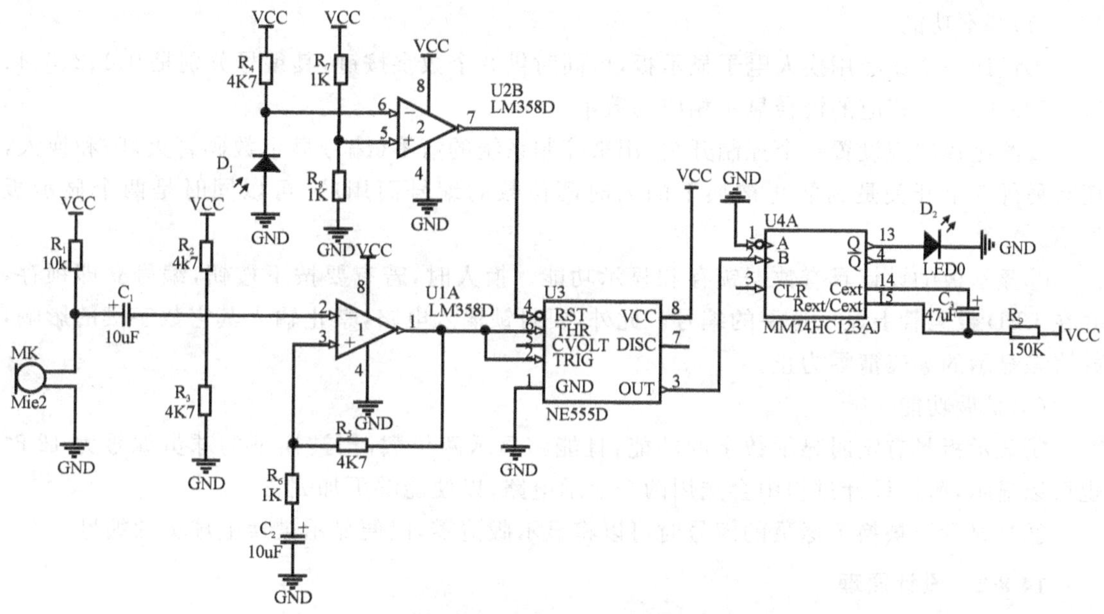

图 14-7-2 楼道声控灯电路图

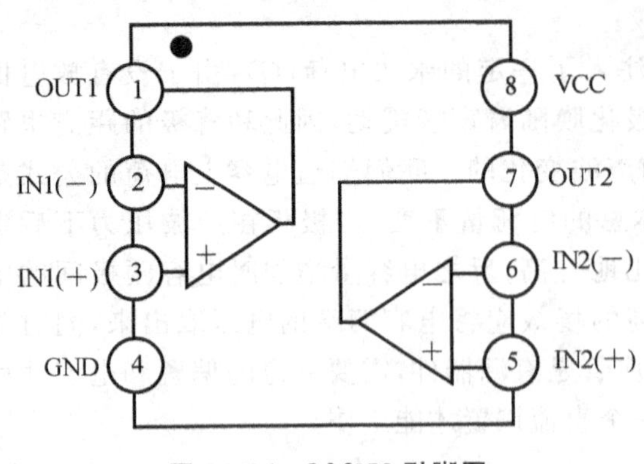

图 14-7-3　LM358 引脚图

74HC123 单稳态触发器。它有两种输入，A 为低电平有效，B 为高电平有效。有两种输出，正好相反。用外接的电阻电容作定时元件，时间自己定，比 74LS 系列电路易用。单稳态触发器 74HC123 及外围电路来实现该功能。74HC123 为双可重复触发的单稳态，其输出脉冲的宽度主要取决于定时电阻 R 与定时电容 C，脉宽的计算为电容值与电阻值的乘积即：$t_{po}=RC$，在实际设计中 $R=5\text{kW}$，$C=80\text{pF}$，输出脉宽为 400ns、幅度约 5V。脉冲放大与射极跟随输出电路，主要作用是对整形后的触发脉冲进行加速和放大，以便得到有较高幅度和较快上升沿的脉冲信号去触发场效应管 2SC3306。

LM358 里面包括有两个高增益、独立的、内部频率补偿的双运放，适用于电压范围很宽的单电源，而且也适用于双电源工作方式，它的应用范围包括传感放大器、直流增益模块和其他所有可用单电源供电的使用运放的地方使用。

14-8　比赛用换人电子显示板

14-8-1　设计任务与要求

(1)基本功能

①设计一个比赛用换人电子显示板，可同时供 9 个数字按键，其编号分别是 0、1、2、3、4、5、6、7、8、9，按下相应的键会显示相应的数字。

②给比赛裁判设置一个控制开关，用来控制系统的清零(编号显示数码管灭灯)和换人，还有另外 5 个开关是为防止被换下的人时两位数的编号而用的，可以同时是两个显示板显示。

③显示板的设计具有数据锁存和显示功能。换人时，若有要按下按钮，编号立即锁存，并在 LED 数码管上显示选手的编号。此外，要封锁输入电路，禁止输入其它数字键的影响，并将该显示的编码清零为止。

(2)扩展功能

①显示板具有定时显示数字的功能，且能够显示两位数，当被换下的球员编号为 12 时也可以显示，所以设计过程中会选用两个显示电路，以便能够更加完善。

②当显示了被换下球员的编号时可以将显示版清零，以便显示被换上球员的编号。

14-8-2　设计原理

比赛用换人电子显示板的总体框图如图 14-8-1 所示，主体电路完成基本的显示和清零，即换人开始后，当输入球员的编号对应的数字键时，能显示选手的编号，同时能封锁输入电路，禁止其它数字键不小心输入对显示产生影响。

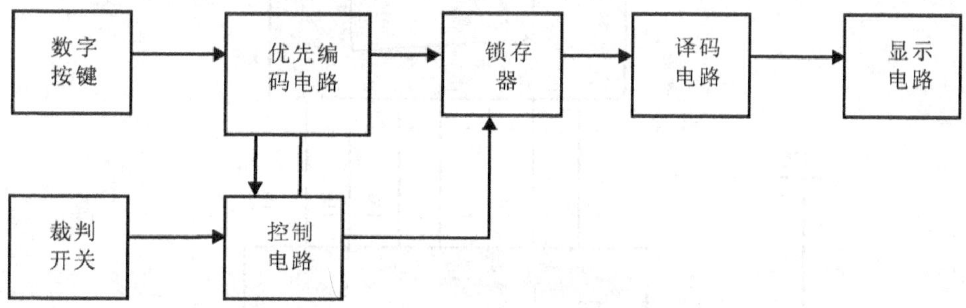

图 14-8-1　比赛用换人电子显示板的总体框图

图 14-8-1 所示的比赛用换人电子显示板的工作过程是：接通电源时，裁判将开关置于“清除”位置，显示板处于禁止工作状态，编号显示器灭灯；当裁判宣布换人后，将控制开关拨到“开始”位置，换人开始。

①优先编码电路立即分辨出按键的编号，并由锁存器进行锁存，然后由译码电路显示编号；

②控制电路要对输人编码电路进行封锁，避免其他按键输入对显示造成影响。

(1)优先编码电路的工作原理

优先编码器采用的是集成 8 线—3 线优先编码器，例如设计中使用的 74LS148 集成器，ST 为选通输入端，当 ST＝0 时允许编码；当 ST＝1 时输出 Y_1、Y_2、Y_3、Y_4、Y_S 均被封锁，编码被禁止。Y_S 是选通输出端，级联应用时，高位片的 Y_S 端与低位片 ST 端连接起来，可以扩展优先编码功能。

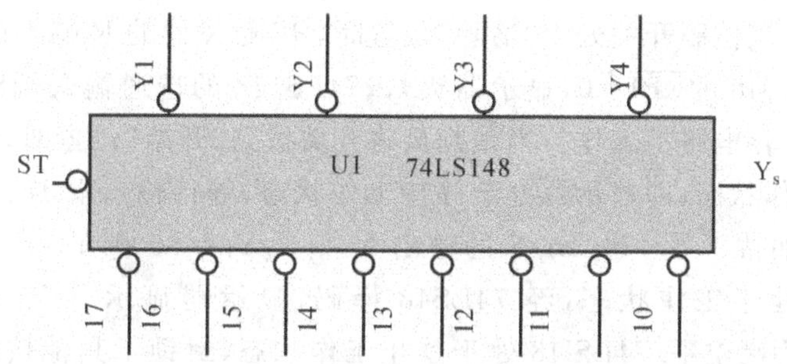

图 14-8-2　74LS148 **逻辑功能示意图**

(2)译码电路与显示电路的工作原理

译码电路与显示电路用来完成当按下相应的数字键时输出相应的数字字形，译码电路由 74LS48 集成块来实现，而显示器是由七段发光二极管构成，通过译码电路的输出来控制七段二极管的工作与不工作来实现从 0 到 9，10 个数字。译码电路与显示电路的电路图如图 14-8-3 所示。

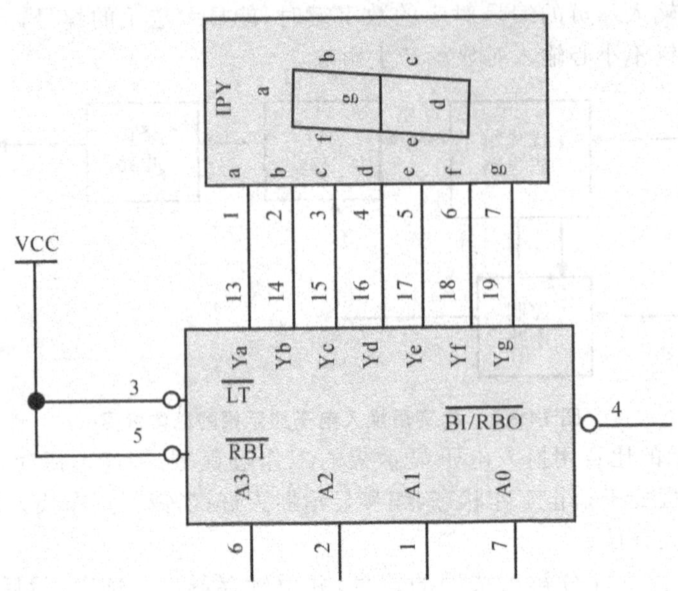

图 14-8-3 74LS48 **逻辑功能示意图**

14-8-3 电路设计

(1)显示电路的设计

换人电子显示板的功能：一是能对输入的按键进行相应的输出，并锁存优先输入的编号，供译码显示电路用；二是要使其它的按键操作无效。其结构构成主要包括 74LS148 优先编码器、W_1—W_5 5 个锁存器、以及译码电路与显示电路，其电路组成如图 14-8-4 所示。

其工作原理是：当控制开关处于“清除”位置时，RS 触发器的 R 端为低电平，输出端全部为低电平，于是 74LS48 的$\overline{RBI}$=0，显示器灭灯；74LS148 的选通输入端$\overline{ST}$=0，74LS148 处于工作状态，此时锁存电路不工作。当裁判员将开关拨到“开始”位置时，优先编码电路和锁存电路同时处于工作状态，即显示器处于等待工作状态，等待输入端 I7、…I0 输入信号。当有有按键按下时(如按下 S_5，74LS148 的输出 $Y_4Y_3Y_2Y_1$=0000，Y_S=1，经 RS 锁存器后，CTR=1，74LS48 处于工作状态，经 74LS48 译码，显示器显示“5”。此外，CTR=1，使 74LS148 的 ST 端为高电平. 74LSl48 处于禁止工作状态，封锁了其他按键的输人。当按下的键松开后，74LS148 的 Y_S 为高电平；但由于 CTR 维持高电平不变，所以，74LS48 仍处于禁止工作状态，其他按键的输入信号不会被接收。当需要将球员换下场时，将该队员的相应编码对应的数字键按下即可在显示器上看到，被换下人知道后可将开关扳向清除端，此时显示器上显示的数字被清除，再次输入换上队员的编号便可在显示板上显示出来。

(2)整机电路的设计

比赛用换人电子显示板的整机电路如图 14-8-5 所示，整机电路的设计过程中采用了两个 74LS148 的级联，采用级联将原来的 3-8 线译码改变成了 4-16 线译码的形式，做级联是为了避免当球员 9 号出现时没有办法显示出来，一个优先编码器只能完成从 0 到 7 这 8 个数字的输出；而采用了级联就可以解决这个问题，如同图 14-8-4 中那样的形式，输入对应的是相应的数字按钮，从而可以完成 0 到 9 的输入。还有整机电路采用了两个显示板，上面有开关控制，当一个显示板显示相应的数字后，将开关同时扳向另一端，输入另一个数字，这样就将可显示的范围扩大了，也解决了当球员的编码为两位数字无法正常显示的问题。当需要再输入其它编号时，只需将控制开关扳向清除，即可清除原来的编号，再次扳向开始端就可以输入新的编号。

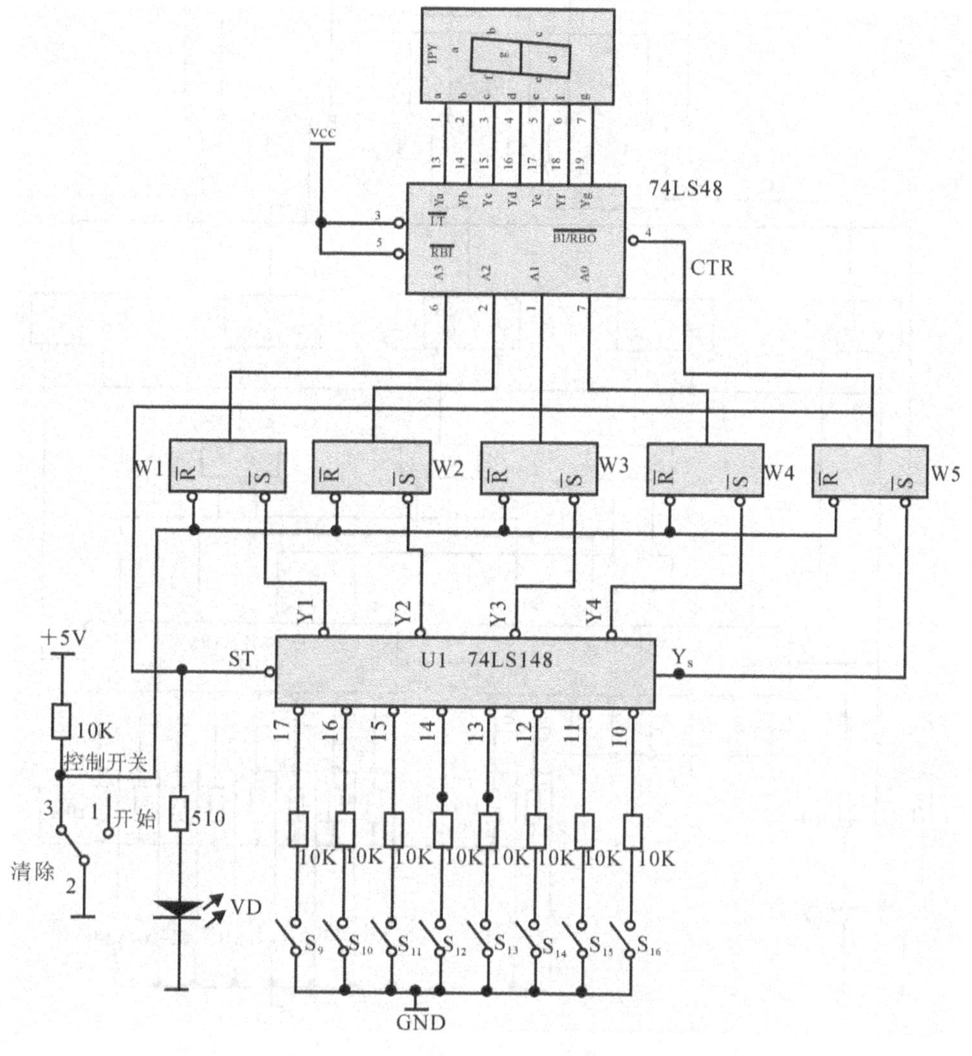

图 14-8-4 比赛用换人显示板主要电路

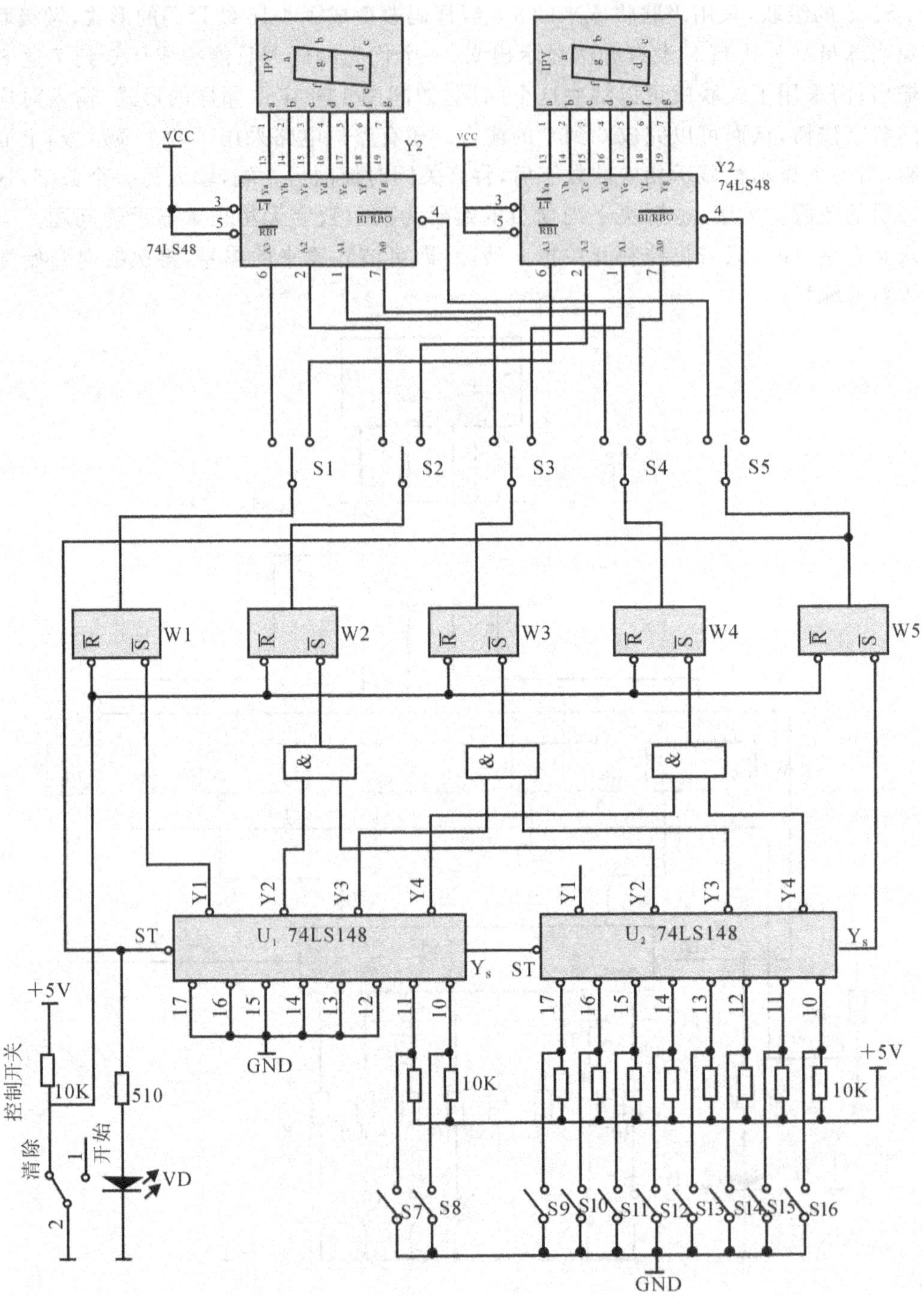

图 14-8-5　比赛用换人电子显示板的整机电路

14-9　模 M 的十进制加/减可逆计数器设计

学习目标：熟悉常用 MSI 集成计数器的功能和应用，掌握利用集成计数器构成任意进制计数器的一般设计方法；学会利用 EDA 软件对模 M 的可逆计数器电路进行仿真；掌握可逆计数器电路的安装及调试方法。

14-9-1　设计任务与要求

设计具有手控和自动方式实现模 M 的十进制加/减可逆计数功能的电路，利用数码管显示计数器的值。掌握用反馈清零法和反馈置数法构成任意进制计数器的设计方法，用 Multisim 软件仿真，测试电路的逻辑功能。具体要求如下：

(1)手控方式模 M 的十进制加/减可逆计数器：控制端 E＝1 时，进行模 M 的加法计数；控制端 E＝0 时，进行模 M 的减法计数。

(2)自动方式模 M 的十进制加/减可逆计数器：加法计数到最大值时，自动进行减法计数；减法计数到最小值时，自动进行加法计数。

(3)模 M 可为 2 位数或 3 位数，集成计数器采用 74LS192。

(4)写出设计步骤，画出设计的逻辑电路图。

(5)对设计的电路进行仿真、修改，使仿真结果达到设计要求。

(6)安装并测试电路的逻辑功能。

14-9-2　设计思路

(1)手控方式模 M 的十进制加/减可逆计数器的设计思路

以 M＝125 为例，即实现一百二十五进制加/减可逆计数器。分析以上设计任务与要求，设计思路如下。

第一步，将 3 片 74LS192 进行级联，用反馈清零法设计一个一百二十五进制加法计数器，反馈清零信号取自计数器的输出端 $Q_0 \sim Q_3$。

第二步，将 3 片 74LS192 进行级联，用反馈置数法设计一个一百二十五进制减法计数器，反馈置数信号取自计数器最高位的借位端。

第三步，将上述加、减计数器电路结合起来，即初步构成一个加/减一百二十五进制可逆计数器。

余下的问题就是在加/减可逆计数条件下，如何切换计数器最低位的计数脉冲输入端 CP_D、CP_U 的信号。经过分析，它们应实现如表 14-9-1 所示功能。

表 14-9-1　计数功能控制关系

手控信号 E	计数方式	CP_U	CP_D
1	加法	CP	1
0	减法	1	CP

这一功能通过1片数据选择器即可实现。整个可逆计数器电路(不包括数字显示部分)的设计框图如图14-9-1所示。

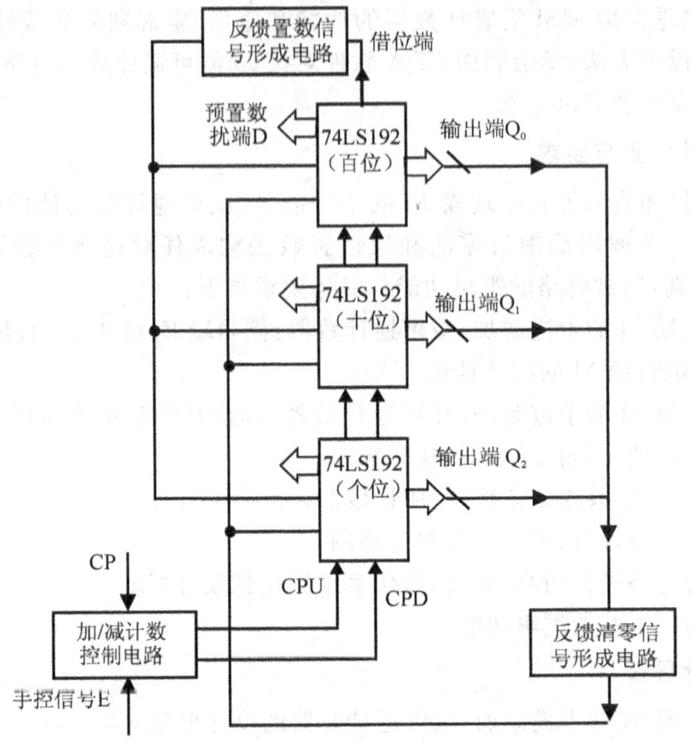

图14-9-1 手控可逆计数器电路的设计框图

(2)自动方式模M的十进制加/减可逆计数器的设计思路

仍以M=125为例进行分析和设计。设计自动方式的一种加/减可逆计数顺序,如图14-9-2所示。从图中可以看出,当加计数到最大值124后自动进行减计数;当减计数达到最小值0后自动进行加计数,如此不断循环。

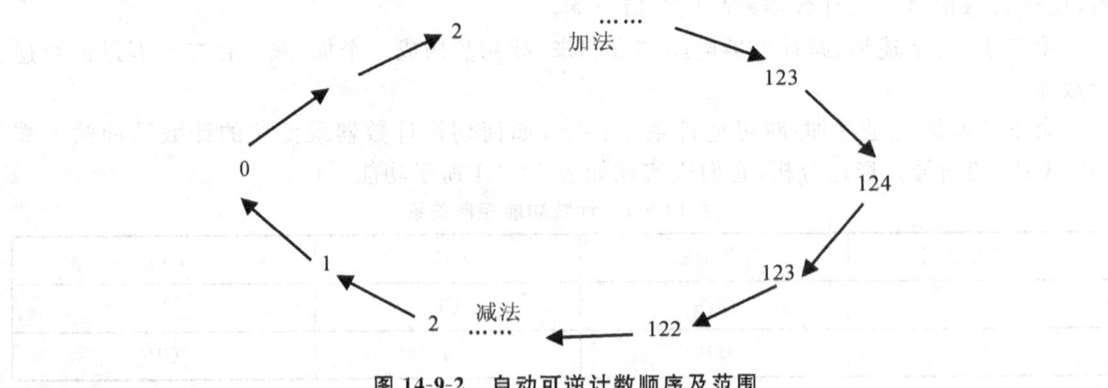

图14-9-2 自动可逆计数顺序及范围

自动方式模M的十进制加/减可逆计数器可以在手控方式的电路基础上进行设计，需解决的关键问题是电路如何自动产生加/减计数控制信号。

通过分析和反复仿真，其中的一种设计思路如图14-9-3所示。

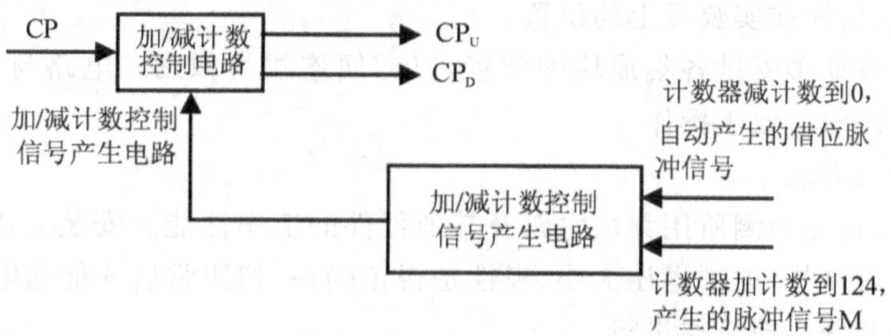

图14-9-3 加/减计数控制信号自动产生电路框图

加/减计数控制信号自动产生电路的原理图如图14-9-4所示。

对于电路的其它部分，也要相应做一些改动：取消输出端反馈清零信号（因为加计数器到124后，下一计数状态不是0而是123）和借位端反馈置数信号（因为减计数到0后，下一个计数状态不是124而是1）。

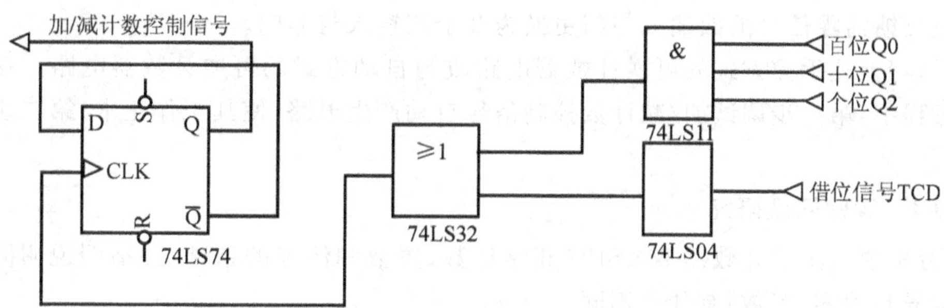

图14-9-4 加/减计数控制信号自动产生电路原理图

14-9-3 实验内容

(1)集成电路及元器件选择

加/减计数控制电路部分采用1片数据选择器74LS157，集成计数器采用74LS192，显示译码电路部分采用74LS48或CD4511，加/减计数控制信号自动产生电路部分采用集成D触发器74LS74和集成门电路74LS11、74LS32、74LS04等。此外，LED数码管采用共阴极数码管。

(2)电路仿真

将自动方式的整个电路进行仿真时，出现一个容易被忽视的问题：加计数可以正常进行，但当减计数到0时，接着下一状态为999，再为0、1……之所以出现不需要的计数状态999，是由于减计数到0时，加/减计数控制信号还没有切换到加计数，因而又做了一次减计数到0的下一状态999。通过增加借位端反馈清零信号，该问题顺利解决。

(3)电路安装与调试

①电路布局

在多孔电路实验板上装配电路时，首先应熟悉其结构，明确哪些孔眼是连通的，并妥善安排电源正、负引出线在实验板上的位置。

电路布局时应妥善安排各集成块的位置，以方便连线为原则。电路与外接仪器的连接端、测试端要布置合理，便于操作。

②安装与调试方法

电路安装前，首先检测所用集成电路及其他器件的工作性能。安装完成后，要用万用表检测电路接触是否良好，电源电压大小、极性是否正确；一切正常后才能通电调试。

调试过程最好分步或分块进行。

首先，调试手控方式模 M 的十进制加/减可逆计数器电路，在该电路的调试过程中，可能会出现如下两个问题。

(a)借位 TCD 反馈置数不正常：显示的数比预置端的数始终少 1。解决办法是将 TCD 信号通过 2 个反相器延时后送入计数器的置数端。

(b)输出端反馈清零不正常：计数到 123 后下一状态为 0(正常时应为 124)。解决办法是将形成反馈清零信号的四输入与门更换为 2 个四输入与非门。

然后，将上述手控方式的可逆计数器电路改为自动方式的可逆计数器电路。在该电路的调试过程中，第一步调试加/减计数控制信号自动产生电路，使其工作正常；第二步进行整体调试。

14-9-4 实验问题研究

(1)分别说明集成计数器 74LS192 正常计数、置数和清零的条件，并举例说明同步清零(置数)与异步清零(置数)有什么不同。

(2)对于手控方式模 M 的十进制加/减可逆计数器电路，如果改变 M 的值，在电路中要做哪些改动?

(3)对于自动方式模 M 的十进制加/减可逆计数器，通电开始工作时，首先做加法计数还是减法计数？为什么?

(4)对于自动方式模 M 的十进制加/减可逆计数器，如果改变 M 的值，在电路中要做哪些改动?

(5)对于自动方式模 M 的十进制加/减可逆计数器，怎样使计数从任意值开始?

14-10 多路抢答器设计

14-10-1 设计任务与要求

设计由主持人控制具有优先抢答、定时抢答、抢答报警功能的多路抢答器电路，利用数码管分别显示抢答者的编号及抢答时间。掌握用 MSI 数字集成器件设计多路抢答器的方法，用 Multisim 软件仿真，测试电路的逻辑功能。具体要求如下：

(1)设计一个可同时供 8 名选手进行抢答的多路抢答器，选手编号分别是 0、1、2、3、4、5、6、7，各用一个抢答按钮，按钮编号与选手编号相对应，分别是 S_0、S_1、S_2、S_3、S_4、S_5、S_6、S_7。

(2)设置主持人控制开关，用来控制电路清零和抢答开始。

(3)抢答器具有定时抢答功能，时间可由主持人自行设定。

(4)当主持人启动"开始"键后，扬声器发出短暂的声响以提醒选手，并立即进行倒计时显示；若有选手抢答，则倒计时停止，数码管分别显示抢答选手的编号和当前时间，并保持不变，直到主持人将系统清零为止，同时电路发出声响表示抢答完成。此外，电路禁止其他选手继续抢答。抢答开始后，如果抢答时间到却无选手抢答，则电路自动报警，表示抢答时间结束。

(5)写出设计步骤，画出设计的逻辑电路图。

(6)对设计的电路进行仿真、修改，使仿真结果达到设计要求。

(7)安装并测试电路的逻辑功能。

14-10-2 设计思路

按照功能要求，抢答器主要由编码电路、控制电路、锁存电路、秒脉冲产生电路、译码电路、显示电路、定时电路和报警电路等几部分组成，其总体框图如图 14-10-1 所示。下面分别介绍各部分电路的设计思路。

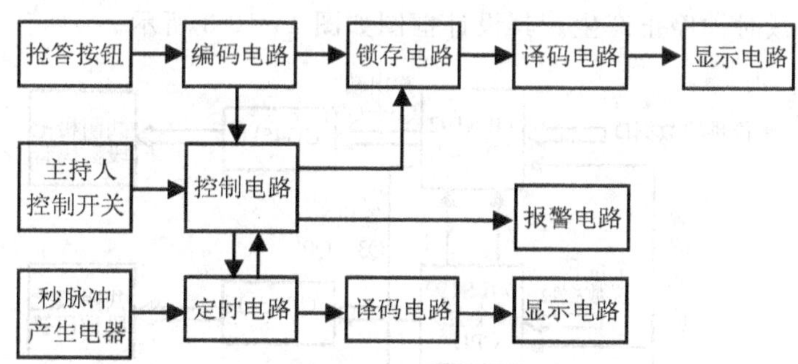

图 14-10-1 定时抢答器总体框图

(1)编码电路及锁存电路设计思路

编码电路的功能是将抢答选手的编号编码成 3 位二进制代码送给锁存电路，同时输出一个标志信号给控制电路，表示已有选手抢答；锁存电路的功能是锁存最先抢答的选手编号，使其他选手抢答无效。编码电路选用优先编码器 74LS148；锁存功能的实现既可以采用专用的锁存器(如 74LS373)，也可以采用带锁存功能的显示译码器(如 CD4511)。

74LS148 为 8-3 线优先编码器，利用其 8 个输入信号对应 8 位选手。当有选手按下抢答按钮时，编码器使能输出端 EO 由 0 变为 1，控制电路接受到该信号后立即产生一个锁存信号 LE，其设计框图如图 14-10-2 所示。

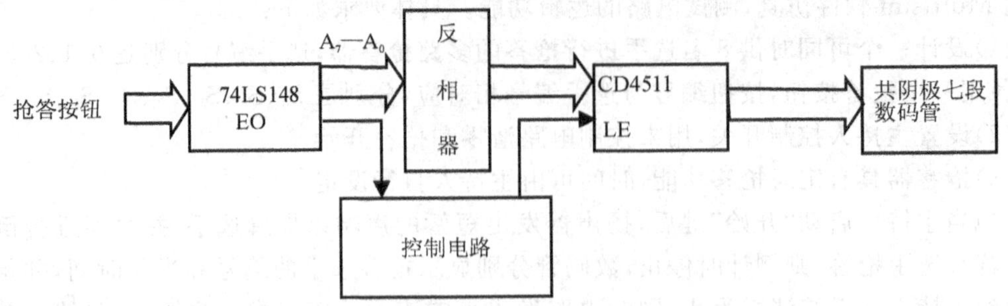

图 14-10-2　编码电路及锁存电路设计框图

(2)秒脉冲产生电路与定时电路设计思路

秒脉冲信号可由 555 定时器构成多谐振荡器产生。

定时电路即为一个倒计时电路，可选择 2 片十进制同步加/减计数器 74LS192，通过级联实现 0～99s 的定时。

这里以定时时间 30s 为例加以说明：将 2 片 74LS192 进行级联，十位及个位 74LS192 的预置数据分别为 0011 和 0000，置数信号由主持人控制开关产生。当有减时钟信号到来时，定时电路从 30 开始进行减计数直到 0。

减时钟产生电路有 3 种信号——秒脉冲 CP、减计数到零产生的借位输出信号 TC(或计数输出为 00 时产生的状态信号)和有选手抢答时产生的信号 LE 共同控制。当定时时间到或有选手抢答时，减时钟停止产生。其设计框图如图 14-10-3 所示。

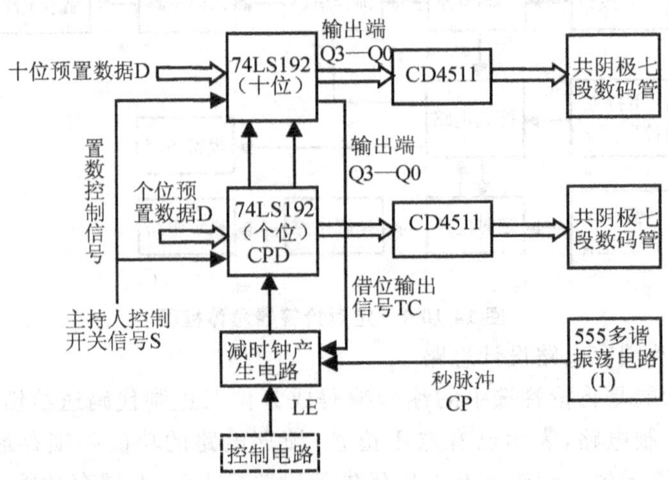

图 14-10-3　秒脉冲产生电路与定时电路设计框图

(3)报警电路设计思路

抢答器在如下 3 种情况下需要报警提示：当主持人启动“开始”按钮后，扬声器要发出短暂的声响；抢答开始后，如果抢答时间到，却无选手抢答，电路要进行报警；抢答开始后，若有选手抢答，电路发出声响提示。

可由 555 定时器和三极管构成报警电路，其中，555 定时器构成多谐振荡器，选择合适的 R、C，可获得较高频率的输出信号；该信号经三极管放大电路驱动后使扬声器发声（若采用蜂鸣器，则不需要三极管放大电路驱动）。利用控制电路产生的高电平报警信号控制 555 定时器的复位端 RD，使复位端无效，多谐振荡器工作，从而发出声音。报警电路设计框图如图 14-10-4 所示。

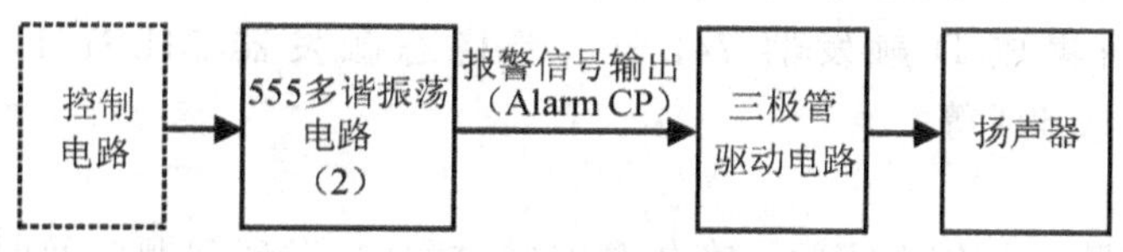

图 14-10-4　报警电路设计框图

（4）控制电路设计思路

根据前面各单元电路的要求和需要，控制电路需要实现的功能如下：

①产生 3 种不同情况下的高电平报警信号；

②在定时时间内有选手抢答时产生锁存信号。

功能①可以通过集成单稳态触发器实现，如不可重复触发单稳态触发器 74LS121 有 3 个触发输入端（B、A_1、A_2），选择 2 片 74LS121，用主持人控制开关信号 S 控制片 1 的 B 端，锁存信号 LE、借位输出信号 TC 分别控制片 2 的 A_1、A_2 端，即可利用 2 片单稳态触发器的输出产生相应的报警信号。

功能②可以通过一个 D 触发器实现。当有选手抢答时，编码电路输出的 EO 由 0 变为 1，即产生一个上升沿，将它作为 D 触发器的时钟信号，则 D 触发器的输出信号即为锁存信号。为了获得准确、稳定的锁存信号，可在其后增加一个延时电路。控制电路设计框图如图 14-10-5 所示。

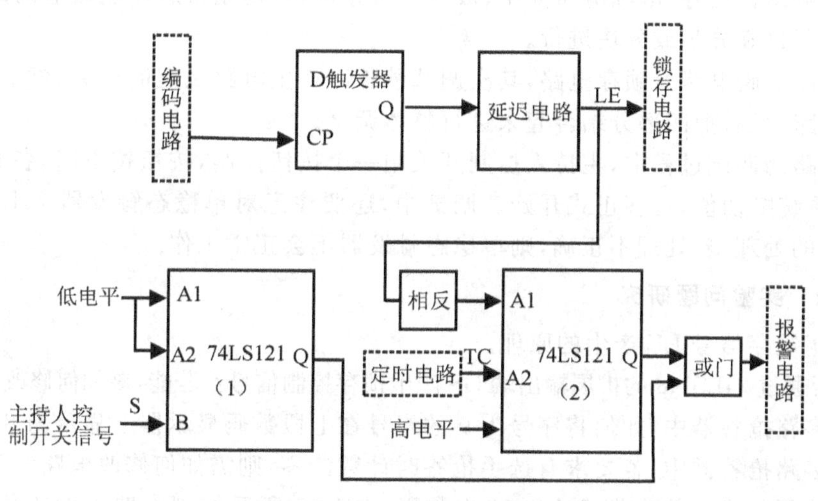

图 14-10-5　控制电路设计框图

14-10-3 实验内容

(1)集成电路及元件选择

编码电路及锁存电路部分采用优先编码器74LS148、显示译码器CD4511或74LS48、共阴极七段数码管;秒脉冲产生电路与定时电路部分采用集成计数器74LS192、显示译码器CD4511或74LS48、共阴极七段数码管及部分集成逻辑门;报警电路部分采用555定时器;控制电路部分采用集成D触发器74LS74、单稳态触发器74LS121,以及集成门电路74LS08、74LS32、74LS04等。

(2)电路仿真

对所设计的电路进行仿真实验。在仿真实验过程中,发现问题应及时修改,直至达到设计要求。

仿真时可以用74LS123代替2个74LS121,仿真过程中要特别注意单稳态触发器74LS123的暂稳态时间是固定的1s,改变R、C参数无效,必须双击此器件,修改Monostable Time Constant参数。

(3)电路安装与调试

①电路布局

在多孔电路实验板上装配电路时,首先应熟悉其结构,明确哪些孔眼是连通的,并妥善安排电源正、负极引出线在实验板上的位置。

电路布局时应妥善安排各集成块的位置,以方便连线为原则。电路与外接仪器的连接端、测试端要布局合理,便于操作。

②安装与调试方法

电路安装前,首先检测所用集成电路及其他器件的工作性能。安装完成后,要用万用表检测电路接触是否良好,电源电压大小、极性是否正确;一切正常后才能通电调试。

调试过程最好分步或分块进行。

首先调试编码电路及锁存电路,其次调试秒脉冲产生电路及定时电路,然后调试报警电路和控制电路,最后把四部分结合起来进行整体调试。

在该电路的调试过程中,主持人控制开关用一个按钮控制,按钮按下时,各状态复位;按钮弹出时,系统赋初值,抢答正式开始。调试中,还要注意对单稳态触发器74LS121多余的触发输入端的处理,若处理不正确,则单稳态触发器不会正常工作。

14-10-4 实验问题研究

(1)说明锁存信号LE产生的原理。

(2)能否通过74LS148的扩展输出端GS产生锁存控制信号?若能,该如何修改控制电路?

(3)在多路抢答器中,如何将序号为0的组号在七段数码显示器上显示为8?

(4)在多路抢答器中,若要求有选手抢答时计数清零,则需如何修改电路?

(5)试分析单稳态触发器74LS121在如图14-10-5所示控制电路中的工作原理。若采用1片74LS121,该控制功能能否实现?

14-11　心电放大器

14-11-1　设计要求

心电信号的特点：信号十分微弱，常见的心电频率一般在 0.05～100Hz 之间，能量主要集中在 17Hz 附近，幅度小于 5mV，心电电极阻抗较大，一般在几百千欧以上。在检测生物电信号的同时存在强大的干扰，主要有电极移动引起基线漂移（一般小于 1Hz），电源工频干扰（50Hz），肌电干扰（几百 Hz 以上）。电源工频干扰主要是以共模形式存在，幅值可达几 V 甚至几十 V，所以心电放大器必须具有很高的共模抑制比（80dB 以上）。电极移动引起基线漂移是由于测量电极与生物体之间构成化学半电池而产生的直流电压，最大可达 300mV，因此，心电放大器的前级增益不能过大。由于信号源内阻可达几十 kΩ，所以心电放大器的输入阻抗必须在几 MΩ 以上。同时在有源低通滤波器中要求能够有效地滤除与心电信号无关的高频信号。

设计要求对某一频段的信号能够抑制或衰减。通过系统调试，最后得到放大、无噪声干扰的心电信号。

14-11-2　总体设计思路

总体电路由五部分组成，其总体电路框图如图 14-11-1 所示。

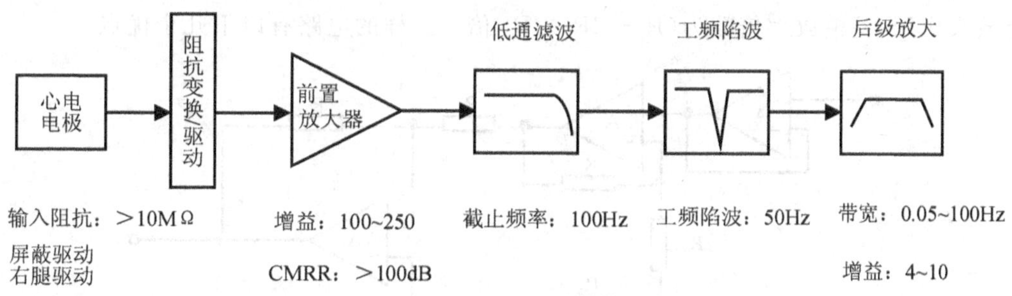

图 14-11-1　总体框图

第一是前置放大电路。这一级增益选 100～250 倍左右。

第二是抑制共模信号电路。可采用右腿驱动电路，它不仅可以消除其中的共模电压，还能提高共模抑制比，使信号输出的质量得到提高。

第三是低通滤波电路。心电频率一般在 0.05～100Hz 之间，能量主要集中在 17Hz 附近，幅度为 0～5mV，所以要对 0.05～100Hz 以内的信号进行保护，把这个频率带以外信号全部滤除。

第四是工频 50Hz 的带阻滤波电路。本设计主要是采用了双 T 带阻滤波电路，它能够对某一频段的信号进行滤除。对于电源工频产生的 50Hz 的噪声，用它能有效选择而对噪声进行滤除。

第五是后级放大电路。心电信号需要放大上千倍才能观测到，前置放大器增益只有 100

～250 左右，在这一级还需要放大 4～10 倍左右。

14-11-3　具体单元电路设计

(1)前置放大电路的设计

根据心电信号的特点，前置级应该满足下述要求：

①高输入阻抗。被提取的心电信号是不稳定的高内阻源的微弱信号，为了减少信号源内阻的影响，必须提高放大器输入阻抗。一般情况下，信号源的内阻为 100kΩ，则放大器的输入阻抗应大于 1MΩ。

②高共模抑制比 CMRR。人体所携带的工频干扰以及所测量的参数以外的生理作用的干扰，一般为共模干扰，前置级须采用 CMRR 高的差动放大形式，能减少共模干扰向差模干扰转化。

③低噪声、低漂移。主要作用是对信号源的影响小，拾取信号的能力强，并能使输出稳定。

方案 1：三运放放大电路

如图 14-11-2 所示的同相并联三运放结构，这种结构可以较好地满足上面三条要求。A_1、A_2 构成放大器的第Ⅰ级，主要用来提高整个放大电路的输入阻抗。第Ⅱ级采用差动电路用以提高共模抑制比。将 A_3、A_4 两个同相输入运放电路并联，再与 A_5 差分输入串联的三运放差分放大电路。根据虚短、虚断的概念，不难分析 A_3、A_4 前置放大电路仅对差模信号有放大作用，差模放大倍数为$(R_3+2R_1)/R_3$ 倍。这样的电路有以下几个优点：

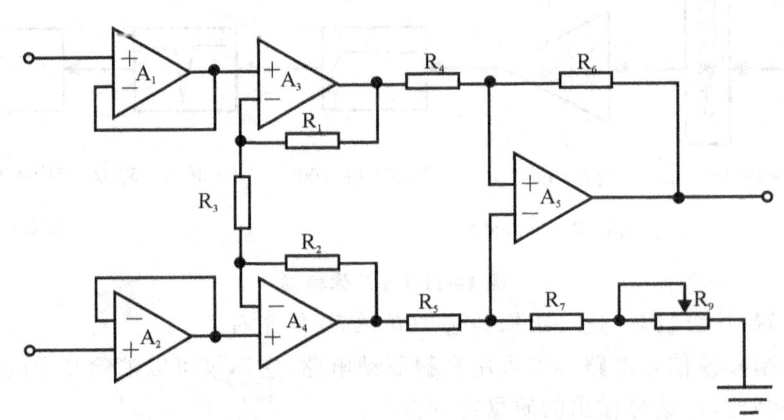

图 14-11-2　三运放放大器

①A_3、A_4 提高了差模信号与共模信号之比，即提高了信噪比，因差模信号按差模增益比放大，远高于共模成分(噪声)；

②决定增益的电阻(R_1、R_2、R_3)对共模抑制比 CMRR 没有影响，因此电阻的容差不重要，R1、R4 的失配仅使两输出端之间的差模增益失配，与 CMRR 相比，这一点并不重要。

电路的另一个特点是对共模输入信号没有放大作用，共模电压增益接近于零。这个因素不仅与实际的共模输入有关，而且也与 A_3 和 A_4 的失配电压和漂移有关。如果 A_3

和 A_4 有相等的漂移速率，且向同一方向漂移，那么漂移就作为共模信号出现，没有被放大，还能被第二级抑制。这样对于 A_3 和 A_4 的漂移要求就会降低。A_3 和 A_4 前置放大级的差模增益要做得尽可能高，相比之下，第二级（A_5）的漂移和共模误差就可以忽略，对放大器的要求就可以大大降低。当 $R_4=R_5$，$R_6=R_7+RP$ 时，两级的总增益为两个差模增益的乘积，即：

$$A_{vd}=[(R_3+2R_1)/R_3](R_6/R_4)$$

由此可知，上述电路具有输入阻抗高、共模抑制比高等优点，可作为通用放大器使用。

方案 2：利用 AD620 来设计放大电路

AD620 是一种只用一个外部电阻就能设置放大倍数为 1～1000 的低价格、低功耗、高精度仪表放大器。它体积小，为 8 管脚的 SOIC 或 DIP 封装；供电电源范围为±2.3V～±18V；最大供电电流仅为 1.3mA。AD620 具有很好的直流特性和交流特性，它的最大输入失调电压为 50μV，最大输入失调电压漂移为 1μV/℃，最大输入偏置电流为 2.0nA。G=10 时，其共模抑制比大于 93dB 。在 1kHz 处输人电压噪声为 $9\text{nv}/(\text{Hz})^{1/2}$ 。在 0.1Hz～10Hz 范围内输人电压噪声的峰——峰值为 0.28μV。G=1 时它的增益带宽为 120kHz，建立时间为 15μs。其管脚如图 14-11-3 所示。

总的来看，AD620 的特点可归结为如下几点：

①AD620 能确保高增益精密放大所需的低失调电压、低失调电压漂移和低噪声等性能指标，故可用于精确的数据采集系统，作为各种微弱信号的前置调理器；

②只用一只外部电阻就能设置放大倍数 1～1000；

③价格低，建立时间短，所以它也非常适用于多路转换系统的 V/I 变换电路；

④最大的供电电流为 1.3mA。

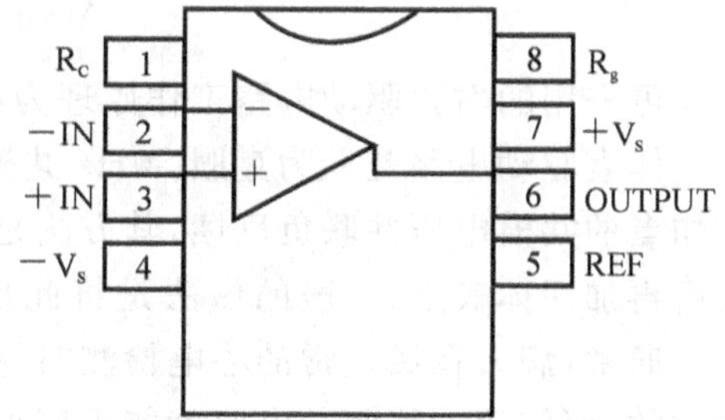

图 14-11-3　AD620 管脚图

利用 AD620 构成心电放大器前置放大级。图 14-11-4 是 AD620 在心电图监测仪的的应用，这里的源阻抗可高达 1MΩ，甚至更高，AD620 的低功耗、低供电电压及低噪声特性得到了充分发挥。

(2)共模信号抑制电路

为了说明差分式放大电路指引共模信号的能力，常用共模抑制比作为一项技术指标来衡量，其定义为放大电路对差模信号的电压增益与对共模信号的电压增益之比的绝对值，即

$$K_{CMR}=\left|\frac{A_{VD}}{A_{VC}}\right|$$

差模电压增益越大，共模电压增益越小，则共模抑制能力越强，放大电路的性能越优良，因此希望值越大越好。共模抑制比也可以用分贝表示：

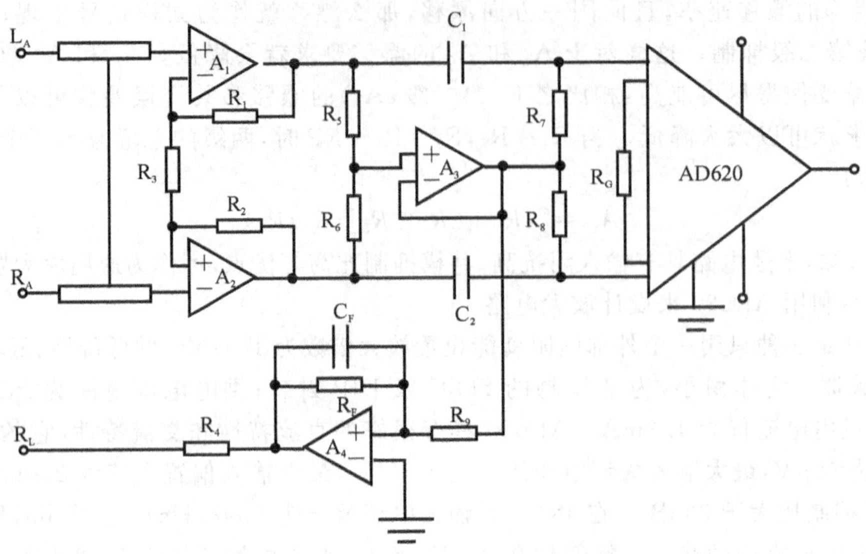

图 14-11-4　AD620 在心电图监测仪的的应用

$$K_{CMR} = 20\lg\left|\frac{A_{VD}}{A_{VC}}\right| dB$$

可采用的右腿驱动电路工作原理为：

体表驱动电路是专为克服 50Hz 共模干扰，提高 CMRR 而设计的，原理是采用以人体为相加点的共模电压并联负反馈，其方法是取出前置放大级中的共模电压，经驱动电路倒相放大后再加回体表上，一般的做法是将此反馈共模信号接到人体的右腿上，所以称为右腿驱动。通常，病人在做正常的心电检测时，空间电场在人体产生的干扰电压和共模干扰是非常严重的，而使用右腿驱动电路就能很好地解决上述问题。图 14-11-5 就是右腿驱动电路主要构成，其中反馈共模电压可以消除人体共模电压产生的干扰，还可以抑制工频干扰。

元器件参数计算：

参数选择：$R_4=1M\Omega$，$R_F=10M\Omega$，$C_F=4700pF$（C_F 的作用是使右腿驱动电路稳定），$R_9=100K\Omega$。

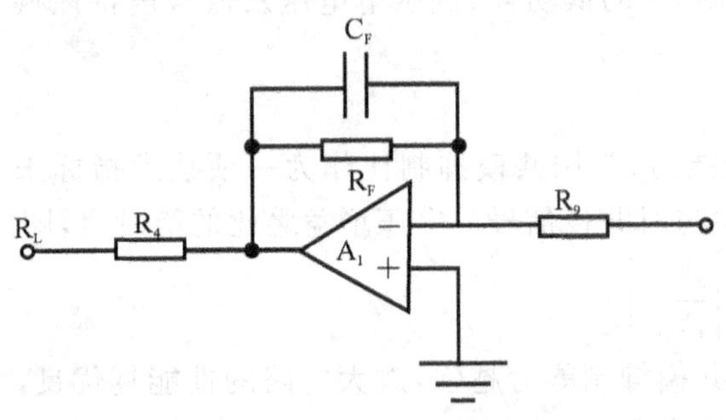

图 14-11-5　右腿驱动电路

(3)低通滤波电路

要求：－3dB 频率是 100Hz，在 200Hz 的衰减大于 25dB。

①计算陡度系数 AS。

$$AS=200/100=2$$

②选择归一化设计满足低通要求。n＝3 的巴特沃斯设计能满足要求。

图 14-11-6 表示归一化低通滤波器。

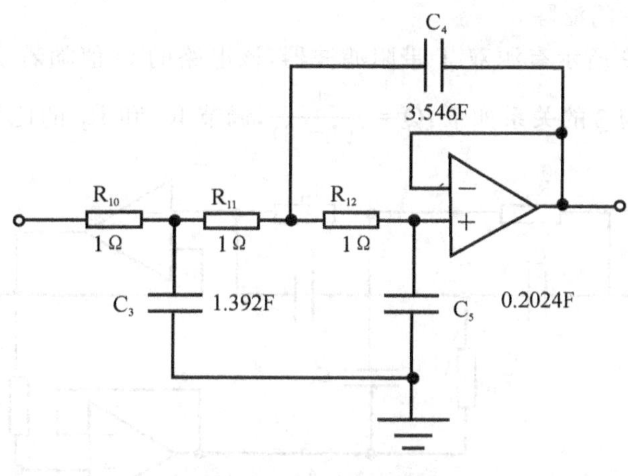

图 14-11-6　低通滤波器

③把低通换算为所需的截止频率和阻抗值。计算 FSF。

$$FSF = 2\pi \times 100 = 628$$

选 Z=10000,把所有电阻乘以 Z,把所有电容除以 Z×FSF。图 14-11-7 是所得到的低通滤波器。

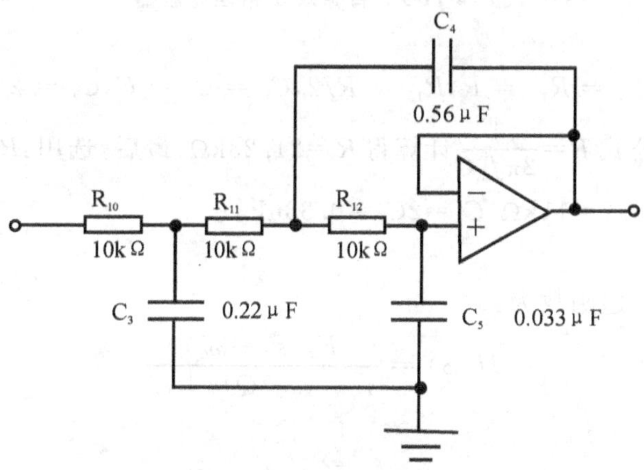

图 14-11-7　低通滤波器

图 14-11-8 是模拟的低通滤波器的幅频特性曲线。

(4)工频 50Hz 的滤除电路

工频干扰是心电信号的主要干扰,虽然前置放大电路对共模干扰具有较强的抑制作用,但有部分工频干扰是以差模信号方式进入电路的,且频率处于心电信号的频带之内,加上电极和输入回路不稳定等因素,前级电路输出的心电信号仍存在较强的

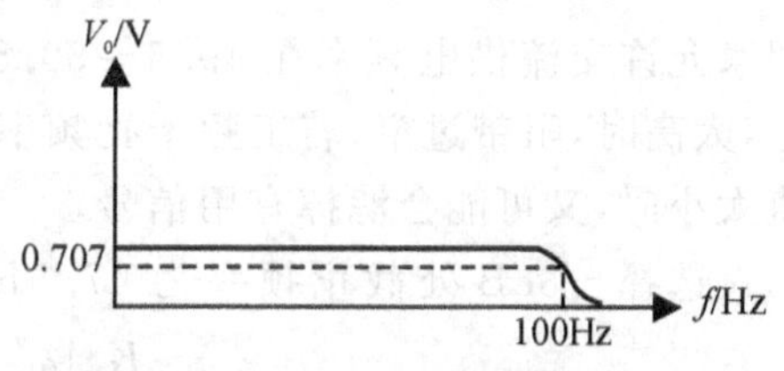

图 14-11-8　低通滤波器幅频特性曲线

工频干扰,所以必须专门滤除。

采用如图 14-11-9 所示有源双 T 带阻滤波器,该电路的 Q 值随着反馈系数 β(0<β<1)的增高而增高,Q 值与 β 的关系如下:$Q=\frac{1}{4(1-\beta)}$,调节 R_{16} 和 R_{17} 的比值可改变 Q 值。

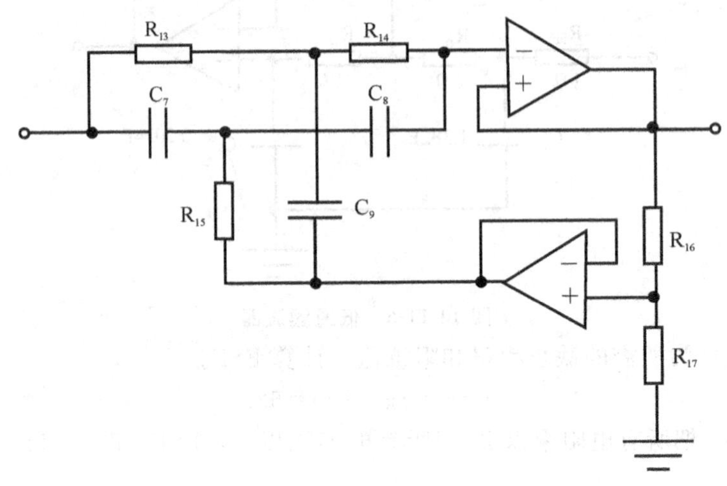

图 14-11-9 有源双 T 带阻滤波器

参数计算:

$$R_{13}=R_{14}=R, R_{15}=R/2, C_7=C_8=C, C_9=2C$$

先取 $C=0.15\mu F$,由公式 $R=\frac{1}{2\pi f_0 C}$ 计算得 $R=21.23k\Omega$,最后,选用:$R_{13}=R_{14}=22k\Omega$,$C_7=C_8=0.15\mu F$,$R_{15}=R_{13}/2=11k\Omega$,$C_9=2C_8=0.33\mu F$。

Q 值讨论:

50Hz 陷波器的传递函数为:

$$H(S)=\frac{K_p(s^2+\omega_0^2)}{s^2+(\omega_0/Q)s+\omega_0^2} \tag{1}$$

幅频特性为:

$$A(\omega)=\frac{K_p\mid\omega^2-\omega_0^2\mid}{\sqrt{(\omega^2-\omega_0^2)^2+(\omega_0\omega/Q)^2}} \tag{2}$$

$$K_p=1, \omega_0=100rad/s。$$

国家允许交流供电频率在 49.5~50.5Hz 范围内,所以 50Hz 陷波器的 Q 值并不是越高越好,太高时,阻带过窄,若工频干扰频率发生波动,则根本达不到滤除工频干扰的目的。而 Q 值太小时,又可能会滤掉有用信号。

选择 −3dB 处截止频率为 47.5Hz 及 52.5Hz,将 $\omega_1=2\pi\times47.5rad/s$,$\omega_2=2\pi\times52.5rad/s$ 分别代入 $A(\omega)=\frac{K_p|\omega^2-\omega_0^2|}{\sqrt{(\omega^2-\omega_0^2)^2+(\omega_0\omega/Q)^2}}=\frac{1}{\sqrt{2}}$ 中计算得,$Q_1=9.74$,$Q_2=10.24$,所

以取 $Q=\dfrac{1}{4\left(\dfrac{R_1}{R_1+R_2}\right)}=10$，$R_{17}=22\text{M}\Omega$，$R_{16}=510\text{k}\Omega$。

仿真 50Hz 陷波器幅频特性如图 14-11-10 所示：

(5)后级放大电路

后级放大采用反相放大器，反相放大器一般形式如图 14-11-11 所示：

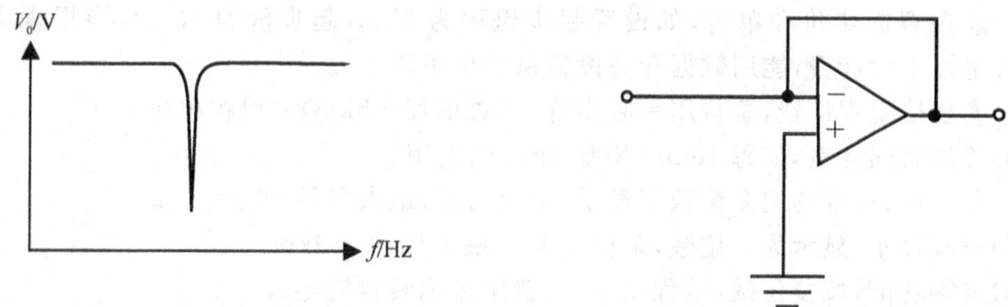

图 14-11-10　陷波器幅频特性曲线　　　　图 14-11-11　反相放大器

在此电路上加一个电容，就可以同时实现放大和滤波，称之为实用反相放大器。低端截止频率设计为 0.05Hz，由式 $f_1=\dfrac{1}{2\pi C_{10}R_{18}}=0.05\text{Hz}$ 来定 C_{10}，R_{18} 的值，取 $C_{10}=33\mu\text{F}$，$R_{18}=100\text{k}\Omega$。再由 $A_V=-R_{19}/R_{18}=-5$，取 $R_{19}=510\text{k}\Omega$。高端截止频率 $f_2=\dfrac{1}{2\pi C_{11}R_{19}}=450\text{Hz}$，由此式计算出 C_{11} 的值，取 $C_{11}=680\text{PF}$。

实用反相放大器的幅频特性如图 14-11-13 所示（输入信号 1mV）。

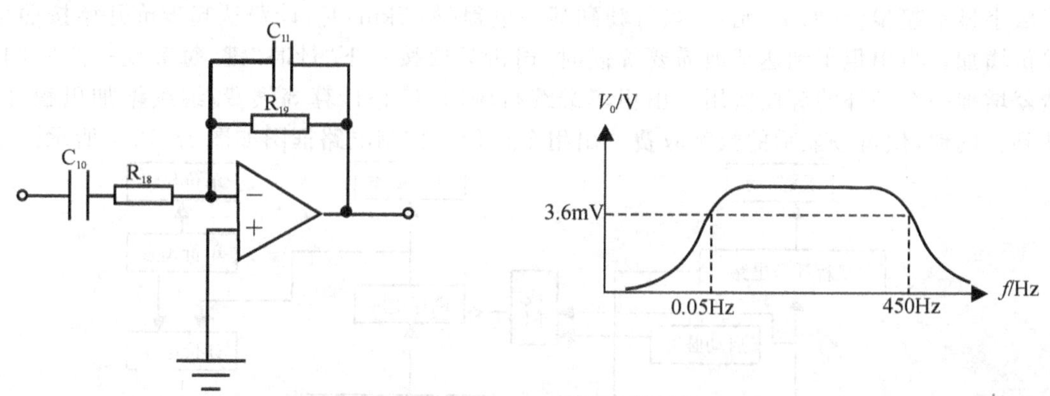

图 14-11-12　实用反相放大器　　　　图 14-11-13　实用反相放大器的模拟幅频特性

信号经过放大、滤波、陷波处理后送入单片机进行 A/D 变换，一方面将 A/D 变换后的数据送入 LCD 实时显示心电图形 ECG 及有关数据；另一方面将数据压缩后存入快闪存储器。然后从存储器中将数据读出，解压缩后通过异步串行通讯 RS-232 接口将数据发送到 PC，在 PC 上形成数据文件，由 PC 对生成的文件做进一步的分析处理。

14-12 出租车计价器控制电路设计

14-12-1 设计任务与要求

要求设计一个出租车计价器控制电路，能够实现计费、等候、预置数据、显示等功能。用Multisim软件仿真，安装电路并测试其逻辑功能。具体要求如下。

(1)能预置起步价和单价，如设置起步里程为5km，起步价为13元，当里程大于5km时，每公里按1元计费，能用数据开关设置每公里单价1元。

(2)实现按里程计费，总费用=起步价+(总里程—5km)×里程单价。

(3)等候时间计费，如每10min增加1km的费用。

(4)总费用、单价均用2位数字显示，单位为元，最大显示99元。

(5)里程显示，显示为3位数，单位是km，最大显示999km。

(6)清零功能，按复位键，里程显示、总费用显示装置清零。

(7)按下计价键后，汽车运行计费，候时关断；候时计数时，运行计费关断。

(8)写出设计步骤，画出设计的逻辑电路图。

(9)对设计的电路进行仿真、修改，使仿真结果达到设计要求。

(10)安装并测试电路的逻辑功能。

14-12-2 设计思路

(1)出租车计价器控制电路原理及框图

出租车开动后，随着行驶里程的增加，计价器里程数字显示的读数从零逐渐增大，而计费数字显示起步价(如13元)。当行驶到某一里程(如5km)时，计费从起步价开始按照里程单价增加。当出租车到达某地需要等候时，司机只要按一下“计时”键，每等候一定时间，计费就增加一个额外的等候费用。出租车继续行驶时，停止计算等候费，继续增加里程计费。达到目的地，便可按显示的数字收费。出租车计价器控制电路框图如图14-12-1所示。

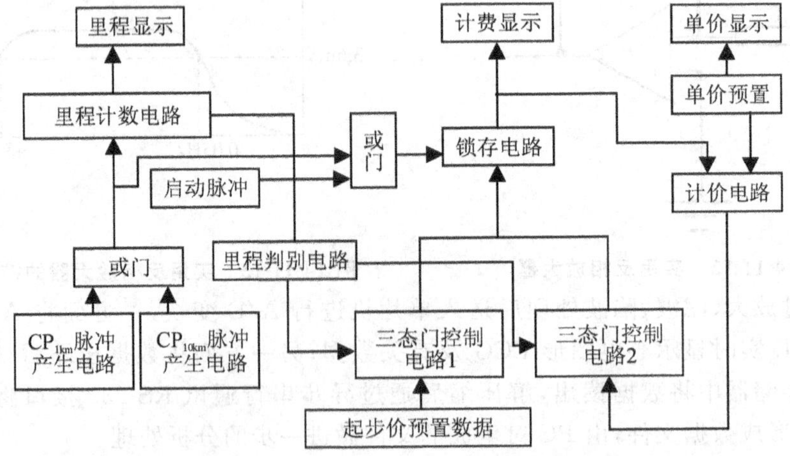

图 14-12-1 出租车计价器控制电路框图

出租车行驶时,设每走 1km 产生一个脉冲 CP_{1km},该脉冲作为里程计数器的时钟。出租车等候时,设每等候 10min 增加 1km 的费用,此时产生脉冲 CP_{10min},作为里程计数器的时钟。里程判别电路产生两个反相的控制信号作为使能信号,使三态门控制电路 1 和三态门控制电路 2 轮流工作:计价器启动时,里程判别电路产生的一个控制信号,使三态门控制电路 1 工作,起步价预置数据通过三态门控制电路 1 输出,启动脉冲将锁存器打开,使译码显示电路显示起步价;里程计数超过起步里程 5km 时,里程判别电路产生的另一个控制信号,使三态门控制电路 2 工作,计价电路进行费用的计算后通过三态门控制电路 2 输出,经锁存器及译码显示电路显示出总费用。

(2)里程计数电路设计

设出租车每走 10m 产生一个脉冲,到 1km 时,产生 100 个脉冲。所以要对里程计数,首先要设计一个模 100 加计数器产生 CP_{1km} 脉冲。这里可以利用 2 片集成计数器 74LS90 级联构成一百进制加计数器,如图 14-12-2 所示。CP_{10m} 是出租车运行 10m 产生的脉冲,作为 74LS90(1)的时钟,当计数器计满 1km 时(100×10m),74LS90(2)的 Q_3 输出端信号即为脉冲 CP_{1km},作为里程计数器的计数脉冲。里程的计数则用 3 片 74LS90 级联构成一千进制加计数器即可,最大计数值为 999。

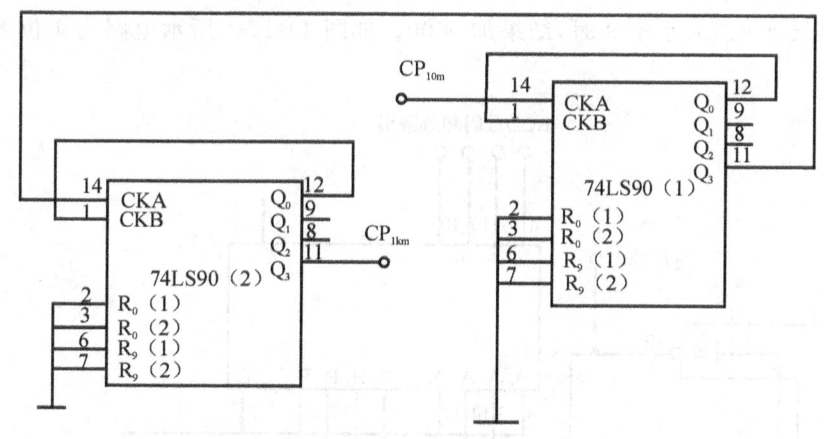

图 14-12-2 CP_{1km} 脉冲产生电路

(3)里程判别电路设计

里程判别电路如图 14-12-3 所示。当实际里程数达到所设置的起步里程数时,触发器翻转。实际里程数未到起步里程数时,Q=0;达到起步里程数时,Q=1。

(4)三态门控制电路设计

三态门控制电路由 2 片三态八缓冲器/线驱动器 74LS244 构成。三态门控制电路 1 和三态门控制电路 2 轮流工作。

(5)计价电路设计

计价电路的作用是将起步价与所走里程费用进行累加得到总的费用。计价电路可由 8421BCD 码加法器构成。常用的加法器一般分为二进制加法器,如 74LS283,因此需要由

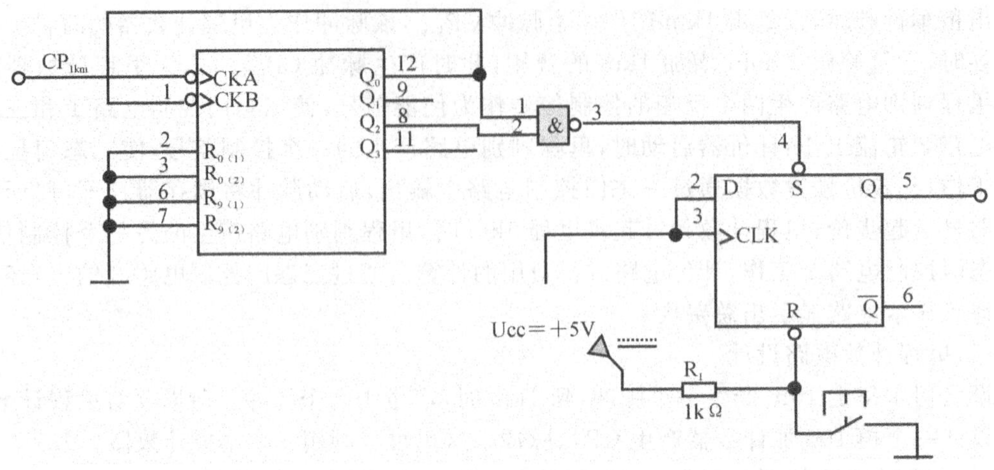

图 14-12-3 里程判别电路

73LS283 及门电路构成 8421BCD 码加法器,具体方法如下。由于 4 位二进制数相加与 2 个 1 位十进制数相加的进率不一样,所以得到的和值要进行修改。当和的结果大于 9 时,应修正加 6;和的结果小于等于 9 时,则可不修正。因此,修正电路应含有一个判 9 电路,当和数大于 9 时,结果加 0110,小于 9 时,结果加 0000。如图 14-12-4 所示电路为 1 位 8421BCD 码相加电路。

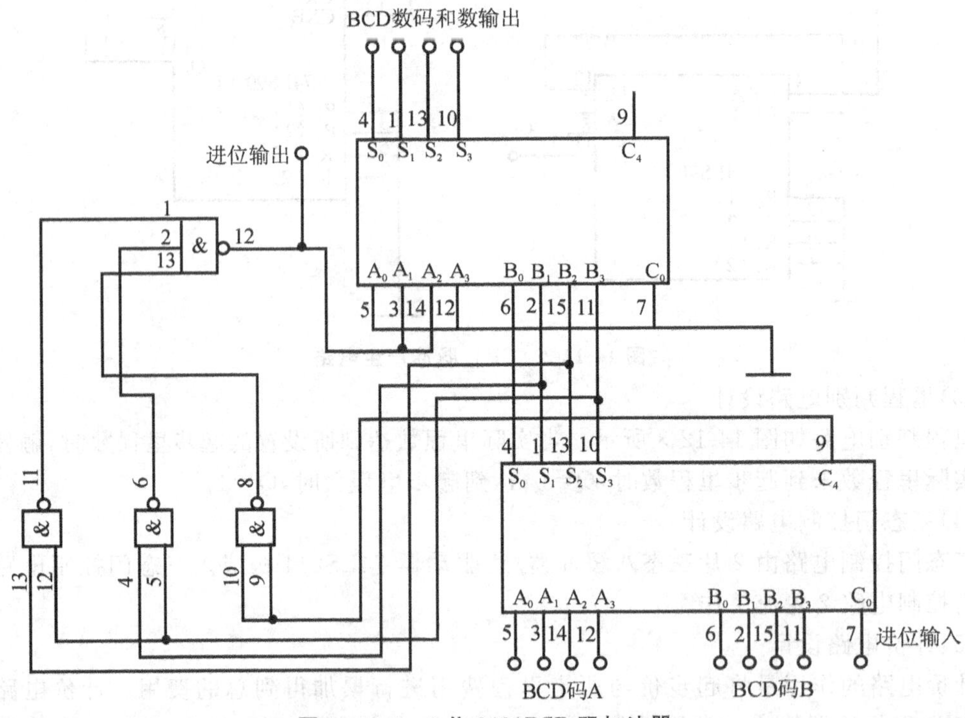

图 14-12-4 1 位 8421BCD 码加法器

(6)CP_{10min}脉冲产生电路设计

如图 14-12-5 所示，出租车在等候时，司机按一下“等候”键，使触发器的 4 脚接地，则 Q 端输出高电平，555 振荡器工作，输出 1Hz 的脉冲到等候计数器。当计满 10min 时，输出一个 CP_{10min} 脉冲。该脉冲经或门送给里程计数器计数，即等候 10min 产生的费用相当于行驶 1km 产生的费用。若等候 5min 后，出租车恢复行驶，这时，将触发器的 4 脚接高电平，出租车行驶输出的 CP_{10m} 脉冲使触发器翻转（Q=0），555 振荡器停止工作，等候计数器停止计数。

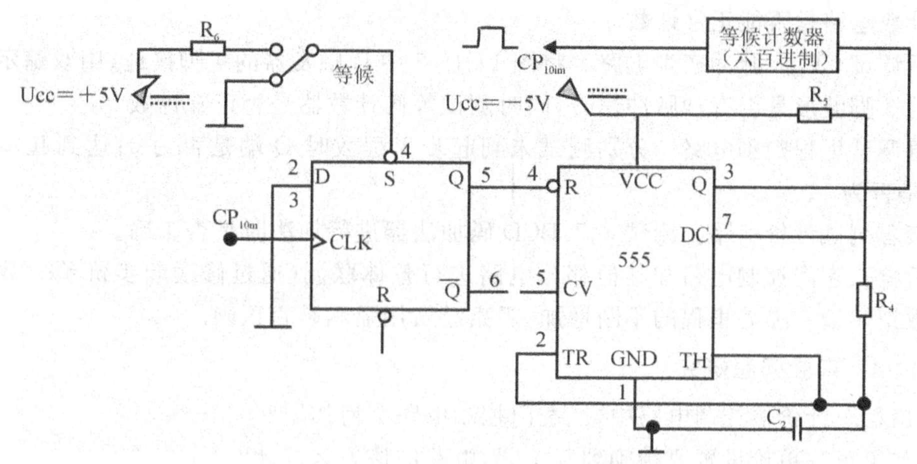

图 14-12-5　CP_{10min} 脉冲产生电路

(7)锁存电路设计

锁存电路选用 8D 锁存器 74LS273。当时钟脉冲 CP_{1km}、CP_{10min} 或启动脉冲的正跳变到来时，锁存器被打开，其输出等于输入，从而将三态门控制电路的输出值送到锁存器的输出端。

14-12-3　实验内容

(1)集成电路及元器件选择

所需要的主要元器件为 8 片 74LS90、1 片 74LS74、1 片 74LS32、1 片 74LS08、2 片 74LS00、1 片 74LS10、4 片 74LS283、2 片 74LS244、1 片 74LS273、1 片 74LS02、1 片 555、7 片 CD4511 和 7 个共阴极数码管，此外需要电阻、电容若干。

(2)原理图绘制与电路仿真

对所设计的电路进行仿真实验，在仿真实验过程中，发现问题应及时修改，直至达到设计要求。

(3)电路安装与调试

①电路布局

在多孔电路实验板上装配电路时，首先应熟悉其结构，明确哪些孔眼是连通的，并妥善安排电源正、负极引出线在实验板上的位置。

电路布局时应妥善安排各集成块的位置，以方便连线为原则。电路与外接仪器的连接端、测试端要布局合理，便于操作。

②安装与调试方法

电路安装前，首先检测所用集成电路及其他器件的工作性能。安装完成后，要用万用表检测电路接触是否良好，电源电压大小、极性是否正确。一切正常后才能通电调试。

调试过程最好分步或分块进行。

首先调试里程计数显示模块。将 CP_{1km} 脉冲产生电路和一千进制计数器联合在一起，检查里程计数电路是否能正常计数。

然后调试 CP_{10min} 脉冲产生电路。将图 14-12-5 中 D 触发器的 4 脚接地，用双踪示波器测量 555 的 3 脚波形是否有秒脉冲信号，同时测试等候计数器是否正常计数。

接着调试里程判别电路。分别测试未到起步里程数时 Q 端是否为 0；达到起步里程数后 Q 端是否为 1。

再接着调试计价电路。测试 8421BCD 码加法器进行加法时是否正确。

最后将三态门控制电路和其他部分电路进行整体联调（通过修改起步价预置数据及单价预置数据实现），随着里程的不断增加，观察总费用显示是否正确。

14-12-4　实验问题研究

(1)出租车计价器控制电路中，三态门控制电路有何作用？

(2)如果里程单价设置要精确到 0.1 元，电路应该怎么设计？

(3)试分析 1 位 8421BCD 码加法电路的工作原理。

(4)电路中如果不用锁存器 74LS273 会造成什么结果？

(5)如果计费用 3 位数显示，最大显示 999 元，则应该如何修改电路？

(6)里程判别电路还有其他的设计方法吗？试画出电路图。

14-13　交通信号灯控制电路设计

14-13-1　系统分析

(1)问题描述

设计并实现一个十字路口的红、绿、黄三色交通信号灯控制与显示电路，即每个路口设置一个红、绿、黄交通信号灯，按图 14-13-1 所示情况变化，以保证车辆、行人安全通行。

(2)功能分析

①基本功能

根据需求描述，系统应具有如下基本功能：

东西方向绿灯亮时，南北方向红灯亮，该信号灯点亮时间可自由设定（设定范围为 00～99s），同时点亮时间进行倒计时显示；当倒计时显示时间减为 00 时，东西方向绿灯熄灭，黄灯同时点亮，并维持数秒，南北方向仍为红灯亮；当倒计时显示时间减为 00 时，东西方向红灯亮，南北方向绿灯亮，点亮时间仍可自由设定；当倒计时显示时间减为 00 时，南北方向绿

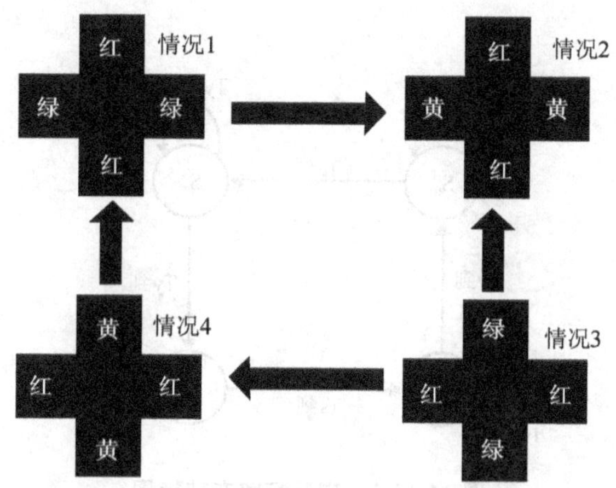

图 14-13-1 正常情况下交通信号灯状态示意图

灯熄灭，黄灯同时点亮，并维持数秒，东西方向仍为红灯亮。当倒计时显示时间减为00时，系统状态进入下一个周期，以后周而复始的循环。

②扩展功能

(a)特殊状态控制功能：特殊状态控制功能是紧急车辆随时通行功能。它受一个特殊状态开关控制，无紧急车辆时，交通信号灯按正常时序控制；有紧急车辆来时，将特殊状态开关按下，不管原来交通信号灯的状态如何，一律强制让两个方向的红灯同时点亮，禁止其他车辆通行，同时计时停止；特殊状态结束后，恢复原来的状态继续运行。

(b)交通信号灯点亮时间预置功能：控制电路在任何时候可根据实际情况修改交通信号灯的点亮时间。

(c)各路口交通信号灯故障报警功能(选做)：交通信号灯控制电路发出警报，说明各路口交通信号灯同时熄灭或点亮的情况不符合预定要求。

(3)系统分析

正常情况下，十字路口的红、绿、黄三色交通信号灯有如图14-13-1所示四种情况，假设东西方向的绿灯点亮时间为 T_e，南北方向的绿灯点亮时间为 T_s，东西、南北方向的黄灯点亮时间均为 T_y。交通信号灯共有四种状态，如表14-13-1所示。该电路根据灯亮时间 T_e、T_s 和 T_y 产生这些状态，并对它们进行有序的控制。相应的状态转换图如图14-13-2所示。系统模块框图如图14-13-3所示。

表 14-13-1 状态表

状态	东西方向	南北方向	时间/s
S_0	绿灯亮	红灯亮	T_e
S_1	黄灯亮	红灯亮	T_y
S_2	红灯亮	绿灯亮	T_s
S_3	红灯亮	黄灯亮	T_y

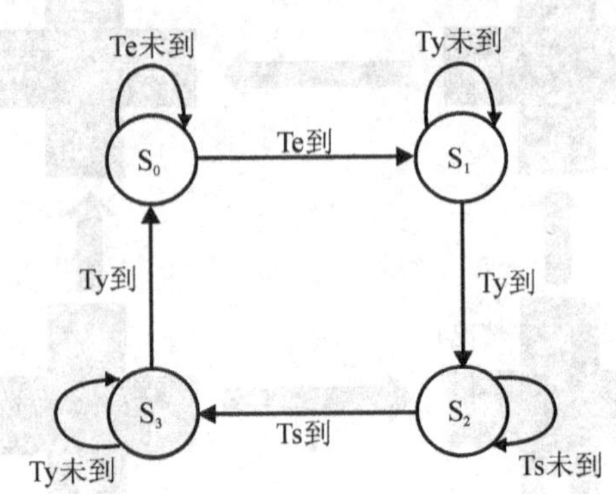

图 14-13-2　交通灯状态转换图

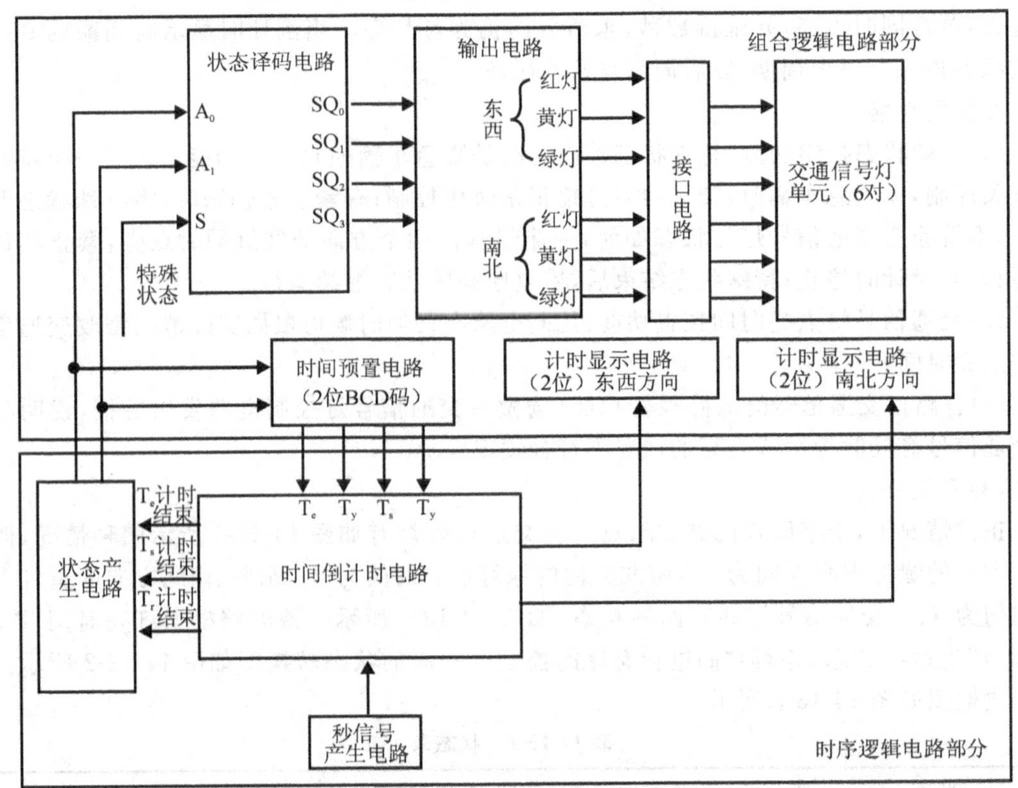

图 14-13-3　系统模块图

如图 14-13-3 所示，系统模块框图中各电路模块的作用如下：

①状态译码电路、输出电路及交通信号灯单元

该电路将状态产生电路的输出状态信号 A_1A_0 译码为东西、南北方向 6 对交通信号灯的控制信号。

②时间预置电路

该电路根据四种不同的状态信号 A_1A_0 分别预置相应的灯亮时间数据 T_e、T_y、T_s 和 T_y，作为开始计时的初始值，改变这些初始值可实现修改信号灯点亮时间的功能。

③时间倒计时电路

该电路在秒信号作用下，对不同状态的灯亮时间 T_e、T_y、T_s 和 T_y 分别进行减法计数循环，实现倒计时功能；每当倒计时到 00 时，向状态产生电路发出计时结束信号。

④状态产生电路

该电路根据计时结束信号分别产生交通信号灯的四种不同状态的信号 A_1A_0。

⑤计时显示电路

该电路采用数码管将等量时间 T_e、T_y、T_s 和 T_y 进行实时显示。

14-13-2 组合逻辑电路部分

(1)设计要求

用数据选择器、译码器和集成门等集成电路器件设计交通信号灯控制电路中的组合逻辑电路部分，即状态译码电路、输出电路及交通信号灯单元、时间预置电路和计时显示电路。具体要求如下：

①将状态信号译码为东西、南北方向 6 对交通信号灯的控制信号，实现正常时序控制功能；

②特殊状态器件，东西、南北两个方向的红灯同时亮，实现特殊状态控制功能；

③将东西方向、南北方向的灯亮时间分别用数码管显示；

④根据不同的状态信号分别预置相应的灯亮时间数据 T_e、T_y、T_s 和 T_y，其显示范围为 00～99s，用 2 位 BCD 码形式表示。

(2)设计思路

①状态译码电路、输出电路及交通信号灯单元的设计思路

该部分电路的主要功能是依据不同的状态信号实现对交通信号灯的控制，其设计框图如图 14-13-4 所示。状态译码电路采用二进制译码器 74LS138 实现；输出电路采用集成逻辑门实现；交通信号灯单元采用普通的红色、绿色和黄色发光二极管；接口电路起信号驱动作用，视试验情况的不同选用。

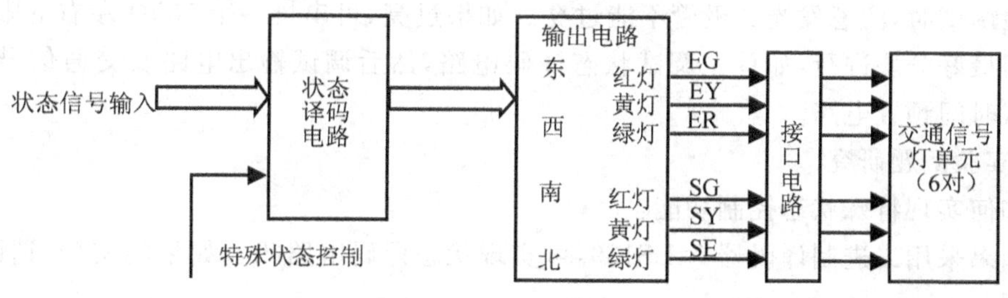

图 14-13-4 设计框图一

②时间预置电路的设计思路

该电路的主要功能是依据不同的状态信号输入相应的时间预置数据，从而确定交通信号灯的灯亮时间，其设计框图如图 14-13-5 所示，该电路采用集成数据选择器 74LS153 实现。

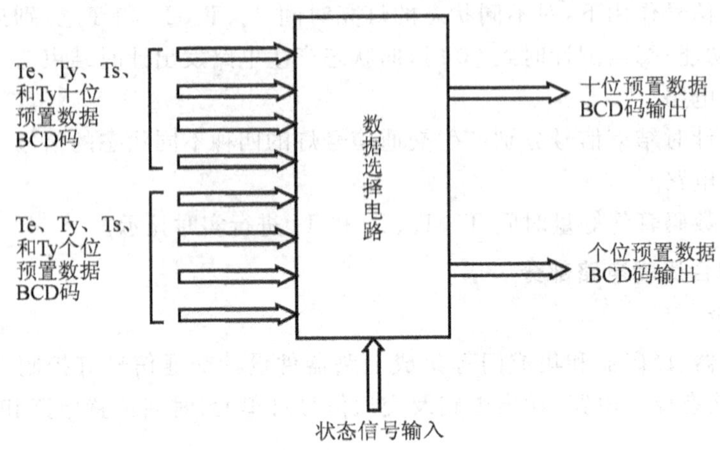

图 14-13-5　设计框图二

③计时显示电路的设计思路

将倒计时电路产生的输出经显示译码器 CD4511 和数码管进行显示。

(3)电路安装与调试

①电路布局

在多孔电路实验板上装配电路时，首先应熟悉其结构，明确哪些孔眼是连通的，并妥善安排电源正、负极引出线在实验板上的位置。

电路布局时应妥善安排各集成块的位置，以方便连线为原则。电路与外接仪器的连接端、测试端要布局合理，便于操作。状态信号、预置数据的输入端应方便改变其电平。

②安装与调试方法

电路安装前，首先检测所用集成电路及其他器件的工作性能。安装完成后，要用万用表检测电路接触是否良好，电源电压大小、极性是否正确；一切正常后才能通电调试。

实验调试时，注意发光二极管不能过亮。如果过亮，可串接一个 100Ω 左右的限流电阻。调试过程最好分块进行，如首先调试状态译码电路，然后调试输出电路及交通信号灯单元，最后调试时间预置电路。

(4)实验问题研究

①如何实现特殊状态控制功能？

②如果采用二进制译码器 74LS139，可实现状态译码电路吗？如果能实现，请画出其逻辑电路图。

③如何实现时间预置电路中预置数据直接采用十进制形式？画出其逻辑电路图。

14-13-3　时序逻辑电路部分

（1）设计要求

用集成触发器、集成计数器等集成器件设计交通信号灯控制电路中的时序逻辑电路部分，即时间倒计时电路和状态产生电路。并在设计组合逻辑电路的基础上完成整个控制电路的调试。具体要求如下：

①交通信号灯的不同状态转换时分别产生相应的状态信号

②对交通信号灯不同状态的灯亮时间 T_e、T_y、T_s 分别进行减法计数，实现倒计时功能。

③特殊状态期间，计时停止。特殊状态结束后，恢复正常计时。

（2）设计思路

再设计组合逻辑电路的基础上完成本部分电路的设计。

①时间倒计时电路的设计思路

该电路在秒信号作用下，分别以不同状态的灯亮时间 T_e、T_y、T_s 和 T_y 作为开始计时的初始值进行减法计数循环，每当倒计时到 00 时，向状态产生电路发出计时结束信号。改变这些初始值即可实现修改信号灯点亮时间的功能。采用 2 片具有置数功能的集成十进制加/减可逆计数器 74LS192，组成时间倒计时电路，其设计框图如图 14-13-6 所示。

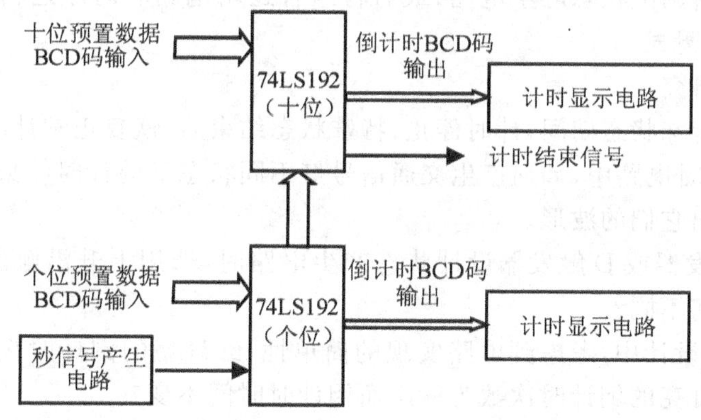

图 14-13-6　设计框图三

②状态产生电路的设计思路

该电路的主要功能是根据实际交通信号灯的转换过程，产生相应的状态信号供其他电路使用。根据设计要求，只有当倒计时时间结束时交通信号灯的状态才发生变化，故可将时间倒计时电路产生的计时结束信号作为状态变化的控制信号。为此，将该信号作为计数器的时钟脉冲即可，计数器采用 JK 触发器或 D 触发器实现，其设计框图如图 14-13-7 所示。

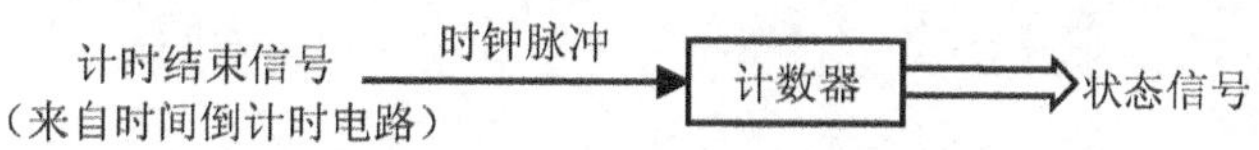

图 14-13-7　设计框图四

(3)原理图绘制与电路仿真

对所设计的电路进行仿真实验，在仿真实验过程中，分别手动改变每个状态的时间预置数据，观察电路的仿真运行结果；将组合逻辑电路和时序逻辑电路连接起来，验证电路的逻辑功能是否达到设计要求。

(4)电路安装与调试

①电路布局

在多孔电路实验板上装配电路时，首先应熟悉其结构，明确哪些孔眼是连通的，并妥善安排电源正、负极引出线在实验板上的位置。

电路布局时应妥善安排各集成块的位置，以方便连线为原则。电路与外接仪器的连接端、测试端要布局合理，便于操作。组合逻辑电路和时序逻辑电路之间的接口应方便连线，最好在各自的连接线上做好标记。

②安装与调试方法

电路安装前，首先检测所用集成电路及其他器件的工作性能。安装完成后，要用万用表检测电路接触是否良好，电源电压大小、极性是否正确；一切正常后才能通电调试。

调试时，利用实验室信号源产生秒脉冲信号。首先手动设置某一时间预置数据，调试时间倒计时电路；然后调试状态产生电路；最后将组合逻辑电路和时序逻辑电路连接起来，完成整个控制电路的调试。

(5)实验问题研究

①如何实现“特殊状态期间，计时停止；特殊状态结束后，恢复正常计时”的功能？

②在时间倒计时电路中，如何产生交通信号灯不同状态下的计时结束信号和置数信号？说明其原理，并画出它们的波形。

③采用JK触发器或D触发器设计状态产生电路时，选用上升沿触发和下降沿触发方式，其实验结果有何不同？

④在本次电路设计中，考虑到电路实现的简单性，红灯亮的倒计时次数共两次，如何改进电路设计，使红灯亮的倒计时次数为一次而倒计时时间不变？

附录 1

电类基础实验课的作用

实验课是高等教育的一个重要教学环节，是理论联系实际的重要手段。通过实验巩固所学的理论知识，训练实验技能，培养动手能力。对于电类基础实验课，应通过实验达到以下目的：

(1)培养学生实事求是、一丝不苟、三严(严格、严密、严肃)的科学态度，养成良好的电工实验习惯和作风。

(2)训练学生基本的实验技能，如元器件识别，正确使用常见的电工、电子仪器、仪表，掌握一些基本的测试技术、实验方法及数据分析处理方法。

(3)通过专业基础实践课程的培训，加深对电路、模拟电子技术和数字电路等相关理论知识的理解，获得基本的设计与仿真能力。

(4)培养学生分析问题、解决问题的能力，为今后在各自的专业领域中，学习后续课程及从事电子技术方面相关工作和科学研究打下一定的基础。

实验守则

(1)实验课前要认真预习实验指导书，明确实验目的，并结合实验原理复习有关理论知识。了解实验内容，做好必要的准备工作，写出预习实验报告。

(2)学习实验室有关规则，按时到达实验室，不得擅自旷课、迟到、早退。进入实验室，要保持室内整洁和安静。

(3)严格遵守实验室的有关规定和仪器设备的操作规程，爱护仪器设备，出现问题应立即报告指导教师，不得自行处理，不得随意挪用与本次实验无关的设备及实验室的其它仪器设备。凡损坏仪器设备者应填写损失单，写出书面事故报告，并按规定进行赔偿。

(4)接线可按先串联后并联的原则，先接无源部分，再接电源部分。两者之间必须经过开关时，必须将所有的电源开关断开，并将可调设备的旋钮，手柄置于最安全的位置。

(5)实验进行中要胆大心细，一丝不苟。实验电路走线、布线应简洁明了，便于检查和测量。接完线路，应先自行检查，再请老师复查后方能接通电源。改接电路，必须先切断电源。

(6)实验时要注意：眼观全局，先看现象，再读数据。保证人身和设备安全，发生事故或出现异常现象，应立即切断电源，保护现场并报告教师处理。

(7)认真观察实验现象，实事求是，所有实验测量数据应记在原始记录表上，数据记录尽量完整、清晰。

(8)读数前要弄清仪表的量程及刻度，读数时注意姿势正确，要求“眼、针、影成一线”。注意仪表指针位置，及时变换量程使指针指示于误差最小的范围内，变换量程时一般要在切断电源情况下操作。

(9)实验报告上不得随意涂改,绘制表格和曲线要求用尺子或绘图工具,锻炼自己的技术报告书写能力,培养工程意识。

(10)完成实验后,核对实验数据的完整性和合理性,交指导教师审阅,才能拆除实验线路(注意要先切断电源,后拆线),并将仪器设备、导线、实验整理归位,做好台面及实验环境的清洁和整理工作。

实验报告书写要求

实验报告是实验者将自己所进行的实验及实验结果用文字做的综合性表述,也是工程中技术报告的能力训练。实验报告要用简明的形式将实验结果完整和真实地表达出来,要求文理通顺,简明扼要,字迹工整,图表清晰,结论正确,分析合理,讨论深入。实验报告采用指导书上的规定格式或统一规格的报告纸。一般包括以下几项:

(1)实验目的。

(2)实验原理:主要是画出实验电路图,对特殊的实验方法加以说明,至于一般的方法、原理可简单叙述,不要照抄指导书。

(3)实验仪器或实验元器件。

(4)实验内容:写出具体实验步骤,绘制数据记录表格。

(5)实验注意事项。

(6)数据处理:包括实验数据及计算结果的整理,并结合埋论知识对数据进行分析。

(7)实验报告要求:按规定完成或回答要求的内容。

(8)实验收获及体会:包括实验中发现的问题现象及事故分析,合理建议和改进意见。

实验前完成上述(1)—(5)项,实验后完成(6)—(8)项。报告中的所有图表、曲线均按工程化要求绘制。波形曲线比例要适中,坐标轴上应注明物理量的符号和单位。

实验报告一定要遵照教师规定的时间按时上交,经教师批改、登记后,放在实验室统一保管,以便于教学评估检查或有关人员查询。学生需要参考时,可向实验室提出借用。

附录 2

常用集成块引脚图

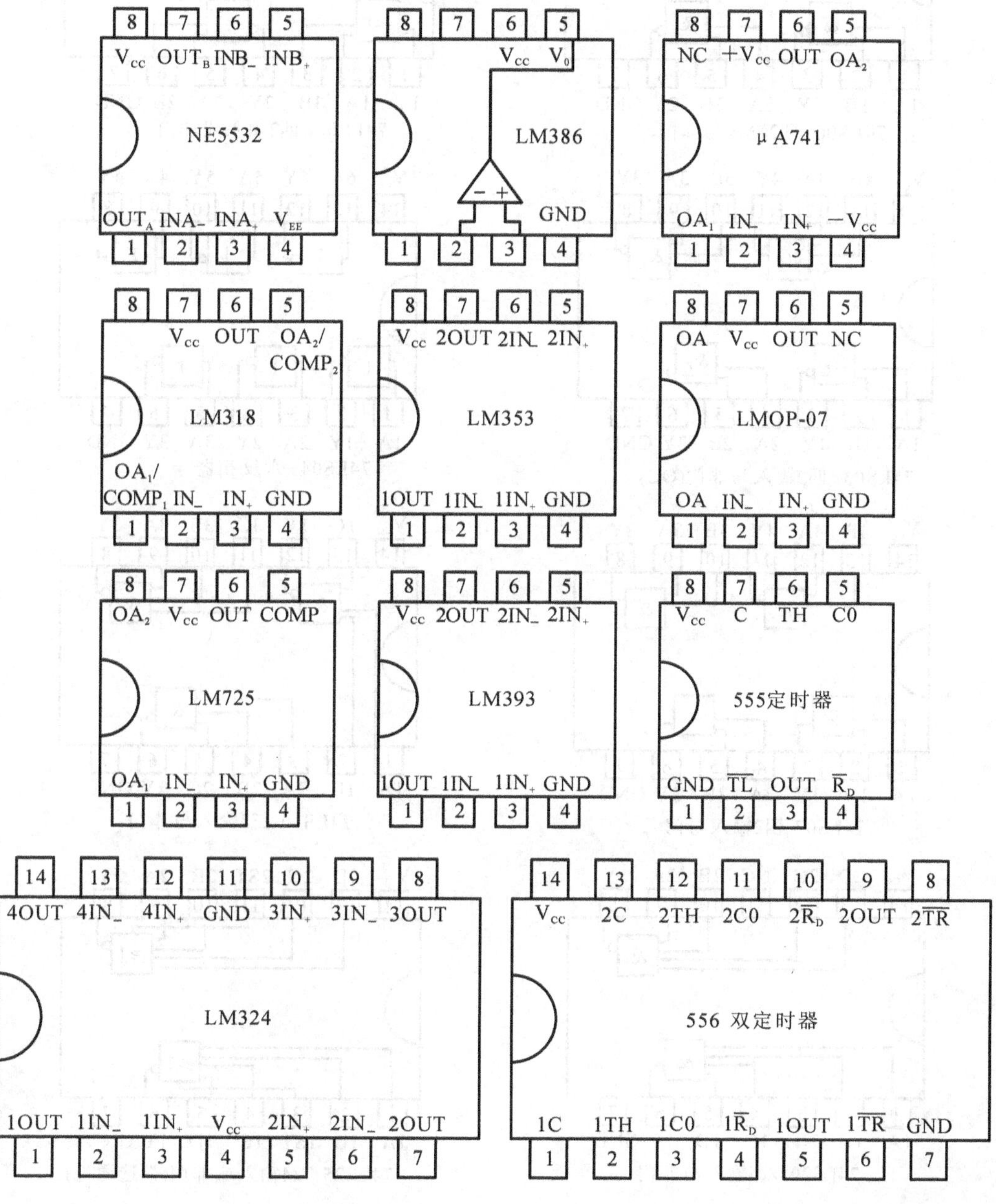

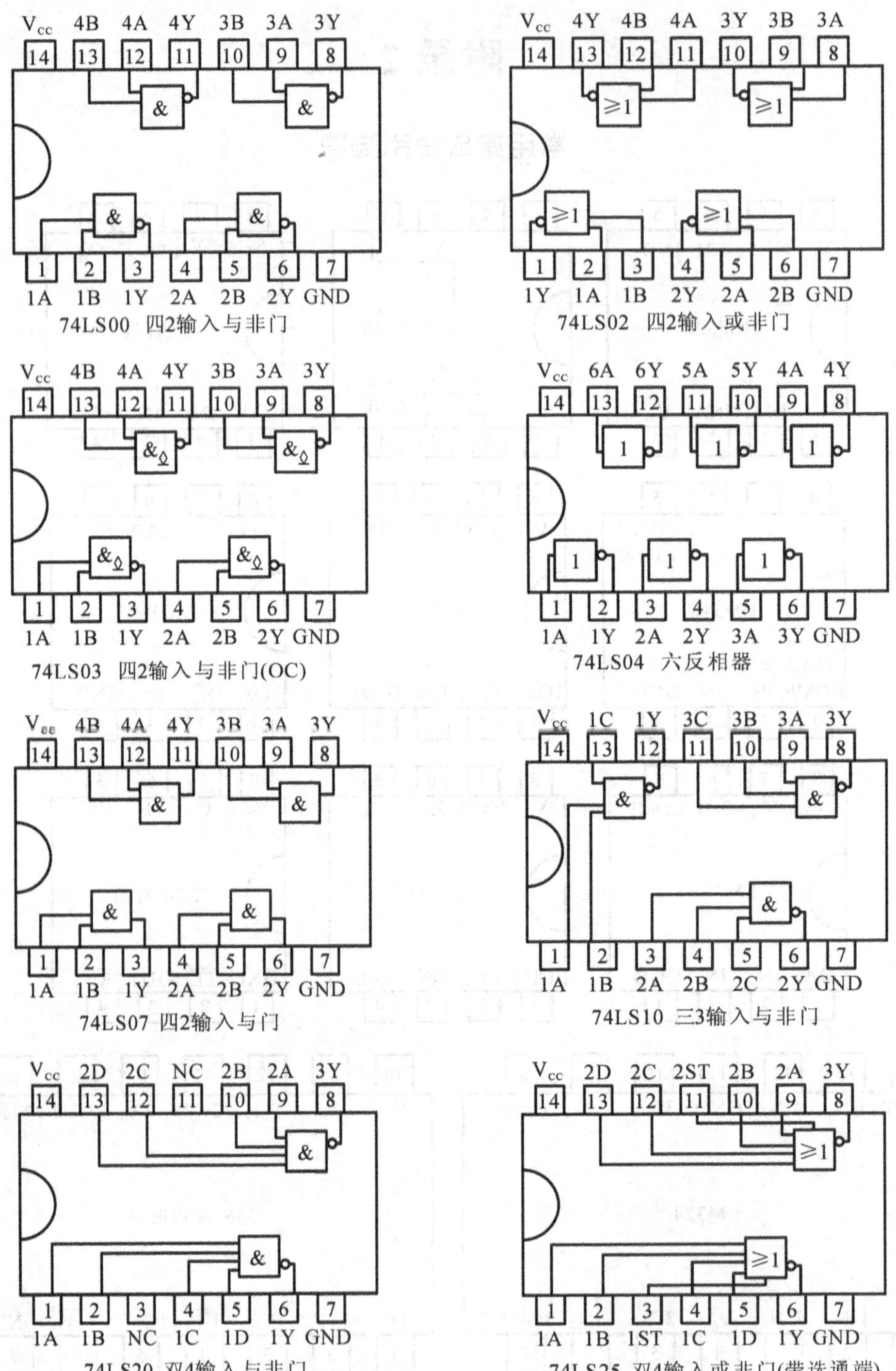

74LS00 四2输入与非门

74LS02 四2输入或非门

74LS03 四2输入与非门(OC)

74LS04 六反相器

74LS07 四2输入与门

74LS10 三3输入与非门

74LS20 双4输入与非门

74LS25 双4输入或非门(带选通端)

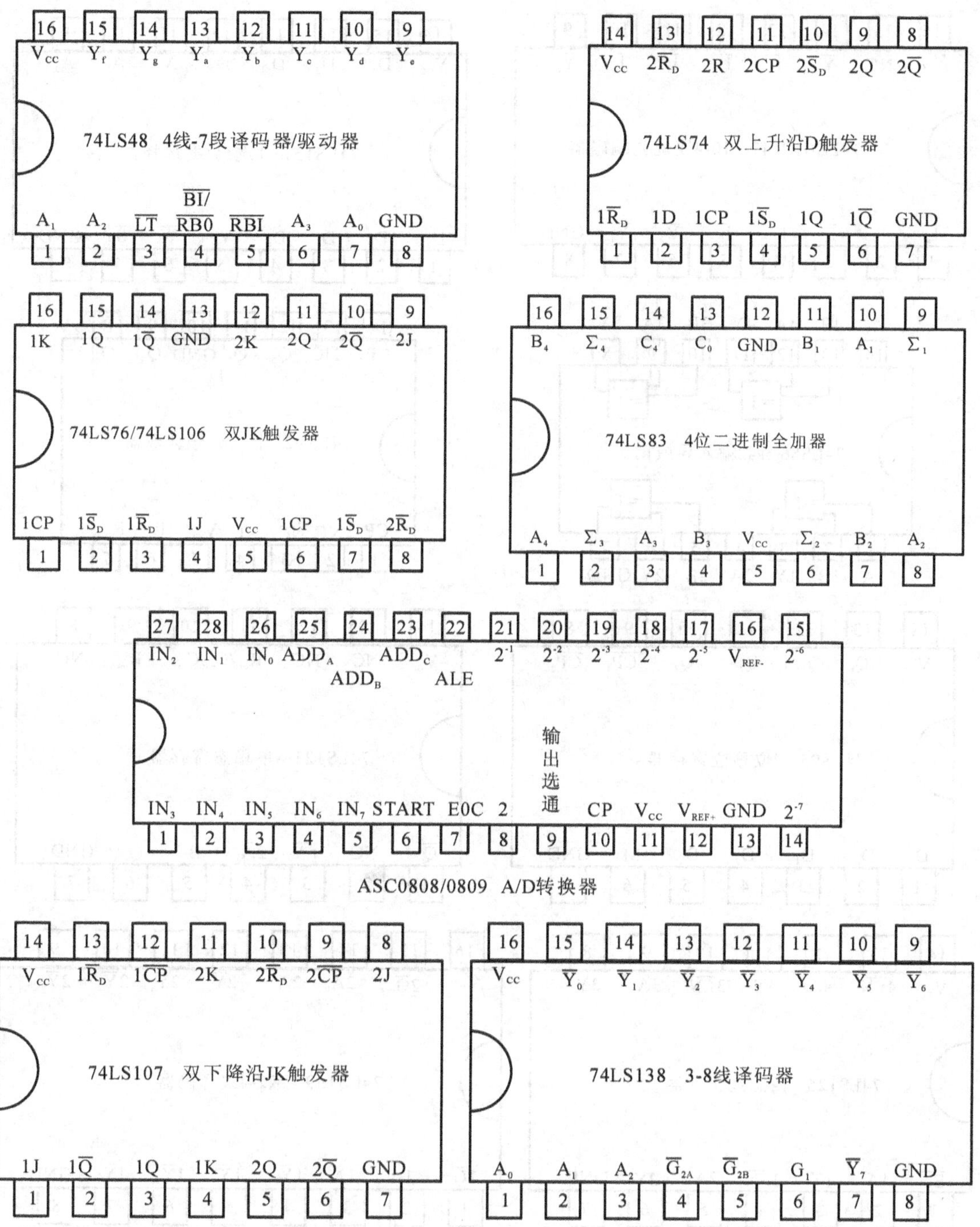

16 15 14 13 12 11 10 9
VCC Yf Yg Ya Yb Yc Yd Ye
74LS48 4线-7段译码器/驱动器
A1 A2 LT BI/RB0 RBI A3 A0 GND
1 2 3 4 5 6 7 8
14 13 12 11 10 9 8
VCC 2RD 2R 2CP 2SD 2Q 2Q
74LS74 双上升沿D触发器
1RD 1D 1CP 1SD 1Q 1Q GND
1 2 3 4 5 6 7
16 15 14 13 12 11 10 9
1K 1Q 1Q GND 2K 2Q 2Q 2J
74LS76/74LS106 双JK触发器
1CP 1SD 1RD 1J VCC 1CP 1SD 2RD
1 2 3 4 5 6 7 8
16 15 14 13 12 11 10 9
B4 Σ4 C4 C0 GND B1 A1 Σ1
74LS83 4位二进制全加器
A4 Σ3 A3 B3 VCC Σ2 B2 A2
1 2 3 4 5 6 7 8
27 28 26 25 24 23 22 21 20 19 18 17 16 15
IN2 IN1 IN0 ADDA ADDC 2-1 2-2 2-3 2-4 2-5 VREF- 2-6
ADDB ALE
输出选通
IN3 IN4 IN5 IN6 IN7 START E0C 2 CP VCC VREF+ GND 2-7
1 2 3 4 5 6 7 8 9 10 11 12 13 14
ASC0808/0809 A/D转换器
14 13 12 11 10 9 8
VCC 1RD 1CP 2K 2RD 2CP 2J
74LS107 双下降沿JK触发器
1J 1Q 1Q 1K 2Q 2Q GND
1 2 3 4 5 6 7
16 15 14 13 12 11 10 9
VCC Y0 Y1 Y2 Y3 Y4 Y5 Y6
74LS138 3-8线译码器
A0 A1 A2 G2A G2B G1 Y7 GND
1 2 3 4 5 6 7 8

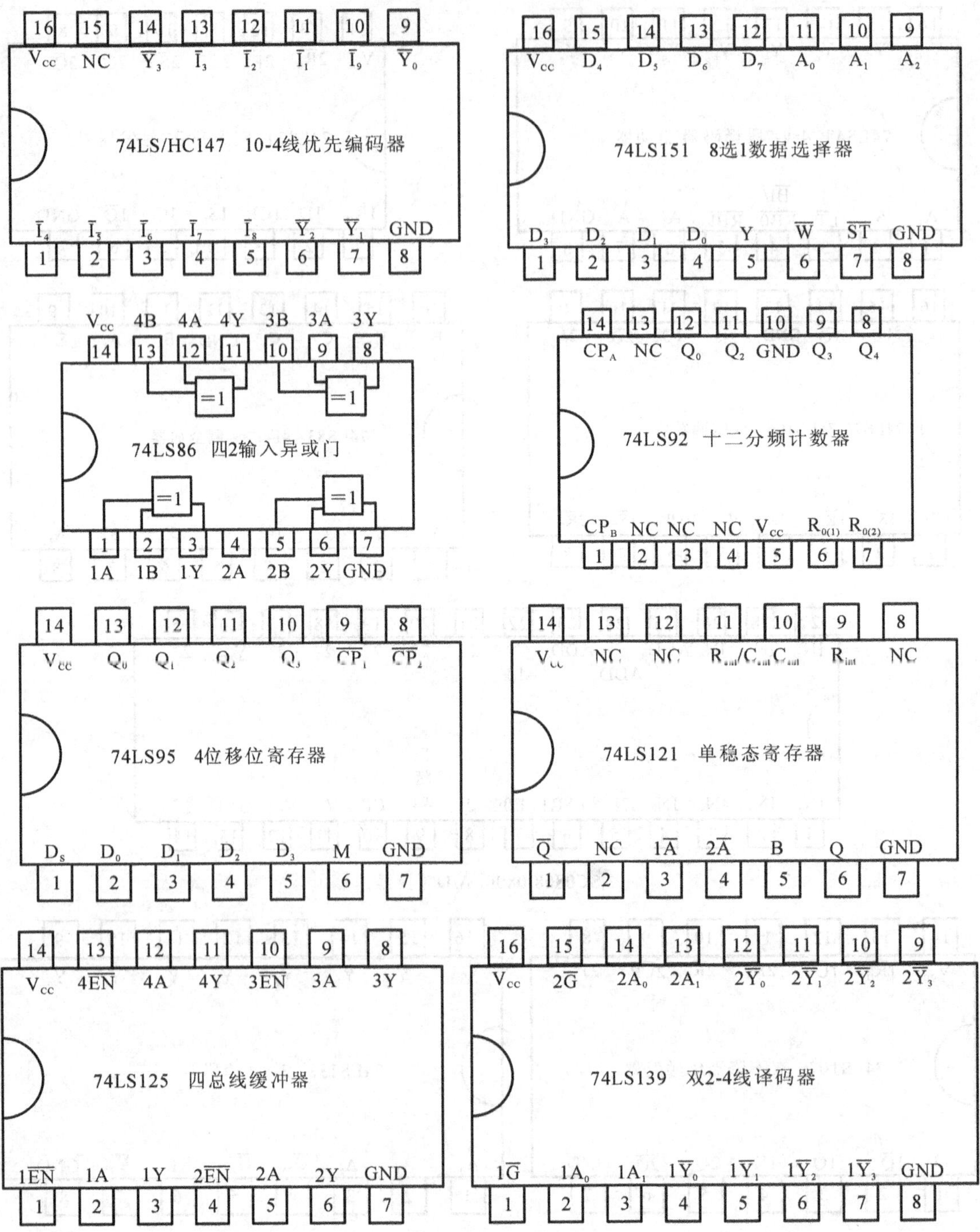

16 15 14 13 12 11 10 9
Vcc NC Y3 I3 I2 I1 I9 Y0
74LS/HC147 10-4线优先编码器
I4 I5 I6 I7 I8 Y2 Y1 GND
1 2 3 4 5 6 7 8
16 15 14 13 12 11 10 9
Vcc D4 D5 D6 D7 A0 A1 A2
74LS151 8选1数据选择器
D3 D2 D1 D0 Y W ST GND
1 2 3 4 5 6 7 8
Vcc 4B 4A 4Y 3B 3A 3Y
14 13 12 11 10 9 8
=1
74LS86 四2输入异或门
1 2 3 4 5 6 7
1A 1B 1Y 2A 2B 2Y GND
14 13 12 11 10 9 8
CPA NC Q0 Q2 GND Q3 Q4
74LS92 十二分频计数器
CPB NC NC NC Vcc R0(1) R0(2)
1 2 3 4 5 6 7
14 13 12 11 10 9 8
Vcc Q0 Q1 Q2 Q3 CP1 CP2
74LS95 4位移位寄存器
DS D0 D1 D2 D3 M GND
1 2 3 4 5 6 7
14 13 12 11 10 9 8
Vcc NC NC Rext/Cext Cext Rint NC
74LS121 单稳态寄存器
Q NC 1A 2A B Q GND
1 2 3 4 5 6 7
14 13 12 11 10 9 8
Vcc 4EN 4A 4Y 3EN 3A 3Y
74LS125 四总线缓冲器
1EN 1A 1Y 2EN 2A 2Y GND
1 2 3 4 5 6 7
16 15 14 13 12 11 10 9
Vcc 2G 2A0 2A1 2Y0 2Y1 2Y2 2Y3
74LS139 双2-4线译码器
1G 1A0 1A1 1Y0 1Y1 1Y2 1Y3 GND
1 2 3 4 5 6 7 8

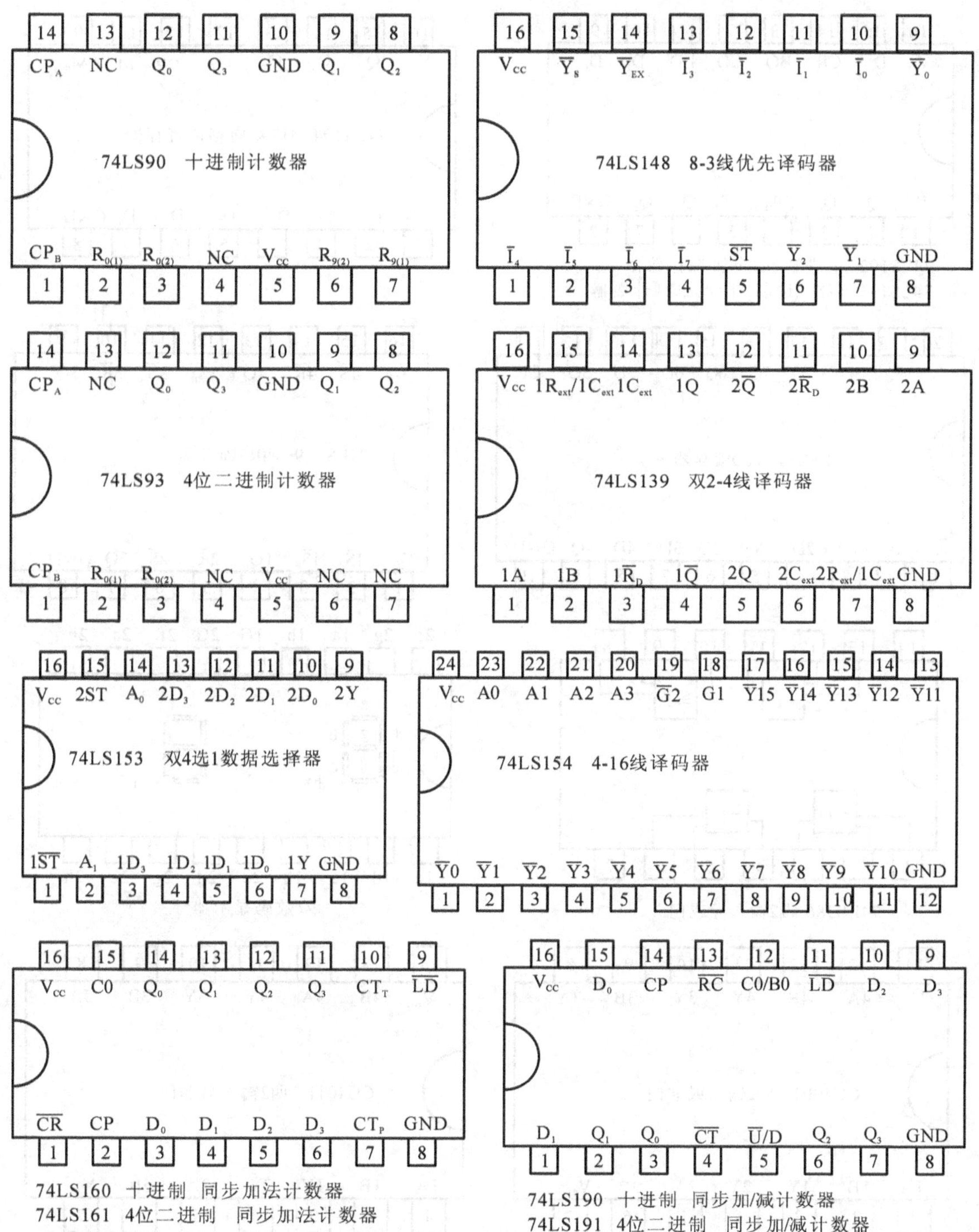
14 13 12 11 10 9 8
CP_A NC Q_0 Q_3 GND Q_1 Q_2
74LS90 十进制计数器
CP_B $R_{0(1)}$ $R_{0(2)}$ NC V_{cc} $R_{9(2)}$ $R_{9(1)}$
1 2 3 4 5 6 7
16 15 14 13 12 11 10 9
V_{cc} $\overline{Y}_S$ $\overline{Y}_{EX}$ $\overline{I}_3$ $\overline{I}_2$ $\overline{I}_1$ $\overline{I}_0$ $\overline{Y}_0$
74LS148 8-3线优先译码器
$\overline{I}_4$ $\overline{I}_5$ $\overline{I}_6$ $\overline{I}_7$ $\overline{ST}$ $\overline{Y}_2$ $\overline{Y}_1$ GND
1 2 3 4 5 6 7 8
14 13 12 11 10 9 8
CP_A NC Q_0 Q_3 GND Q_1 Q_2
74LS93 4位二进制计数器
CP_B $R_{0(1)}$ $R_{0(2)}$ NC V_{cc} NC NC
1 2 3 4 5 6 7
16 15 14 13 12 11 10 9
V_{cc} $1R_{ext}/1C_{ext}$ $1C_{ext}$ 1Q $2\overline{Q}$ $2\overline{R}_D$ 2B 2A
74LS139 双2-4线译码器
1A 1B $1\overline{R}_D$ $1\overline{Q}$ 2Q $2C_{ext}$ $2R_{ext}/1C_{ext}$ GND
1 2 3 4 5 6 7 8
16 15 14 13 12 11 10 9
V_{cc} 2ST A_0 $2D_3$ $2D_2$ $2D_1$ $2D_0$ 2Y
74LS153 双4选1数据选择器
$1\overline{ST}$ A_1 $1D_3$ $1D_2$ $1D_1$ $1D_0$ 1Y GND
1 2 3 4 5 6 7 8
24 23 22 21 20 19 18 17 16 15 14 13
V_{cc} A0 A1 A2 A3 $\overline{G}2$ G1 $\overline{Y}15$ $\overline{Y}14$ $\overline{Y}13$ $\overline{Y}12$ $\overline{Y}11$
74LS154 4-16线译码器
$\overline{Y}0$ $\overline{Y}1$ $\overline{Y}2$ $\overline{Y}3$ $\overline{Y}4$ $\overline{Y}5$ $\overline{Y}6$ $\overline{Y}7$ $\overline{Y}8$ $\overline{Y}9$ $\overline{Y}10$ GND
1 2 3 4 5 6 7 8 9 10 11 12
16 15 14 13 12 11 10 9
V_{cc} C0 Q_0 Q_1 Q_2 Q_3 CT_T $\overline{LD}$
$\overline{CR}$ CP D_0 D_1 D_2 D_3 CT_P GND
1 2 3 4 5 6 7 8
74LS160 十进制 同步加法计数器
74LS161 4位二进制 同步加法计数器
16 15 14 13 12 11 10 9
V_{cc} D_0 CP $\overline{RC}$ C0/B0 $\overline{LD}$ D_2 D_3
D_1 Q_1 Q_0 $\overline{CT}$ $\overline{U}/D$ Q_2 Q_3 GND
1 2 3 4 5 6 7 8
74LS190 十进制 同步加/减计数器
74LS191 4位二进制 同步加/减计数器

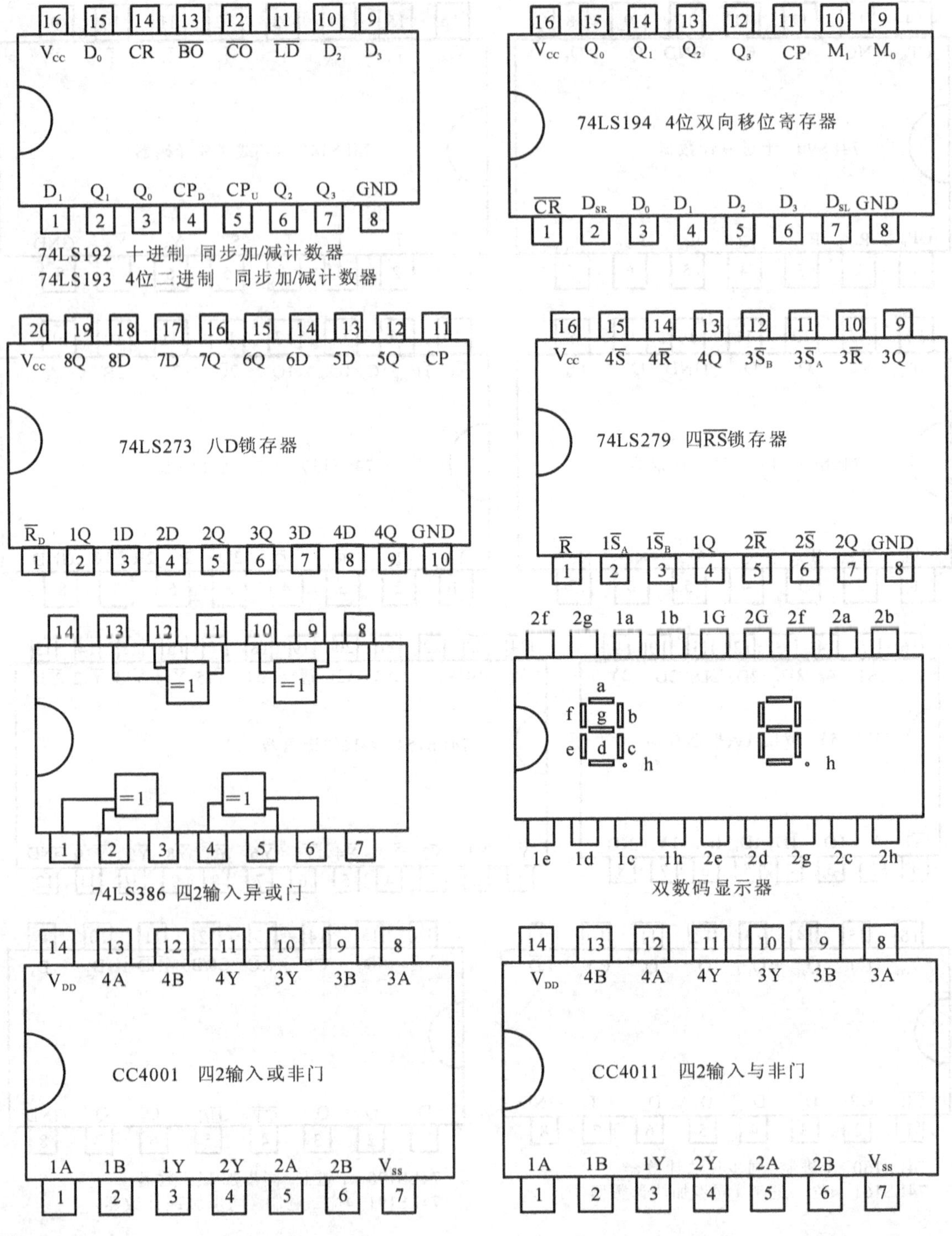
16 15 14 13 12 11 10 9
Vcc D0 CR BO CO LD D2 D3
D1 Q1 Q0 CPD CPU Q2 Q3 GND
1 2 3 4 5 6 7 8
74LS192 十进制 同步加/减计数器
74LS193 4位二进制 同步加/减计数器
16 15 14 13 12 11 10 9
Vcc Q0 Q1 Q2 Q3 CP M1 M0
74LS194 4位双向移位寄存器
CR DSR D0 D1 D2 D3 DSL GND
1 2 3 4 5 6 7 8
20 19 18 17 16 15 14 13 12 11
Vcc 8Q 8D 7D 7Q 6Q 6D 5D 5Q CP
74LS273 八D锁存器
RD 1Q 1D 2D 2Q 3Q 3D 4D 4Q GND
1 2 3 4 5 6 7 8 9 10
16 15 14 13 12 11 10 9
Vcc 4S 4R 4Q 3SB 3SA 3R 3Q
74LS279 四RS锁存器
R 1SA 1SB 1Q 2R 2S 2Q GND
1 2 3 4 5 6 7 8
14 13 12 11 10 9 8
=1
=1
=1
=1
1 2 3 4 5 6 7
74LS386 四2输入异或门
2f 2g 1a 1b 1G 2G 2f 2a 2b
a
f g b
e d c
h
h
1e 1d 1c 1h 2e 2d 2g 2c 2h
双数码显示器
14 13 12 11 10 9 8
VDD 4A 4B 4Y 3Y 3B 3A
CC4001 四2输入或非门
1A 1B 1Y 2Y 2A 2B Vss
1 2 3 4 5 6 7
14 13 12 11 10 9 8
VDD 4B 4A 4Y 3Y 3B 3A
CC4011 四2输入与非门
1A 1B 1Y 2Y 2A 2B Vss
1 2 3 4 5 6 7

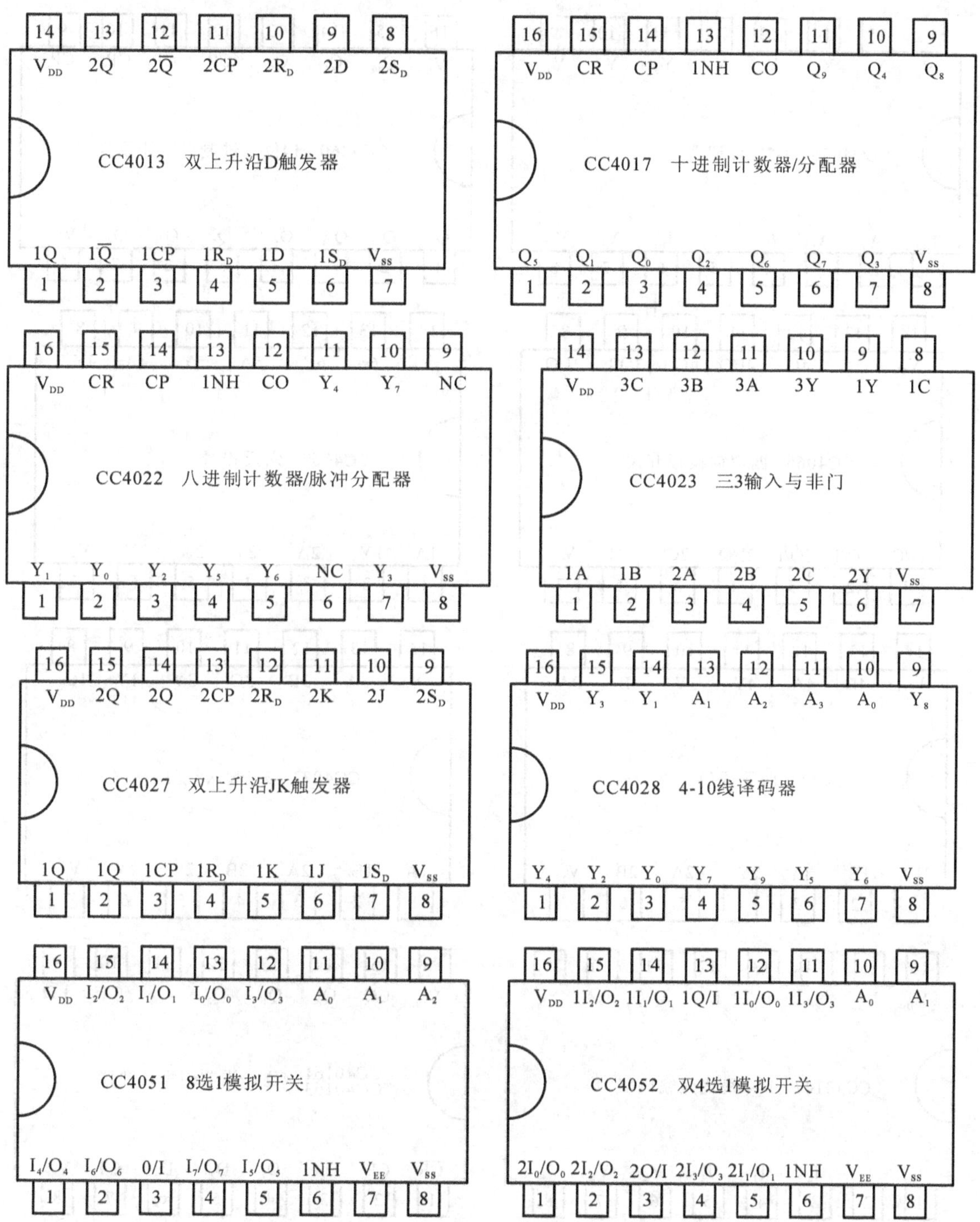
14 13 12 11 10 9 8
V_{DD} 2Q $2\overline{Q}$ 2CP $2R_D$ 2D $2S_D$
CC4013 双上升沿D触发器
1Q $1\overline{Q}$ 1CP $1R_D$ 1D $1S_D$ V_{SS}
1 2 3 4 5 6 7
16 15 14 13 12 11 10 9
V_{DD} CR CP 1NH CO Q_9 Q_4 Q_8
CC4017 十进制计数器/分配器
Q_5 Q_1 Q_0 Q_2 Q_6 Q_7 Q_3 V_{SS}
1 2 3 4 5 6 7 8
16 15 14 13 12 11 10 9
V_{DD} CR CP 1NH CO Y_4 Y_7 NC
CC4022 八进制计数器/脉冲分配器
Y_1 Y_0 Y_2 Y_5 Y_6 NC Y_3 V_{SS}
1 2 3 4 5 6 7 8
14 13 12 11 10 9 8
V_{DD} 3C 3B 3A 3Y 1Y 1C
CC4023 三3输入与非门
1A 1B 2A 2B 2C 2Y V_{SS}
1 2 3 4 5 6 7
16 15 14 13 12 11 10 9
V_{DD} 2Q 2Q 2CP $2R_D$ 2K 2J $2S_D$
CC4027 双上升沿JK触发器
1Q 1Q 1CP $1R_D$ 1K 1J $1S_D$ V_{SS}
1 2 3 4 5 6 7 8
16 15 14 13 12 11 10 9
V_{DD} Y_3 Y_1 A_1 A_2 A_3 A_0 Y_8
CC4028 4-10线译码器
Y_4 Y_2 Y_0 Y_7 Y_9 Y_5 Y_6 V_{SS}
1 2 3 4 5 6 7 8
16 15 14 13 12 11 10 9
V_{DD} I_2/O_2 I_1/O_1 I_0/O_0 I_3/O_3 A_0 A_1 A_2
CC4051 8选1模拟开关
I_4/O_4 I_6/O_6 0/I I_7/O_7 I_5/O_5 1NH V_{EE} V_{SS}
1 2 3 4 5 6 7 8
16 15 14 13 12 11 10 9
V_{DD} $1I_2/O_2$ $1I_1/O_1$ 1Q/I $1I_0/O_0$ $1I_3/O_3$ A_0 A_1
CC4052 双4选1模拟开关
$2I_0/O_0$ $2I_2/O_2$ 2O/I $2I_3/O_3$ $2I_1/O_1$ 1NH V_{EE} V_{SS}
1 2 3 4 5 6 7 8

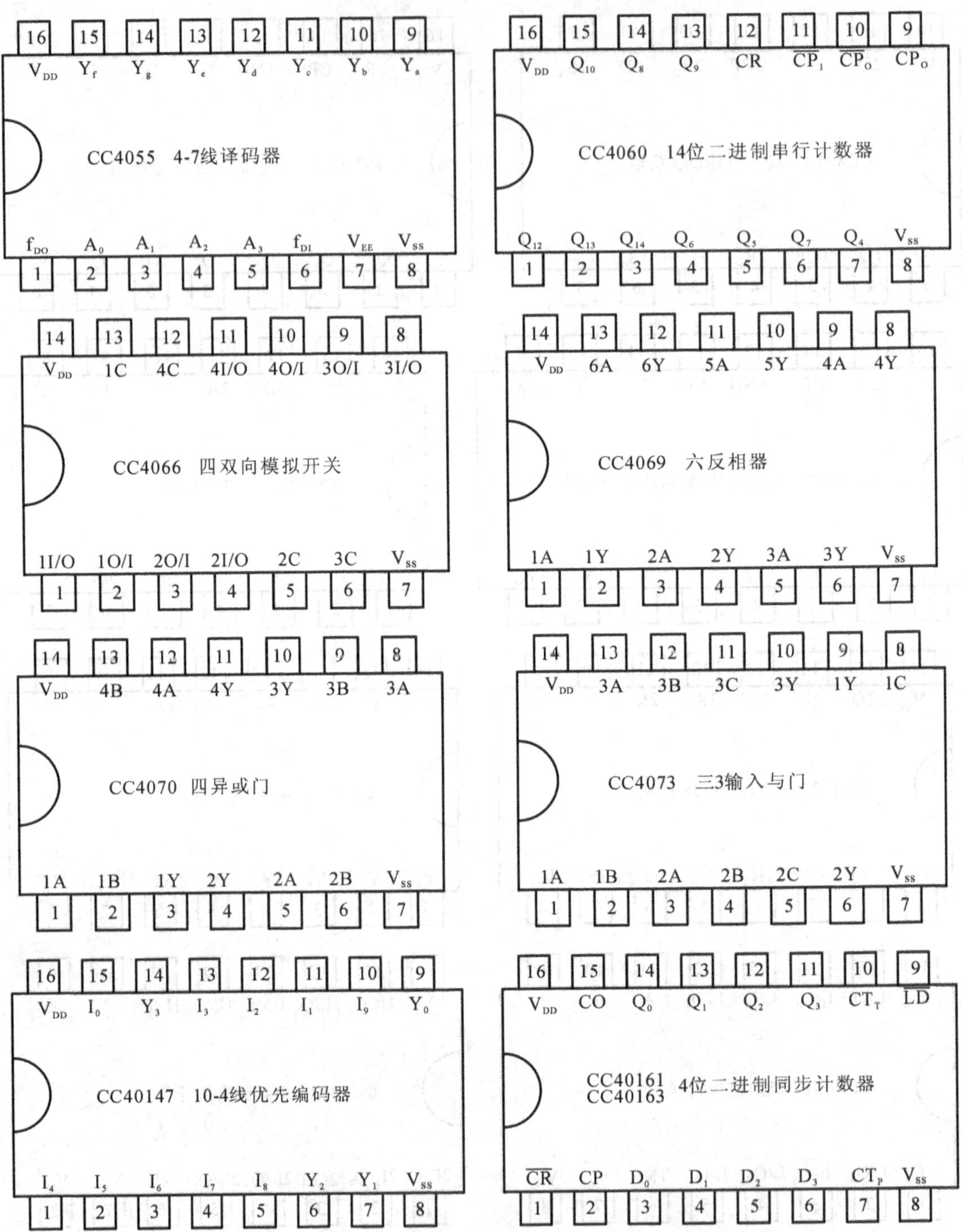
16 15 14 13 12 11 10 9
VDD Yf Yg Ye Yd Yc Yb Ya
CC4055 4-7线译码器
fDO A0 A1 A2 A3 fDI VEE VSS
1 2 3 4 5 6 7 8
16 15 14 13 12 11 10 9
VDD Q10 Q8 Q9 CR CP1 CPO CPO
CC4060 14位二进制串行计数器
Q12 Q13 Q14 Q6 Q5 Q7 Q4 VSS
1 2 3 4 5 6 7 8
14 13 12 11 10 9 8
VDD 1C 4C 4I/O 4O/I 3O/I 3I/O
CC4066 四双向模拟开关
1I/O 1O/I 2O/I 2I/O 2C 3C VSS
1 2 3 4 5 6 7
14 13 12 11 10 9 8
VDD 6A 6Y 5A 5Y 4A 4Y
CC4069 六反相器
1A 1Y 2A 2Y 3A 3Y VSS
1 2 3 4 5 6 7
14 13 12 11 10 9 8
VDD 4B 4A 4Y 3Y 3B 3A
CC4070 四异或门
1A 1B 1Y 2Y 2A 2B VSS
1 2 3 4 5 6 7
14 13 12 11 10 9 8
VDD 3A 3B 3C 3Y 1Y 1C
CC4073 三3输入与门
1A 1B 2A 2B 2C 2Y VSS
1 2 3 4 5 6 7
16 15 14 13 12 11 10 9
VDD I0 Y3 I3 I2 I1 I9 Y0
CC40147 10-4线优先编码器
I4 I5 I6 I7 I8 Y2 Y1 VSS
1 2 3 4 5 6 7 8
16 15 14 13 12 11 10 9
VDD CO Q0 Q1 Q2 Q3 CTT LD
CC40161
CC40163
4位二进制同步计数器
CR CP D0 D1 D2 D3 CTP VSS
1 2 3 4 5 6 7 8

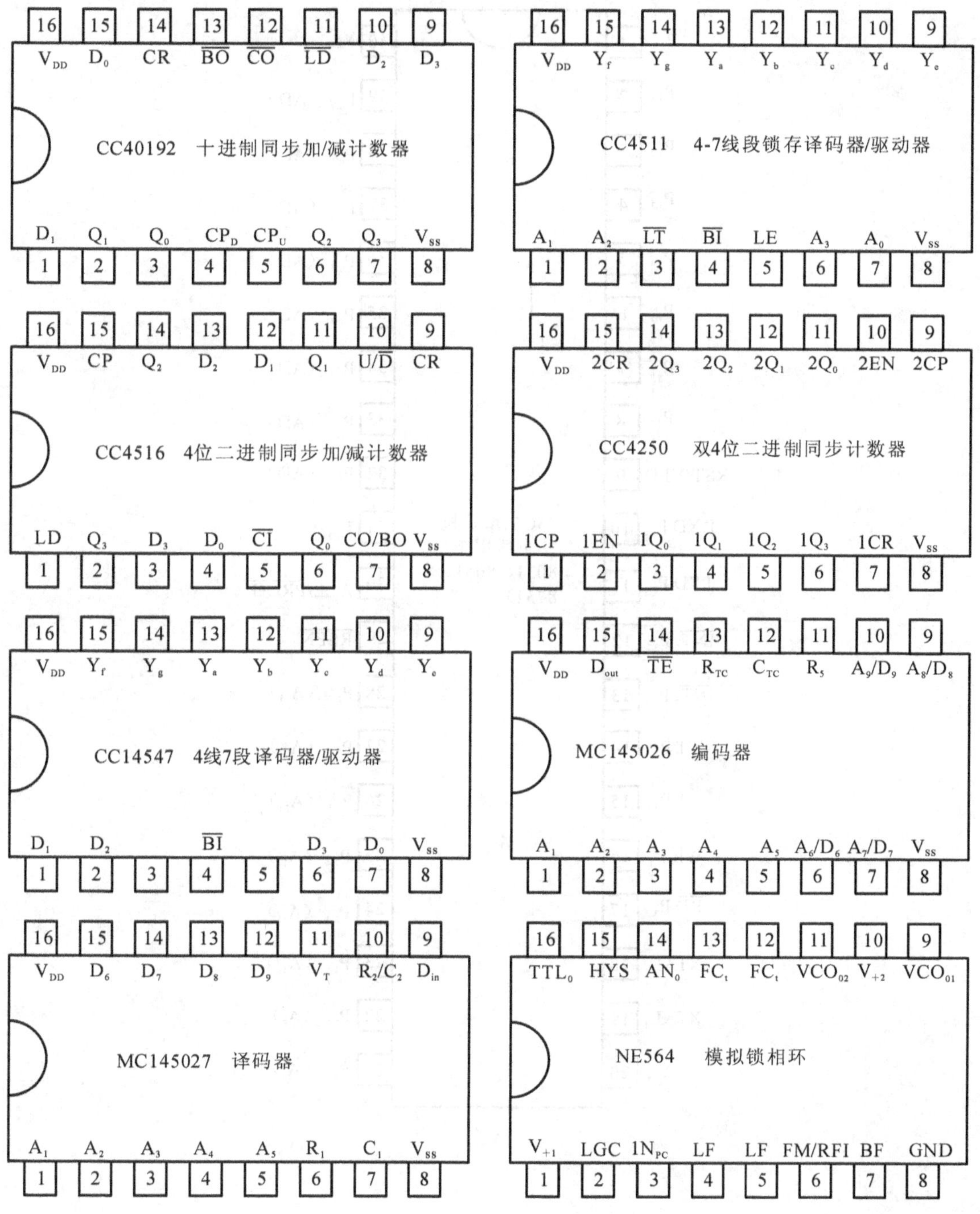

CC40192 十进制同步加/减计数器
16 VDD, 15 D0, 14 CR, 13 BO, 12 CO, 11 LD, 10 D2, 9 D3
1 D1, 2 Q1, 3 Q0, 4 CPD, 5 CPU, 6 Q2, 7 Q3, 8 VSS
CC4511 4-7线段锁存译码器/驱动器
16 VDD, 15 Yf, 14 Yg, 13 Ya, 12 Yb, 11 Yc, 10 Yd, 9 Ye
1 A1, 2 A2, 3 LT, 4 BI, 5 LE, 6 A3, 7 A0, 8 VSS
CC4516 4位二进制同步加/减计数器
16 VDD, 15 CP, 14 Q2, 13 D2, 12 D1, 11 Q1, 10 U/D, 9 CR
1 LD, 2 Q3, 3 D3, 4 D0, 5 CI, 6 Q0, 7 CO/BO, 8 VSS
CC4250 双4位二进制同步计数器
16 VDD, 15 2CR, 14 2Q3, 13 2Q2, 12 2Q1, 11 2Q0, 10 2EN, 9 2CP
1 1CP, 2 1EN, 3 1Q0, 4 1Q1, 5 1Q2, 6 1Q3, 7 1CR, 8 VSS
CC14547 4线7段译码器/驱动器
16 VDD, 15 Yf, 14 Yg, 13 Ya, 12 Yb, 11 Yc, 10 Yd, 9 Ye
1 D1, 2 D2, 3, 4 BI, 5, 6 D3, 7 D0, 8 VSS
MC145026 编码器
16 VDD, 15 Dout, 14 TE, 13 RTC, 12 CTC, 11 RS, 10 A9/D9, 9 A8/D8
1 A1, 2 A2, 3 A3, 4 A4, 5 A5, 6 A6/D6, 7 A7/D7, 8 VSS
MC145027 译码器
16 VDD, 15 D6, 14 D7, 13 D8, 12 D9, 11 VT, 10 R2/C2, 9 Din
1 A1, 2 A2, 3 A3, 4 A4, 5 A5, 6 R1, 7 C1, 8 VSS
NE564 模拟锁相环
16 TTL0, 15 HYS, 14 AN0, 13 FCt, 12 FCt, 11 VCO02, 10 V+2, 9 VCO01
1 V+1, 2 LGC, 3 1NPC, 4 LF, 5 LF, 6 FM/RFI, 7 BF, 8 GND

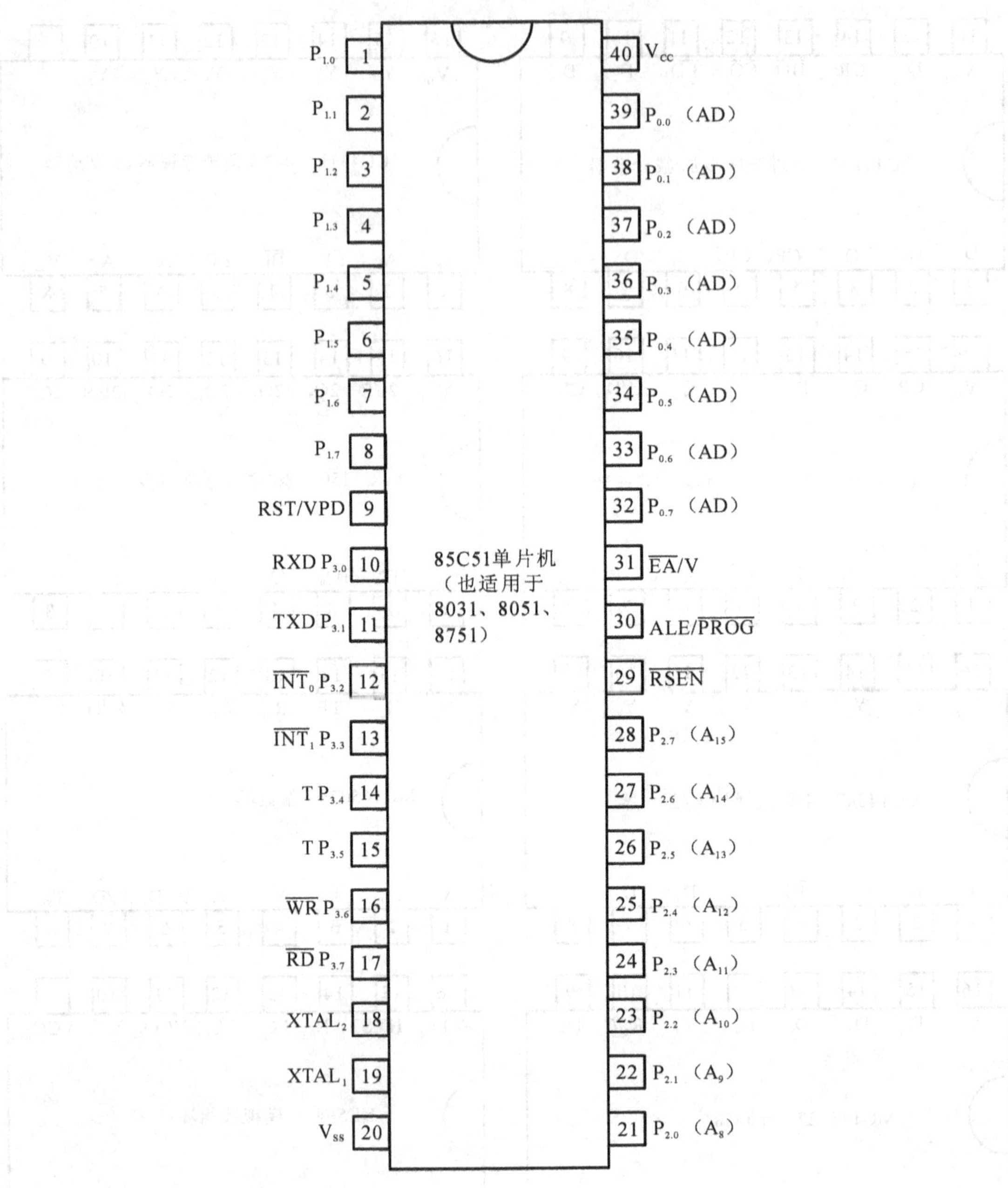

85C51单片机
（也适用于
8031、8051、
8751）
1 $P_{1.0}$
2 $P_{1.1}$
3 $P_{1.2}$
4 $P_{1.3}$
5 $P_{1.4}$
6 $P_{1.5}$
7 $P_{1.6}$
8 $P_{1.7}$
9 RST/VPD
10 RXD $P_{3.0}$
11 TXD $P_{3.1}$
12 $\overline{INT}_0$ $P_{3.2}$
13 $\overline{INT}_1$ $P_{3.3}$
14 T $P_{3.4}$
15 T $P_{3.5}$
16 $\overline{WR}$ $P_{3.6}$
17 $\overline{RD}$ $P_{3.7}$
18 $XTAL_2$
19 $XTAL_1$
20 V_{ss}
40 V_{cc}
39 $P_{0.0}$ （AD）
38 $P_{0.1}$ （AD）
37 $P_{0.2}$ （AD）
36 $P_{0.3}$ （AD）
35 $P_{0.4}$ （AD）
34 $P_{0.5}$ （AD）
33 $P_{0.6}$ （AD）
32 $P_{0.7}$ （AD）
31 $\overline{EA}$/V
30 ALE/$\overline{PROG}$
29 $\overline{RSEN}$
28 $P_{2.7}$ （A_{15}）
27 $P_{2.6}$ （A_{14}）
26 $P_{2.5}$ （A_{13}）
25 $P_{2.4}$ （A_{12}）
24 $P_{2.3}$ （A_{11}）
23 $P_{2.2}$ （A_{10}）
22 $P_{2.1}$ （A_9）
21 $P_{2.0}$ （A_8）

参考文献

[1] 毛哲,张双德.电路计算机设计仿真与测试.武汉:华中科技大学出版社,2003

[2] 沈长生.常用电子元器件使用技巧.北京:机械工业出版社,2010

[3] 邱光源,罗先觉.电路(第五版).北京:高等教育出版社,2006

[4] 康华光.电子技术基础(第五版).北京:高等教育出版社,2006

[5] 江家麟,宁超.电工基础实验指导书(第二版).北京:高等教育出版社,1995

[6] 陈大钦.电子技术基础实验一电子电路实验设计及现代 EDA 技术.北京:高等教育出版社,2008

[7] 谢自美.电子线路设计、实验、测试(第三版).武汉:华中科技大学出版社,2006

[8] 杨志忠.数字电子技术.北京:高等教育出版社,2000

[9] 郭维芹.实用模拟电子技术.北京:电子工业出版社,1997

[10] 邹逢兴.集成模拟电子技术.北京:电子工业出版社,2005

[11] 陈宝生.电工电子基础.北京:化学工业出版社,2004

[12] 余孟尝.数字电子技术基础简明教程(第三版).北京:高等教育出版社,2006